我国特殊教育学校
建筑设计

张　翼　汤朝晖　杨晓川
著

中国建筑工业出版社

图书在版编目（CIP）数据

我国特殊教育学校建筑设计／张翼，汤朝晖，杨晓川著. —北京：中国建筑工业出版社，2020.6
ISBN 978-7-112-25052-3

Ⅰ. ① 我… Ⅱ. ① 张… ② 汤… ③杨… Ⅲ. ① 特殊教育-教育建筑-建筑设计 Ⅳ. ① TU244.9

中国版本图书馆CIP数据核字（2020）第073003号

责任编辑：刘　静
版式设计：锋尚设计
责任校对：赵　菲

我国特殊教育学校建筑设计
张　翼　汤朝晖　杨晓川　著
*
中国建筑工业出版社出版、发行（北京海淀三里河路9号）
各地新华书店、建筑书店经销
北京锋尚制版有限公司制版
北京建筑工业印刷厂印刷
*
开本：787×1092毫米　1/16　印张：19½　字数：462千字
2020年8月第一版　2020年8月第一次印刷
定价：85.00元
ISBN 978-7-112-25052-3
（35824）

目录

第1章 特殊教育学校的发展与概述

1.1 特殊教育学校的建设与意义

教育乃立国之本，强国之基。我国历来高度重视教育，从学前教育到高等教育，教育公平惠及全民，残疾人也依法享有接受良好教育的机会。因为我国人口总数庞大，我国各类残疾人口总数较多。据第六次人口普查数据及中国残疾人联合会第二次残疾人抽样调查推算，截至2010年我国约有8500万残疾人。按人口普查数据中义务教育阶段适龄入学儿童占我国总人口的比例进行推算，我国适龄残疾儿童约246万人，这一数据随着人口的持续增长还在不断上涨。至2013年，我国共有近2000所特殊教育学校，在校接受基础教育的残疾学生约35.8万人。在国家政策的支持、各部委的推动和地方政府的积极配合下，我国特殊教育得到了飞速发展，特殊教育的覆盖面和教育质量不断提升。

1.1.1 教育体系的完善

1. 国家法律、政策的支持

我国的特殊教育，政府是第一推动力。中华人民共和国成立后，1951年颁布了《关于学制改革的决定》，1982年12月第5届全国人民代表大会通过的宪法第2章中指出："国家和社会须帮助安排盲、聋、哑和其他有残疾的公民的劳动、生活和教育。"这是我国第一次在国家基本宪法中对残疾人的劳动、受教育权利作出明确规定。1986年4月通过的《中华人民共和国义务教育法》第9条明确规定："地方各级人民政府为盲、聋哑、弱智儿童和少年举办特殊教育学校（班）。"[①]1990年12月《中华人民共和国残疾人保障法》专门在第3章中对残疾人教育的权利、管理体制、发展方针、教学体系等做出详细规定，使得特殊教育有法可依。1998年12月教育部颁发的《特殊教育学校暂行规定》是我国历史上第一份有关特殊教育学校的专门法规，就特殊教育学校的管理、机构设置、日常管理、校园建设等方方面面做出了详细规定。及至2013年，我国共有法律法规10余项涉及特殊教育。2010年初，《国家中长期教育改革和发展规划纲要（2010—2020年）》中，专门列出特殊教育一章，在其中明确提出我国特殊教育的发展规划，要完善特殊教育体系，健全特殊教育保障机制，指出"国家制定

① 何东昌. 中华人民共和国重要教育文献（1976—1990）[M]. 海口：海南出版社，1998.

特殊教育学校基本办学标准……加大对特殊教育的投入力度……”。2014 年初，在《国家中长期教育改革和发展规划纲要（2010—2020 年）》的框架下，教育部、发改委、残联等七部委联合出台了《特殊教育提升计划（2014—2016 年）》，其中提出要“加强特殊教育基础能力建设”。各个省市根据国家政策要求，出台了《特殊教育学校标准化建设评估标准》，推进特殊教育学校的标准化建设。特殊教育的发展不再是教育行业内的问题，而是得到了国家法规与政策的支持，虽然目前还没有专门的特殊教育法律问世，但在相关条例的规定中，可以明显感受到特殊教育法律体系的完善。

2. 经济支持

特殊教育涉及的内容广泛，教学方式多样，在校园建设和教学设施等一次性投入上所需金额多；在日常教学中，因师生配比和康复教学的介入，持续性生均投入也较普通教育高。一般来说，特殊教育学校的班额在 10～12 人，是普通学校 30～45 人班额的 1/4～1/3，即如果想维持特殊教育学校公用经费投入与普通学校持平，那么人均公用费用就应是普通学校的 3～4 倍。可以说持续的经济投入是特殊教育发展的基础条件。

2010 年开始，我国在校园建设上组织了新中国成立以来最大规模的特校建设项目，累计投资近 72 亿元，重点支持中西部地区新建、改扩建特殊教育学校；在保障经费上，中央补贴特殊教育费用从每年 1500 万元提高到 4.1 亿元，生均公用经费从 2000 元提高到 6000 元，达到普通学生的 6～8 倍。除此之外，各省市也积极投入，经济发达地区如浙江省特殊教育学校生均公用经费已经达到普通学校的 10 倍。高标准的经济投入大力促进了经济发达地区特殊教育事业的快速发展，同时也加剧了特殊教育水平的地区间差异。

1.1.2 教育观念的改善

我国传统的儒家文化自古有尊养残疾人的观念，重视对残疾人生活技能的培养，《礼记・礼运》中对于理想家园的描述：“大道之行也，天下为公。选贤与能，讲信修睦，故人不独亲其亲，不独子其子，使老有所终，壮有所用，幼有所长，矜寡孤独废疾者，皆有所养”，体现了社会对残疾人的重视。商周的宫廷、官府里就开始出现盲人音乐教育机构，《周礼》有记载，“大师是瞽人之中乐官之长，故瞽蒙属焉而受其政教也”，盲人乐师已经具有相当地位。这些都说明在近代以前，我国已经有成熟的针对盲人的教育行为出现。但这并不能算是正规意义的特殊教育，这些教育行为仅是官府出于职业服务目的设立的，仅覆盖了为数不多的瞽目之人，少见其他残疾类别，没有顾及整个残疾人群体。这种状况一直持续到近代社会之前，且期间多有波折。可以说，我国古代对于残疾人基本是“有养无教”，以抚恤为主。

我国真正意义的特殊教育发轫于近代，最初是由西方教会带入中国，带有明显的慈善与宗教性质，期望通过对残疾人的收容扩大当地宗教受众。1844 年上海都柏林三一神学院的开创人麦格基会长到上海后，在南京东路开设布道所，“首批信徒皆为盲人”，先是为盲人施赈物资，然后通过施教戒律，让盲人不再不劳而获，开始进行简单的工作，最后与一些工厂达成了长期的合作关系，使盲人觉得自己也有社会价值。这类组织虽然没有明确的教育目标与方法，不能算是教育机构，但也为特殊教育的发展、改变人们普遍将残疾人看作无用之人的观念起到了重要的启蒙作用。

中华人民共和国成立后，我国收编了之前官办和民办的各类特殊教育学校，改为统一由国家管理，特殊教育水平得到了一定程度的提升，但收治学生仍以盲、聋学生为主。人们对于残疾学生的概念也非常有限。

20 世纪 80 年代改革开放后，我国特殊教育才得到了真正的发展，在吸收国外特殊教育理念的同时，积极探索适合我国国情的特殊教育形式。1985 年 5 月的《中共中央关于教育体制改革的决定》将培智教育正式纳入特殊教育体系中，是特殊教育史上重要的一笔。人们开始意识到智力障碍学生也享有接受平等教育、工作与医疗待遇的权利。自此以后，特殊儿童，尤其是中重度障碍儿童开始进入特殊教育学校学习，我国基本实现了基础教育的零拒绝。

目前我国特殊教育学校的建设水平较低，且发展不平衡。除北京、上海等经济发达城市近年建设了一批高水准、示范性特殊教育学校外，二、三线城市远没有达到国家所要求的"统筹规划、合理布局、坚持标准、确保质量"的要求。甚至有些中西部地区的重要城市，竟无特殊教育学校的建设。据 2009 年中国残疾人事业发展统计公报显示，我国特殊教育学校有 1697 所，特教班级 2801 个，在校生 54.5 万人。受益于构建和谐社会国策的强大推动和广大教育工作者的不懈努力，我国的残疾人教育在近年来获得了长足发展，我国的特殊教育就学人数居于发展中国家的前列。但由于我国人口基数较高，近几年特殊儿童入学人数成上升趋势，现有办学条件日趋紧张，国家范围内特殊教育学校的工程建设量还有较大的缺口需要补充。

针对这些情况，国务院在 2009 年发出《关于进一步加快特殊教育事业发展意见的通知》，在通知中明确提出，要"加强特殊教育学校建设。国家支持中西部地区特殊教育学校建设，在人口 30 万以上或残疾儿童少年相对较多，尚无特殊教育学校的县，独立建设一所特殊教育学校；不足 30 万人口的县，在地市范围内，统筹建设一所或几所特殊教育学校。各地要统筹规划，合理布局，坚持标准，确保质量。东部地区也要加大投入，按照本地区特殊教育规划和国家有关建设标准做好特殊教育学校建设工作"。

1.1.3 建筑学专业研究的提升

特殊教育学校的校园与环境建设随着特殊教育的发展，逐渐得到了应有的关注，尤其在最近十余年，经历了建筑行业体系标准从无到有的建设过程。新中国成立前的特殊教育学校经历了由教会到国人主办的过程，其校舍最初与教会布道生活场地共用，在创办条件成熟后，逐步开始建设独立的特殊教育学校。威廉 · 穆瑞（William Hill Murray）1874 年创立的"瞽叟通文馆"校舍，当时是直接利用了北京甘雨胡同的房屋；1912 年傅步兰（Fryer George B.）在上海初创上海盲童学校，也是租赁北四川路民居作为临时校舍，其后两次移址，并延续至今。早期的特殊教育学校因属于新的类型建筑，使用人数不多，出于节省资金和尽快投入使用的目的，多是利用已有住宅院落改建而来，待学校发展到一定规模之后，得到社会认可，有善款资助、有能力择地扩建后，再规划建设新校园。这一时期，有识之士仍需为普通民众接受残疾人进行特殊教育奔走呐喊，至于校舍建设，无人也无精力去特别关注。1949 年中华人民共和国成立后，特殊教育纳入了国民教育体系，成为义务教育的一部分，在教学体系与教学方法上，都与普通中小学校相似，相应的校园建设模式也以普通中小学为基础框架进行建设，随时代发展而变化，并无特殊教育学校相关的建设标准。这一情况一直持续到新世纪开始，2004 年国家颁布实施了《特殊教育学校建筑设计规范》（JGJ 76—2003，已废止），并于 2020 年 3 月修订为《特殊教育学校建筑设计标准》（JGJ 76—2019）。2011 年颁布实施了《特殊教育学校建设标准》（建标 156—2011），使特殊教育学校建设的建筑学规范体系从普通中小学中脱离出来，强调特殊儿童对于建筑和环境的特殊要求，体现了我国特殊教育整体发展水平的提高，以及建筑学专业能力的提升。

1.2 特殊教育学校的定义与分类

特殊教育学是属于教育学的一个分支，朴永馨教授对特殊教育学的定义如下："特殊教育学是研究特殊教育现象及其规律、原则和方法的科学；一般以学前和学龄特殊儿童的教育为研究重点。"[①] 这段话阐明了我国特殊教育学的两个研究主体，一是教育本身，二是受教育的对象。本文对特殊教育学校校园的建设研究也基于以上对这两者的分析。针对教育本身，校园的一切硬件建设都是为了教育行为服务，校园环境的建构必须在充分理解、适应教育的基础上，有助于提高教育水平，所以在建构校园建筑设计之前，需要了解特殊教育的历史发展、我国特殊教育的安置政策、存在问题等；针对受教育对象，校园建设必须尊重学生和教师群体的心理和行为特点，尤其是对于特殊学生，其心理与行为特点与普通儿童有较大的差异性，因此需要对特殊学生的类型，以及相应障碍类型学生的心理和行为特点有充分的了解，才能有针对性地建构建筑设计的要点。

1.2.1 特殊教育的安置模式

障碍人群的存在与国家地区的政治和经济等因素无关，与人口总基数相关，各个国家都有一定比例的特殊障碍人群，由于经济能力、发展策略等区别，不同国家对特殊人群的安置模式不同，特殊教育的安置方式差异也较大。我国现代特殊教育体系是从国外引进，并适当进行本土化适应过程的产物。因此，可以了解国外特殊教育安置模式，并在此基础上对我国特殊教育安置模式进行展望。这种学科基础前瞻式的把握，对于校园建设来说，可以避免建设周期较长的校园建成后已经跟不上学科快速发展的落后境地。

1.2.1.1 其他国家的安置方式

从世界范围来看，各个国家由于国家体制和经济发展水平不同，对于特殊教育的理念不同，这直接导致了特殊教育安置方式的差异。经济发达国家，对于特殊教育的重视程度高，资源配置水平高，在教育方式上更注重终身教育，使障碍人群能够更好地适应社会。在重视义务教育阶段，在延长义务教育的基础上，转向发展学前教育和高等教育。而对于特殊教育资源配置并不均衡或者水平并不高的国家，其发展重点集中在义务教育阶段和中等职业教育。目前世界范围内的特殊教育有多种模式，其中美国、瑞典和日本分别代表了其中比较典型的三种安置方式。

① 朴永馨．特殊教育学［M］．福州：福建教育出版社，1995.

瑞典地处北欧，国土面积狭小，社会保障体系非常完善，覆盖了各类残疾人士所需的各种福利保障。教育投入非常大，在重视人权，强调公民平等的强有力的福利保障前提下，瑞典的特殊教育理念发展在世界范围内也处于领先地位。瑞典是世界上比较早提出并实施融合教育的国家，瑞典的特殊教育也经历了封闭、开放、融合等几个阶段。在 1907～1935 年间，瑞典接受特殊教育的学生人数迅速增长，基本都是隔离教育，特殊学生在专门的特殊教育机构中生活、学习；20 世纪 50～60 年代，由于需要接受特殊教育的学生越来越多，特殊教育学校和机构的压力非常大，瑞典提出并实施了一体化教育的建议，引入共同协调特殊教育，通过多种方式将有特殊教育需要的学生送回普通班级中学习，到 80 年代，大部分隔离式的特殊教育学校和机构不再以教学为主，少数学校转型为对普通学校特殊教育的支持和科研指导，多数学校和机构完全关闭；1994 年萨拉曼卡会议召开，在世界范围内提倡融合教育，瑞典将基础教育的权限由中央政府下放至地方，地方政府根据实际需要因地制宜地调配有特殊教育需要的学生就近入学，到 2008 年，瑞典接受残疾障碍学生的义务教育学校和高中学校有一千余所，在读学生两万余人，其中专门的特殊教育学校仅有 5 所，学生 514 人[①]。

1975 年之前，美国特殊儿童的安置方式基本以隔离安置为主，特殊儿童有五分之四安置在特殊教育学校中。《所有残疾儿童教育法》（Education for All Handicapped Children Act）明确规定，3～21 岁的障碍儿童和青少年享有免费进入普通公立学校学习的权利，并提出最少限制环境方法，即政府应确保特殊儿童尽可能地与普通学生一起接受教育，安置在普通班级中。只有当障碍程度严重到使用辅助器材和服务也无法适应时，才可以考虑安置在普通班级之外的场所。法令颁布后，特殊学生的安置方式主要有以下几种：一是普通班级形式，特殊学生在普通班级之外的学习时间少于 20%；二是资源教室形式，特殊学生在普通班级之外的学习时间在 20%～60% 之间，其余时间在资源教室学习；三是特殊教育班级，学生在普通班级之外的学习时间在 60% 以上，其余时间安置在资源教室或特殊教育班级；四是特殊教育学校，学生在特殊教育学校内的学习时间超过 50%[②]。因为美国对于残疾和障碍的定义比较宽泛，相当多在我国定义内不属于特殊儿童的学生也采用了特殊儿童的安置方式，所以美国特殊教育的安置形式以普通班级为主，其次是资源教室和特殊教育班级形式。近年来智力障碍儿童在普通班级的安置比例有所下降，主要是普通班级的安置模式对于轻度障碍的学生是有益的，但对于重度感官和认知障碍的学生来说，这种模式的效果并不理想，仍然需要依靠资源教室和特殊教育班级模式（图 1-1）。

日本文部省 2003 年开始推动将特殊教育转为特别支援教育，其根本目的在于认为学校应为特殊学生拟定个别支援教育计划，至 2007 年 4 月，正式修订的《学校教育法》将“特殊教育”更定为“特别支援教育”，“站在支援有障碍的幼儿、儿童、学生能自立和进入社会为主的观点立场上，为了理解各个幼儿、儿童、学生的教育需求，提高其生存能力，改善或克服其生活或学习上的困难，给予适当的指导和必要的支援[③]”。特别支援教育的安置模式主要

① 王辉，王雁，熊琪．瑞典融合教育发展的历史、经验与苏考［J］．中国特殊教育，2015．06：3-9．

② 余强．美国中小学阶段特殊教育安置的趋势分析［J］．中国特殊教育，2007（4）：41-45．

③ 王康．日本的特殊教育及其对中国的启示［D］．延吉：延边大学，2011：14-18．

为：特别支援教室、普通学校的特别支援班和通级指导教室。特别支援教室与之前的特殊学校相似，只是之前的特殊学校多以单一类型的障碍学生为主，法案修订后以招收两种或两种以上的障碍学生为主，并且在修订后的几年内，多重障碍学校的数量有较明显的增加。特别支援班级由之前普通学校的特殊班级而来，招收障碍程度较轻的特殊儿童，班级控制在 8 人以下，师生比为 1∶2.9。通级指导教室与我国的资源教室模式相似，障碍程度轻的儿童在普通班级学习之外，在通级指导教室接受特别教育支援服务。以智力障碍的小学生为例，2009 年这三种安置模式的人数大概为：特别支援学校 14919 人，特别支援班47062人[①]，通级指导教室几乎没有。

从以上对瑞典、美国、日本三地特殊儿童的安置方式比较来看，首先，特殊教育需要占用较大的人力和财力才能取得较好的效果，其次，特殊儿童的安置方式应该是多层次、多渠道的。除瑞典因人口总数不多外，美国、日本的安置方式中，均有类似于我国特殊教育学校、特殊班级以及随班就读模式的安置方式，只是这几种安置方式安置的学生数量比例不同。因为对障碍儿童的障碍定义范围不同，使得从数据统计上来看，几种安置模式有较大的差异，如果统一以视力障碍或智力障碍学生的安置模式来看，智力障碍学生因认知和行为能力限制，并不适合随班就读的模式，无论是轻度智力障碍还是中重度乃至多重障碍，都应安置在具有专门教师和场地的特殊教育学校

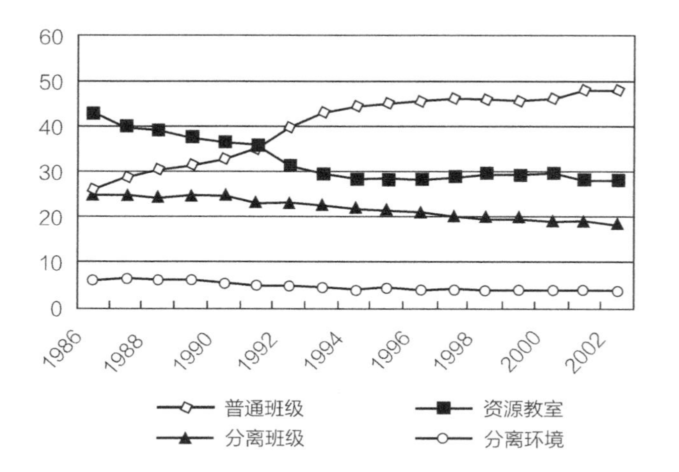

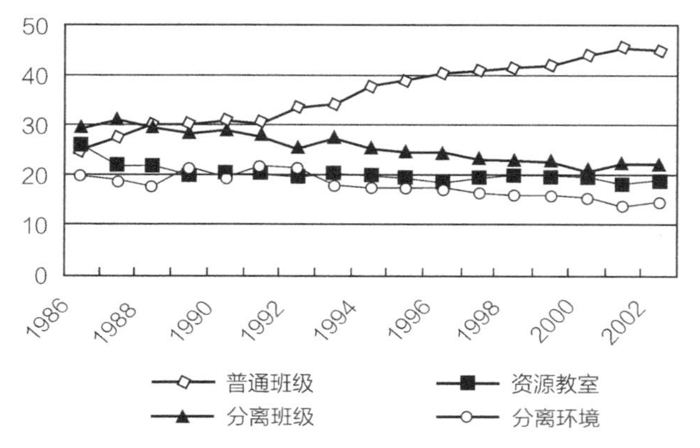

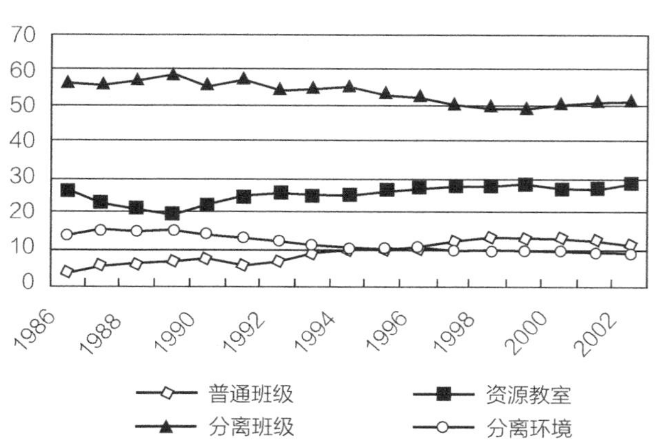

图 1-1　从上至下，总体学生安置环境变化、听力与视力障碍学生安置变化、智力障碍学生安置变化

（资料来源：余强．美国中小学阶段特殊教育安置的趋势分析 [J]．中国特殊教育，2007（4）：41-45.）

① 王康．日本的特殊教育及其对中国的启示［D］．延吉：延边大学，2011：14-18.

中，以保证最佳的培养目标，这结论对我国特殊教育安置有较强的参考意义。

1.2.1.2 我国的安置方式

在安置的结构上，我国特殊教育的安置层次与美国相似，基本参照了美国人迪诺提出的“瀑布式特殊教育服务体系”（图 1-2）。这种方式由上到下，越来越开放，人数比例越来越大，对儿童的限制越来越小。安置方式的最顶端为医院及其他隔离安置机构，安置人数最少，为障碍程度最为严重、需要特殊看护的人群提供封闭安置；其次为家庭安置，教育成分相对较少，由于家庭成员知识结构所限，教育比重依旧不足，但已经脱离了全医疗看护，儿童自由度得到一定提升；再次为全日制特殊教育学校，即目前国内普遍意义上的特校，安置了较大比例的特殊学生，学校在适当看护的基础上，侧重于日常素质教育；再次为普通学校的随班就读，由于我国对残疾的定义标准较高，很多学生有障碍特点却不能够进入特殊教育学校学习，这类学生被普遍安置于普通学校中，由于普通学校对特殊教育支持不足，学生学习效果并不理想，但这种模式安置了近一半的特殊学生；最后还包括资源教室等安置模式。我国由于教育资源不均衡、地区差异大等因素，并没有实现瀑布式特殊教育服务体系的金字塔结构。我国特殊学生的安置主体是特殊教育学校，普通班级由于升学压力、教师考核等因素，极少有特殊学生就读，资源教室模式也是在 2010 年后才普遍推广，之前处于小范围实验阶段，人数非常少，特殊教育班级在个别地区存在，整体数量也不多。可以说，我国特殊教育体系仅在结构层次上与瀑布式特殊教育服务体系相似，在结构形态上，更倾向于椭圆形——两端人数少，中间人数多。

在安置的整体人数上，我国特殊教育仍有相当大的发展余地。2013 年，我国 6～14 岁残疾儿童接受义务教育的比例为 72.7%[①]。这个数据是包括了城市与农村地区的总体数据，我国特殊教育资源基本集中在有一定经济基础的城市地区，农村残疾儿童接受义务教育的比例虽然近些年有所提升，但与全国平均水平的 72.7% 相比还有较大差距。实际上，我国最后一次残

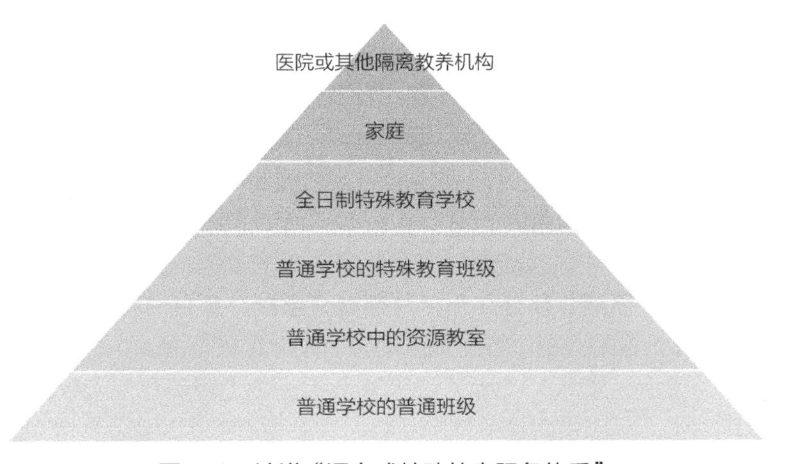

图 1-2 迪诺“瀑布式特殊教育服务体系”

（资料来源：刘全礼．特殊教育导论［M］．教育科学出版社，2003：80.）

① 陈功．2013 年度中国残疾人状况及小康进程分析［J］．残疾人研究，2014（2）：86-95.

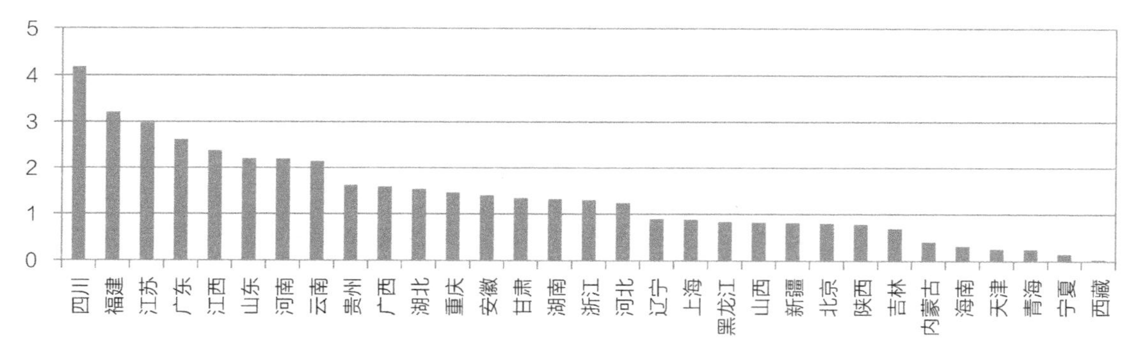

图 1-3　2010 年全国各省残疾儿童在校人数
（资料来源：根据《中国特殊教育发展报告 2012》数据绘制）

疾人口普查数据是由2006年的残疾人抽样调查数据推算而来，显然数据具有一定的不准确性，尤其在不发达地区。这主要是因为我国地区间差异较大，人口密度和经济水平都会影响到数据状况，而且 2006 年的数据采样比率至 2013 年后是否仍适应，也要考虑十多年来人口与社会的发展（图 1-3）。同时最重要的是，我国大陆地区对于残疾儿童的定位标准远高于其他国家和地区，即在我国有相当一部分人口，或多或少地存在一些生理、心理问题，而不被统计为残疾人，但这些人群在其他国家或地区就属于残疾人，所以我国实际上的残疾儿童人口数量可能比现在还要高，相应的残疾人口的入学率也更低。无论采用何种统计方法，特殊儿童接受义务教育的比例远未达到国家希望的零拒绝，这里面有安置方式的原因，也有特殊教育资源不均衡的原因。

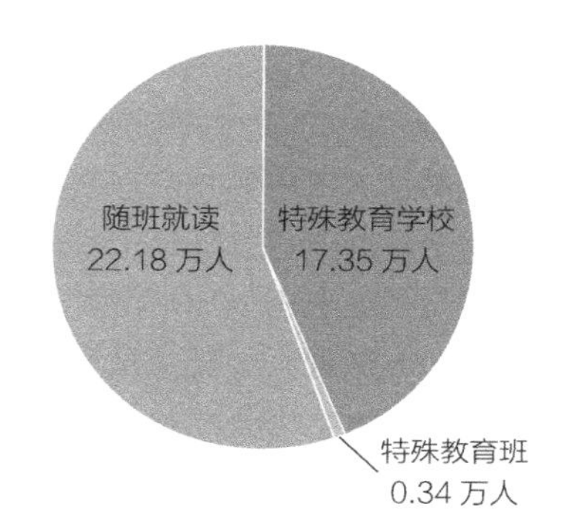

图 1-4　2011 年三类安置方式学生比例
（资料来源：根据《中国特殊教育发展报告 2012》数据绘制）

在安置的人数比例上，2011 年我国共有在校就读的残疾儿童 39.87 万人，其中特殊教育学校在校生 17.35 万人，约占总残疾学生人数的 44%，随班就读小学阶段 15.16 万人，初中阶段 7.02 万人，合计 22.18 万人，约占总残疾学生人数的 55%，剩余 1% 的学生就读在普通学校附设的特殊教育班等其他机构模式（图 1-4）。可以看出特殊教育学校和普通学校的随班就读是我国安置模式的绝对主体，且随着国家对特殊教育的重视，特殊教育学校的安置比例在逐步提高，近年来也集中新建、改建了一批特殊教育学校，其目的就是为了提高特殊儿童的入学率，并改善农村和西部等经济不发达地区的特殊教育覆盖范围。

在安置学生的类型上，如图 1-5 所示，2001 年后，视力障碍在校人数略有上升，变化较明显的是智力障碍学生，呈比较明显的下降趋势，这主要有三个原因：一是统计方法的变化，2007 年后，将其他障碍类型从智力障碍类型学生中单列出来，减少了智力障碍学生的统计数量；二是由于家长不认同，或者任课教师缺乏经验，导致有相当一部分的智力障碍程度较轻、自闭症表征不明显的儿童并未计入随班就读学生；三是由于随班就读的质量并不高，使得家长更愿意将确诊为智力障碍的儿童送入特殊教育学校中就读，从而使得统计数据上的智力障

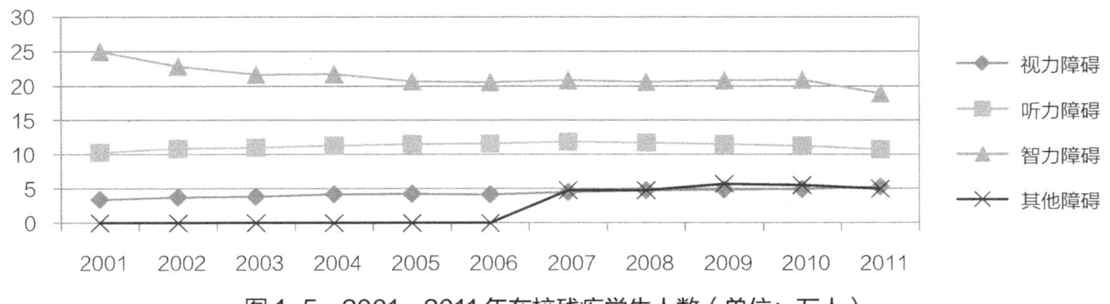

图 1-5 2001～2011 年在校残疾学生人数（单位：万人）

（资料来源：根据《中国特殊教育发展报告 2012》数据绘制）

碍儿童呈下降趋势。实际上，在 2010 年后，特殊教育学校内智力障碍儿童的数量开始提高，2011 年为 74647 人，2012 年为 83918 人，年增长率在 12% 以上。

通过对我国特殊教育安置模式的了解和分析，可以知道我国目前的特殊教育体系是以大量随班就读为主体，特殊教育学校为骨干的特殊教育体系。将近一半的特殊儿童都被安置在普通学校中进行随班就读，但是由于我国对于特殊儿童的定义范畴比较狭窄，集中在三大类特殊儿童中，其中包含了大量的智力障碍学生，而美国的安置形式已经认为智力障碍学生并不适合安置在随班就读的普通班级中，会造成普通学生对特殊学生的歧视和教师的随班混读态度。同时，我国随班就读的保障体系并不完善，资源教室的数量和质量都不高，所以大量智力障碍学生的家长都希望将学生安置在特殊教育学校中。因此，在目前的特殊教育体系中，特殊教育学校在我国是非常重要的安置方式，将在相当长的一段时间内存在，特殊教育学校的建设将在相当长一段时间内持续增长并精细化。

1.2.2 特殊学生的定义与分类

不同行业、不同专业从各自研究的角度对特殊学生的定义各不相同。由于特殊学生之间的障碍特点相差非常大，难以有统一的定义，因此对特殊学生的定义多是描述性的，并不做评价。借用刘全礼在《特殊教育导论》中对特殊儿童的定义“身心发展上与普通儿童有较大差异、在正常范围之外的儿童”，特殊学生可定义为“身心发展上与普通学生有较大差异、在正常范围之外的义务教育适龄学生”。这里的“异常”一词没有好坏之分，只是对对象的一种描述。除了综合的描述性概念外，在涉及特殊学生具体行为和特定行业，基本都按照特殊学生的障碍特点进行分类说明。如建筑设计的法规性文件《特殊教育学校建筑设计标准》中，并没有提及“特殊学生”这一概念，而是直接给出残疾人、视力残疾、听力残疾、智力残疾等几个概念，直接将特殊学校就读的特殊学生群体定义为残疾人群体，并根据残疾类型分为三大类。这种定义相比刘全礼的范畴已经小了很多——将其概念中的异常直接认定为残疾，且也明确了残疾的种类。

这种定义和分类方式虽然在学术上并不严谨，但覆盖了目前我国特殊教育的绝大部分内容，这也是我国特殊教育与其他国家不完全相同的地方。首先，我国的特殊学生以身体有残疾和障碍的学生为主，异常基本是指缺陷和障碍等落后于普通学生的差异，超常学生虽然也在个别统筹性定义中出现，但实际教育中，几乎从不把超常学生归为特殊学生。其次，我国特殊学生的分类相对简单，主要指视力残疾、听力残疾与智力残疾三大类，其他类别学生或采取其他安置方式，或并未正式归为特殊学生。最后，我国对残疾的定义较严格，如阅读障碍、情绪障碍以及阶段性可纠正的障碍并不定义为特殊学生，大批轻度障碍人群并不属于特殊人群，不能安置在特殊教育学校。

实际上，上述对于残疾学生的障碍分类基本都借鉴了目前国际通用的医学残疾分类标准，只是标准程度略有差异，本书对学生的障碍类型分类也借用这种分类方式。同时，本书研究范围限于我国的特殊教育学校，因此在此基础上必须考虑到我国特殊教育对学生的安置模式主要以视力障碍学生、听力障碍学生和智力障碍学生三大类学生为主。

在明确学生基本类别的基础上，根据学校安置学生的障碍程度不同，学生还可以分为轻度障碍、中度障碍和重度障碍几种程度。至 20 世纪末现代特殊教育发展起步之前，特殊教育学校内的学生基本以轻度、重度障碍学生为主，便于教师教、学同步。特殊教育理念转变后，特殊教育学校逐渐开始接收中重度障碍的学生。另外，根据特殊教育的年龄和阶段不同，特殊学生可分为接受学龄前教育阶段，接受小学和初中义务教育学龄阶段，职业中等教育、普通高等教育乃至成人教育阶段等不同阶段的学生。其中职业中等教育以上阶段在我国尚处摸索阶段。特殊教育学校对学生的安置基本集中在九年制义务教育的小学和初中阶段，另外职业中等教育为障碍学生毕业后融入社会提供了基本保障，使得学生能够自食其力，减少社会和家庭负担，但由于国内对特殊教育的职业教育目前并无统一标准，各个学校之间的教学差异较大，难以统一说明，因此本书不作讨论。

综上所述，本书讨论的特殊学生以九年义务教育适龄入学的视力障碍学生、听力障碍学生和智力障碍学生为主。下面在医学残疾标准基础上，结合我国特殊教育学校的安置对这三大类学生的具体范围作明确说明。

1.2.2.1 视力障碍学生

视力障碍是指由于各种原因导致双眼视力低下并且不能矫正或视野缩小，以致影响其日常生活和社会参与①。2006 年我国第二次残疾人抽样调查分级表中，将视力障碍分为盲与低视力两类，其中盲又分为一级盲与二级盲，低视力分为三级与四级低视力。这基本是采用病理学的分类方法。世界卫生组织与国际上其他国家对于视力障碍的分类都基本采用这种方式。只有日本文部省的分类略微精细，分为全盲、半盲和低视力三类，其中半盲为国际通用视力表检查在 0.02～0.04 之间（距离 2m），在我国属于二级盲。但在分类方法上仍采用病理学分类。在现实生活中，完全看不见，没有光感的一级盲非常少，仅有约 7%，具有一定光感的二级盲约占 10%，而 83% 以上的盲人都具有能够得到模糊、不完整信息的残余视力。

在特殊教育学校实际教学过程中，盲生与低视生应分班教学（图 1-6）。因为盲生主要是根据缺陷代偿原理，利用其他感官得到信息；低视生则应尽最大努力利用残存视力，结合听觉、触觉等感官得到信息，其在形象思维和语言发展上都较全盲生好。因此，在教学方式以及辅助器材的使用上均有所不同。

---

① 雷江华. 特殊教育学［M］. 北京：北京大学出版社，2011：48.

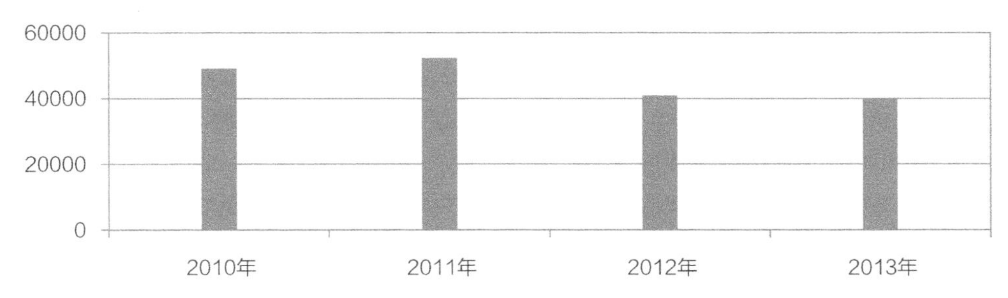

图 1-6　2010～2013 年视力障碍学生在校数量变化

（资料来源：根据《中国特殊教育发展报告 2013》数据绘制）

1.2.2.2　听力障碍学生

听力障碍是指人由于各种原因导致双耳不同程度的永久听力障碍，听不到或听不清周围环境声及言语声，以致影响日常生活和社会参与①。2006 年我国第二次残疾人抽样调查分级表中，将听力障碍分为四个等级，一级最为严重，四级最轻。听力障碍在医学上分为先天障碍和后天障碍，在教育上的划分是听力损伤发生在语言发展期的前后关系。因为语言发展期之前的听力损伤会严重影响听力障碍儿童语言的学习。所以听力障碍儿童的康复在学前阶段非常重要，我国也非常重视这个阶段的康复工作，并取得了比较明显的成就，大多数听力障碍儿童经过学前康复后，语言能力大大改善，能够以随班就读的形式在普通学校就读，所以近些年聋校学生的数量呈显著下降趋势（图 1-7）。

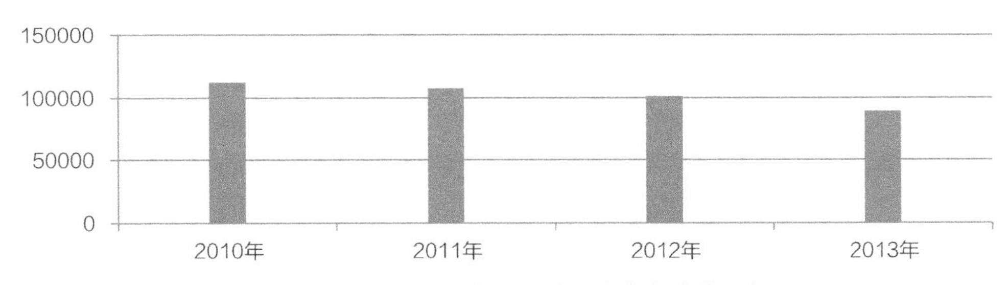

图 1-7　2010～2013 年听力障碍学生在校数量变化

（资料来源：根据《中国特殊教育发展报告 2013》数据绘制）

1.2.2.3　智力障碍学生

本书中的智力障碍学生是一个泛指，主要指安置于培智类学校中的特殊学生。实际上培智学校中就读的特殊学生种类复杂多样，按照我国的安置模式，除视力障碍、听力障碍外的绝大部分特殊学生，如智力障碍学生、自闭症谱系学生、脑性瘫痪学生等都安置在培智学校中。

---

① 雷江华. 特殊教育学［M］. 北京：北京大学出版社，2011：45.

20 世纪 80 年代初我国刚建立培智学校时，主要招收轻度智力障碍学生，尚无力接受其他障碍程度和其他障碍类型的特殊学生。随着特教事业的发展，培智学校内中重度障碍学生的比例逐渐提高到总数的三分之二以上，轻度智力障碍学生逐渐进入普通中小学随班就读。

我国对残疾的定义标准较发达国家高，非病理性障碍均不算残疾。因此学习障碍、轻度肢体障碍、语言发展异常等在发达国家属于残疾与障碍的群体在我国均不属于残疾和障碍人群，不在特殊教育学校内安置，而在普通学校就读，这也大大减少了培智学校中学生的障碍类型。所以，目前我国培智学校中学生类型主要包括以下三大类：智力障碍学生、自闭症谱系学生与脑性瘫痪学生，这三种类型占据了目前特殊教育学校 90% 以上的学生障碍类型。

1. 智力障碍学生

智力障碍是指智力显著低于一般人水平，并伴有适应行为的障碍[①]。智力障碍的定义分为两个部分，一是智商标准，二是社会适应能力水平，只有这两个标准同时符合智力障碍的分级标准，才能说明这个人是智力障碍。近些年由于社会发展，城市化进程加快，精神障碍的学生越来越多，智力障碍的学生数量呈上涨趋势。在我国特殊教育安置体系中，轻度智力障碍学生通过随班就读的形式安置在普通学校中。2012 年随班就读的智力障碍学生占到了智力障碍总安置数量的 58%，但因为这种安置模式并不理想，因此多数智力障碍学生逐渐回到培智学校及有培智教育服务的综合型特殊教育学校安置。2013 年随班就读的智力障碍学生比例减少到 50%，在绝对数量上，特殊教育学校的智力障碍学生比 2012 年增加近 10000 人（图 1-8）。培智学校的学生个体差异大，障碍类型多样，低年级学生情绪、适应行为能力差，随着年龄增长，高年级学生会有比较明显的改善。影响学生对建筑空间的理解和使用的因素主要有感知觉和空间认知、行为和社会适应以及身体发展等三方面。

2. 自闭症谱系学生

自闭症是广泛性发展障碍的一种，自闭症谱系学生主要表现为三个特征：语言交流障碍，对语言理解和表达有困难；社会性互动障碍，难以与周边的人建立感情；重复刻板的行为模式，对各种感官刺激有过激反应，不喜欢变化。人们对于自闭症的认识历史并不长，过去普

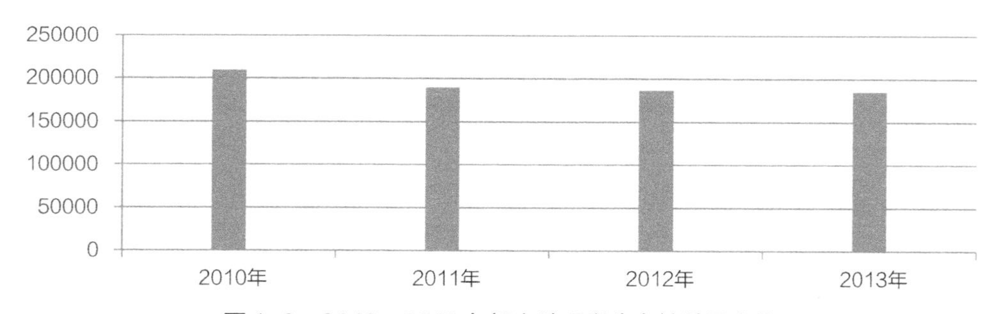

图 1-8　2010～2013 年智力障碍学生在校数量变化

（资料来源：根据《中国特殊教育发展报告 2013》数据绘制）

---

① 雷江华. 特殊教育学［M］. 北京：北京大学出版社，2011：53.

遍认为自闭症是极少的、天生的、不可治愈的。现在越来越多的家长在孩子出现问题时已经开始寻求科学的解决和评估，使得自闭症的确诊率迅速提高。自闭症与智力障碍并不完全对等，相当一部分自闭症谱系学生并没有智力障碍，甚至在某些情况下由于其专注度高，表现出某种超出普通人的认知能力和思维水平。由于自闭症谱系学生与智力障碍学生的障碍差异，针对其障碍特点的教学内容也有较大差距，所以我国目前正在尝试对自闭症谱系学生的单独教学，不再将自闭症谱系学生与智力障碍学生混为一谈，从单独的自闭症班级到独立的自闭症学校，自闭症谱系学生的专业教育正在逐步正规化。

3. 脑性瘫痪学生

脑性瘫痪是指由于胎儿和婴儿阶段脑部受到非进行性损伤而引起的运动与姿势发育的活动受限，表现为中枢性运动障碍和姿势异常[①]。脑性瘫痪与自闭症一样，并不导致必然的智力障碍，因此单纯的脑性瘫痪通常被认为是肢体障碍。只是部分重度脑性瘫痪学生由于脑部受损严重，同时具有智力障碍缺陷症状，并伴有交流、社会适应障碍等。

由上可见，“智力障碍”一词不能涵盖培智学校内所有的学生障碍类型，而仅指培智学校内占比较大的一类学生障碍类型，在教育行业内常说的“培智”或“启智”已成专有代名词为大家所熟悉，其中的“智”，在字面意义上容易让人理解为仅仅是智力障碍的范围，用智力障碍统称培智学校内的所有学生障碍类型，忽略了自闭症、脑性瘫痪等学生的障碍特点，会产生概念混淆。按我国现行安置模式，培智学校所培养的不仅仅是智力障碍学生，而应是“除视力障碍和听力障碍外有特殊教育需要的学生”，这一描述界定较为清晰，但不属于词组，不适合在本书中作为常见概念用语出现，因此下述讨论需要一个更宽泛的概念来表述培智学校内的学生障碍类型。

美国智力与发展障碍协会在对智力障碍的定义中，使用了“发展性障碍”一词，来解释智力及发展障碍相关症状，将发展性障碍定义为在认知和肢体方面，存在或同时存在严重障碍的现象。即发展性障碍包括以下几种：严重的认知障碍，如智力障碍；严重的肢体障碍，如脑性瘫痪和癫痫等；同时具有肢体与认知障碍，如唐氏综合征。发展性障碍不包括视力障碍与听力障碍，同时基本涵盖了除以上两种障碍外的其他障碍类型[②]。因此，本书在描述培智学校在校生的障碍类型时，借鉴“发展性障碍”一词，以避免“智力障碍”一词涵盖范围不足的问题。

1.2.3 特殊学生的称谓

不同专业内对于特殊学生的称谓并没有统一的规定。以建筑学专业来说，在《特殊教育学校建筑设计标准》中对三大类学生称视力残疾儿童、听力及语言残疾儿童、弱智儿童；《特殊教育学校建设标准》中，将三大类学生称为盲生、聋生和智障生；《中小学校设计规范》（GB 50099—2011）没有分开阐述，统称为残疾学生。仅在建筑学专业相关规范中就有如此多的称谓，可想在其他业界中的情况。这种混乱在一定程度上反映出对于特殊学生群体认

① 王辉. 特殊儿童教育诊断与评估［M］. 南京：南京大学出版社，2015.

② 刘赫男. 基于儿童心理特点的培智类特教学校建筑设计策略研究［D］. 沈阳：沈阳建筑大学，2016.

识不同，容易造成特殊教育概念的无限泛化，并使得特殊教育的多学科化被泛化为无科学属性[①]。这主要是两方面造成的。

1. 专门法律的缺失

我国尚无专门针对特殊教育的法律出台，因此对于特殊学生的准确表述只能借鉴相关法律法规。而不同业界，尤其是不同法律，根据阐述问题的出发点不同，对于特殊学生的表述和称呼也不同。我国根本大法《中华人民共和国宪法》中并没有明确特殊教育的对象，而是明确了残疾人的范畴，即“盲、聋、哑和其他残疾”，同时规定“公民有接受教育的权利和义务”，间接地说明了特殊教育的对象；《中华人民共和国残疾人保障法》中则明确指出接受特殊教育的个体应包括“视力残疾、听力残疾、言语残疾、肢体残疾、智力残疾、精神残疾、多重残疾和其他残疾的人”，《中华人民共和国教育法》中使用的是“残疾儿童”；《中华人民共和国义务教育法》将接受义务教育的特殊学生定义为“视力残疾、听力语言残疾和智力残疾的适龄儿童、少年”。上述法律条文的描述看似相近，实则用语不一，并且具体范畴也不相同。这其中，《中华人民共和国残疾人保障法》的描述相对全面而准确，而《中华人民共和国义务教育法》将接受义务教育的对象仅限制在视力、听力语言和智力障碍三大类人群，将其他类型的残疾儿童刨除在外，显然与“零拒绝”的教育方针相违背。我国台湾地区的特殊教育法，对有特殊教育需要的对象分类非常详细，其中对身心障碍的分类包括智力障碍、视觉障碍、听觉障碍、语言障碍、肢体障碍、身体病弱、严重情绪障碍、学习障碍、多重障碍、自闭症、发展迟缓以及其他显著障碍等共12类，在此基础上又明确了资赋优异的分类，共6种。美国1997年的残疾人教育法也将特殊教育对象细分为13种。法律层面的缺失，在特殊教育资源不均衡的情况下，使得学校难以做到零拒绝，对特殊学生的招收有选择性和比较性。

2. 特殊教育观念的转变过程

这个转变的过程可以用称呼特殊学生的关键词来说明。

（1）残疾（Handicapped）

在早期医学模式为主的年代，人们对于特殊学生的观点是“残疾人”。《中华人民共和国残疾人保障法》对残疾人的界定为“残疾人是指在心理、生理、人体结构上，某组织、功能丧失或者不正常，全部或者部分丧失以正常方式从事某种活动能力的人”，这是完全基于医学观念的残疾概念，认为残疾是个体自身的缺陷造成的无法正常活动，忽略了社会环境、社会制度、教育条件对个体的不利影响。

（2）障碍（Retarded）

2006年联合国通过的《残疾人权利公约》认为，残疾“是一个演变中的概念，残疾是伤残者和阻碍他们在与其他人平等的基础上充分和切实地参与社会的各种态度和环境障碍互相作用所产生的结果”。

（3）有特殊教育需要（Special Needs Education）

1978年英国政府议会的《沃诺克报告》首次提出了“特殊需要教育”的概念，在这之后，“特殊需要儿童”、“特殊教育需要”逐渐取代“特殊教育”、“特殊儿童”的概念。1994年联

---

① 盛永进，甘昭良．“全纳”走向下特殊教育本体的认知定位［J］．外国教育研究，2009（9）：52.

合国《萨拉曼卡宣言》提出“全纳”教育为导向的特殊教育理念，“特殊需要教育体现了所有儿童可以从中获益的已被证明是合理的教育学原理，并设想人的差异是正常的。学习必须根据这一点来适应儿童的需要，而不要去适应预先规定的有关学习构成的速度和性质的假设”。[①]全纳教育最初出现于特殊教育理念中，但这并不意味着全纳教育等同于特殊教育的新形式或者替代概念，实际上全纳教育的范畴要远大于特殊教育，更广泛、更丰富。全纳教育的对象是每一位需要接受教育的人，其中心概念在于消除所有受教育者在学习过程中遇到的障碍。在全纳教育的影响下，特殊教育面向的对象大大扩展，由特定类型的残疾儿童、残疾学生，扩展为所有有特殊教育需要的儿童，包括身心问题儿童、情绪问题儿童、身心障碍儿童、超常儿童等所有身心有所差异的儿童。

（4）泛特殊教育

在全纳教育得到承认的前提下，有学者基于人的多样性和个性化，提出“人人都有特殊需要，人人都需要特殊教育”，特殊教育的范畴被不断扩大，扩大到所有人的、所有层次的教育，任何针对个体的教育行为都称为特殊教育，以至于几乎任何活动都可以被看作特殊教育。这种泛化的“大特教观”，初看起来很美好，人人都可以接受符合自己个性特点的教育，但实际上是将特殊教育的多学科属性虚无化，消解了特殊教育的意义，取消了特殊教育作为独立学科的地位，在观念上是一种乌托邦的幻想，在实际操作层面无法落实。

以上四个名称的变化，从特殊教育对象的范畴反映出特殊教育对象的层次。第一层次是传统的、狭义的、医学概念定义的残疾儿童，主要是指三大类残疾儿童，即视力残疾、听力残疾和智力残疾儿童；第二层次是指身心障碍儿童，在包括上述三大类残疾儿童的基础上，主要涵盖了心理障碍儿童，即在情绪、社会行为、语言及学习方面存在明显发展障碍的儿童；第三层次是认为儿童的身体和心理障碍不是儿童自身的缺陷，而是儿童所处的社会、文化、生活环境不能够为儿童提供正常生活所需的条件，从而导致儿童的障碍，也就是认为，在身体、心理基础上，社会环境造成的问题儿童也属于有差异的个体，需要给予特殊教育；第四层次是泛化的特殊教育，认为人人都有特殊教育、人人都需要特殊教育，将特殊教育的概念和范畴泛化了，并不具有学科指导意义。目前我国特殊教育正处在发展阶段，从第二层次向第三层次过渡，特殊教育的主流服务对象依然是有行为和心理问题的障碍儿童，但特殊教育的目标并不仅限于此，而是在全纳教育、医教结合等理念下，努力扩展特殊教育对象的涵盖范围，努力为所有有特殊教育需要的人群服务。

综合以上分析，无论是特殊教育学校还是特殊教育学生，目前各界用词普遍不统一，为方便研究，特将所使用的术语作统一说明。这里的统一术语仅为了本书使用方便，不作其他用途。

（1）关于特殊学生的名词

“残疾”一次范畴过小，学科局限性大，不符合特殊教育招生的发展趋势，且带有贬义，不适合使用；“特殊教育需要”一词范畴虽然全面，且在未来可能会为所有有特殊教育需要的人提供教育服务，但现阶段我国离这一特殊教育体系目标还相当远，立足于当下，“特殊教育

---

① 赵中建. 教育的使命——面向二十一世纪的教育宣言和行动纲领［C］. 北京：教育科学出版社，1996.

需要”涵盖内容太大，与我国国情不符；“障碍”一词介于两者之间，跳出医学框架，强调环境因素，因此本书对于特殊学生的描述采用这种描述方式。对于在盲校就读的盲和低视力学生，称“视力障碍学生”，在聋哑学校就读的聋、哑、语言障碍学生称“听力障碍学生”，在培智学校就读的智力障碍学生称“智力障碍学生”。对于就读的障碍儿童总体来说，本书从教育学的角度，使用“特殊学生”或“障碍学生”描述。

（2）关于学生和儿童

本书主要的研究对象是九年义务教育的适龄儿童，从这个角度来说，应用“学生”一词，但在阐述特殊学生的特殊性时，涉及其他学科，如医学、心理学等，这些学科知识的研究对象不仅限于义务教育适龄儿童，还包括学前和成年人等。如果依旧用“特殊学生”一词，会让人产生歧义，认为研究范围过于局限。因此本书对于针对特殊教育学校的研究，采用“学生”一词，如对于学校教学空间的研究，其使用对象就是特殊学生；而在基础理论知识的阐述和归纳中，采用“特殊儿童”。

1.2.4 特殊教育学校的定义与分类

1.2.4.1 特殊教育学校的定义

特殊教育学校是指由政府、企事业组织、社会团体、其他社会组织及公民个人依法举办的专门对残疾儿童、青少年实施的义务教育机构。

现代特殊教育涵盖的对象范围很广，不仅仅包括传统的盲、聋、培智三类，还包括了脑瘫、自闭症、多重残疾、语言言语障碍、情绪行为障碍、资优儿童等各类有特殊教育需要的儿童。全纳教育的兴起，更是进一步削弱了特殊教育与普通教育之间的界限，特殊教育成为一种普遍现象。相应的特殊教育安置方式也更加丰富。

特殊教育学校是特殊学生诸多安置方式中最主要的形式之一，是我国特殊教育体系的主干。

1.2.4.2 基于学生障碍类型的学校分类

基于收治学生的障碍类型，特殊教育学校可分为四大类：盲校、聋校、培智学校，以及招收以上两种或两种以上障碍类型的综合型特殊教育学校。盲校是为视力残疾（包括全盲与低视力）儿童、青少年实施特殊教育的机构；聋校是指为听力及语言残疾的儿童、青少年实施特殊教育的机构；培智学校是指为智力障碍儿童、青少年实施特殊教育的机构。综合型特殊教育学校是指同时招收以上两种或两种以上障碍类型学生的特殊教育机构。

由于安置模式相对固定，传统的单一类型特殊教育学校招生范围小，受众人数少，如盲校只招收视力障碍学生，聋校只招收听力障碍学生，其他残疾全部交给培智学校，这样的安置体系有利有弊。

优势一是从教学以及师资配置上来讲，这样的安置模式更为合理，因为不同障碍类型的学生，其障碍原因、障碍特点以及由此带来的教学方法和教学内容都不相同，如听力残疾学生的语言训练和言语训练在盲校完全不需要，教师在教学科研方向上可以更专心，学校在硬件投入上也可以更专一，校园空间的组织也更加合理。优势二是目前我国培智学校数量多、布局范围广，远高于聋校和盲校，有利于精神和肢体障碍的学生就近就读。同时随着我国特殊教育学校布局的调整，将逐步减少单一类型的盲校、聋校，逐步提高综合型特殊教育学校的数量。在这种发展趋势下，数量基数多的培智学校改制为综合型特殊教育学校更加容易。不利之处在于目前我国特殊教育资源整体比较匮乏，单独障碍类型建校需要较大经济投入，对地方政府与教育部门来说负担大，且各地特殊学生生源分布不均，按现有结构布局也难以实现教育资源的全面覆盖。基于学校职能的转变，目前单一类型的盲校、聋校都开始招收多重障碍、智力障碍等学生，以起到特殊教育的示范作用。如上海市盲童校在20世纪90年代初开始尝试招收以视力障碍为主，并伴有其他障碍的多重障碍学生，并成立了专门的启智班，开展多重障碍的教育，学校内开始招收多重障碍学生。综上来看，我国特殊教育学校的布局趋势是向着综合性特殊教育学校发展，有利于特殊教育资源平衡。

1.2.4.3 基于教育阶段的学校分类

根据学生年龄不同所接受的教育阶段不同，特殊教育学校可分为学前教育、义务教育、职业教育、高等教育以及成人教育五个阶段的学校。

学前教育是指专门招收0~6岁学龄前儿童的特殊教育机构。目前我国特殊儿童的学前教育主要由残联康复机构、普通幼儿园、特殊教育学校三者共同承担，并无专门的特殊教育幼儿园。由于特殊儿童的康复在学龄前是最有效的，尤其对于听力障碍学生、肢体障碍学生及感觉统合失调学生等。尽早发现、尽早治疗、积极康复，对于特殊学生的障碍康复具有非常重要的意义，有效提高特殊学生进入普通学校随班就读的效率。我国听力障碍学生生源数量的降低，与出生筛查、医疗介入有非常大的关系。因此我国0~6岁学龄前特殊儿童的主要安置方式以医疗康复为主，最主要的安置机构是各省市地区的残联康复机构。

义务教育是指小学与初中阶段，对6~14岁障碍儿童实施特殊教育的机构，是本书的主要研究对象；职业教育是指对义务教育阶段后，有职业技能培训需要的障碍学生继续进行职业培训的特殊教育机构；高等教育是指能够招收残疾人进行高等教育学习的普通高等学校和专门为培养特殊教育师资、教育人才设立的高等院校；成人教育泛指通过自学、夜间大学、电视大学、函授教学等，面向社会成年残疾人开放的通过成人考试并取得高等学历的教育形式。

狭义的特殊教育学校是覆盖了盲校、聋校和培智学校义务教育阶段的特殊教育学校。

1.2.4.4 关于特殊学校的名词

为避免对特殊学生的歧视，自有特殊教育学校起，学校名称就多种多样，避免伤及学生自尊，并有鼓励意味。如视力障碍学生学校称为启明学校、瞽目学校，听力障碍学生学校称为启喑学校、启聪学校、瞽叟学校等，智力障碍学生学校称为启智学校、培智学校、启慧学校、聪慧学校，自闭症学生学校称为星星学校等，从社会层面避免对就读学生的歧视，减少学生心理负担。特殊教育学校收归教育部门统一管理后，多数学校名称基本统一为盲校、聋校和培智（启智）学校，并被其他各行业采用，少数培智学校仍沿用原有名称，标识性较强。

一些综合型学校由于早先并非公立学校，不属于教育部门，承担了更多的康复、医疗和学前教育功能，因此学校延续旧制，称为地区特殊教育中心。在特殊教育学校统一制式之后，称谓的不同并不影响学校实际的教学功能，因此本书为便于阐述，对于上述几类学校统一称为盲校、聋校、培智学校和综合型特殊教育学校。

1.2.4.5 本书研究的特殊教育学校范围

由于教育资源不均衡，且特殊教育覆盖的范围大，即便是同级别的学校之间，校园建设差异也较大。研究中无法涵盖所有特殊教育学校，因此选取有代表性的学校作为研究对象，具体范围限定为我国特殊教育较发达的城市及地区的公立特殊教育学校。范围限定和选择原因如下。

1. 我国境内的特殊教育学校

如前文所述，经济发达国家对特殊教育的投入非常高，特殊教育资源丰富，远超我国，对残疾的定义、对特殊学生的定义、安置的人数和方式都与我国有一定差异。因此国外特殊教育的整体模式可借参考，但并不适合我国国情，无法完全照搬。

2. 特殊教育较发达地区

我国特殊教育覆盖范围广、地区差异大，造成差异的原因主要有经济投入、教育资源分布、社会理解、残疾人口基数等多种因素。投入多、重视程度高的地区，特殊教育相对发达，特殊教育学校的建设较完善。《特殊教育学校建设标准》中也针对特殊教育资源不均衡情况设定了一级指标与二级指标。在国家标准的统筹下，一、二级指标的区别仅是由于地区投入差异造成的，标准较高的二级指标明显更适合特殊教育的可持续发展。本书根据不同地区特殊教育的发展程度，将现有特殊教育学校分为全国平均水准、高于平均水准、低于平均水准三个层次。这三个层次既受地域影响，也受城乡分布不均衡的影响。总的来说，长三角、珠三角及京津冀地区的重点城市整体水平较高；西北、东北和少数民族地区水平较低。这其中也有特例，如成都市近年修建了很多特殊教育学校，其中青羊区特殊教育中心在融合教育方面处于全国领先，长春市特殊教育学校在东北地区整体发展水平不高的情况下，在教学课程、职业教育等方面都走在全国前列。研究过程中的样本力求涉及每一个层次的典型代表，希望对目前国内特殊教育学校建设情况有一个基本的了解；在解决问题的阶段，本研究面向未来，着眼于特殊教育的快速发展，研究成果在目前已有的典型特殊教育学校基础上适当超前，期望成果能为将来的学校建设提供标杆性指导。

3. 城市地区

在普通中小学建设标准中，城市中小学与农村中小学的建设标准是分开的。这种差异在特殊教育学校中体现得更加明显。农村地区人口基数少，适龄特殊学生人数更少，专门建设农村特殊教育学校投资高，效率低。我国 2006 年第二次全国残疾人抽样调查显示，全国残疾人口中有 24.96% 在城镇，而农村残疾人口占 75.04%，如果按人口分布，特殊教育学校在农村的数量应为城镇的 3 倍。但实际上，我国城镇特殊教育学校占到了特殊教育学校总数的 90% 强。农村特殊教育学校数量十分匮乏，办学条件与生活条件都很落后。这是特殊教育资源不均衡的典型体现，也是由我国的国情所决定的。基于这种情况，本书认为城镇与农村特殊教育学校应区分对待，在可能的情况下，应从根本上重新考虑农村地区特殊儿童的安置，并提出相应的学校建设指导方针。遗憾的是我国特殊教育尚在发展过程中，还无法完善解决这些问题，本书也无力做更广泛的基础研究，因此将研究范围集中在城市地区，期待将来有学者能够对农村地区特殊教育安置和学校建设提出更有建设性的意见。

4. 公立学校

西方特殊教育发轫于慈善机构，我国特殊教育的起步也是由西方人引入并逐步发展而来的，所以特殊教育学校一开始都是由私人或机构兴办的，不属国家性质。我国真正意义的智力障碍学校兴办于1980年代，这之前智力障碍儿童的安置主要依靠残联、家长等办学机构。直至目前，国内对于自闭症仍无公立专门学校，现有较知名的北京星星学校等都是自闭症家长在各方资助下建立的。这类私人机构对特殊教育的兴起与发展起到了不可忽视的作用，填补了公立学校制度建设慢、收治学生单一的不足，但私人机构覆盖范围小，多集中在经济发达地区，由经济能力好的家长组织，且学校总体数量少、规模小，收治学生人数有限，教学体系有明显医疗、慈善倾向等问题仍较突出。在教育部门建立了系统的特殊教育体系之后，特殊教育才在我国真正全面铺开，解决了大多数适龄学生的安置问题，弥补了私人机构教育的不足。因此公立特殊教育学校建设体系的完善，才是我国现代特殊教育建立的标志。本书期望对现有国内特殊教育学校的体系性建设提供参考，因此研究范围集中在公立特殊教育学校，但部分研究成果可作为私立学校的参考。

1.3 特殊教育学校的发展与展望

我国古代的残疾人教育行为出现很早，稻森信昭的《中国残疾人史》提到，早在尧舜时代“典掌乐事”的“夔”[①]就是教育家。《尚书·舜典》中，舜说道：夔，命汝典乐，教胄子。《淮南子·修务训》中提到：“今夫盲者，目不能识昼夜，分白黑。然而搏琴抚弦，参弹复徽，攫援摽拂，手若蔑蒙，不失一弦。”在商周，瞽目之人已经作为宫廷乐师大量出现，汉代有文章认为，所有的盲人只要经过训练都可以成为乐师。因此有人认为我国特殊教育的发轫始于古代。

广义的教育是指有目的地增进人们知识与技能、身心发展的实践活动，狭义的教育是指有组织的实践活动，特指学校教育。特殊教育同样如此，指的是有目的、有方法地对有特殊教育需要的人群进行培养的教育。我国古代针对盲人的培训主要是技能培训，也就是“古者乐人俱瞽目，使之笔画少则易记，晓铿锵而不传其义者也”，对于瞽目人，仅仅是训练操作乐器，传音不传意，而且除了操作乐器，再无其他方面的知识传授。而且这种培训是官方性质的，并不是民间自发的组织机构，受培训的人也仅仅是个别人，并不是面向所有的瞽目人士。且春秋之后，宫廷盲人乐师不再盛行，官方培训销声匿迹。因此乐师行当及其培训，不能归为特殊教育一列。

不传授知识不等于不重视残疾人。我国古代对残疾人“养而不教”，各朝各代对残疾人均照顾有加，在法律和习俗上均有体现。魏朝法定，“孤独病老笃贫不能自存者，三长内迭养食

① 夔是指传说中只有一条腿的人或物，意指肢体残疾的人。

之”；隋朝也规定，“废疾非人不能养者，一人不从役”；唐代均田制，残疾人也同样有田地供养生活，“凡天下丁男给田一顷，笃疾、废疾，给四十亩”。以上管中窥豹仅见一斑，却足以证明我国古代社会对残疾人的关注态度，主要以赡养为主且具体措施丰富，具有极强的可操作性。但更应该看到在漫长的古代社会中，残疾人的救助覆盖范围和能力有限，多数残疾人还要依靠家庭，更多的是依靠自我奉养，自食其力，这就需要具有一定的谋生能力。这些谋生能力的学习，具有一定的“教育”因素。如盲人学习乐理，依靠弹唱谋生；也有依靠占卜算命、按摩针灸、书场说书等谋生，这些都是职业谋生的技能，与真正意义上的教育具有较大差距，但尊养残疾人的习俗，使得19世纪中期西方传教士将残疾人教育引入中国时，国民对这一现象不以为怪，接受度较高。

1.3.1 近现代特殊教育的发展

我国现代意义的特殊教育起步时间比较晚，但进步迅速。从20世纪初蔡元培担任教育总长起，特殊教育得到政府重视，是现代特殊教育在我国的滥觞。虽然比欧美等国起步晚相近半个世纪，但一直在努力完善适合我国国情的特殊教育体系，并取得了相当的成绩。

1.3.1.1 中华人民共和国成立前

19世纪后期，我国已经出现了略带官方公办性质的残疾人教育[1]，1874威廉·穆瑞在北京东城的甘雨胡同成立了我国第一所盲人学校，瞽叟通文馆（图1-9）。随后一批特殊教育学校在西方特殊教育思想的传播下陆续创办，但当时社会对特殊儿童仍有排斥。清政府1902年《钦定小学章程》中指出，“凡资性太低，难期进益者和困于疾病者都应推出学堂”，“学龄儿童，若有疯癫疾病或五官不具不能就学……”[2]。这一阶段的特殊教育主要以私人办学和教会办学为主，在教育内容与课程上具有比较浓重的慈善和宗教色彩。

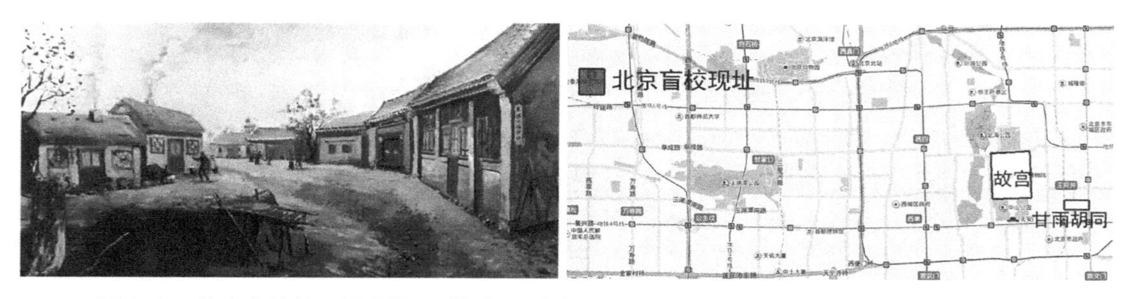

图1-9 北京盲校位于甘雨胡同时的复原意向图及北京盲校现址与甘雨胡同位置关系示意
（资料来源：左，北京盲校官方网站；右，笔者根据调研数据绘制）

① 汤盛钦. 特殊教育概论：普通班级中有特殊教育需要的学生［M］. 上海：上海教育出版社，2004：12-16.

② 黄建辉. 公平与卓越的追求：美国特殊教育发展与变革研究［D］. 福州：福建师范大学，2015：288-290.

辛亥革命后，国民政府对特殊教育逐步重视，1914 年出台的《教育部官制》规定了特殊教育机构由普通教育司负责。1922 年《壬戌学制》规定，“对于精神上或身体上有缺陷者，应施相当之特种教育[①]”。国民政府对于特殊教育的重视程度明显提升，官方性质的公办学校与教育机构逐渐增加，且相关课程与教育制度都陆续出台。虽然特殊教育主要集中在小学教育层次，但教学已经从“有养无教”变为“养教结合”，并适当开展职业教育[②]。至中华人民共和国成立前，全国已有 42 所盲聋哑学校[③]。

1.3.1.2 中华人民共和国成立后

特殊教育开始得到足够的重视，1951 年政务院规定，“各级政府要设立聋哑、盲等特殊教育学校，对生理上有缺陷的儿童、青年和成人施以教育[④]”。1953 年至 1965 年间，发布了一系列关于盲童学校、聋哑学校课程、经费、教育目标以及学校布局问题的相关通知，极大促进了特殊教育的发展。但由于当时社会不稳定，教学活动受到很大冲击，大多数特殊教育政策并没有得到很好的落实，特殊教育实际上处于停顿状态。作为当时特殊教育的主要形式，特殊教育学校的数量在 1975 年为 246 所，比 1965 年少 20 所。

1.3.1.3 20 世纪 80 年代后的快速发展

改革开放之后，特殊教育得到了蓬勃发展。1983 年，北京市首先成立了全国第一所培智学校；1988 年，全国第一次特殊教育工作会议在北京召开；1989 年，国务院发布了《关于发展特殊教育的若干意见》，对特殊教育的一系列问题给予明确的规定，确立了特殊教育在义务教育阶段的地位。1985 年，各地为了提高障碍儿童在学校的入学率，开始试行在普通学校内设立特殊教育班接收特殊儿童入学，并尝试在普通班级内接纳障碍程度较轻的特殊儿童跟读，随班就读形式开始出现。90 年代后，随着全纳教育理念的深入，随班就读形式得到了广泛的认可，尤其改善了农村地区特殊教育的安置能力，因此逐步形成了以随班就读为主体、以特殊教育学校为骨干的特殊教育安置体系，并逐渐发展至今。

1.3.2 特殊教育学校的发展趋势

2001 年以来，我国特殊教育学校的数量呈不断上涨的趋势，到 2011 年为止，已有特殊教育学校 1767 所，比 2001 年的 1531 所来说，平均每年增加 23.6 所，增长速度很快。这其中，综合型特殊教育学校增长最明显，已接近学校总数的 50%（图 1-10～图 1-12）。

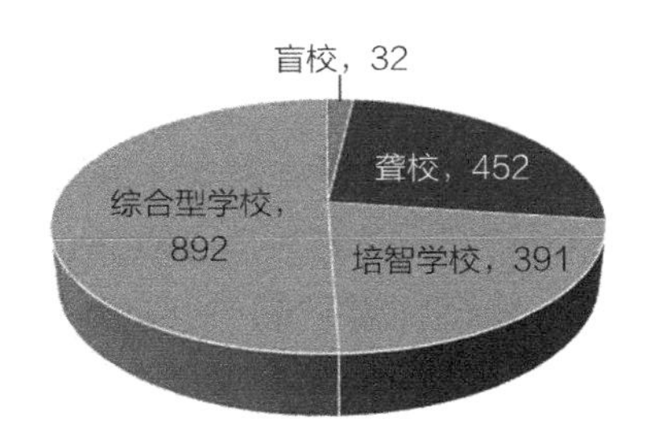

图 1-10　2011 年各类特殊教育学校数量（单位：所）

（资料来源：根据《中国特殊教育发展报告 2012》数据绘制）

① 黄建辉. 公平与卓越的追求：美国特殊教育发展与变革研究［D］. 福州：福建师范大学，2015：288-290.

② 顾明远，梁忠义. 世界教育大系特殊教育［M］. 长春：吉林教育出版社，2000：294.

③ 顾定倩. 特殊教育导论［M］. 大连：辽宁师范大学出版社，2001：77.

④ 何东昌. 中华人民共和国重要教育文献［M］. 海口：海南出版社，1998：107.

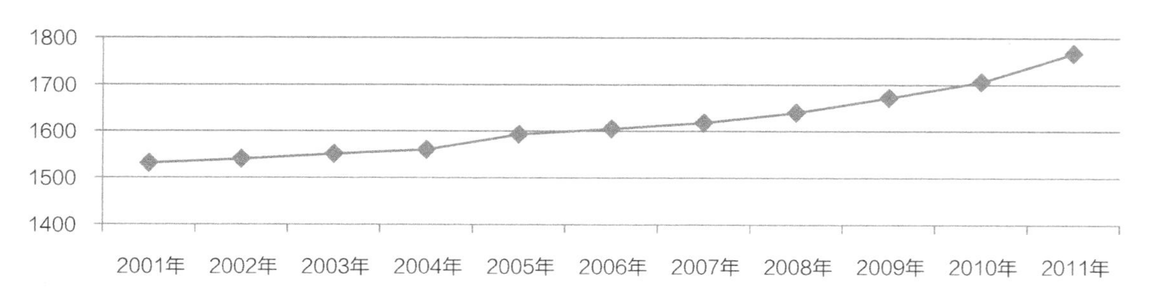

图 1-11　2001～2011 年特殊教育学校数量变化（单位：所）

（资料来源：根据《中国特殊教育发展报告 2012》数据绘制）

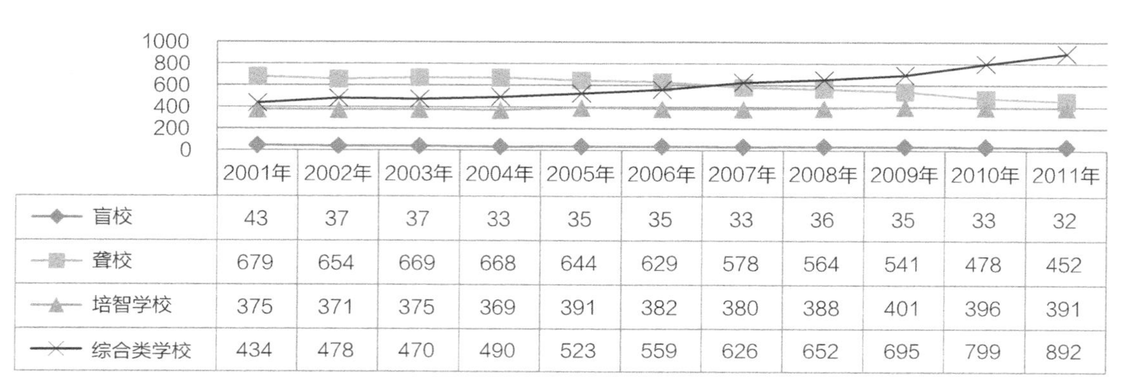

	2001年	2002年	2003年	2004年	2005年	2006年	2007年	2008年	2009年	2010年	2011年
盲校	43	37	37	33	35	35	33	36	35	33	32
聋校	679	654	669	668	644	629	578	564	541	478	452
培智学校	375	371	375	369	391	382	380	388	401	396	391
综合类学校	434	478	470	490	523	559	626	652	695	799	892

图 1-12　2001～2011 年各类特殊教育学校数量（单位：所）

（资料来源：根据《中国特殊教育发展报告 2012》数据绘制）

盲校与聋校发展最早，但 1980 年代培智学校纳入教育体系后，培智学校发展最迅速。21 世纪后，特殊教育布局调整，大力发展综合型特殊教育学校，新建、扩建一批培智学校和综合型特殊教育学校，一批聋哑学校改编为综合型特殊教育学校，开始招收培智生和多重障碍学生。

一方面，这是由于视力障碍以及听力障碍学生受益于医疗技术的提高，在新生儿筛查阶段就大力控制了可预见疾病可能带来的生理障碍，降低了残疾儿童的出生数量，同时，通过学前阶段的康复治疗，使得大部分视力障碍和听力障碍儿童在学龄阶段可以进入普通学校随班就读。另一方面，新世纪以来，国家实施中西部地区特殊教育学校建设整体规划，平衡特殊教育资源，通过建设综合型特殊教育学校，使得更多的特殊儿童有接受教育的机会。

1.3.3　特殊教育学校的发展动力

1.3.3.1　政策推动

教育作为国家产业，各国政府历来是最主要的推动者，担任了政策制定与监督执行的角色。我国政府部门是特殊教育前进的最大动力，这个推动包括政策与经济两方面。

在政策方面，我国是高度集中的教育行政体系。特殊教育的发展体系和政策由国家制定，并由国务院下设的教育部主管所有与教育相关的各方面工作。具体到特殊教育，则归教育部下属的基础教育二司主管。地方各级教育行政部门均需要按照中央及教育部的部署安排具体工作，虽然有一定的自主性，但不能无视中央教育行政部门的主管职能。因此，在教育日趋开放化、专业化的今天，高度集中的中央管辖权力与地方实际的发展情况产生日益突出的矛盾。尤其在特殊教育这一领域，各个地区的发展不均衡，因此实际上，中央更多地将特殊教育管理权下放至地方，允许地方根据实际情况发挥所在地区优势，多元化地发展特殊教育。中央则加强宏观调控，从政策角度实现特殊教育的均衡发展，制定切实可行的行动纲要，指导和支持地方发展特殊教育。

就教育部基础教育二司来说，管辖范围包括特殊教育、学前教育和普通高中教育三部分，在职能上并不独立。同时，虽然基础教育二司是特殊教育的主管部门，但并不是所有特殊教育的内容都在基础教育二司的管辖范围内，如特殊教育经费划拨归财务部负责，相关人事聘用和调用要由人事部门审批，特殊教育的职业教育归各地残联部门主管等，这些繁复的职能管辖，在一定程度上造成了部门之间工作效率的低下，使简单问题复杂化。国家正在强调行政部门职能改革，强调转变职能，从直接领导转变为间接领导。近些年，大力发展中西部地区特殊教育，完善特殊教育布局体系等一系列政策的出台，说明在宏观政策内容的制定上，中央政府部门正在切实履行职责，不过多插手具体地方行政，给予地方较大的执行和发展自主权。

以瑞典为例，瑞典曾是一个高度集权的国家，20 世纪初开始对教育体系进行改革，基于良好的社会保障体系、大力的经济投入以及行政改革，通过简政放权、由更加了解地区优势特点的地方政府根据近年的实际情况调整义务教育、特殊教育、学前教育的实施方法并对此负责，共同推进融合教育的理念。这对于我国教育体制的改革，转向有利于学生学习、发展的方向具有良好借鉴作用。

孙绵涛曾提出，宏观的教育政策内容制定要达到三个标准，即完整性、科学性和创新性[①]。完整性是指教育政策的内容要包含所有教育范畴内的问题，同时教育政策的各个要素的完整，也就是教育政策的目的、对象以及措施的完整。科学性是指政策内容要素之间关系明确，互相关联。创新性则是教育政策的内容要迎合时代的发展，根据形势发展进行理论调整。在特殊教育政策的内容上，近年来的规章与条例在保证完整性的同时，越来越倾向于科学性和创新性，为中观层面地方和教育部门的执行提供了明确的方向和保障。

1.3.3.2 经济推动

在经济上，教育经费的来源虽然呈多样化发展趋势，但中央、各级政府依然是经费的主要投入者。只是不同国家对于教育重视程度不同，经费的投入比例也不同，尤其是面对特殊教育，所需要的人均经费远高于普通教育费用。

① 孙绵涛．关于教育政策内容分析的政策讨论——以中国 1978 年后教育体制改革政策内容的分析为例［J］．教育研究与实验，2007（3）：39-45.

在美国，教育经费由联邦、州和地方三级政府共同承担，来源主要依靠三级政府的税收，但美国的教育是地方分权的，教育财政独立，特殊教育的经费中，有 8%~10% 来源于联邦政府，剩下90%由州和地方政府均担。有些地区，私人捐款比重很大，甚至有近三成[①]。2013年美国财政预算中，教育经费为 698 亿美元，比 2012 年教育经费增加了 2.5%，其中有 127 亿美元用于特殊教育，占教育总经费预算的 18.2%。这 127 亿美元从服务对象上包括了残疾儿童及其家庭，特殊教育机构、康复机构相关工作人员以及针对特殊教育服务人员的培训和教育经费等，从为儿童服务的范围上包括学前干预、技术援助等多项服务。

在日本，特殊教育经费由国家和地方分担，其中国家政府负担 50%，县、市町村负责 50%。日本对于残障人士的资金投入数额非常大，而且资金用途非常详细，包括就业支援、就学奖励金、残障人士雇佣预算等，在 2007 年的日本厚生劳动省预算中，社会保障费用占 97%，其中社会福利占 7.6%，而社会福利中，用于支持残障人士福利的经费占 20% 左右，约 3244.6 亿日元，约合人民币 220 亿元[②]。

反观我国，各地特殊教育学校经济来源虽然也呈多样化发展，但最主要的经济来源仍然依靠于政府投资。湖南省 2012 年的一份统计报告显示，86% 的学校主要依靠政府部门的拨款，还有 7% 依靠学生上学时缴纳的学费（特殊教育属于义务教育的一部分，因此小学至初中的学龄儿童不必缴纳学费），40% 的学校几乎从未收到过非政府部门的经济资助，学校经费非常紧张，约 40% 的学校明确表示正规途径的教学经费完全不够用[③]（表 1-1）。

湖南省 2012 年特殊教育学校主要经费来源 表 1-1

经费来源	批次	所占比重（%）
自有资金	2	7
学生学费	2	7
政府部门拨款	26	86
社会赞助	0	0
家长赞助	0	0
总计	30	100

资料来源：刘建娥. 湖南省特殊教育学校发展研究［D］. 长沙：湖南师范大学，2013.

《特殊教育提升计划（2014—2016 年）》明确提出要加大特殊教育经费投入力度，目前国内特殊教育学校生均公用经费的标准是 2100 元，是普通中小学校学生的 3 倍，调整后希望能够达到 8 倍预算。相比于美国政府教育经费预算在年度预算中的比例，以及特殊教育经费在整体教育经费中所占的比重来说，我国的特殊教育投入严重不足。这种不足需要从多方面去

① 谢敬仁，钱丽霞，杨希洁，江小英. 国外特殊教育经费投入和使用及其对我国特殊教育发展的启示［J］. 中国特殊教育，2009（6）：17-23.

② 贾菲. 21 世纪以来日本支援残障学生走向自立的相关政策研究［D］. 兰州：西北师范大学，2014.

③ 刘建娥. 湖南省特殊教育学校发展研究［D］. 长沙：湖南师范大学，2013.

弥补。首先要完善特殊教育相关的法律，通过法律来保障对特殊教育的投入，明确地方政府的责任和义务。其次要加大政府对特殊教育的经费投入，一是保证教育总经费占国民经费预算的比例，二是保证特殊教育占教育经费的比例。再次要完善特殊教育的资金来源途径，鼓励社会和民间资本对特殊教育的介入；同时要扩大国家对特殊儿童的资助范围，从资助对象上由三大类扩展到有特殊教育需要的儿童，从常规资助阶段扩大到学龄前和义务教育阶段后，并且对于从事特殊教育事业的教师和工作人员、家庭甚至社区都要给予足够的重视和相对应的资助条件，保障特殊教育整体体系的完整。最后，还要明确资金的使用条目与去向，使得资金的投入落实到真正需要的地方，这也需要政府在做预算时，不是一笔投资，而是持续性的、清晰的投资。

1.3.3.3 家庭推动

家庭是微观层面特殊教育的推动力，也是切实与特殊儿童息息相关的。障碍儿童的出现是不可避免的，虽然医疗技术的发达减少了感官障碍儿童的出现几率，但是精神障碍儿童的出现在现阶段是无法避免的。出现了障碍儿童的家庭，无论在精神、经济还是工作上都承担了非常大的压力。如果家长呈现出过多的忽视、冷漠等负面情绪，对障碍儿童的成长是非常不利的。家庭作为儿童成长过程中的第一场所，其重要性远大于学校。学校从教学需要的角度推行个别化教育，但并不意味着每个教师仅对一个学生负责。在日常生活中，学生除去在校的 8 个小时，其余大部分时间都是同家人在一起，家长对障碍儿童的兴趣、需求、习惯、健康、心理特点等了解得更为清晰。在学生的整个学习阶段，家长是唯一能够陪伴学生从头至尾完成学业的人。因此家长在学生的教育与康复过程中扮演着重要的角色。

介于家庭在障碍儿童成长过程中的重要性，我国在法律法规体系的建设过程中将家庭所应承担的责任和义务逐步明确。1989 年发布的《关于发展特殊教育的若干意见》中就明确指出，“有计划、有步骤地发展残疾人教育事业，保障残疾人受教育的权利，是国家、社会和残疾人家长的共同责任”。《中华人民共和国残疾人保障法》中也规定“家庭……对残疾儿童、少年实施义务教育”。《残疾人教育条例》规定，残疾人的家庭有责任和义务帮助残疾人接受适龄义务教育，且在儿童学习过程中必须提供必要的措施和保障。

家长和家庭对待障碍儿童的态度间接地反映了社会的经济和文化状态，在经济紧张的年代，障碍儿童的生存条件差，对于多数家庭来说都是沉重的负担。随着我国整体经济形势的转暖，家庭对于障碍儿童的态度也大为改善，除上述法律条文的规定之外，多数家庭对于障碍儿童持一种积极的态度。但因为特殊教育在我国归政府主导，政策研究、下达、落实过程慢，而特殊教育理论发展迅速，教育与康复技术都不断有新发展，在这个过程中，有家长出于对儿童的关爱，放弃了对于新理念新方法接受缓慢的公立学校，转而求助医疗康复机构，甚至自己主持兴办民间教育康复机构。这种现象在精神障碍儿童，如自闭症儿童的家长中非常明显。我国一直以来的三大类特殊教育学校，盲、聋、培智学校都没有将自闭症儿童正式纳入就读体系，只是有的学校在教学过程中意识到自闭症学生比例的增加，尝试性开展了这方面的教学。自闭症的康复教育，在我国一直是以医疗机构和民间教育机构为主，如北京星星雨教育研究所（儿童自闭症康复机构）、博森特殊教育研究中心（儿童自闭症康复机构）、新运弱智儿童养育院（儿童智力障碍与脑瘫康复机构）、北京智光特殊教育培训中心（儿童智力障碍与脑瘫康复机构）等，部分学校享誉国内。有些学校的主办人就是特殊儿童的家长，这些家长在办学的过程中不受行政系统的约束与限制，在接受国外先进教育理念和康复理念上反应非常迅速，几乎可以做到与国外同步，这种进步又得到了其他家长的认可。可以说，我国早期的自闭症儿童、多重残疾和重度残疾儿童的教育和康复一直游离于正规教育系统之外，基本依靠这些民办机构弥补了公办教育对于这些儿童教育的缺失。近年来，随着特殊教育的发展、城市化进程的加快、精神障碍儿童的比例增多，这个问题已经得到重视，教育部会同医疗部门开始试点建设自闭症学前教育的安置体系，这部分是家长强力推动的结果。

1.4 特殊教育学校设计的研究现状

目前我国对特殊教育学校校园设计的研究尚处于起步阶段，研究较为分散，多为针对具体问题提出解决方案，研究的深度和广度仍有待提高。多数研究侧重于某一类型的特殊教育学校研究，或对特殊教育学校某类有共性的空间的专项研究，缺少对特殊教育学校全面的纵向研究及对特殊儿童特点全面梳理的横向研究。国外对特殊教育学校的研究也多集中在实用案例的描述上，多为有明确实践指导作用的近似工具书的成果，较少用明确的研究方法、系统地对特殊教育学校设计进行讨论。同时国外的安置模式与我国有一定差距，所以国外相关成果的参考价值有限，可借鉴的多为细节性参考。所以，目前针对我国特殊教育学校的系统性研究工作仍然比较缺乏，一方面需要紧密结合特殊教育的发展、障碍儿童的特点进行纵向研究，另一方面在特殊教育越来越专业化的趋势下，需要对特殊教育学校校园、建筑各个层面进行全方位的横向研究。

因此对于研究现状的整理主要包括五个方面。首先是笔者所在团队的研究成果，其一以贯之的研究方法和框架性成果是本书写作的基础；其次是国内其他特殊教育学校的研究成果，从研究角度、研究方法的角度比较目前研究的优势与不足；再次是特殊教育专业的研究成果，对其整理的目的是了解目前特殊教育的发展趋势，以及对儿童行为特殊性、教育模式特殊性的全面把握，结合本书调研工作，确保研究方向的正确；然后是素质教育模式下普通中小学的研究成果，用作本书比较研究中特殊教育学校的特殊性与普通中小学的设计比较；最后是国外相关研究成果。

1.4.1 华南理工大学研究成果

华南理工大学汤朝晖老师团队，是国内较早对特殊教育学校进行系统研究的团队之一。团队自 2006 年开始对特殊教育学校进行研究，积累了一批实践项目与相关研究成果，在国内较早地将特殊教育学校作为一个整体进行统合性研究，弥补了过去仅关注单一类型学校的研究不足。

2008 年起，汤朝晖团队开始完成一系列特殊教育学校设计的相关硕士论文，形成了以特殊教育学校为主体的专项研究。首先是郭小叶的《基于残疾儿童行为的特殊教育学校教学空间设计研究》和王竹的《特殊教育学校的康复空间设计研究》，分别对特殊教育学校内最主要的两类功能空间——教学空间和康复空间进行专项研究，横向比较了盲校、聋校、培智学校空间设计的不同点，提出设计模式和要点，建立了汤朝晖团队对特殊教育学校设计研究的基础。这两篇论文属于国内较早将特殊教育学校作为一个整体进行的类型研究。之前的特殊教育学校研究，多集中于某一类型的学校研究，如范菁菁的硕士论文《肢体残疾者学习建筑环境的研究——适用于肢残者随班就读的中小学建筑环境初探》集中于肢残障碍学生的就读环境研究。2009 年华南理工大学牟彦茗的硕士论文《特殊教育学校交往空间设计研究》，延续了郭小叶和王竹的研究模式，专注于特殊教育学校内室内外不同地点、不同规模、不同性质的非功能空间引导的交往行为在学生康复、生活、学习中的各种作用，并提出此类交往空间的设计要点。2011 年王晓瑄的硕士论文《特殊教育学校教学生活一体化单元设计研究》，同样延续了之前的研究结构，专注于特殊教育学校低幼年龄学生的教学与住宿空间。相比之前几篇论文，这篇论文更具有探究性质，因为教学生活一体化单元的做法，在国内特殊教育学校中并无实例，仅在康复医院、残联慈善机构中，有少量关注学前儿童教育的实例尝试性采用了这种一体化模式，因此这篇论文具有相当的开拓意义。2012 年陈明扬的硕士论文《盲校规划及建筑设计研究》，首次以单一类型特殊教育学校为基础，全面阐述校内功能空间设计的规划、建筑及细部设计，是本团队首个纵向研究成果。同时期解志军的硕士论文《特殊教育学校职业实训空间设计研究》，尝试对国内尚无人研究的特殊教育学校职业教育空间进行讨论，根据实际调研的情况填补、完善了国内特殊教育学校职业教育空间的框架。由于特殊教育学校的职业教育并未明确落实在国家相关政策中，各个学校都是为解决障碍学生毕业后走向社会的实际问题而展开职业教育，其教育类型、空间模式都有较大差距，该论文实际是一种总结性的归纳，为后续研究提供基础。

除一系列硕士论文研究之外，汤朝晖老师在 2011 年主持了以“我国特殊教育学校设计研究”为题的教育部博士点基金课题，并在 2015 年顺利结题，除陈明扬、解志军的硕士论文作为课题成果的一部分外，笔者又刊发了《培智学校开放式教室单元设计浅析》《资源教室的设计要点》《特殊教育学校康复空间设计》《盲校教学空间设计》等期刊文章。这些文章有部分是在硕士论文基础上，结合教育理念的更新，对相关功能空间设计的再讨论，有些是弥补国内相关研究的不足，如培智学校在我国起步晚，国内对培智学校的专门建筑学研究寥寥无几，资源教室也正处于实验性推广阶段，开放式教学单元在我国方兴未艾，这些都属于当下特殊教育的可见发展方向，并具有相当切实的现实指导意义。除此之外，汤朝晖老师基于几个广州地区的建筑设计实践，发表了《两所特殊教育学校的设计探索与实践》《特殊教育学校建筑创作初探》等实践研究文章，为团队理论研究提供了坚实的基础。除特殊教育学校相关外，团队对残障人士的权益与社会地位的关注，赢得了残联、教育部门的认可，在广东省残疾人康复基地项目的实践基础上，又陆续发表了《残疾儿童训练生活一体化护理单元设计研究》等与残联康复机构建筑相关的硕士论文。

团队对于特殊教育学校相关研究，既有对三类学校共有空间的横向比较研究，也有对专一类型特殊教育学校的纵向研究，总体形成了以三大类特殊教育学校为主，对各主要功能空间的详细设计研究。总的研究结构是以实地调研为基础，首先总结现有特殊教育学校相关课题的不足与优势，然后提出解决不足之处的设计要点，最后提出设计参考模式的研究框架。这种框架得到国内相关学者的认可，在可见的一些零散研究中，这种框架研究模式影响较大。

1.4.2 国内其他特殊教育学校研究

我国其他特殊教育学校的研究主要分为国家标准及规范的制定和高校研究团队两部分。

在标准与规范的制定上，我国特殊教育学校研究总体起步较晚，相关标准推出也晚，至 1994 年教育部才发布了第一个关于特教学校建设的标准：《特殊教育学校建设标准（试行）》；2004 年《特殊教育学校建筑设计规范》正式实施，2020 年 3 月修订为《特殊教育学校建筑设计标准》建设标准在 2011 年已经重新修订。可见特殊教育发展之快，10 年已经需要根据特殊教育的发展进一步完善。

高校研究包括零散研究与系统研究。其中零散的研究多见于对特殊教育学校单个工程实践的经验总结，如《抓住特点设计好特教学校——福州盲校建筑设计体会》（1995）、《上海市浦东新区特殊教育中心建筑设计》（2003）、《由“特殊行为”到“特殊设计”——基于残疾儿童行为需求的教学空间设计探讨》（2008）等都是对时间工程的经验总结，侧重于设计者对作品的简单介绍。2002 年发表在《建筑学报》上的桑东升《残疾儿童学校建筑环境研究》、2003 年王芙蓉的《盲童学校总体空间构成》、2006 年张涛、孙炜玮的《特殊教育学校建筑创作初探》开始对特殊教育学校这一建筑类型进行了初步的探讨，但由于当时正值建筑设计规范推出前后，这些研究探讨的深度非常有限，多从无障碍设计的角度对特殊教育学校进行讨论。

高校研究团队对特殊教育学校的系统研究始于 1999 年张宗尧与赵秀兰在《托幼、中小学校建筑设计手册》一书中，第一次以专门的章节阐述了特殊教育学校的设计，从特殊教育学校选址与总平面设计、教学用房设计要点两大部分进行了比较全面和详细的分析，其内容与《特殊教育学校建设标准（试行）》基本相符，是国家标准推行的先驱，填补了国内空白。但因为之前研究的匮乏，这次对特殊教育学校的研究是附加在普通中小学研究之后的，篇幅约占同比的 1/5 左右，且多是直接结论性描述文字。西安建筑科技大学李志民教授对特殊教育建筑方面的研究开始得比较早。2001 年范菁菁的硕士论文《肢体残疾者学习建筑环境的研究——适用于肢残者随班就读的中小学建筑环境初探》开始关注特殊儿童对中学校设计的影响。2002 年范菁菁、李志民、李洁发表了《适应于肢残者随班就读的中小学建筑环境初探（Ⅰ）——中小学中影响肢体残疾学龄儿童随班就读的环境障碍分析》《适应于肢残者随班就读的中小学建筑环境初探（Ⅱ）——肢体残疾学龄儿童入学障碍原因分析》两篇文章，通过大量实地调查和问卷访问，根据建筑空间分类，分析影响肢体残疾学龄儿童“随班就读”的环境障碍，从而探讨适应于肢残者“随班就读”的中小学建筑环境，对特殊教育学校建筑设计有一定的参考作用。西安建筑科技大学公共建筑第一研究所还在 2003 年 5 月申请了国家自然科学基金项目“残疾儿童学校学习环境研究”，并成立了教育建筑研究小组，由博士生导师李志民教授指导。李志民老师的团队研究集中于 2004 年之前，是建筑设计规范研究的基础，研究内容多专注于某一类型的障碍学生研究，如肢体障碍，研究的范围集中在随班就读模式，对特殊教育学校的安置模式有一定参考价值。

2004 年后，随着规范的推出，特殊教育学校研究逐渐增多，但多为单一研究，没有形成课题性质的多成果。如 2008 年温雅玲在硕士论文《中小学校多意空间及其适应性环境设计研究》中，根据北京和西安地区聋校的现状调研，以专门的章节分析了聋校教学空间环境的特点和存在问题，提出了具体的设计要求。2007 年浙江大学彭荣斌的论文《我国特殊教育学校设计分析》，对特殊教育规划设计和各个功能空间及校园无障碍设计作了初步总结。2008 年中国美术学院研究生吴边的硕士论文《关爱的尺度——智障类特殊教育学校景观设计导则》从景观设计的角度探讨了智障学校的室外环境原则和方法。2010 年大连理工大学郑虎的硕士论文《当代国内特殊教育学校设计新趋势》，结合目前特殊教育最新的引入概念“全纳教育”，提出在新形势下特殊教育学校的设计要点。

国内近年来关于特殊教育学校建筑的研究，处于从无到有的起步发展阶段。在研究层次上多为横向研究，通过对某一类型空间或某一问题在三类特殊教育学校中的共性与差异的比较研究，得出相关空间设计要点。较少针对某一特定类型学校进行竖向研究。在研究方法上多是从本专业出发，以中小学研究方法为框架，注重对功能用房的基本使用需求进行描述。

除汤朝晖团队及李志民团队外，少见系统性地采用某一观点进行分析，或在其他相关学科的基础上以特殊儿童障碍特征为出发点，针对特殊儿童的交往活动需要，基于特定方法论对特教学校整体空间环境建设的研究，这与特殊教育发展起步晚，特殊教育学校的建设相对滞后相关。

1.4.3 特殊教育研究

特殊教育学校设计研究，实践调研是基础，但不可避免要借用特殊教育专业现有结论，并适当结合特殊教育的发展趋势。因此需要对特殊教育现有成果作总结性分析，提出本书所需的结论。

国内对于特殊教育的研究，主要集中在近 10 年内，有相当一批符合现代特殊教育理念的成果。北京大学出版社出版的《21 世纪特殊教育创新教材》按照“理论与基础系列”“发展与教育系列”和“康复与训练系列”三个分类，全面而系统地探讨了目前我国特殊教育相关的方方面面，其中理论与基础系列包括的教育史、研究方法等基础研究，康复与训练系列的行为治疗、心理治疗、辅具与康复等，不仅为我国特殊教育研究提供了基础理论方向，而且在具体教学方面提供了可供参考的标准和依据。书中主要对儿童障碍产生的原因、障碍的分类、障碍的具体表现，以及目前我国、世界范围内对特殊儿童的教育方法、安置模式等进行了全方位的讨论。其中对障碍的分类及障碍的具体表现等有详细的量化数据和结论，有较强的权威性，本书部分引用了其中的实验数据和结论。对教学过程的介绍，也弥补了本书工作中调研不全面的缺陷。这些都是本书前提研究的重要基础。

除此之外，这些研究中有部分成果提到了相应教学空间的设计。《智力障碍儿童的发展与教育》中提到智力障碍儿童活动教室的一些设计原则，如教室要做安全性防护、室内应保持良好的通风等。这些讨论多是定性研究，是指导原则，无法用来系统地指导特殊教育学校设计，但其中一些观点和原则对本书有较好的参考作用。

综上，特殊教育理论的这些研究成果，包括特殊教育及对空间设计原则的研究是本书理论研究的重要基础和依据。

1.4.4 素质教育模式下普通中小学的研究

特殊教育学校与普通中小学同属于我国义务教育阶段重要的安置方式。普通中小学校园设计研究成果丰富，特殊教育学校的设计研究在相当长一段时间里，由于安置模式、研究深度等原因依附于普通中小学。在《特殊教育学校建筑设计标准》中就明确说明，设计要符合普通中小学设计规范。因此特殊教育学校的设计研究是在普通中小学设计的基础上，突出其特殊性的设计研究。而普通中小学近年来在素质教育的普及下，校园设计也要求满足素质教育的需要，特殊教育学校作为普通中小学设计的分支，也可适当借鉴普通中小学的发展趋势。虽然我国并不强调特殊教育的素质教育，但素质教育模式中很多理念可与特殊教育相通，因此在对特殊教育学校设计进行研究前，需要对素质教育模式下的普通中小学校园设计有所了解。

素质教育对中小学教学环境的新需求。20 世纪 80 年代初，教育理论界就提出：我国教育要加强"双基"，加强智力开发，加强能力培养，重视非智力因素，注重个性全面发展，注重学生的主体地位和启发式教学等，这是我国对"素质教育"的早期探索。1985 年 5 月，邓小平在全国教育工作会议上的讲话《把教育工作认真抓起来》提到，"我们国家、国力的强弱，经济发展后劲的大小，越来越取决于劳动者的素质，取决于知识分子的数量和质量"。1993 年颁布的中国教育改革与发展纲要揭开了我国素质教育的序幕。1994 年 6 月，李岚清《在全国教育工作会议上的总结讲话》提出，"基础教育必须从应试教育转到素质教育的轨道上来，全面贯彻教育方针，全面提高教育质量"。

素质教育是指以提高受教育者各方面的综合素质为目标的教育方式。它注重人的思想道德素质、能力培养、个性发展、身心健康教育。国家教委的《关于当前积极推进中小学实施素质教育的若干意见》，开始全面推行素质教育，而与应试教育相对的素质教育在建筑空间模式上也有新的需求。

西安建筑科技大学李志民和张沛教授主持下的国家自然科学基金资助项目"适应素质教育的中小学建筑空间及环境模式研究课题"，针对素质教育对中小学校空间变化需要做出了一系列的研究成果。以李曙婷的"适应素质教育的小学校建筑空间及环境模式研究"为主课题，带领几名硕士研究生组成课题组进行工作，将主课题分解为多个小课题进行研究，采取分组调研和书籍整理等方法，根据研究需要组内共享，保证了研究的深度和广度。硕士成果包括张婧的《适应素质教育的中小学建筑空间及环境模式研究》、韩丽冰的《适应素质教育的中小学建筑空间灵活适应性研究》等课题，对中小学校的素质教育空间变化需求从整体的空间布局到普通教学单元、室内教学空间乃至空间灵活性等方面进行了全面分析，为后续研究做出了坚实的铺垫。

西安建筑科技大学对农村中小学建筑设计也进行了类似模式的课题研究，包括穆卫强的《西北地区农村中学专用教室多功能性的适应性设计研究》。周崐的《新形势下的西北农村中小学校建筑计划研究》对西北地区中小学的空间形态、教学单元、专用教室、普通教室和周边环境等方面进行了研究。素质教育作为我国目前中小学主要的教学理念，得到了广泛的推广，但由于目前中小学校舍集中建设期基本已经完成，因此对素质教育的研究主要集中在教学单元的研究上，在发达城市尤其如此。相反，农村的教育发展相对落后，对新建校舍的研究具有更高的应用价值，尤其是针对农村地区的素质教育研究。

西南交通大学冯永婧的《成都台北两地小学教室空间比较研究》借助个例研究为出发点，通过台湾的开放式教育与内地应试教育方式的不同，说明教育理念影响下校园建筑的不同设计策略。文章对两地小学的教学空间对比具有很强的针对性，并指出国内小学普遍落后的现状和原因，对今后小学校园设计具有很强的警示作用。

华南理工大学的黎正结合设计实践完成的《国际学校与普通中小学教学空间的对比研究》，主要研究了我国针对外国儿童开设的国际学校基于开放式教育的理念形成的教学空间，与我国普通中小学应试教育或素质教育发展趋势下的教学空间的对比，对于素质教育和开放式教学的探索具有较强的借鉴价值。

台湾地区的汤志民一直专注于中小学校校园研究，2014 年 9 月出版的《校园规划新论》总结了他近些年关于中小学校研究的成果，全面探讨了中小学校园的规划、安全设计、绿色发展，尤其从教学和师生的需求角度重点阐述了学科教室的设计要点，为校园设计提供了新的参考思路。

1.4.5 国外相关研究

特殊教育学校的安置模式起源于欧洲。因为特殊儿童的存在是概率性的，不可完全避免，各国都有一定比例的特殊儿童，只是每个国家对于特殊儿童的安置和教育模式不尽相同。发达国家的特殊教育对象广泛，不仅包括残疾儿童，还包括自闭、学习困难等广义的特殊儿童。20 世纪 60 年代以后，欧美国家开始提倡将残疾儿童和普通儿童安置在一起的教育形式，部分地区开始以资源中心代替特殊教育学校的尝试，完全隔离性质的特殊教育学校数量较少，如美国有典型的盲校和聋校，但整体数量也不多，相关校园建设上的专门性研究较少。

日本的特殊教育安置方式与我国相似，特殊教育学校分为盲、聋、护养学校三类，其中护养学校的教育对象为智障或肢体残疾儿童。学校多包含学前教育、义务教育和职业教育。日本对特殊教育学校的系统研究较为全面，在教育或无障碍相关的资料集成中，都包含有特殊教育学校设计的内容，并收集了大量的设计实例，是我国特殊教育学校建筑设计值得研究和借鉴的资料重点。

Mark Dudek 的《A Design Manual Schools and Kindergarten》从校园的空间需求、声学、光学、可持续性以及看护设计等角度阐述了包括特殊教育学校在内的中小学设计要点，并列举了大量实例，其中包括了 6～18 岁学生就读的特殊教育学校案例，包括行为障碍、语言障碍、融合学校等多种类型的特殊教育学校。

因为国外特殊教育学校在教育理念、师资力量、建设条件上与我国有较大差距，如国外特殊教育学校为方便学生在校内活动，基本以一、二层建筑为主，少见三层及以上建筑，这直接决定了校园的整体建设密度和容积率等。而我国近年建设的特殊教育学校甚至还有高层建筑。因此对于国外特殊教育学校的参考是有选择性的，其与安置模式、建设指标相关的结论无明显参考价值。对国外设计的借鉴主要集中在细部设计中，这些成果在国外工具书中较为常见，且以《建筑设计资料集成　教育・图书篇》《国外建筑设计详图图集 10　教育设施》

为主。书中除详细排印了建筑的平面之外，对节点空间、重要空间配以放大节点，并说明了设计的思考过程，对于具体的空间内部设计有较大指导意义。

除此之外，国外对无障碍设计相关的细部设计也具有较大参考意义，如美国《Architectural Graphic Standards》中对无障碍设计的要求，与我国无障碍设计相近，部分细节对学校安全设计有启发意义。

1.5 本章小结

本章根据我国特殊教育的发展情况、前景及相关的背景情况，将研究范围限定在我国政府主导下的三大类特殊教育学校中提供九年制义务教育研究的学校，进一步明确本书的研究对象，即特殊教育学校功能用房的规划与建筑设计，并针对特殊学生称呼不明确的问题作了较为详细的界定，之后归纳了目前国内外相关研究领域的研究现状，明确了本书的研究意义。

第 2 章 特殊教育学校的建设现状

2.1 盲校建设概述及案例

2.1.1 北京市盲人学校

1. 概况

北京市盲人学校创建于 1874 年，是我国最早的一所特殊教育学校，距今已有 100 多年的办学历史，也是北京唯一一所视障教育学校。校园占地面积 29700m²，建筑面积 31400m²。目前学校开设学前、小学、初中、高中以及成人教育五个学段，覆盖了视力障碍学生教育的所有层次，其中高中教育包括含普通高中、针灸推拿职业中专和钢琴调律职业高中三个部分。

基础教育阶段设小学、初中、高中三个学段，共 12 个年级 14 个教学班，同时开设一个学前班和一个多重障碍班，在校生总计 168 人，专职教师 34 人，兼职教师 18 人。学生教学中按盲生和低视力分类教学，盲生以盲文学习为主，低视力以汉字学习为主（表 2-1）。

北京市盲人学校概况 表 2-1

项目	内容
学校位置	北京市西三环与西四环之间，属城区中间，交通便利
学生种类	视力障碍学生，包括部分多重障碍
覆盖学段	学前、小学、初中、高中（含职业中学）、成人全学段
学生人数	14 个班，168 人
教师人数	52 人，其中专职教师 34 人
占地面积	29700m²
建筑面积	31400m²

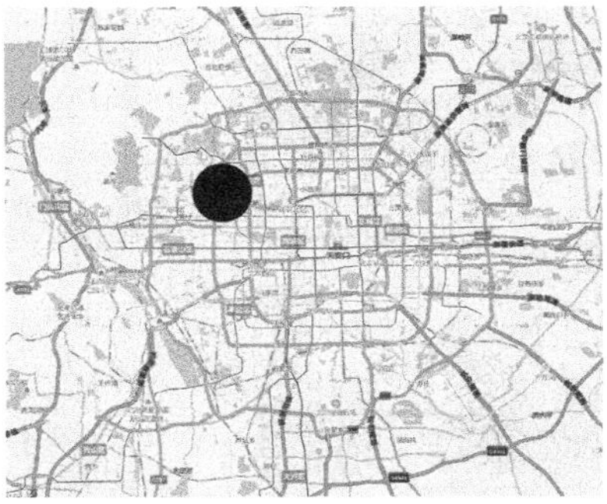

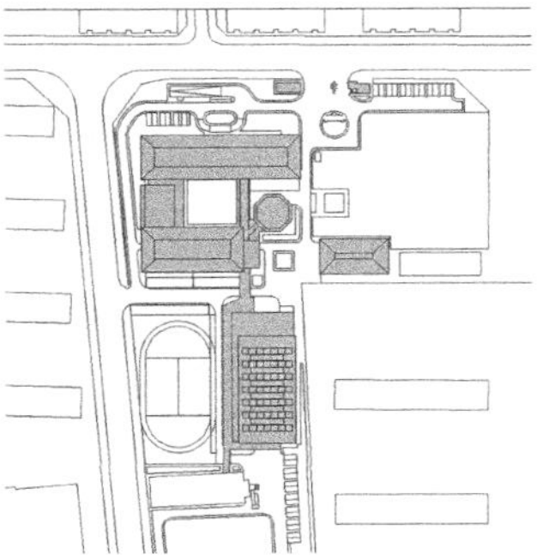

资料来源：区位图根据 google 地图改绘，总平面图由北京市建筑设计研究院提供。

2. 调研简介

北京市盲人学校建校早，历来受到政府和社会各界重视，中华人民共和国成立后校址并未发生过较大迁移，校园环境根据需要进行过几次翻新。2013 年完成最近一期的校园改造工程，由北京市建筑设计研究院主持设计，黄汇总建筑师作为设计顾问。校园分为三个部分：最北侧为教学区，西北侧为教学综合楼，东北侧为职教楼和定向行走训练场地，南侧为学生宿舍楼宇风雨操场。各个教学楼之间通过连廊连接。

北京盲人学校校园整体结构紧密，体育活动场地设在校园中间，方便学生到达活动，场地周边设置了完善的无障碍引导标识，包括盲道、视线引导、视觉标志等。无障碍设施完善，且设计着重从视障学生活动特点出发，在学生活动幅度大的宿舍走道、教学区走道等位置，将传统的上下双层扶手替换为墙面导盲带，大大提高了走廊有效活动的范围。学校功能用房配套完整，普通教室功能完善，面积充裕，并设有教师办公备课空间。结合日常教学方式的多样性，室内还设置了电脑学习区、学习园地等活动区域，并设专门衣帽区、储物柜放置学生日常用品。教室入口处设导盲砖。学校康复用房的配置国内领先，设置了感觉统合训练室、多感官训练室、生活技能训练室、语训室、作业治疗训练室、物理治疗训练室等功能用房。教室内考虑学生的个别教育，配备了较齐全的教学和辅具设备，并设有专门的储藏和准备间。同时，作为北京市唯一的盲校，北京盲人学校还承担了北京市视障资源中心的作用，面向随班就读的视障学生及多重视障学生提供特殊教育服务，开放性办学卓有成效。在此基础上，职业教育也是学校的重点发展趋势，校园内配备了专门的钢琴教室、调音教室、按摩教室等，并在校园临街一侧设实践基地，直接对外服务。学校将食堂与风雨操场建设在一起，规模较大，可同时容纳全校师生一起活动（图 2-1、图 2-2）。

图 2-1　北京市盲人学校现状

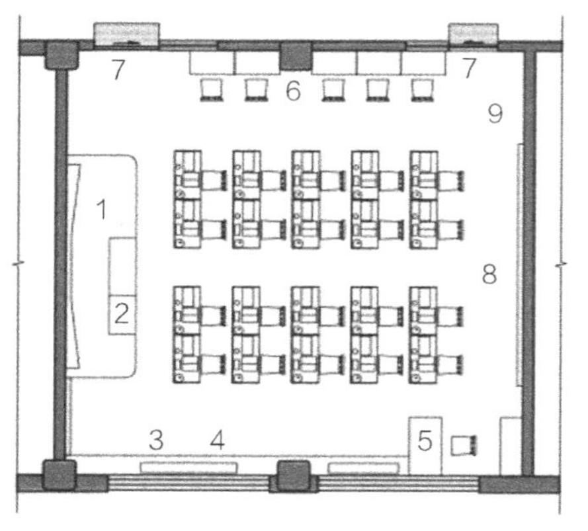

1- 讲台
2- 多媒体台
3- 储物柜
4- 暖气罩
5- 教师备课
6- 电脑学习区
7- 教室入口
8- 学习园地
9- 衣帽区

图 2-2　北京市盲人学校小学教室平面放大图
（资料来源：北京市建筑设计研究院提供）

北京市盲人学校在功能配置和平面布局上较为成熟，是目前我国盲校不可多得的优秀实例，但有些非建筑师可控因素导致项目略有遗憾。首先，校园整体建筑层数较高，主办公楼及宿舍楼高度均在 4 ~ 5 层。虽然主教学楼内学生教室设置在三层及三层以下，但仍有部分非常用活动教室设在四层。同时主要教学楼内均设置了地下层作为设备、停车空间。对视障学生来说存在一定的疏散隐患，紧急情况时学生认知能力下降会出现顺着楼梯栏杆扶手下到地下室而非地面疏散层的可能。其次，校园建筑风格采用暗红色砖墙作为外立面材料，整体立面风格偏新中式，这是为了纪念盲校建校早、受社会政府等多方资助，突出历史感。但暗红色的墙面使视障生，尤其是低视力学生对校园空间的识别产生较大障碍，建筑与背景环境区分不明显，建筑与建筑之间区分不明显。

2.1.2 浙江省盲人学校

1. 概述

浙江省盲人学校由浙江省教育厅主办，是一所面向全省招收适龄视力残疾儿童少年就学的全日制寄宿制特殊教育学校。

学校创办于 1989 年，位于距杭州市区 35km 的富阳市，占地面积 36465m^2，建筑面积 13060m^2。学校实行学前教育、九年义务教育和高中（职高、普高）教育一贯制的教育体系：2001 年秋季开始，增设盲人职业高中班；2002 年 4 月，省教育厅批准学校开展盲童学前教育实验；2004 年秋季增设盲人普通高中班，从而基本满足了视障学生不同的教育需求。现有教学班 23 个，在校学生 241 名，教职工 87 人。2005 年，浙江省盲人教育资源中心在学校建立，进一步拓展了学校的教育服务功能，为盲人成人教育、职业教育、终身教育和盲人教育师资培训和对外交流合作等创造了条件（表 2-2）。[①]

浙江省盲人学校概况　　表 2-2

项目	内容
学校位置	杭州市近郊富阳市
学生种类	视力障碍学生，部分多重障碍
覆盖学段	学前、小学、初中、高中、职业中学、成人教育等全部教学阶段
学生人数	23 个班，241 人
教师人数	87 人
占地面积	36465m^2
建筑面积	13060m^2

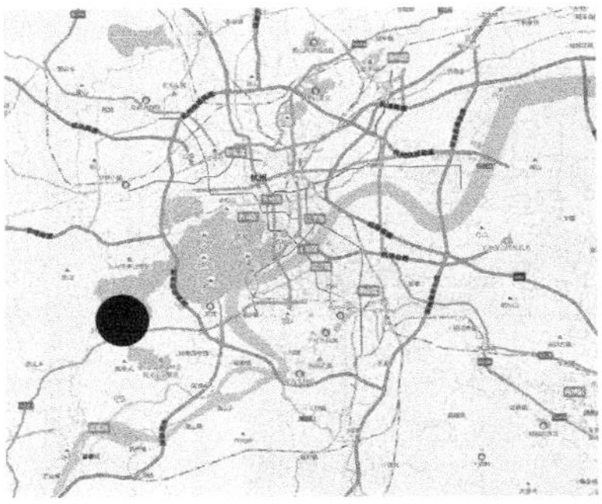

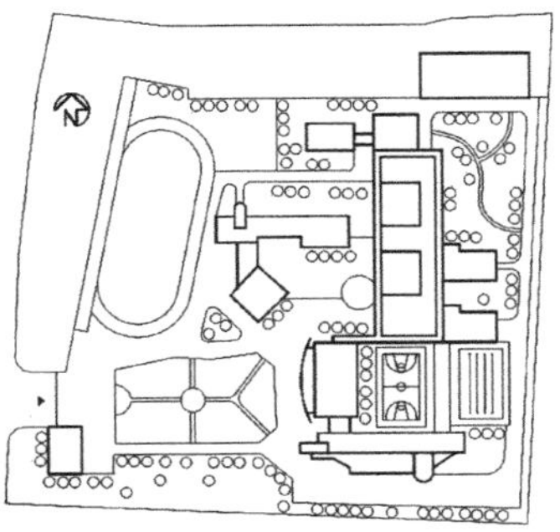

① 浙江省盲人学校 http://www.zjsmx.net/。

2. 调研简介

浙江省盲人学校校址远离城市中心区，用地条件宽松，周边基础设施建设完善。建筑采用分散式布局模式，用地分区明确，西侧为体育用地，东侧为主体建筑群，通过一条东西方向的主轴线确定校园秩序空间结构，在此基础上教学区建筑沿南北走线布局，向北延伸。因用地宽松，不同功能建筑之间保持较大的距离，留出了较大面积的室外活动场地。学校建筑功能分区明确，教学、康复办公、后勤等用房分区设置，2002 年学校进行扩建，新建教学楼位于校园南侧，主要供中学部使用。用地中部的旧教学楼供小学和学前部使用。校园内各个功能用房配备齐全。包括浙江省盲人资源中心等具有社会服务功能的用房均设置在盲校内。除基本教学和专业教室外，学校还配备了完善的康复用房，包括视功能训练室、心理咨询室等。各个用房面积宽裕，尤其是新扩建的教学楼，装修标准高于原有教学楼，室内采光、面积等基本使用条件都更舒适。校内普通教室的面积多为 $54m^2$ 以上，每班可容纳 6 ~ 12 人，面积较为宽松。教室内并无明确功能分区，但由于人数少，学生桌椅普遍集中在教室前半部分，教室后面有一定富裕，可供学生活动，在靠窗和临走廊一侧设有学生使用的半人高储物柜。为服务于盲人教育资源中心，学校康复类用房设置齐全，包括视功能训练教室、定向行走教室、语训教室、感觉统合训练室等，各个用房面积充足、设备丰富，但因康复用房集中在康复楼中，与普通教学楼有一定的距离，学生课下使用效率不高。

学校公共及运动设施配备也非常齐全，除基本 200m 环形跑道外，在宿舍与教学楼之间设有标准篮球场和调研中唯一见到的盲校游泳池。游泳池为标准 25m × 15m 泳池，两侧设专用入水口，两端有引导员站立区。所有体育场地周围都设有较高的防护网，场地相对独立，避免互相干扰，场地栏杆颜色与场地颜色有明显区分，便于学生识别。图书室与杭州图书馆合作，作为杭州图书馆的盲文分馆，内设盲文藏书及阅读区、电子辅具阅读区、低视生阅读区等，室内面积充足、采光条件好，座位宽敞（图 2-3、图 2-4）。

图 2-3 浙江省盲人学校现状

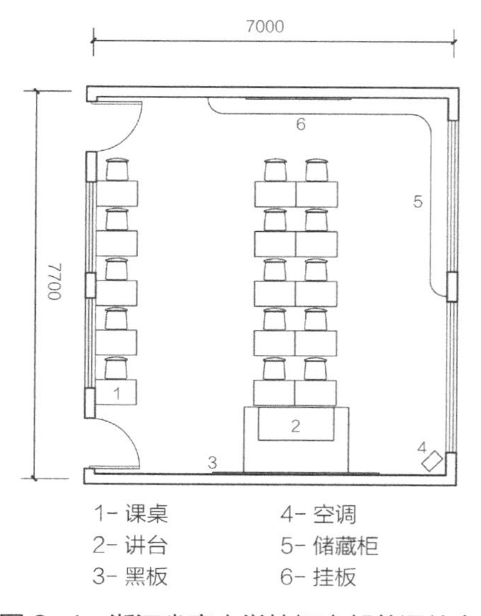

图 2-4 浙江省盲人学校初中部普通教室

学校总体使用情况较好，不足之处是建筑层数普遍较高，个别学生活动教室安排在 4 层甚至 5 层，为学生使用带来了一定不便。

2.1.3 上海市盲童学校

1. 概况

学校由任职于江南制造局的英国人傅兰雅（John Fryer）创办于 1912 年，1952 年由人民政府继续接办，是上海市历史最久且唯一存在的盲校。现有学生 210 名，教职工近 120 名。校园占地 19600m^2，建筑面积总计 13000m^2。20 世纪 50 年代起创办学前教育，1979 年施行全盲生与低视力学生分类教育，20 世纪 80 年代开始尝试初中、高中的职业教育，1992 年开办职业中专班，并在全国第一个开始尝试多重残疾儿童教育与训练，开设启智班，创中国盲教之先；1998 年开设盲高中。学校已形成除成人及高等教育之外的全阶段的教育体系（表 2-3）。

上海市盲童学校概况　　表 2-3

学校位置	上海市区西侧虹桥路与中环路交接处
学生种类	视力障碍学生，部分多重障碍、智力障碍学生
覆盖学段	学前、小学、初中、高中、职业教育
学生人数	14 个班，210 人
教师人数	120 人，其中专职教师 34 人
占地面积	19600m^2
建筑面积	13000m^2

2. 调研简介

学校位于住宅小区之中，环境安静，用地面积不大，交通方便。校园建筑围绕用地中心的活动场地环形排布，主入口位于用地东北角，综合教学楼位于校园南侧，后面设有直跑道；校园西侧为门球馆、宿舍、食堂等生活用房，通过连廊连接；校园东侧为图书馆，并在东南角设置上海地区唯一的盲文印刷厂。校园虽然属于分散式布局，但整体结构较为清晰，校园尺度宜人，适合学生活动学习。由于学校历史悠久，校园整体为保护性建筑，不得进行大规模拆建，校园内建筑层数都比较低，多为 2～4 层，适合视障学生活动。校园总体用地在相当长的一段时间内没有扩展，而建筑功能不断增加，因此建筑间距小，建筑间形成了较完整的界面，有助于学生对校园空间的认知（图 2-5）。

学校功能用房配置齐全。普通教室建筑面积约 52m^2，容纳 10～12 名学生，低视生与全盲生分班教学，室内桌椅有所区别。教室前部为教师教学区，后部为学生活动及储物柜，教

图 2-5　上海市盲童学校现状

室开窗较大，保证室内采光，但校园绿化较好，首层教室的采光受树木遮挡略有影响。普通教学楼内廊走道宽度只有 1.2m，视障生课下活动时很容易发生碰撞，因此需要较严格的管理。专业教室种类也较多，但由于保护建筑的需要，无法改变教室开间和进深，室内较少设有单独的储物和准备间，教学必备器材和杂物等堆在角落里，占用空间。同时教室层高有限，无法暗藏各类设备用管线，吊扇悬吊高度较低，容易产生安全问题。

校园内设有矩形环形跑道供日常活动，跑道内设课间操活动场地，为防止场地与跑道活动的学生碰撞，利用可移动栏杆将两者隔开，但栏杆本身的设置也容易对视障生造成不便。活动场地四周设有完善的盲道指引，并在需要转弯的地方设盲钉提示。

2.1.4　南京市盲人学校

1. 概况

南京市盲人学校创建于 1927 年，其前身为南京盲哑学校，是江苏省唯一一所独立设置的盲校，也是中国第一所公立特殊教育学校。学校位于南京市箍桶巷 91 号，占地面积 7200m²，建筑面积 11000m²。目前该校设有学前教育、九年义务教育、中高等职业教育以及成人教育。在校教职工 76 人，学生 202 人。该校的职业教育有两个专业，主要是盲人按摩专业，并设有独立的对外经营的盲人按摩中心，而陶艺专业只有一个班，就业情况不如盲人按摩专业。职业教育有 12 名老师，4 个班 55 个学生（表 2-4）。

南京市盲人学校概况　　表 2-4

学校位置	南京市箍桶巷 91 号	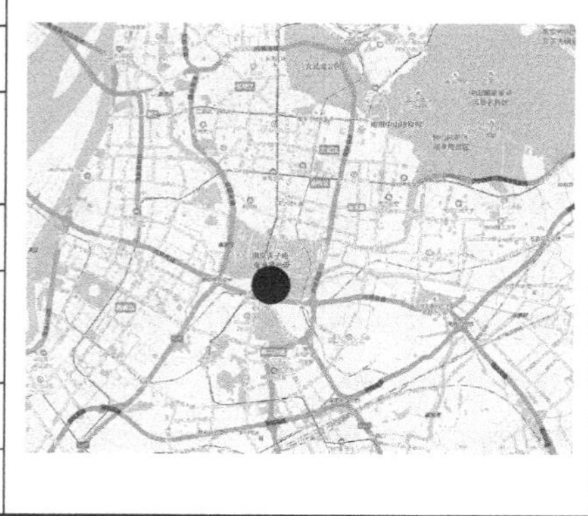	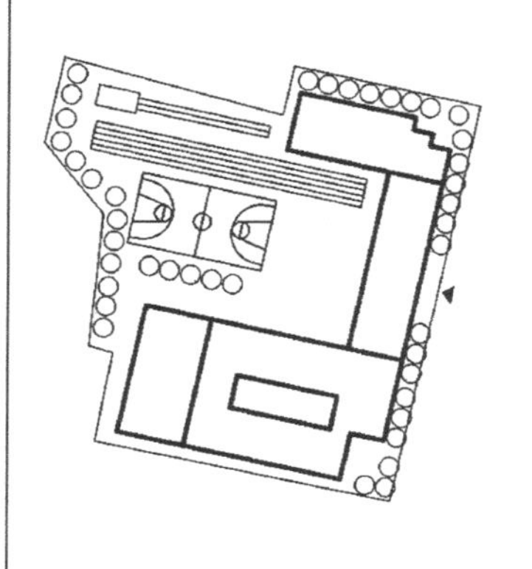
学生种类	视力障碍学生		
覆盖学段	学前、小学、初中、高中、职业教育		
学生人数	16 个班，202 人		
教师人数	76 人，其中专职教师 34 人		
占地面积	7200m²		
建筑面积	11000m²		

2. 调研简介

南京盲校校园用地比较紧张，校园建筑呈集中式布局，围绕中间运动场地呈半环形布置，环形一侧为宿舍楼，另一侧为主教学楼，中间为办公楼。校园主入口位于办公楼架空层，面向城市干道，缓冲广场面积局促、有较明显噪声的影响。主教学楼为容纳更多的教室，建筑层数较高，呈环形布局，形成狭窄高深的中庭，南侧为普通教室，北侧为专业教室。因中庭间距并不大，混响时间长，下课时学生跑跳说话声音干扰很大。

学校内各个功能用房配备完善，普通教室面积近 $58m^2$，班级人数 10～14 人，人数较多，室内空间宽敞充裕，划分成多个学习功能区，包括教师教学、学生学习、电脑操作、储物辅助以及自由活动等多个区域。专业教室设置种类较多，包括声乐教室、乐器教室、手工教室等，因建筑集中布局，学生使用非常方便，学生参与度高，教室使用频率很大。

康复教室设置完善，包括视功能训练室、感觉统合训练室等，康复器材完善，但康复教室与普通教室的平面布局模式区别不大，设计时并没有考虑康复活动的特殊需要，感觉统合训练室层高低、开窗面积小，室内器材摆放分区不明确，较为混乱。定向行走训练室和体育活动室因为用地问题而共同设置在地下一层，考虑到疏散和避免互相干扰，设专门的出入口。江浙一带冬天气候阴冷，地下室室内物理环境非常不理想，且没有作隔声处理，混响时间长，不利于学生进行训练（图 2-6、图 2-7）。

宿舍楼与食堂结合设置，首层为食堂，二层及以上为单元式学生宿舍，每间宿舍 6 个单层床位，但学生数量较多，多数宿舍又增设了上下铺，宿舍内可容纳 8 个人。宿舍单元设单独的卫生间、淋浴间和洗漱台，室内采光完全依靠临窗一侧的阳台门，阳台有较多衣物晾晒时，室内光线非常差。宿舍内安全用电及无障碍设施较少。

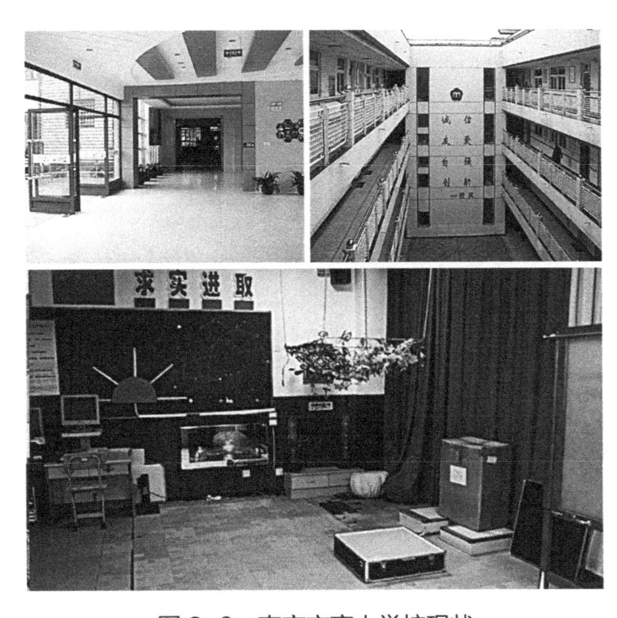

图 2-6　南京市盲人学校现状

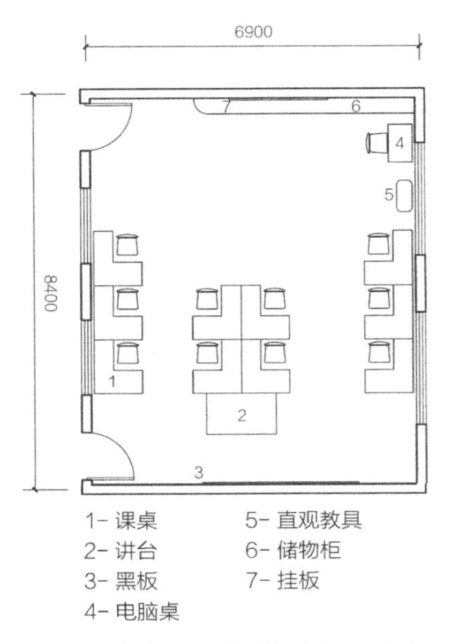

图 2-7　南京盲人学校初中部普通教室

2.2 聋校调研概述

2.2.1 广州市聋人学校

1. 概述

广州市聋人学校原名广州市私立启聪学校，是由张颖仪于 1946 年创办。该校位于广州市天河区华穗路 273 号，占地面积约 $6600m^2$，建筑面积 $9300m^2$；在市内十八甫还有分教处，该处的占地面积为 $1300m^2$，建筑面积 $1300m^2$。下设学前教育、九年义务教育、高中阶段教育、中高职业教育，中高职业教育开设计算机兼修服装设计与工艺、计算机兼修工艺美术装潢设计两个专业。学校现有 45 个教学班，在校学生 600 多人，教职工 160 多人。小学 1～3 年级实行小班化教学，每班学额在 8 人左右；4～9 年级每班学额在 12～14 人左右；职业高中每班学额在 12～16 人左右（表 2-5）。

广州市聋人学校　　　表 2-5

学校位置	广州市华穗路，城市新轴线区
学生种类	听力障碍学生
覆盖学段	学前、小学、初中、高中、职业教育。高职开设计算机（服装工艺、工艺美术装潢）专业
学生人数	45 个班，600 人
教师人数	160 人，其中专职教师 140 人
占地面积	$6600m^2$
建筑面积	$9300m^2$

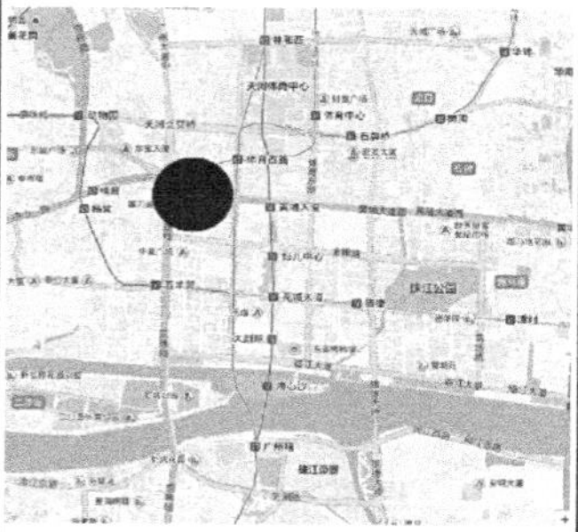

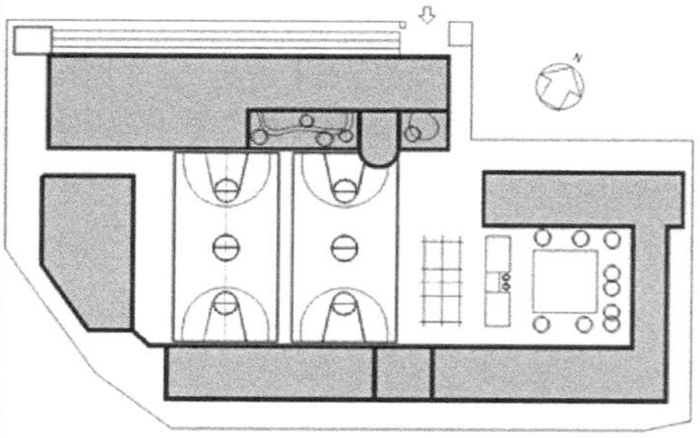

2. 调研简介

广州聋校建校时间早，校址没有变化，在城市化进程中地处城市中心区，由于学生规模扩大，导致校园用地紧张，目前正在积极筹划新校区建设。现有校园建筑主要由低年级教学楼、高年级教学楼及康复楼三部分组成，其中康复楼由原教师宿舍改建而成。建筑沿用地边线呈环形布置，中间设置篮球场、羽毛球场等活动场地。

因校园用地非常有限，为满足招生需求，建筑改扩建多次，现有功能用房对特殊儿童的需求考虑不足，问题较多。主要表现在教师功能用房面积小、室内净高不足等。尤其是康复楼，原为教师宿舍，层高较低，改为康复楼后，为满足听力检测、耳膜制作等要求加设了隔声吸声处理，占用了更多的使用面积和房间净高，室内显得非常局促。律动教室这类需要特定净高的用房，现有净高仅为 3.6m，与标准要求的 4.5m 相差较大，很多教学活动受限。普通教室面积相对宽松，学生座位呈半环形面向教师，每间教室都配备了完善的助听设

图 2-8　广州市聋人学校现状
（资料来源：牟彦茗．特殊教育学校交往空间设计研究［D］．广州：华南理工大学，2010．）

备，包括 FM 射频、环路磁感应系统、单独语训系统、电子扩音器、多媒体器材等，学生的语训课程在各自班级内就可以完成，非常方便。除此之外另配有多间单独使用的一对一语训教室。

为改善南方湿热天气下校园局部物理环境，建筑均为外廊式，且部分建筑首层架空。中庭式带外廊的教学楼为听障学生的交流和活动提供了方便，听障学生之间的视线、手语交流不会受到遮挡，大大提高了交流便利。但因校园总体用地有限，部分学生宿舍、教学用房等高年级学生活动用房设在五或六层（图 2-8）。

2.2.2　杭州市聋人学校

1. 概述

杭州聋人学校（原杭州市聋哑学校）创建于 1931 年，是浙江省历史最悠久、办学规模最大的一所聋人教育学校。学校将成为一所集学前教育、九年义务教育、高中教育（含普高、职高）为一体的综合性聋人教育学校。全新的杭州聋人学校建筑面积约 35000m²，现有 32 个教学班，设计办学规模为 54 个教学班（表 2-6，图 2-9）。

杭州市聋人学校概况　　表 2-6

学校位置	杭州市江干区福城路
学生种类	听力障碍学生
覆盖学段	学前、小学、初中、高中、职业高中教育
学生人数	32 个班，280 人
教师人数	85 人，专职教师 70 人
占地面积	66600m²
建筑面积	35000m²

资料来源：总平面图由浙江工业大学建筑规划设计研究院有限公司提供。

图 2-9　杭州市聋人学校现状

2. 调研简介

杭州聋校建校时间早，原校址用地处于城市中心区，2005 年整体迁址重建。新校区远离市区，用地非常宽松。校园规划工整，总体布局沿南北纵向轴线两侧展开，西侧为教学区，东侧为体育活动区，北侧为生活辅助区，功能结构完善合理。建筑通过连廊形成半围合的庭院单元，方便学生在雨雪天气下的行动。

学校功能用房配置齐全，因学生人数多，总体规模大，功能教室分区较明确。其中普通教室为两栋并排的教学楼，小学部一栋、初中及高中部一栋，年级低的班级靠近首层。普通教室面积为 6.9m × 8.4m，计约 58m^2，室内层高为 3.9m，每班 10 ~ 12 人，使用面积非常宽裕。为满足学生教学需要，室内配备了各种助听及多媒体设备，其中定向 FM 射频在全国属于配置较早的，并成功推广给其他聋人学校。专业及公共教室为单独的一栋楼，首层以各类实验室为主，并为每间教室配备单独的准备间，存放教学器材用品。二至四层为各类计算机教室、实习教室、美术教室等专用用房及常用的语训教室、心理教室等康复用房，面积为 9m × 7.2m，计约 64.8m^2，面积宽松。校园主入口两侧为行政办公楼和幼儿园，其中幼儿园的生源既包括学前听障儿童也包括附近普通儿童的学前教育，是目前国内少见的开办特殊教育学前教育的学校。在宿舍区，每间宿舍单元设置双层床铺，在楼梯口和宿舍入口设值班人员用房。宿舍每个床位下设置聋机叫醒装置，用于报时、提醒、安防。学校体育设施齐全，有专门的风雨操场及带看台的 400m 跑道。风雨操场为局部 2 层用房。一侧为通高篮球场，另一侧二层为律动教室、体育康复室等大动作、易产生噪声的康复用房，与教学楼分开设置，避免噪声干扰。

由于听障学生的肢体行为障碍不明显，因此校园内少见盲校常用的不间断盲道及双层扶手，无障碍设施主要以各栋建筑首层的无障碍坡道、电梯等为主，设计较好地避免了特殊教育学校所强调的无障碍标签。但对于听障学生交流中多以视线关注为主的障碍特点，建筑设计考虑较少。首先学校主教学楼均为单廊建筑，统一走廊在南侧，教室面向北侧开窗，两栋楼之间学生无法像广州聋校一样通过视线关注实现手语交流；其次走廊与建筑间的连廊交接处设置了楼梯，使得垂直交通和水平交通的人流都汇聚在一起，且建筑转角位没有作任何扩大视线感知的处理，对于无法通过声音获取信息的听障学生来说，非常容易发生碰撞（见图 2-10 圈 1 示意处）。调研过程中发现，学生在此位置行走时一般会故意放慢速度，但也有偶尔不注意发生碰撞的。而在走廊中段，提供了一个放大的交流空间（见图 2-10 圈 2 示意处），使得学生能有较好的视线交流并互相避让。学生课间无法下楼时，多喜欢在这个位置停留。如果圈 1 位置也能作这种扩大处理的话，会大大减少学生快速跑跳时发生碰撞的几率。

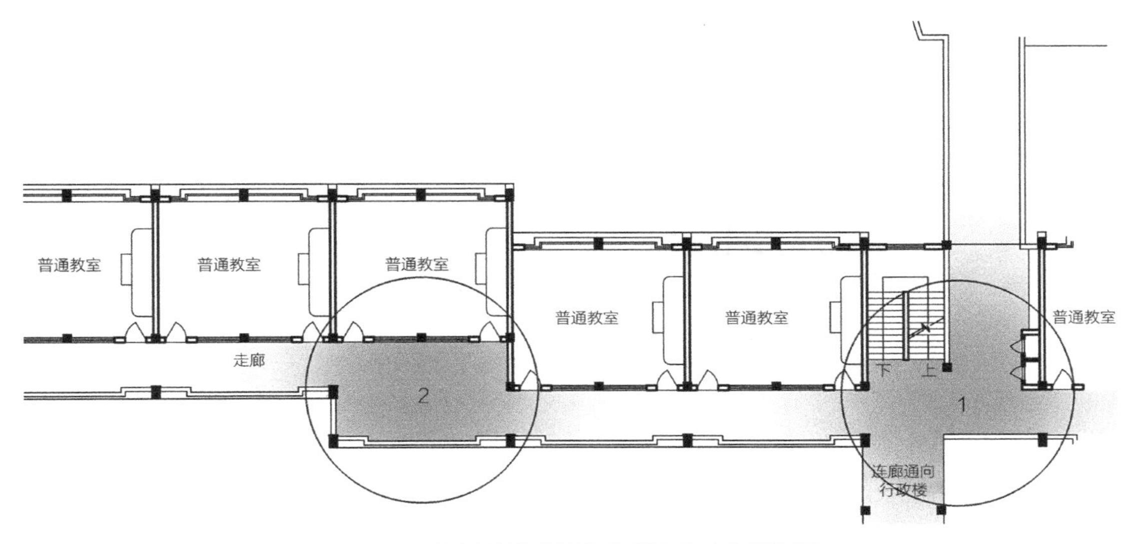

图 2-10　杭州聋校普通教学楼连廊转角处设置

（资料来源：根据浙江工业大学建筑规划设计研究院有限公司提供的图纸改绘）

2.3　培智学校调研概述

2.3.1　广州市越秀区启智学校

1. 概述

学校原为普校（原东山区文德南路小学）在1985年开办的一个弱智班，当时实行一校两制，逐年过渡为完全的特教学校，1990年正式改名成立启智学校，是九年一贯制的公立陪智学校。学校现有18个班，约220名学生，年龄在6～18岁之间，主要包括了智障、脑瘫、自闭三类特殊儿童。除了九年义务教育之外，还提供智障儿童的非学历职业培训（表2-7，图2-11）。

广州市越秀区启智学校概况　　表2-7

学校位置	广州市越秀区白云路义利街
学生种类	智力障碍学生，脑性瘫痪学生，自闭症谱系学生
覆盖学段	学前、小学、初中、职业教育
学生人数	18个班，220人
教师人数	72人
占地面积	3700m^2
建筑面积	13000m^2

图 2-11　广州市越秀区启智学校现状

（资料来源：牟彦茗．特殊教育学校交往空间设计研究［D］．广州：华南理工大学，2010.）

2. 调研简介

越秀区启智学校建制于 1990 年，独立建校于 2003 年，校园用地邻近城市中心区，用地面积较为局促，现占地 3700 多平方米，建筑总面积不大，容积率接近 3。校园内仅有 2 栋主体建筑通过连廊连接在一起，整体呈工字形布局。“工字形”的上翼较长，为学生主要活动区域。“工字形”中间的空地为学生体育活动场地，由于用地面积不足，没有直跑道，仅设置了一个篮球场、一个羽毛球场及绿化活动场地。

学校内功能用房比较齐全，共有教室 60 多间。包括普通教学区、专用教室、康复教室、办公室、会议室、小礼堂、教师资源中心、家长资源中心、随班就读教育指导中心、越秀区特殊教育师资培训中心、广州市弱智儿童综合测检中心等多项服务功能[①]，在有限的条件下功能配置相当完善。学校面向周边社区服务，为已经毕业的学生及家长继续提供特殊教育服务。普通教室室内面积略小，为 6m × 6.6m，班额 8 ~ 10 人，室内配备了较完善的多媒体教学及储物柜等辅助设施。教师办公角比较简陋，只有单独的办公桌，教室办公区域没有与学生活动区域完全分隔开。出于安全角度，教师制作教具等活动需要回到专门的办公室。为适应南方湿热气候，建筑为开放式外走廊，没有集中空调设备，采用分体空调，除非天气较热，一般不开空调，以防室内和走道温差大，学生不适应发生感冒。

越秀培智学校建筑集中布局，方便了教师对学生的管理，学生在不同教室间行动也比较方便，但因南方地区多为开放式外廊，且春末夏初为避免湿热开门教学，教室间互相影响较大。学生课间活动场地不足，多在教学楼内活动，为防止安全事故，学校对学生日常行为的管理比较严格。

2.3.2　杭州市杨绫子学校

1. 概述

杭州市杨绫子学校位于杭州市上城区姚江路三号，学校正门朝向姚江路，西邻杭州清和中学，南接绿城春江花月住宅区。杭州杨绫子学校创建于 1983 年，是全国首个创办智障职业高中部的学校。2005 年该校迁入现在的校址，占地面积 20 亩，建筑面积 8600 多平方米。学

① 广州越秀区启智学校网站 http: //www. qzss. com. cn。

校设有学前教育、九年义务教育、中等职业教育，实现了办学层次多样化——能为 4～20 岁不同年龄段的智障人提供不同层次的教育；特殊教育功能综合化——能为不同年龄、不同智力程度的在校智障学生提供教育康复、训练康复、职业康复和社会康复的综合服务，为促进智障人的健康发展打下坚实的基础，探索了一条颇具特色的智障教育成功之路。学校特殊教育全面细致，在江浙地区乃至全国地区的培智教育界都非常有名，受到社会各界认可。各方捐助较多，校内功能空间多样，且都有相应的冠名，人文底蕴深厚，学生和家长对学校教学水平的认可度高。目前该校针对智力障碍残疾人开展了园林花卉和面点制作两个专业的职业高中教育。这两个专业每年各办一个班，每班招收智商在 70 以下接受过义务教育的学生 20 人左右（表 2-8，图 2-12）。

杭州市杨凌子学校概况　　表 2-8

学校位置	杭州市上城区姚江路 3 号	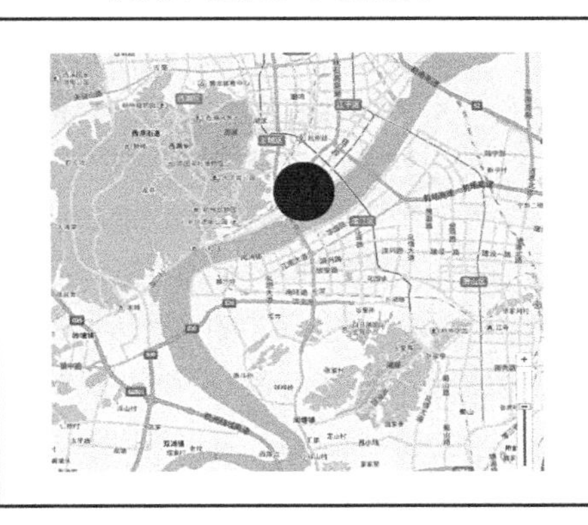	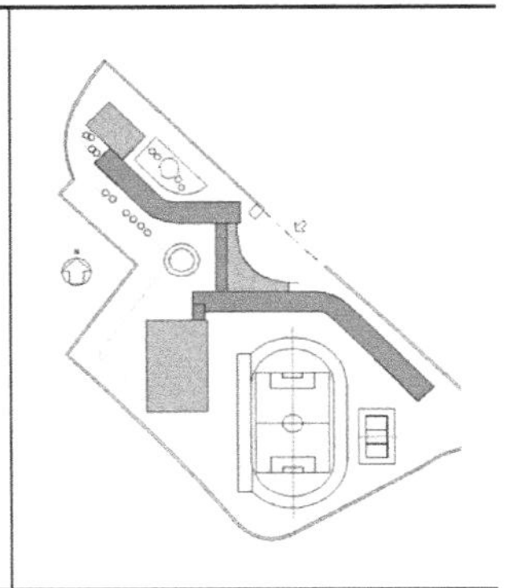
学生种类	智力障碍学生，部分多重障碍		
覆盖学段	学前、小学、初中、职业高中教育		
学生人数	14 个班，210 人		
教师人数	92 人，专职教师 54 人		
占地面积	13300m^2		
建筑面积	8600m^2		

2. 调研简介

学校用地相对宽松，主体建筑一共三栋，呈品字形围合。用地北侧为长条形教学楼，是各个年级的普通班级教室及各类专用教室，承担主要教学功能；东侧长条建筑为综合教学楼，包括教师办公和综合康复等训练用房等，承担行政办公及医疗康复功能；南侧为方形的体育馆，里面除篮球场外，还兼作多功能活动厅，校内规模较大的社会活动、文娱活动都在这里举办。教学楼与综合楼之间每层都有连廊连接，方便不同楼层的学生穿行。在体育馆和综合楼的围合范围内，布置了标准的 200m 环形运动场地及其他绿化活动场地，这在培智学校普

图 2-12　杭州市杨凌子学校现状

遍用地不足的情况下较为少见。建筑容积率略高，建筑高度多为 5～6 层，学生活动的教室主要集中在 4 层以下，使用较为方便。

杨凌子学校面向社区开放，资源中心作用明显。建设条件上表现为校内功能用房种类多、数量多、配置齐全。种类多是指除培智学校常用的用房外，还有面向视力障碍、听力障碍学生的提供盲人打字、听力检测等服务的用房，扩展了培智学校提供特殊教育服务的类型和能力。还有相当多普通学校并不设置的功能用房，如杨绫电视台，可以实现对全校的无线广播和简单视频节目制作，内设录音室、演播间、编辑室等用房，配备了相关器材，室内隔声措施完善。配置齐全是指功能用房的器材配置有一步到位的倾向，如冠名为舒涵电脑室的计算机教室，室内双排并列摆放了近 30 台电脑，显示器为倾斜镶嵌在电脑桌上的老式显像管显示器，这套设备在当年价值不菲，校方随时代进步也逐渐更新了部分计算机设备，如电脑主机、LCD 显示器等。学校普通教室面积较为宽裕，约 7.8m × 6.6m，班额为 8～10 人，教室前部设推拉式黑板，内设多媒体设备。出于安全考虑，教室前部没有设置讲台，防止学生磕碰，但对低年级学生来说黑板高度略高。室内学生课桌椅为金属框架木板材的分体式桌凳，方便搬动，可根据教学需要摆放成 U 形或行列式，桌椅有一定重量，低年级学生搬动需要教师帮助。教室周围设供学生使用的储物柜，地面为木地板。在教室后部用 1m 高的隔断围合出独立的教师办公角，面积满足教师办公、备课、制作简单教具的要求。

杨绫子学校较好地利用了建筑的角落空间，方便学生停留。如在走廊的放大端头部位设置了学生读书角，并设有冷热水饮水机。在疏散楼梯的首层角落空间设置了学生可自己使用的精细动作训练器材等。

杨绫子学校功能空间丰富，但由于不断调整教室功能，使得有些教室并不满足使用要求。如物理治疗室和感统训练教室等需要大空间的教室只能采用普通教室扩建的方式，室内不可避免地保留了结构柱，且尺寸非常大，很影响教学过程中教师和学生视线的关注，室内器材的摆放也受到影响。另外，学校室内装修以白色为基调，木色门窗和窗下墙，空间颜色略显单调，不同楼层区分不明显，对于智力障碍学生来说，空间标识度、空间引导性不强。

2.3.3 成都市同辉国际学校

1. 概述

成都市同辉（国际）学校创办于 2012 年 8 月，是由成都市苏坡小学和成都市青羊区特殊教育中心整合而成的一所融九年制培智教育和六年制普通小学教育于一体的“特普共校”的特色学校，共 36 个班，普通学生一千多人，智力障碍学生一百多人，其中一半为自闭症谱系学生，是普通学生与特殊学生（培智）共同接受教育的融合学校，体现了全纳教育的理念，学校融合教育的学生数及规模属四川省首位。学校新址于 2012 年 9 月竣工并投入使用，总投资 4000 多万元人民币（表 2-9）。

2. 调研简介

学校用地宽松，以一栋 U 形集中式布局的主体建筑为主，“U 形”的一侧为教学及办公建筑，另一侧为高标准的体育活动场馆。学校以日常融合教育为主，不设宿舍生活用房。校园规模大，在 12 个特殊教育班之外，还有 24 个普通教学班，两者在同一栋教学楼内，各占据

成都市同辉国际学校概况　　表 2-9

学校位置	成都市青羊区西郊日月大道南同辉路
学生种类	智力障碍学生及自闭症谱系学生
覆盖学段	学前、小学、初中、职业教育
学生人数	36 个班（普班 24 个，特教 12 个）110 人
教师人数	90 人，专职教师 70 人
占地面积	21565m^2
建筑面积	14413m^2

资料来源：总平面图由四川省建筑设计研究院提供。

一翼，上课及下课时间错峰活动，上下课的教学铃声也单独设置，互不干扰。“U 形”围合的中央为户外活动场地，设非标准的梯形 400m 环形跑道，跑道中间为小型足球活动场地，供障碍学生与普通学生共同使用，促进障碍学生与普通学生的融合（图 2-13）。

学校主体建筑为 4 层，其中四层为专业教室及部分康复教室，一至三层为学生普通教室及教师办公区域。主体建筑中部引入一个通高的共享中庭，尺度较大，围绕着中庭设置了学生阅读区域、手工课外活动区域等多个活动空间，方便障碍学生与普通学生进行融合活动，体现融合教育特色。室内普通教室面积非常宽裕，并根据障碍学生特点进行了相应的设计。首先，教室内作了明确的功能区划分，分为教师讲课区、学生学习区、教师备课区以及学生活动区等。其中教师备课区是通过矮书架单独划分出来的，靠近教室主采光面，面积宽裕，可满足教师各类办公备课需要，同时矮书柜又将室内学生活动区域划分成规则的矩形，便于管理。其次，室内设置了单独的卫生间，这是调研过程中唯一见到在教室内设置卫生间的，大大减少了教师清理学生个人卫生的负担。最后，教室出入口开门向室内略微退缩，避免与

图 2-13　成都市同辉国际学校现状

（资料来源：左，笔者拍摄；右，由四川省建筑设计研究院提供）

走廊人流的碰撞，室内则利用这个退缩设置了学生个人物品的储物柜。储物柜高度较高，下面放置学生个人物品，上面放置需教师或家长取放的物品。教学楼内走道宽度大，在满足通行宽度的基础上，预留了部分供学生停留活动的宽度，学生课间、课余可在这类开放空间活动（图 2-14）。除走道外，开放空间还包括体育馆上部的覆土上人屋面和教学楼每层跌落的室外露台，这也是普通学生和障碍学生进行融合活动的场所。

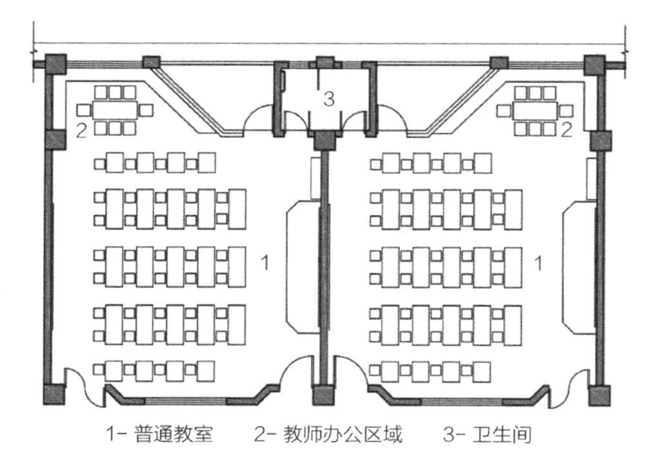

图 2-14　成都市同辉国际学校小学普通教室
（资料来源：四川省建筑设计研究院提供）

同辉国际学校的体育活动设施完善，体育场地多样。除室外环形跑道兼作课间操场地外，还设置了高标准的室内风雨操场。场地内设置各类体育活动场地，建设标准高，能够满足正规比赛的要求。校方在满足自己学生训练使用的基础上，为周围社区及有残疾人训练需要的机构和部门提供场地使用服务，是学校在融合教育中，向社区融合开放的又一亮点。从设计的角度看，体育馆屋顶由非主场地区域开始逐渐向下倾斜并最终与室外地平相接，倾斜的屋顶铺设绿化，既为学生提供了更多的室外活动场地，也提高了校园绿化环境，倾斜的屋顶下设置了各类辅助及办公用房，最大限度地提高了校园用地效率。

2.4　其他及综合类学校调研概述

2.4.1　德阳市特殊教育学校

1. 概述

德阳市特殊教育学校始建于 2005 年汶川地震后，是在灾后重建资金援助下新建的招收以聋哑、培智学生为主的综合性特殊教育学校。现有 7 个聋哑班和 6 个培智班，采用“生活教学一体化”的寄宿制教学模式，集学前康复、义务教育和职业教育为一体，现有教师、学生 200 余人（表 2-10）。

2. 调研简介

德阳市特殊教育学校原为德阳聋哑学校，校址在德阳市内。2005 年学校编制扩大后适当容纳了部分智力障碍学生，并开始建设新校区。新校区选址比较偏僻，远离市中心，公交体系不完善，需要乘专车往返。校园用地在山脚下，毗邻市残联大楼，将来投入使用后，可为障碍学生提供方便的专业医疗康复，就这点来说，选址有一定的合理性。校园用地宽裕，截至 2013 年只建设了用地北侧，南侧为预留发展用地。因用地紧邻山体，周边基础设施又不是非常完善，夏季雨水期自山上流下的雨水让校园排洪面临很大压力，曾经在雨夜组织过教师紧急抢险排洪。

德阳市特殊教育学校概况　　表 2-10

学校位置	四川省德阳市旌阳区东湖乡刁桥村
学生种类	听力障碍学生，智力障碍学生
覆盖学段	学前、小学、初中、职业教育
学生人数	13 个班，130 人
教师人数	37 人，其中专职教师 29 人
占地面积	18622m^2
建筑面积	7998m^2

资料来源：总平面图由中国建筑西南设计院提供。

校园设计理念是将整个学校作为就读障碍学生的大家庭，通过在总平面布局上采用围合的院落形式、在建筑造型上采用传统坡屋顶的形式、在建筑立面上采用不规则开窗等手法象征人们意象中“家”的概念，希望特殊儿童能对学校产生家的情感认知。院落尺度适宜，围合高度恰当，在院落中间的庭院停留时，空间感觉较为舒适。具体来说，总平面布局采用分散式院落布局，将主要的教学、生活空间设为 5 个坡屋顶的独立建筑组团，每栋建筑组团围绕其中心的天井展开，形成“凹”字形平面，依次布置主要功能教室及辅助用房等。这种总平面功能布局层次清晰，便于就读学生建立所在位置的空间认知（图 2-15）。

因建设时间较晚，德阳市特殊教育学校的设计标准高，功能布局更合理。具体表现为以下几点。首先，各个功能教室面积足够，采光、通风条件良好。智力障碍学生普通教室为 6.6m × 7.2m，听力障碍学生普通教室为 6.7m × 7.2m，其他专业教室多为 7.3m × 6.9m；对大空间有需要的特殊用房，如感觉统合训练教室则为 16.9m × 7.3m 的无柱大空间，在各个特殊教育学校中属较高标准。其次，为各个有需要的专业教室、康复教室等都设置了专门的准备教室。如计算机教室、实验室等都设置了有教室一半进深的 3m × 3.4m 的准备间，用于存放教

图 2-15　德阳市特殊教育学校现状

具设备，手工教室这类教具和材料较多的用房设置了全进深的 3.8m × 6.9m 准备间。再次，校内所有建筑高度不超过 3 层，因为建筑造型为双面坡屋顶，三层的建筑层高非常宽裕，对于感统教室、律动教室等可以很容易地将照明、播音设备暗藏，为室内净高留出空间。智力障碍学生的教学楼只有 2 层高，最大限度地减少学生上下楼梯的活动。最后，校内无障碍设施较为完善，卫生间面积宽裕，除标准学生卫生间外，另设置了设备齐全的无障碍卫生间，考虑到学生使用频率较高，无障碍卫生间也分男女单独设置。由于建筑组团的布局为“凹”字形布局，卫生间与各个教室之间的距离都不大，最远的教室与卫生间的距离不超过 18m，方便学生就近使用，避免了课间长距离行走（图 2-16）。

学校将听力障碍与智力障碍学生分栋设立，教学生活互不干扰。每栋教学楼教学与康复功能分区设置，避免教学中声音、视线的互相干扰。设计为组团层级带来了丰富的建筑室内外空间，为便于学生和教师在不同建筑间的行动，又在不同建筑组团之间设有连接。以上丰富空间的手法在普通学校的校园设计中可能会提高学生对校园建筑的兴趣，但对于特殊学生来说，容易造成认知障碍，尤其是智力障碍学生，容易导致其无法辨别自己所在的位置以及无法确定目的地。在空间认知的标识上，学校做得略有不足。首先，各个建筑组团之间并不是正交和对齐的，建筑组团本身虽然是规则的矩形，但摆放时互成角度，即便是同一角度的建筑组团，为形成空间层次，前后也略有退缩，这种丰富的空间层次在低视点角度无法使学生快速有效地建立完整的关于所在建筑和院落的“界面”认知，让学生在建筑内容易丢失方向感。其次，建筑内外都以白色为主基调，各个教室和庭院之间的形态、颜色区别不大，容易混淆。虽然近期国外儿童心理学的调研认为，大面积的纯色装饰对儿童心理并无明显促进作用，但局部颜色标识仍是听力障碍、智力障碍学生最主要的认知方式之一。最后，建筑组团内的 U 字形走道不可避免地出现转角的尽端式道路。室内采用了内走廊双面教室的方式，走廊的采光以中庭为主，尽端式道路采光略有不足，通过光线辨别方位对于普通学生来说都有一定的辨识难度，对于校内的障碍学生来说则更为困难。

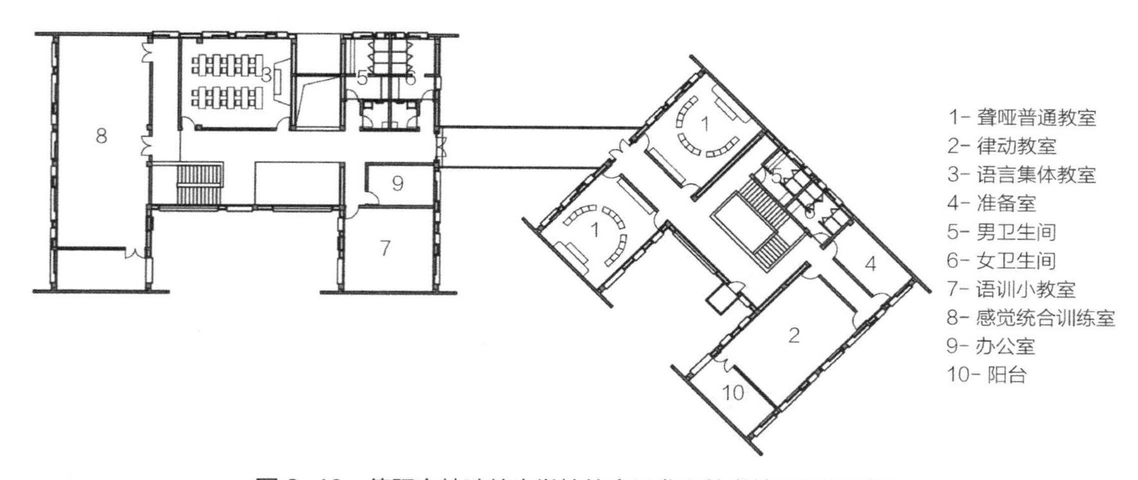

图 2-16　德阳市特殊教育学校综合及聋哑教学楼三层平面图

（资料来源：中国建筑西南设计研究院提供）

2.4.2 厦门市特殊教育学校

1. 概述

厦门市特殊教育学校创建于 1959 年，是厦门市教育局直属的唯一一所特殊教育学校。1997 年厦门市市委、市政府投资 2000 多万元在前埔柯厝建设新校，1998 年学校由中山路迁至新校址。学校拥有崭新的办公楼、教学楼、多功能室、学生公寓、塑胶跑道、篮排球场、网球场等配套齐全的现代教育设施，涵盖从学前到高中、大专的教育，是一所配套齐全、功能丰富、环境优美的现代化特殊教育学校。学校现有 17 个班，200 余名学生，61 名教职工。学校职业教育包括中西面点、油画、服装设计等代表专业，并与助听器公司、四星级酒店烹饪部门达成稳定的就业合作关系，为学生融入社会铺平道路。其中油画专业更是学校代表专业，学生作品广受好评（表 2-11）。[①]

2. 调研简介

因学校整体拆迁于 1998 年，且选址远离市区，所以校园用地比较宽松，各类功能用房及

厦门市特殊教育学校概况　　表 2-11

学校位置	厦门前埔柯厝	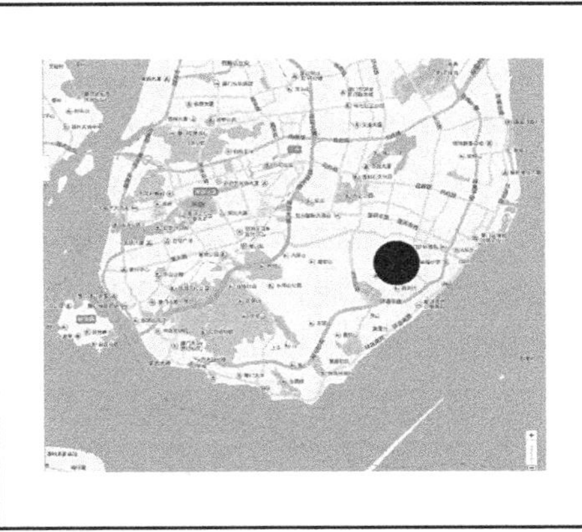	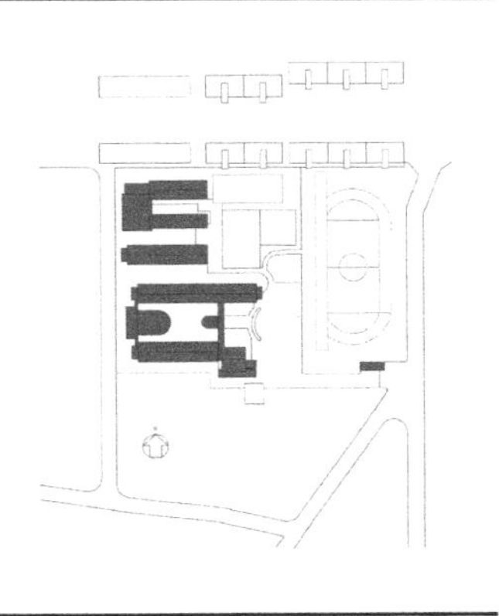
学生种类	视力障碍学生，部分多重障碍、智力障碍学生		
覆盖学段	学前、小学、初中、高中、职业教育		
学生人数	17 个班，200 人		
占地面积	26000m^2		
建筑面积	10000m^2		

图 2-17　厦门市特殊教育学校现状

① 厦门市特殊教育学校网站 http://www.xmtsxx.com/。

体育活动场地等配置完善。经过近 20 年使用，校区规模依然满足基本教学需要。学校用地范围内有 2～3m 高差，建设时利用高差将用地总体分为两部分，一是西侧的建筑用地，二是东侧的体育活动场地，各自实现场地平整。体育活动场地略低于建筑用地，高差通过室外阶梯式看台消化掉。建筑用地内的建筑布局为分散式布局，建筑由南向北呈组团式布局，建筑间距较为紧凑，组团之间通过连廊连接在一起。教学建筑、康复建筑、办公建筑分别设立，最北侧为后勤和学生宿舍，功能布局合理。

校内建筑层数以 4～5 层为主，功能用房和教室总数较多，学校在国家建设标准的基础上设置了较多专用和康复用房，部分用房建设非常有特色。如面积充分的蒙台梭利教室做了明确的功能分区，通过矮柜分隔，放置了足够丰富的木制教具，室内墙裙、地板均以木制材料为主，蒙台梭利特色明显；地理、历史专用教室开间很大，室内分为学生听课区、教师讲授区、模型摆放区等，模型摆放区内包括 1m 高、1m 见方的火山模型、地球仪、地动仪等大比例模型，且为照顾视力障碍学生多为触摸和声音教学的特点，只做了带有多媒体演示功能的 3D 立体地图，包括世界地图、福建省地图等，教师可通过开关控制山脉、气候、地形、洋流等多媒体功能的演示，深受视障学生喜爱。据教师反馈这种地图在全国特殊教育学校范围内都比较少见。演播室为学生可参与录制节目的多媒体演播室，可实现录制视频节目、配音、对外 FM 广播等功能。总之，学校内的专用教室设置比较完善，使用率高，装修过程多有学生参与，尺度适合学生使用。

学校普通教室为单外廊线形布局，高年级和职业教育班级在较高楼层，低年级及星星班级在首层和较低楼层。教室面积为 6.9m×7.9m，室内教具根据学生特点选择，如智力障碍学生和自闭症谱系学生班级为单人木制桌椅，重量轻，尺寸合适，教学过程中可根据教学内容让学生自己随时搬动。室内铺设木地板，墙面为白色瓷砖，墙面转角处仅有装饰性金属条，并无软包防撞条。高年级教室为钢架木面单人桌椅，多为行列式排布。全年级均配备了完善的多媒体教学设备，包括投影仪、电视、音箱、可活动推拉式黑板等。学校班级数多，学生人数多，覆盖了从学前到职业教育全年级段，总的来说年级越高、楼层越高，室内装修条件和设备略简陋。低年级室内设有教师办公角落、学生个人储物柜、防撞木地板等，高年级则较少见。

学生宿舍根据学生障碍类型作分层管理，宿舍单元内的安排方式多样，根据学生年龄、自理能力等特点设置双人间、多人间等，室内家具也包括上铺下桌的单人家具、单人床、上下铺等多种形式。

总的来说，学校对各类功能空间的布置和使用非常用心，用房数量和种类都很多，以学生需要为出发点。但由于学校地处南方地区，首层教室夏冬两季室内环境较差；建设时间早也带来教室空间布局单一，多功能开放空间少，走道宽度局促，仅够通行，无法满足学生活动等问题。

2.4.3 上海浦东新区特殊教育学校

1. 概述

浦东新区特殊教育学校成立于 2002 年，招收对象为听障、智障、脑瘫等多类残障学生，现有在校学生326人，28个教学班，是上海市仅有的一所为多重障碍学生服务的现代化寄宿制综合型特殊教育学校，融九年义务教育、职业教育、特教科研、康复为一体。学校占地14561m²，总建筑面积10678m²，校舍于2000年设计、2002年投入使用。是一所比较新的特殊教育学校（表2-12）。[①]

上海浦东新区特殊教育学校概况　　表2-12

学校位置	上海市西侧虹桥路与中环路交接处
学生种类	视力障碍学生，部分多重障碍、智力障碍学生
覆盖学段	学前、小学、初中、高中、职业教育
学生人数	28个班，326人
教师人数	80人，其中专职教师66人
占地面积	14561m²
建筑面积	10678m²

2. 调研简介

学校用地离上海市中心区有一定距离，选定的用地在当年略显偏远，但随着浦东新区的快速发展，现在已经不属于偏僻地段，周边城市建设非常发达，地铁线路也从附近经过，公共交通方便，学生日常走读上下学压力不大。校园用地处于两面临城市道路、一面临河水的三角地形内，主要建筑群集中布置在用地南侧的开阔地带，北侧小场地区为标准运动场地。集中的建筑群呈三角形院落布局，两栋教学楼围合成一个矩形，与旁边的风雨操场、宿舍等共同围合出主入口庭院，用地略显紧张（图2-18）。

图2-18　上海浦东新区特殊教育学校现状

① 上海市浦东新区特殊教育学校网站http://www.pdtj.pudong-edu.sh.cn/。

学校作为上海市特殊教育重点学科实验基地、华东师范大学教学实践基地、复旦大学附属儿科医院医教结合合作基地等，承担了大量科研、资源中心和教学改革实践任务，教学内容开放、教学理念先进。为满足这些教学任务，校内用房的设置种类多样、数量较多、装备先进。普通教室的数量较多，为满足智力障碍学生、自闭症谱系学生和脑性瘫痪学生分别教学，教室分别设置，面积充裕，均在 56m² 以上，室内布局及家具略有不同。智力障碍学生教室内分为四个区域，包括学生学习区、教师授课区、教师办公区、学生游戏区，分区界限明显，并配备了符合学生身高取放的储物柜；脑性瘫痪学生的教室多采用引导式教学，学生桌椅均为可移动的专属梯凳、条台等，并配有站立架和专门的轮椅停放空间；自闭症谱系学生的教室较少，室内家具相对固定，通过重复强化正确的规范行为来提高学生的注意力及社会适应性。

在专用教室及康复教室方面，得益于上海地区经济总量大、对特殊教育总体投入大的优势，用房种类多、标准高。首先，室内利用大量的边角空间设置了丰富多样的生活技能教室、社团用房及情景教室，包括家政训练、银行场景、快餐店、超市、诊所、公交车站等多种日常生活情景的模拟，学生课余时间非常喜欢这些情景活动，尤其是超市，还有真实的的售卖服务。其次，学校设置了全方位的康复用房，包括水疗室、沙盘治疗室、蒙台梭利教室、多感官功能室、作业疗法室等投资较大的用房，甚至还有听力检测室等使用频率并不高的用房。这些用房空间分区明确，配备的设备成体系，均根据具体空间的大小、分区及学生使用的可能性等进行整体设计，如沙盘治疗室包括专门的治疗用沙盘、玩具柜、多媒体分析设备、桌椅等，在此之外还设置了供学生游戏放松的大沙池以及大型塑料滑梯等玩具，室内及半开放的阳台空间在 1.8m 以下做了全方位软包，地面为防滑软垫。最后，校内专用教室设置也很完善，包括陶艺教室、美术室、计算机教室、书法教室、劳技教室等。这些专用教室多向高年级学生开放，设置楼层较高。校内无障碍设施完善，所有学生活动的地方均设置了木条板防撞保护，并设置了通长的高低扶手。学生使用较多的用房地面为防撞木地板，活动量大的作业疗法教室、多感官功能教室、感觉统合教室等 1.8m 以下全部采用软包处理。

学生使用不便的地方主要是由于学校用地紧张建筑无法平铺处理导致的。一是室内空间较为单一，均为单侧封闭室内走廊，走廊宽度在 1.8m 左右，除去两侧通长扶手，净宽度在 1.5m 左右，多功能自由活动空间较少；二是校内建筑层数较高，主教学楼为 4 层，办公及宿舍用房为 6 层，对于智力障碍学生使用有一定难度；三是户外活动场地不足，虽然用地北侧有较完整的室外体育场地，但与建筑群距离较远，除校门口弧形礼仪广场外，仅剩教学楼中庭及边角绿化空间可供学生活动。建筑设计过程中注意到这个问题，因此在教学楼两端设置了较大面积的突出的三角形阳台，校方也将屋顶绿化空间加以利用，但仍然难以满足校内学生就近户外活动的要求。

2.4.4 河源市特殊教育学校

1. 概述

河源市特殊教育学校位于广东省河源市，设计学位 126 个，学生年龄段在 6～12 岁。基地处于一片低层高密度的民居之中，招收的孩子也大多来自于此。学校总建筑面积 9383m^2，2017 年由华南理工大学建筑设计研究院进行设计，2018 年 9 月投入使用（表 2-13）。

河源市特殊教育学校概况　　表 2-13

学校位置	广东省河源市
学生种类	智力障碍学生为主、兼盲、聋生
覆盖学段	小学 6～12 岁
学生人数	126
教师人数	30
占地面积	14561m^2
建筑面积	7009m^2

资料来源：总平面图由华南理工大学建筑设计研究院苏笑悦提供。

2. 调研简介

学校采用分散体量的处理方式，沿用地边界布置了不同功能、不同形式的建筑体量，具有很强的标识性。建筑立面采用白色主色调，局部配以活跃的色彩，加强立面的标识性与趣味性（图 2-19）。

校园中心合院设置了一条内缩的螺旋形坡道，既解决了无障碍的竖向交通，也增加了校园空间的趣味性，在上下学时，家长可以进入校园，通过坡道到达学生所在班级接送，在课余时间，学生也非常喜欢在这个坡道上走动、游戏（图 2-20、图 2-21）。

普通教室集中在二层，可以通过坡道直达。教室内设置多媒体教学系统与不同高度的储物柜，受建设标准限制，普通教室以满足基本教学为主，每班 14 人，没有多余的活动空间。由于学校刚建成不久，目前学生数量不多，教室使用非常宽松。班额人数不多，教室内空出部分空间作为教师办公和学生活动。学生宿舍紧邻教学区，学生的日常午休在宿舍，避免了教学区收纳的麻烦。

图 2-19　河源特殊教育学校现状
（资料来源：华南理工大学建筑设计研究院苏笑悦提供）

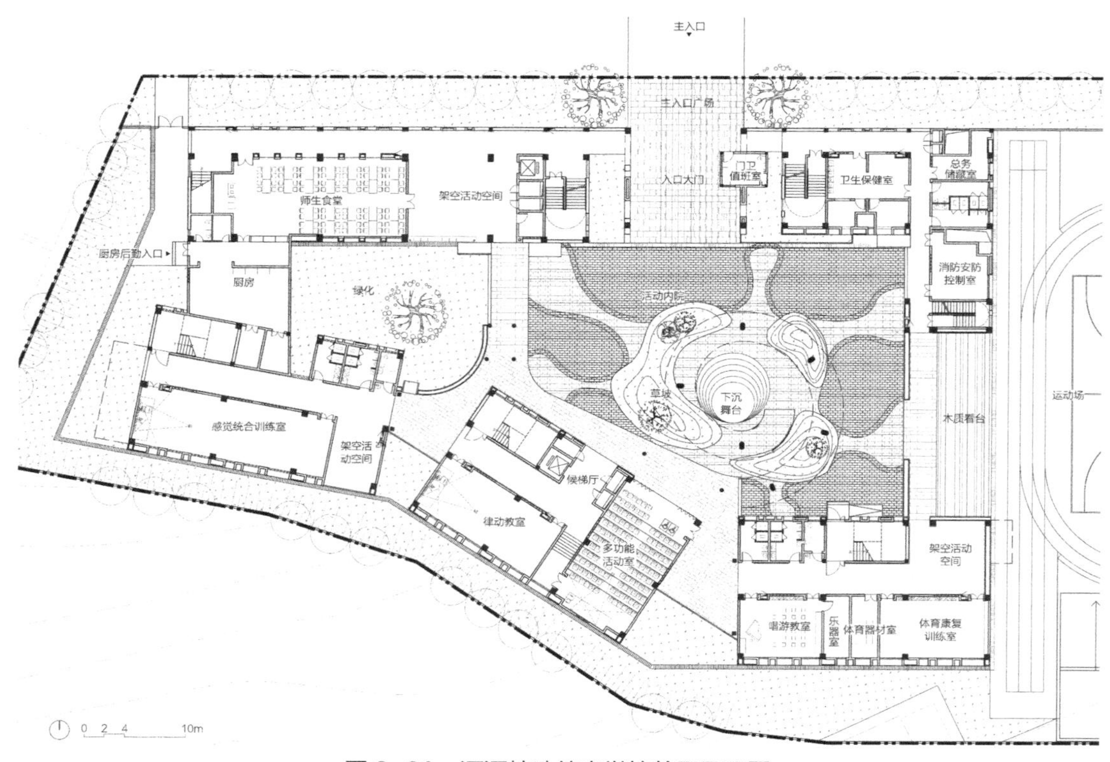

图 2-20　河源特殊教育学校首层平面图

（资料来源：华南理工大学建筑设计研究院苏笑悦提供）

图 2-21　河源特殊教育学校二层平面图

（资料来源：华南理工大学建筑设计研究院苏笑悦提供）

2.5 国外特殊教育学校

2.5.1 美国加劳德特大学

1. 概述

加劳德特大学位于美国华盛顿地区，占地约 60000m^2，是美国境内一所历史悠久的听障大学，主要面向听力障碍学生，提供中等和高等教育，学生以 14 岁以上青少年及成年人为主。学校最初是由私人创校，后被美国邮政部接管。学校的发展过程中一直以学生的发展作为学校的主要目标，对于校园建设也十分在意。2010 年，学校决定扩建一栋活动中心，为此专门成立了校园建设委员会，并举行了多次竞赛，从校园规划、建筑单体乃至环境细节等多个层次确保活动中心能够适应障碍学生的活动（表 2-14，图 2-22）。

美国加劳德特大学概况　　表 2-14

学校位置	美国华盛顿州西北侧	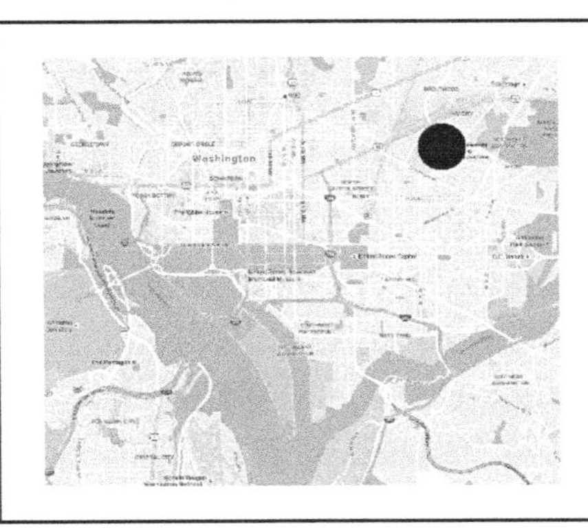	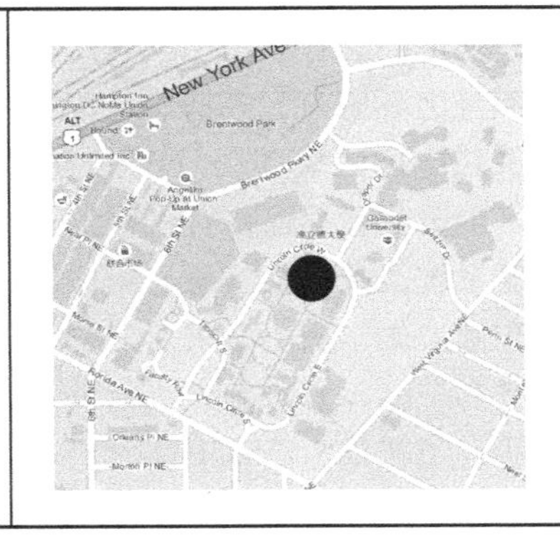
学生种类	听力障碍学生		
覆盖学段	本科及硕士博士		
学生人数	2000 余人		
教师人数	228 人		
占地面积	60000m^2		

图 2-22　加劳德特大学现状

2. 调研简介

加劳德特大学历史悠久，最早为私人投资的聋哑学校，后经不断改扩建，在各方人士的资助下，在原有用地基础上，学校规模逐步扩展。因用地选址一直没有变更，校园内建筑的建设年代相差很大，建设风格相差很大，空间形态变化也很大，既有历史保护建筑，也有新建功能建筑。总体来说，建筑总平面呈分散式布局，通过一条主轴线贯穿学校，建筑与环境尺度宜人，绿化及院落面积充裕，步行环境非常舒适。

校内建筑的建设极为谨慎，特设建设委员会用于指导和确保建筑是从障碍学生尤其是听障学生障碍特点的角度出发进行建设，并保证新老建筑的协调。校园内老建筑多，功能复杂，与国内特殊教育学校建设情况有较大差别，这里不对校园整体规划进行评价，仅就新建建筑面向障碍学生特点的设计进行讨论。其对学生的关注主要体现在以下几个方面。首先是建设了全面的多媒体教学和交流方式。一是主教学楼内集中设置了单独隔间的视觉电话系统，学生可通过这个系统与特定的客户端通话。二是普通教室内也设置了多媒体系统，包括 2 块用于演示的可调角度显示屏、黑板位置 2 块可推拉的互动式显示屏、顶棚位置暗藏的音响系统，以及教室侧面单独设置的封闭的网络机房，实现教师自主教学、网络同步教学等多种功能。三是占地面积大、布局集中的计算机用房，除普通教学用计算机外，还设置了个人、多人远程授课系统以及电话会议用房，高年级学生自主使用频率较高。其次，空间的设置重点考虑了听障学生的障碍特点，突出对视觉能力的运用。一是普遍在建筑中设置了共享空间，如门厅、中庭等，重要信息发布及活动都围绕中庭展开，学生由教室走道出来后可以比较便捷地到达中庭并获得相关信息。二是各个空间都保留了视觉通道，人们可以在一定距离内就发现身边环境有无人通过、停留，如中庭的电梯采用透明轿厢和梯井，中庭里的人可以很容易得知电梯的位置以及电梯内人数的情况。不同空间的门窗，在保证隐私的情况下设置透明、半透明观察窗，有人靠近时产生的阴影能够提示另一边的人，避免碰撞。最后，弱化无障碍系统，并加强信息导向标识。我国对于无障碍系统的设置是强制性的，并对具体设置位置和做法作了明确要求。加劳德特大学弱化典型无障碍设计做法，采用通用设计理念，即面向所有有障碍需求的人进行设计，不仅是针对听力障碍学生，也同时面向普通人的特定障碍阶段，如老年、行动不便时期等。校内必须设置的无障碍设施软化处理，极少见凸出地面的盲道，取而代之的是更人性化能够融入建筑环境中的处理，如地面沿墙角铺设宽约 40cm、略高于地面的满铺鹅卵石条带取代传统盲道，对于不需要盲道指引的人来说，较容易在视觉上忽视这些引导信息，而视障人士则较容易通过触觉发现。这种处理使得校内环境的无障碍设施存在感较弱，从心理上减少学校“障碍”标签的存在。无障碍减弱不等于对学生引导信息的减弱，室内通过走廊顶棚灯光的线性排布，墙裙设置特殊颜色的扶手带，必要时地面改变材质，室内外灯光色温、亮度明显差异，转角位置设反光镜子等方式为学生提供必要的空间认知引导。

加劳德特大学对于无障碍设施的软化处理倾向于特殊教育学校的非特殊化设计，减少标签的做法，以及室内基于听障学生行为特点进行针对性空间细部设计的做法对于我国特殊教育学校的建设有较大的参考意义。

2.5.2 德国艾希施泰特特殊教育中心

德国艾希施泰特特殊教育中心建于 2001 年，容纳约 220 名学生。校园整体平面呈 E 形，围合出三个独立的庭院，承担不同的功能，为需要独立空间的特殊学生提供安全的庇护。建筑背向主道路的一侧，设置了一道结实的墙面，用以阻隔道路交通带来的噪声和视线干扰，保证学生的学习环境。墙面上设置凸窗，凸窗作为学生平时活动的开放空间，为学生提供多样的活动场所。学校建筑外部色彩明快透明，与校园周围的深色树木形成明显对比，有助于学生识别。建筑内部则使用了相对明快的鲜艳色彩，一方面是活跃校园内的环境氛围，另一方面也作为低视力学生的标识信息，提供不同教室的位置。

室内通道为方便肢残学生通行，最少宽度为 2.4m，保证两辆轮椅同时通过。班级班额为 12 人，每个教室设独立出入口，并辅以衣帽间和多功能集合室，便于学生从教室内出入（表 2-15，图 2-23）。

艾希施泰特特殊教育中心概况　　表 2-15

学校位置	德国艾希施泰特
学生种类	视力障碍学生
覆盖学段	6~15 岁小学及中学
学生人数	220 人
教师人数	—
占地面积	2000m^2

图 2-23　艾希施泰特特殊教育中心现状

（资料来源：马克·杜德克. 学校与幼儿园建筑设计手册［M］. 武汉：华中科技大学出版社，2008.）

2.5.3　美国羽毛河学院

美国羽毛河学院建于 2005 年，容纳约 175 名学生。校园建筑功能复杂，在有限的面积下容纳了众多功能，为方便学生行动，建筑全部为一层。考虑到丰富学生学习活动的需要，校园将多个独立的功能房间统一纳入一系列折叠弯曲的屋顶之下，并在房间和房间之间形成了开放的外部活动场地，场地与线形的小河床结合，在冬天充满生机。并在庭院间种植植物。

学校普通教室成对设计，两个教室之间设置共用的开放空间，便于学生交流，每个教室设置单独通向室内和室外的入口，并在教室外设置独立的盥洗间，方便教室内学生使用，避免课间长距离行走（表 2-16，图 2-24）。

美国羽毛河学院概况　　表 2-16

学校位置	美国羽毛河学院		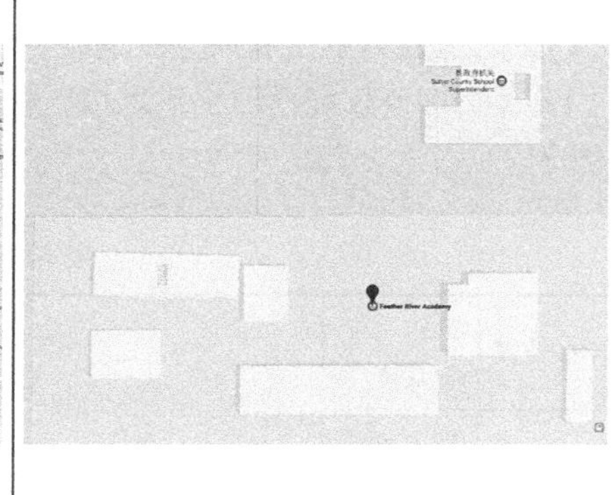
学生种类	肢体障碍及社会犯罪学生		
覆盖学段	11～17 岁中学生		
学生人数	175 人		
教师人数	—		
占地面积	$2300m^2$		

图 2-24　美国羽毛河学院现状

（资料来源：马克 · 杜德克．学校与幼儿园建筑设计手册［M］．武汉：华中科技大学出版社，2008.）

2.6　特殊教育学校建设现状的要素分析

本书调研的内容包括两部分，一是对现有特殊教育学校建设的了解和对学生在校生活学习使用建筑情况的了解；二是在部分学校针对学生障碍特点对建筑空间使用需求的了解。其中第二部分的调研内容较为细碎，直接纳入本书第 3 章的具体分析中，这里不再赘述。下面主要讨论调研中特殊教育学校建设和使用过程所遇到的几个主要问题。

首先，学校的选址及规模互相牵制的问题。特殊教育学校在我国除基本教育功能外，还承担了为周边社区、市区乃至全省范围内的特殊教育资源服务的功能，因此就这一点来说，学校的选址越靠近市中心越方便，但市镇中心区域由于城市化发展导致用地成本很高，在特殊学生总数持续上涨的现状下学校发展非常受限，异地重建则受到建设资金的约束，除个别特殊教育较发达省市，多数特殊教育学校的选址无法称心如意，这反映出我国特殊教育资源配置不平衡、选址与学校规模发展相冲突的问题，进而影响学校总平面布局，引发建筑用地与室外活动用地的冲突。如广州市盲人学校用地非常紧张，正在异地扩建进行中，拟确定的选址距离城市中心区较远，未来招生人数会有较大提升；北京市盲人学校在各方支持下，合并了周边地块，实现了用地小规模地扩展，但整体用地仍不十分宽裕；上海市盲童学校由于校园内存在历史保护建筑，只能在现有条件下优化室内空间，无法大规模扩建，招生规模维持现状。

其次，建筑功能用房配置的问题。目前功能用房的配置主要依据我国《特殊教育学校建设标准》，标准中为避免特殊教育资源不均衡带来的一刀切问题，特意提出一级指标与二级指标两个标准。但在调研过程中发现，我国教育资源的不均衡已远超两个标准所能容纳的差距。如广州市越秀区启智学校用地与房间面积都很紧张，通过功能组合实现教学效率最大化；成都同辉国际学校大力发展融合教育，教室面积指标需求不足等。出现了特殊教育发达地区依据法规无法继续申请更多资金，而特殊教育欠发达地区学校为满足指标生硬改扩建出现空间和用房浪费的情况。各地特校功能用房设置的种类上就有相当大的差异，建设标准在特殊教育的快速发展之下，功能用房的设置显得非常保守，多数学校无进一步建设指导标准的情况。

最后，建筑细部安全措施不足及无障碍设计过于僵化的问题。残疾人群使用建筑的建设依据我国以《无障碍设计规范》(GB 50763—2012)为标准，重在制定有助于残疾人在社会建筑环境下通行的问题。特殊教育学校作为残疾障碍学生集中的公共建筑，其无障碍设计需满足法规要求，但无障碍设计的一些措施在特殊教育学校内显得并不合适。一是部分无障碍设施强调陌生人在建筑环境中的使用，因此设施明显、标识性强，对于一直生活在校内的学生来说，环境较为熟悉，过多的无障碍设施反而限制了他们的行为；二是明显、过多的无障碍设施具有标签效应，对校外人员来说容易产生对特殊学生归类、下定义的做法。因此特殊教育学校内的无障碍设施需要结合校内儿童的障碍特征，出于保障安全、保障教学效率的前提下，参照通用设计的观点统筹设置，而非简单地按照规范逐条设置。

针对以上三个方面的问题，可更详细地分为特殊教育资源配置、学校选址及规模、总平面布局、功能用房设置、教学设施和细部设计等六个细分方向。下面根据调研的内容对这六个方向进行详细分析。分析的基本过程如下：首先对调研中所见的现状进行汇总评价，然后指出现状问题中的明显不足，最后结合调研访谈及文献阅读等方法，尝试提出产生这些问题的原因，以便后文对原因进行归纳汇总，提出针对性的解决方案。

2.6.1 特殊教育资源配置

社会公平是构建和谐社会的核心，教育公平是社会公平的起点，教育均衡是指在教育公平思想和教育平等原则的支配下，教育机构和受教育者在教育活动中有平等待遇的理想和确保其实际操作的教育政策与法律制度[①]。国内对于教育均衡的研究很多，包括义务教育和高等教育等，义务教育的均衡包括两个方面：一是宏观角度，保证接受教育的机会权利公平、教育过程资源调配的公平、教育结果的公正科学；二是个体角度，保证地区差距、城乡差距、校际差距，甚至民族差距之间的教育均衡等。在义务教育发展均衡被普遍提及的情况下，却极少有人谈及特殊教育均衡。现代特殊教育在我国发展时间不长，教育公平差距很大，主要体现在入学率、城乡差距、经济投入等方面。2006年后，国家推出一系列特殊教育中西部发展战略，极大地平衡了地区间、城乡间的特殊教育平衡。

① 李欢. 我国特殊教育均衡发展研究评述[J]. 现代特殊教育，2016(1).

首先，从更广阔的教育范畴角度，特殊教育的均衡涉及特殊教育与普通教育之间的关系。特殊教育与普通中小学教育同属于义务教育的一部分，在保证基本教育目的的前提下，特殊儿童的教育所需占用的资源较普通学生多出很多，如何协调两者之间的关系，让特殊儿童在教育权利、教育资源上获得相应的平等地位，是教育部门需要统筹考虑的问题。

其次，从特殊教育本身的范畴来讲，分为宏观、中观和微观三个层面。

1. 宏观层面

宏观层面是指在政府部门所制定实施的特殊教育指导方针、政策、法规中，以特殊儿童的基本权益为出发点，体现教育均衡，如《国家中长期教育改革和发展规划纲要（2010—2020）》《中国残疾人事业“十二五”发展纲要》等政策文件层面。宏观层面的教育均衡之前的关注点都集中在普通教育、学前教育、职业教育和高等教育等受众面较广的范畴，特殊教育均衡极少涉及，十余年前，鲜有特殊教育工作者意识到教育均衡的政策层面问题。

我国学者庞文等从教育机会均衡的维度引入了入学率差异指标，从教育资源配置均衡的维度引入了教育经费差异、办学条件差异和师资力量差异的指标，以实际数据的形式显示了我国自 2001 到 2010 九年间的特殊教育均衡指标的发展（图 2-25）[①②]。

在教育机会均衡上，也就是学生入学率的统计上，2006 年以前我国均衡指标稳步上涨，2006～2010 年之间指标有所波动，总体来说指标均衡度比较高，说明各地政府和教育机构对于特殊儿童的入学情况非常重视。

2. 中观层面

中观层面是指区域均衡、城乡均衡、校际均衡。其中区域均衡是指地区间的均衡，包括发达地区与欠发达地区，东部与西部之间，以及省会与地级市之间的均衡差距；城乡均衡是指城市、乡镇、农村之间的均衡差距；校际均衡是指不同类型的学校（如盲校、聋校与培智学校之间的）或不同层次学校（九年制特殊教育学校、学前特殊教育学校、职业特殊教育学校等）的均衡差距。这些均衡差距的集中体现包括三个方面：一是特教资源的配置，如硬件资源，也就是校舍建设、图书资料、专用教室和康复教室的建设，康复器材等，还有软件资源，如教师师资的层次、师资的结构等；二是就读学生的数量；三是经济投入的力度。

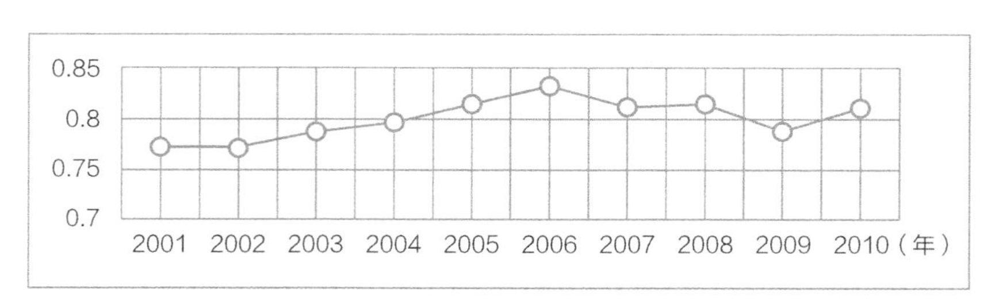

图 2-25　特殊教育机会均衡指标

（资料来源：根据引文数据改绘。庞文，刘洋. 我国特殊教育均衡发展指标体系的构建与测评［J］. 教育科学，2013，29（4）.）

① 庞文. 我国特殊教育均衡发展指标体系的建构与测评［J］. 教育科学，2013，29（4）：12-18.

② 庞文，尹海杰. 我国特殊教育经费投入的数据分析与讨论［J］. 中国特殊教育，2008，12：13-17.

特殊教育的资源均衡，主要包括经费投入、师资力量、教学资源和教育设施四个方面[①]。这四个方面互相独立又互相影响，如经费投入在很大程度上决定了教学资源和教育设施的水平，而硬件条件的改善也有助于教师更好地发挥专业所学。与本专业直接相关的是教学资源与教育设施，包括生均校园面积、生均建筑面积、固定资产、专用教室数量、阅览室数量、康复器材等几个方面，能够较好地反映不同地区和学校之间的教学硬件条件和教学设施之间的差距。

在经费投入上，2008～2012年我国特殊教育的投入经费占教育总经费的0.21%～0.28%，与美国2013年特殊教育经费占比的18.2%相比具有相当大的差距，与韩国2003年的3%相比，有近10倍的差距。按地区差异来看，各个地区、省市在特殊教育资源的投入上有较大的不同：对于特殊教育重视的省份，经济投入较多；省市经济总量较高的，有一部分对教育的投入较多。实际情况表明，并不是经济发达地区对于教育的投入占比就一定高。据相关数据显示，2011年，特殊教育经费占教育经费比重最高的三个地区是上海、吉林和内蒙古，分别为0.58%、0.50%和0.47%，海南省的比重最低，为0.1%。[②]特殊教育的布局发展与经济状况息息相关，海南省1988年才设省，直至1991年才开始特殊教育事业的发展，而西藏也是在1995年才开始兴办特殊教育。

教育经费总量的增长，必然带来生均教育经费的增长。2008年特殊教育的生均经费只有7325元，到2012年已经提高到20233元，不考虑通货膨胀等因素，生均经费的投入几乎增长了近3倍，是非常大的进步。再来看各个省市的区别。2012年，生均经费投入最高的五个省市是北京、天津、西藏、浙江、内蒙古，相反，湖北、河南、青海、安徽、陕西则排在最后。可以看出排在最后的省份其经济总量并不见得不好。通过比较特殊教育生均经费投入与其省份GDP产值发现，辽宁、湖北、山西、山东、福建等省份在特殊教育生均经费和省份人均GDP排名上差距较大，显示出对于特殊教育的投入与其经济发展水平不匹配，对特殊教育的重视程度弱。

美国根据《残疾人教育法案》等相关法律规定了对特殊教育经费的投入占比，并明确规定了各个州、地区对于特殊教育经费投入的比例，并且联邦的拨款是用于为州、地方进行特殊教育活动所产生的额外费用，也就是说，联邦拨款是各地发展特殊教育的补充，而非绝对主力。各州、地区不得无视法律行事。与此类似，我国也明确规定了残疾人事业、特殊教育发展由各级人民政府实施，但却缺少相关的法律依据明确经济投入机制，如保障特殊教育经费在教育经费中的占比，特殊教育经费的最低标准，各地政府应如何加大对特殊教育的投入、增加多少、如何增加，等等，使得各个省市对于特殊教育的投入依靠政府对于残疾人事业的支持程度，有就多投，没有就少投，特殊教育经费得不到实质性保障，这在客观上造成了特殊教育资源的不均衡。

经济投入是特殊教育资源配置最重要的体现之一，我国2001～2010年对于特殊教育经

---

① 李欢．特殊教育均衡发展指标体系研究［J］．教师教育学报，2015，2（4）：66-71.

② 王颖，喻炜婷，王建民．中国特殊教育的投入与产出：基于面板数据的潜变量增长模型分析［J］．教育与经济，2015（6）：34-40.

费的持续性增长，尤其是在 2010 年，基础建设费用增长较快，这得益于政策性的调整，也就是宏观层面对特殊教育资源的配置，较好地落实到了中观层面。

特殊教育学校的经费来源主要有五个部分，包括国家财政性教育经费（财政预算内经费为主）、社会团体和个人办学经费、社会捐资经费、事业收入经费和其他经费。其中国家财政性教育经费为特殊教育学校主要的经费来源，并且这一比例逐年升高。2010 年，经费合计为 68.79 亿元，其中国家财政教育经费 65.44 亿元，占到了 95.1%，并且还有逐步提升的趋势，相反，其他各类经费的占比逐步缩小，绝对数值甚至有减少的趋势。如社会团体和个人办学经费，由 2005 年的 0.04 亿元，降到了 2010 年的 0.01 亿元。这表示我国对于特殊教育学校具有相当高的重视程度（表 2-17）。

2005～2010 年特殊教育学校经费收入来源与合计（单位：亿元）　　表 2-17

年份	合计	A	B	C	D	E
2005	23.58	21.15	0.04	0.35	1.00	1.04
2006	26.93	24.59	0.02	0.38	0.92	1.02
2007	30.14	27.92	0.004	0.37	0.98	0.86
2008	39.66	37.23	0.02	0.43	0.99	0.99
2009	46.32	43.76	0.01	0.49	0.95	1.12
2010	68.79	65.44	0.01	0.64	0.96	1.74

注：1. A 为国家财政教育经费，B 为社会团体及个人经费，C 为社会捐资经费，D 为事业收入，E 为其他收入；

2. 资料来源：《中国教育经费统计年鉴 2011》。

特殊儿童的入学率与地区经济状况和文化教育水平相关度很大，在经济发达和历史重视特殊教育的省市，特殊儿童的毛入学率相对较高，而偏远地区的入学率就很低（图 2-26）。2004 年北京市统计显示特殊教育学校共有在校生 3304 人，这个数字等同于当年陕西和江西两省城市中特殊教育学校学生人数的总和。同样，特殊教育学校的建设必须保障足够标准的校园、教学设备等硬件投入，在经济发展不均衡的现实下，城乡之间的学校建设差距非常大，

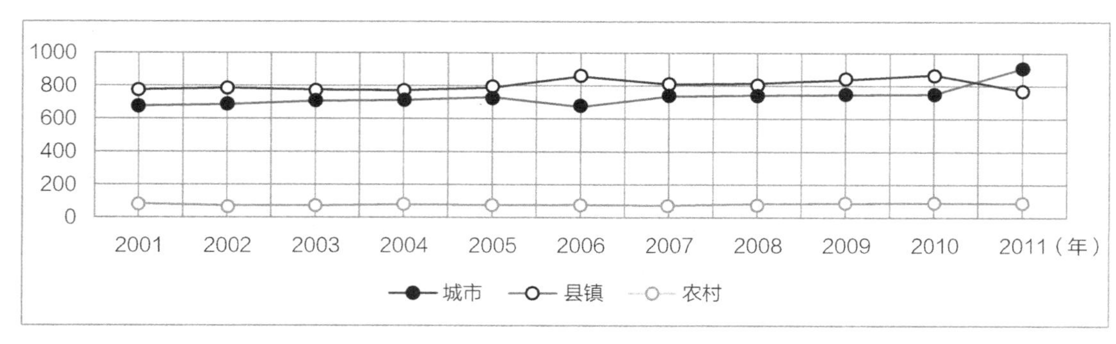

图 2-26　2001～2011 年特殊教育学校城乡分布示意（单位：所）
（资料来源：根据《中国特殊教育发展报告 2012》数据绘制）

学校硬件条件的差距直接导致了区域内学校总数量、招生能力和教学质量的差距。以2004年辽宁省和陕西省的在校生数据为例，辽宁省市区内的在校生约为农村学生的5倍，而城乡差距显著的陕西省，这个数据接近12倍。

在教学资源的配置上，虽然我国的特殊儿童安置方式借鉴了美国的“瀑布式特殊教育服务体系”，但看起来层次清晰、结构完整的安置方式并不意味着特教资源的全面覆盖。实际上，我国基本以随班就读和特殊教育学校两种安置方式为主，占安置学生总数的99%以上。这其中，特殊教育学校为公办学校，政策体制完整，经费在相当程度上有保障，但随班就读形式是附设在普通中小学中的，教育资源的配发不如特殊教育学校顺畅，造成很多普通学校特殊儿童的随班就读缺少相应支持，就读质量非常差（表2-18）。

2010年特殊教育学校与普通中、小学校教育经费支出比较　　表2-18

	生均预算内经费支出（千元）			生均经费支出（千元）		
	特殊教育学校	普通小学	普通中学	特殊教育学校	普通小学	普通中学
2010年	32.26	4.10	5.22	38.91	4.93	7.01

资料来源：根据《中国特殊教育发展报告2013》数据绘制。

3. 微观层面

微观层面是从个体的角度出发。首先，是指每个特殊教育的对象能否有机会接受同等的特殊教育。因为学生的障碍类型不同，障碍程度不同，在就读和安置过程中，是否能够按照学生的个体需求，有针对性地提供教育条件，发挥学生的特长。其次是指教学过程中，教学的方式和课程设置是否从学生角度出发。

从宏观和微观层面来讲，政策层面和学校教师个体对于特殊教育都充满希望，但是在最重要的中观层次教育均衡上，我国的具体落实还有很长的路要走。目前国内特殊教育以重点扶持为主，也就是重点建设区域内的典型学校，在接待调研、参观任务的时候，这些学校的校园环境给人的感受非常好。与此相反，非中心重点城市的特殊教育学校，或者重点地区的非重点扶持学校，虽然校舍建筑的规划与建设在建设标准颁布后，都能够按照标准来建设，但相关器材与细部装修就俭省很多，如北京市某区级培智学校，校园面积和教室班级数都有所富余，但教室内的布置相对简陋，生活与学习氛围不足，无障碍设计只有基本的坡道、盲道、扶手等措施，规范上未做明确要求的标识系统、装修材料、色彩及软包等方面处理极少。在参观这类学校时，校领导一般会比较谨慎，以本校仍在建设过程中为由，建议调研人员去同市重点特殊教育学校参观。

实际上，特殊教育学校的建设是一项惠及全民的普及型工程，虽然重点学校的建设有利于提高和带动地区范围内的特殊教育水平，但对于微观层面的受教育个体来说，期望享受到高质量的公平特殊教育却具有相当难度。在成都某特教中心，出于公平的角度，实行学区房学位制度，区外的家长为了孩子能就读，只能购买学区房，这无异于一道巨大的门槛，缩小了受众面。因此特殊教育的均衡，重点是特殊教育资源的均衡，但在国家总投入有限的情况下，大而全的特殊教育学校无疑会占用绝大比重的资源，因此特殊教育类学校应该是小而全的。小是指规模小，一个小型学校覆盖范围有限，同等资源下可以多建设 1～2 个小型学校，其覆盖范围比大型学校还是要广；全是指功能全，不仅满足现在的特殊教育教学功能，更应该涵盖特殊教育支持体系。

2.6.2 选址及规模

2.6.2.1 现状

相当一批老牌特殊教育学校因为建校时间较早，在当地政府和相关机构的支持下得以良好地发展并持续至今，校址接近城市中心区，为特殊儿童的就读提供了最大的方便。尤其是经济较发达地区的省会城市及一些地区的重点特殊教育学校，校园在原址基础上翻新改建，功能完善、多样，学校服务覆盖面很广。如上海市盲童学校由傅兰雅在 1911 年首创后，临时择址，后在社会各界关心与支持下，1931 年迁入现址上海市虹桥路，从此往后，包括 1952 年上海市政府接管后，校址一直未更换过，其中校园内的一栋二层主体建筑，一直维护至今，被定为历史保护建筑。这既得益于各界政府和民众对于特殊教育的支持，也得益于上海市的经济发展。校园的建筑和整体规划至今仍保持了校园最初的规划结构，并逐渐兴建了很多新建筑来满足特殊教育的发展需求，具有时代特色的校办工厂等建筑也被完好地保存下来。同时，一些新建的特殊教育学校选址避开城市发展高地价地区，在地价相对较低的地方异地重建，新校园占地面积十分宽松，为未来发展预留了足够的用地。如辽宁省特殊教育高等专科师范学校，前身为辽宁省残疾人中等技术职业学院，校园占地 20 多万平方米，建筑面积近 10 万平方米，可同时容纳 3200 多人同时学习培训，校园规模十分壮观。

2.6.2.2 布局与选址现状

我国特殊教育学校的建设发端很早，但发展很慢。早期的学校多由外国传教士或慈善团体创办，学校属于慈善、救济性质的机构。如北京盲人学校前身为威廉·H·穆雷于 1874 年创办的“瞽叟通文馆”[①]。1949年10月后教育部统一改编了这些私人性质的学校，成为我国公立特殊教育学校的滥觞。这些传统老校当初因条件所限，学校选址因陋就简，校舍也十分简单，多为几间瓦房，并没有系统地从建筑学角度考虑，收改过程中部分学校在原址发展，也有相当一部分进行了选址重建。从历史角度看，特殊教育的地位经历了一个由低到高的提升过程，在中华人民共和国成立初期至 20 世纪 80 年代末期特殊教育蓬勃发展前，新规划的特殊教育学校选址多远离市中心。但 90 年代开始城市化进程加快，当年的城市边缘地带也渐渐变成地价高涨的城市中心区，一些历史悠久的学校的扩建面临无地可用的局面，选择新址重新建校成为最好的选择。

2.6.2.3 选址偏僻

一方面，因为缺乏法律法规的明确约束，特殊教育在选址时缺少话语权；另一方面，在

① 徐洪妹. 视障教育——上海盲校百年印证［M］. 上海：上海教育出版社. 2010：4.

人们的观念中，特殊教育仍属于封闭式教育，自给自足成一个体系，与周边环境的互动性不强，因此 2000 年后新建的一些特殊教育学校的校址远离城市中心区。如辽宁特殊教育师范高等专科学校，前身是辽宁省残疾人中等职业技术学校，2013 年因发展需要校园整体异地重建，新校园占地 20 万 m^2，但校址在沈阳市东南角，距市中心约 30km，属城市新开发区，周边缺少配套设施，仍有大片农田，城市公交体系甚至城市道路系统也未健全，笔者自驾车调研都很难识别方向（图 2-27）。

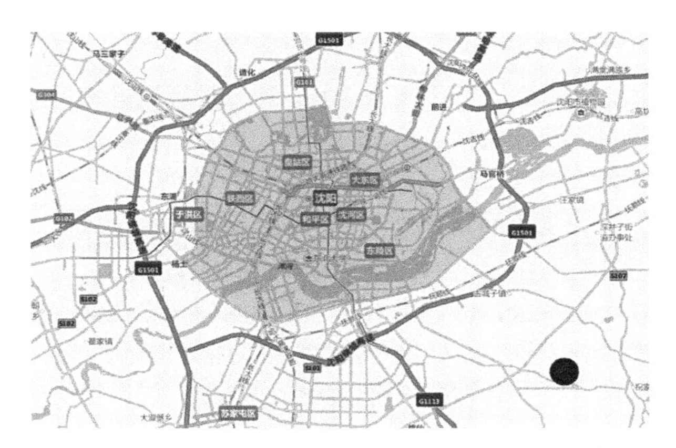

图 2-27　辽宁特殊教育师范高等专科学校校址与城市中心区的关系

同样，作为特殊教育大户的杭州市也难以避免此类问题。具有悠久历史、创立于 1931 年的杭州市聋人学校，在 2009 年整体异地重建，校址选在钱塘江边经济技术开发区内，区内虽然是杭州市的大学职教城，但聋人学校在整个生活教育区的最边界。相比辽宁特殊教育师范高等专科学校来说，距离城市地铁线路并不算远，但校园到地铁最后这一公里的道路，交通非常不顺（图 2-28）。笔者在 2010 年和 2013 年两次调研该学校，校园周边环境和道路公交体系几乎无明显改善，每次需要步行 2 公里左右，到有三轮车的道路上，再转公交汽车，然后才能到达地铁站。如果无专人接送，学生日常上下学的难度可想而知。

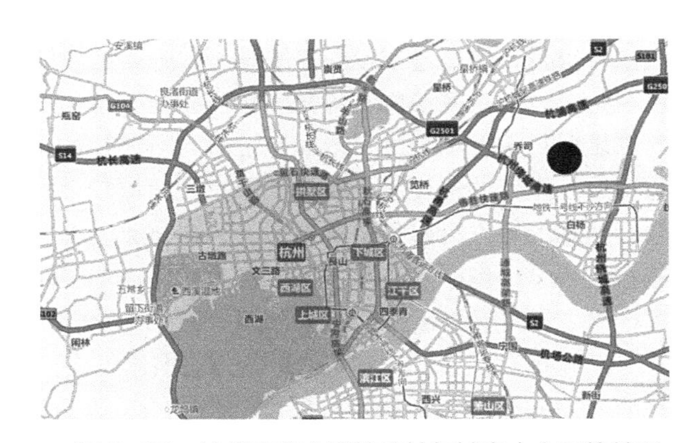

图 2-28　杭州市聋人学校校址与城市中心区的关系

德阳市特殊教育学校成立于 2005 年，是教育局直属特殊教育学校，2012 年，学校整体搬迁至城市一环边，同期搬迁的还有市残疾人康复中心，与学校新址毗邻而建（图 2-29）。德阳市本身市区面积不大，特殊教

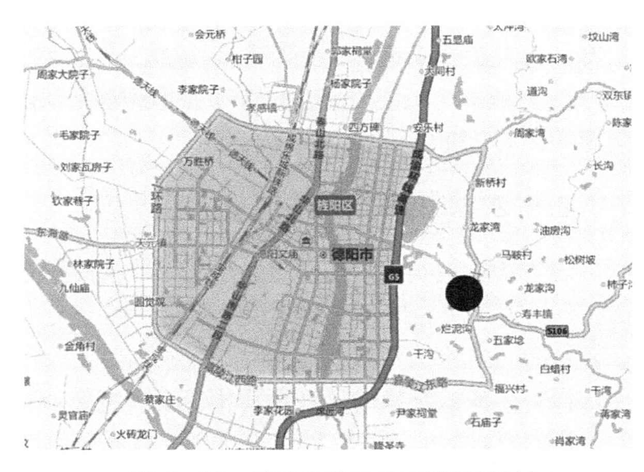

图 2-29　德阳市特殊教育学校校址与城市中心区的关系

育起步较晚，从城市整体发展来看，德阳特殊教育学校并没有如上面两所学校那样远离市区，但就当时城市发展来看，德阳特殊教育学校的校址还相当偏僻，公交系统不完善，在新校区刚建成的相当一段时间内，校方不愿搬迁至新址，认为给既有教学和生活带来非常大的不便。

由上节问题分析可知，我国特殊教育学校布局结构不均衡，需要在市郊、偏远区县设立特殊教育学校，以完善特殊教育的均衡问题。但上述几例学校整体异地重建时选址偏僻，不是个别现象，也不属于为了教育均衡而选在偏僻地段的情况，它们都是所在市、区的重点特殊教育学校，如杭州市聋人学校创立于1931年，是市级聋校，是整个杭州市唯一专门招收聋生的学校，其在聋教育中的地位不低；辽宁特殊教育示范高等专科学校的前身是残疾人职业教育技术学校，属辽宁省残疾人联合会下直属单位，承担辽宁省地区特殊教育学生的职业教育工作，是省残联名下为数不多的教育机构。如果是为了平衡特殊教育资源，对于这些曾经在历史上和区域范围内为社会提供了相当程度特殊教育的学校，不应该做大幅度的区位调整。即便现有校址用地确实紧张，无法改扩建，那么在重新选址的过程中，也应该基于学校原有的服务覆盖范围，考虑学生、家长、教师等主要使用人员的交通与生活状况，考虑学校对于所在片区残疾人资源的利用与输出。因此，有历史、对于特殊教育有较大作用的学校，在重新选址时，应着重考虑学校在原址时为所在片区、城市提供的特殊教育的服务作用，在必须重新选址重建的情况下，新校址不宜距离原校址太远，最好以10km为标准，在城市公交能顺利达到的地方；如条件所限，需选在离原址10～20km范围内的，应对新校址周边配套设施进行评价，包括公交系统、日常生活购物、居住条件以及与所在城市残疾人康复机构、医疗机构之间的距离等；对于选址超过原址30km以上的范围，不建议考虑。

广州市盲校自2004年起开始异地重建工作，由市政府出资，预计占地100亩，建筑面积约40000m^2，但在选址阶段就困难重重，因为社会对盲童的误解和偏见，8年时间里，先后拟定的46块用地皆被否定，直到2013年才终于确定新校址。在这期间，由于盲校教学质量的提升，不断有家长和学生慕名而来，但由于学校用地有限，难以接收新生，造成了极大不便。学生宿舍、功能用房、运动场、康复训练用房等基本的功能房都无法保证，就连学生用餐，也因食堂面积过小而不得不分批进行。每年报名的盲童约有70～80人，但只能招收32人，其他学生只能安置在户籍所在地能够提供随班就读的学校，个别学生则可能因为安置问题失去入学机会。

2.6.2.4 用地面积不足

规划指标主要是指校园用地面积和建筑面积指标。建筑面积具有一定的弹性，校方可根据实际需要和资金情况决定建筑分期建设或一次性建设，但用地面积很难改变，一旦确定后，在较长时间内无法变化。因此用地面积作为学校资源的硬指标具有代表性。在调研和数据统计过程中，多数学校的用地面积不符合《特殊教育学校建设标准》，大部分学校与建设标准所规定的要求相差不大，但也有个别学校差距巨大，不得已出现了校园内的高层建筑。以湖南省为例，对五所学校采样后得出，生均用地面积在70～90m^2，与2011版建设标准要求的120～160m^{2}相差较大（表2-19）。

湖南五所特殊教育学校校园用地面积统计　　表 2-19

学校名称	教师人数	学生人数	师生比	占地面积	生均占地面积
长沙特校	26	93	1：3.4	8666	93
浏阳特校	58	212	1：3.7	20000	94
湘潭特校	38	158	1：4.2	11333	72
常德桃源特校	55	186	1：3.4	18666	100
湘西吉首特校	134	502	1：3.8	32666	65
小计	311	1151	1：3.7	91333	79

资料来源：刘建娥．湖南省特殊教育学校发展研究［D］．长沙：湖南师范大学，2013.

对在校学生人数的统计可知，湖南省特殊教育水平大致处于我国平均水平，其具体情况具有一定的代表性，一定程度上反映了我国大部分内地地区特殊教育学校的用地情况，校园用地虽然不至于捉襟见肘，但依然与建标 156-2011 相差较远。不仅如此，经济相对发达的广州市共有 21 所特殊教育学校，这其中仅有番禺区培智学校完全符合建设用地面积标准，其他学校均有指标不符合要求。且不同行政区之间的差距很大，以建校较早的老城区特教学校用地最为紧张，新的行政区特教学校建校较晚，用地则相对宽松很多（表 2-20）。用地最为紧张的广州市盲人学校，占地仅 3000m^2，收纳的学生数有 600 余人，平均下来，人均占地仅 5m^2。校内办公楼 6 层，宿舍 7 层，建筑密度很高。

广州市特殊教育学校校园用地面积统计　　表 2-20

学校所在区	教师人数	学生人数	师生比	占地面积	生均占地面积
荔湾区	66	388	1：5.8	3392	8.7
越秀区	165	764	1：4.6	9778	12.8
海珠区	55	326	1：5.9	2128	6.5
天河区	352	909	1：2.6	19104	21.0
白云区	125	498	1：3.9	14423	28.9
黄埔区	12	81	1：6.7	3820	47.2
番禺区	101	629	1：6.1	53275	84.7
花都区	16	122	1：7.6	9244	75.7
南沙区	—	42	—	—	—
萝岗区	20	78	1：3.9	4476	57.4
从化区	8	173	1：21	210	1.2
增城区	26	271	1：10.4	848	3.1
小计	946	4281	1：4.5	120635	28.2

资料来源：广州市教育局网站。

2.6.2.5 校址条件不适宜

大部分学校的选址都从服务学生的角度，选择干扰较少、不利因素少的地址。但也会出现校方无法控制的因素导致校址不合适的情况。例如学校建设较早，在最初建设时，校址所在地区还比较偏僻，周围环境比较安静，但城市化进程太快，上一级控制性规划执行有出入，学校周边逐步发展成为市场等人流、车流集中的环境。如广州市盲人学校，校园主出入口面对的是一条仅有两车道的次级道路，但道路是连接主干道和水果批发市场的必经之路，导致道路拥挤、车辆乱停放现象严重，学校门前都停满社会车辆，为师生出行带来极大不便。此外，学校的新址选择没有进行充分的地质条件考察。德阳市特殊教育学校新址位于山脚，景色优美，安静怡人。但市政防洪沟渠建设不完善，一遇暴雨天气，山上雨水倾泻下来，超过防洪设计预期，雨水直接灌入学校造成积水，校方只能安排当值教师承担抗洪任务，这在一定程度上导致校方不得不推迟新校园的整体搬迁进度。

2.6.2.6 原因分析

1. 选址位置

政策层面虽然对特殊教育发展给予大力支持，但法律层面约束并不强，技术性指导细则多是原则性的描述用语，如《特殊教育学校建设标准》第三章关于布局、选址问题的说明，第十五、十六条对选址的描述："结合人口规模和人口密度、残疾儿童少年数量等要素合理布局，应独立设置……"条文可解释性很强，操作层面难以起到足够的作用。同时，指导标准与细则并未考虑合理利用城市已有特殊教育资源的问题，对医教结合、现有资源的充分利用几乎没有考虑，认为特殊教育学校可作为一个单独存在的机构运作，忽视了学校与社区、与社会之间的联系。这些都导致在具体选址时，特殊教育学校虽然有国家规范，但无法落实到具体执行行动中。

除此之外，社会对特殊教育机构和特殊儿童仍有不少的偏见与误解。学校新址的确定会对新址周边的城市形态、人群结构都产生一定的影响，成都同辉国际学校由市内旧址拆迁至新址之后，招生范围相应有所改变，优先招收所在学区的特殊儿童，因此很多家长不得不采取购置学位房的方式使孩子入学，同时，学校建成投入使用后，有陪读的家长在附近租住房屋，对附近房租都略有影响。这是学校对社会的积极作用，反过来，社会的误解也让广州市盲人学校经历了漫长的选址过程。特殊教育的弱势，也使得原本校区在老城区、交通和住宿都很方便的老牌学校不敢轻易讨论迁址扩建的问题，生怕迁址之后只能在郊区定新址，于是一直忍耐着现有的用地不足，无法扩大规模，改善校园条件。所以，社会大众，尤其是建设部门领导对特殊教育的支持与理解，也在一定程度上影响了学校的选址。

2. 规划指标

我国特殊教育学校建设标准出台很晚，在特殊教育兴起的阶段，国内并没有可以借鉴的建设指标，导致 2004 年以前建成的学校中，多数都面临着用地紧张的情况。建校较早的老牌学校在最初并没有规划建设指标的要求，因此很多学校的建设基本是参照普通中小学校的建设模式和建设标准，除去中华人民共和国成立前已经存在的特殊教育学校以外，20 世纪

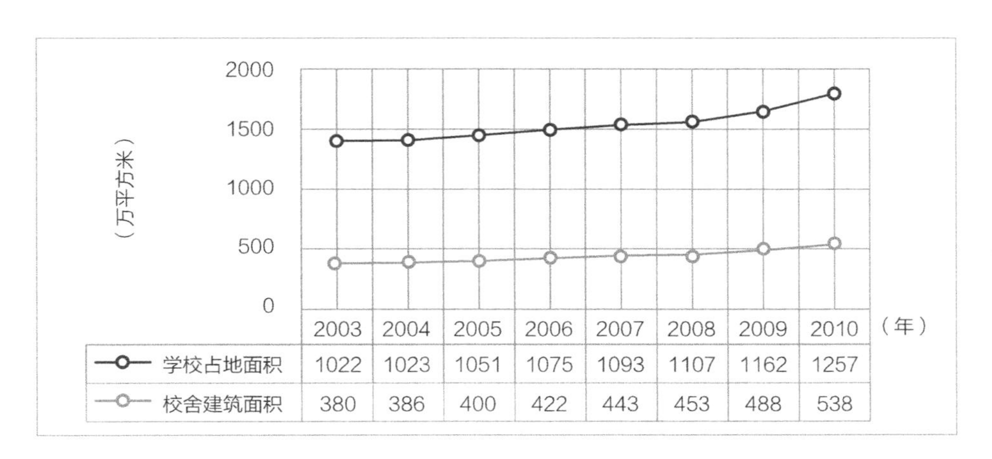

	2003	2004	2005	2006	2007	2008	2009	2010
学校占地面积	1022	1023	1051	1075	1093	1107	1162	1257
校舍建筑面积	380	386	400	422	443	453	488	538

图 2-30　2003～2010 年特殊教育学校用地及建筑面积合计
（资料来源:《中国特殊教育发展报告 2012》）

80 年代学校建设高峰时期，因为特殊教育理念的限制，对特殊学生的教育基本还是以文化课程为主，较少涉及康复内容，尤其是培智学校，以轻度智力障碍为主，课程内容更多侧重于学生基本文字、数学技能的学习，因此学校教学空间与普通中小学相似。而在 2004 年后的特殊教育学校建设浪潮中，因为特殊教育建筑设计规范的出台，以及医教结合、全纳教育等理念的逐步深入，学校开始对康复空间、活动空间以及职业技能空间有了更多的需求，因此校园的建筑面积相比普通中小学来说普遍较高，而 20 世纪 80 年代建设的特殊教育学校在教学需求下也要配置相应的功能用房，因此学校面积就显得很紧张。所以，在特殊教育学校标准化建设的推动下，现在多数学校都出现了用地面积不足，人均使用面积不足的情况（图 2-30）。

2004 年,《特殊教育学校建筑设计规范》推出后，校园建设有据可依，校园建设指标逐步爬升，随着特殊教育学校数量的增长，呈稳步增长的趋势。尤其是 2007 年后，针对特殊教育学校校园建设标准过低的情况,《"十一五"期间中西部地区特殊教育学校建设规划（2008—2010 年）》的通知中，对中西部地区特殊教育学校的建设提出了明确要求，要新建与扩建一批学校，改善特殊教育布局的平衡。同年推出的三大类学校课程标准，也对相应的教学和康复空间提出了要求，因此 2007 年后，特殊教育学校的平均建筑面积提升明显。除因学校总数量增加带来的特殊校园总建筑面积和用地面积增加外，自 2003 年以来，校园平均建筑面积也在增加，由 2003 年的 2451m^2 增加到 2010 年的 3152m^2，提升幅度近 30%。

2.6.3　总平面布局

2.6.3.1　现状

特殊教育学校校园总平面布局按建筑紧凑程度分为集中式布局与分散式布局两种，各有优缺点（表 2-21）。总的来说，学校用地条件、学校建设规模与学生数量对布局模式影响较大。

总平面布局模式举例　表 2-21

集中式布局

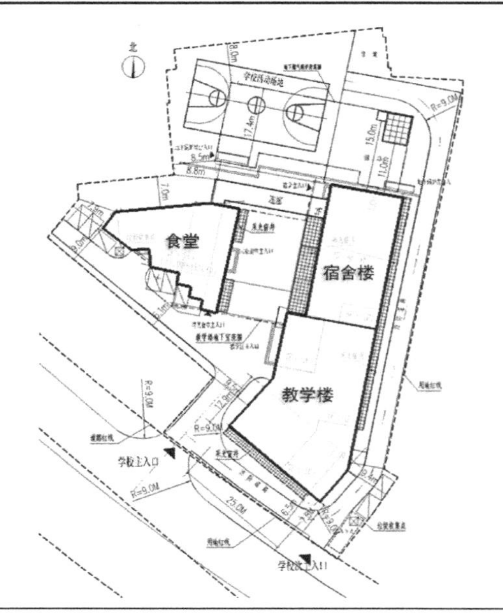

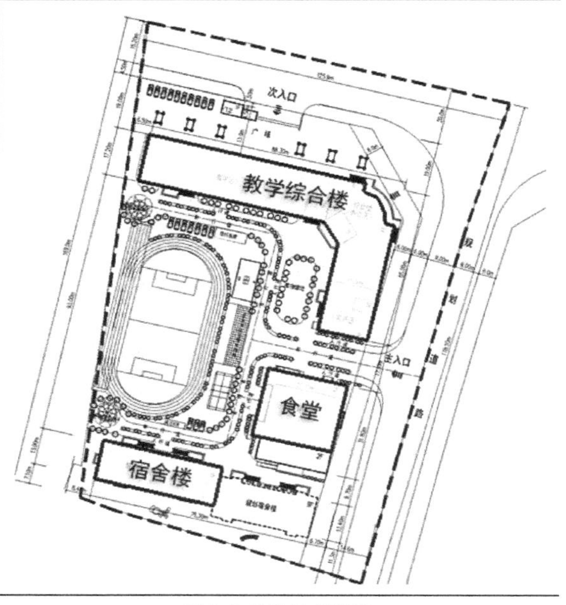

兰州市盲聋哑学校	天水市特殊教育学校
校内主要建筑为一栋内廊式综合教学楼，包括教学、康复、宿舍等多种功能。旁边附设食堂，通过连廊连接	校园用地紧张，教学综合楼为 4 层建筑，包括教学、康复等功能用房

分散式布局

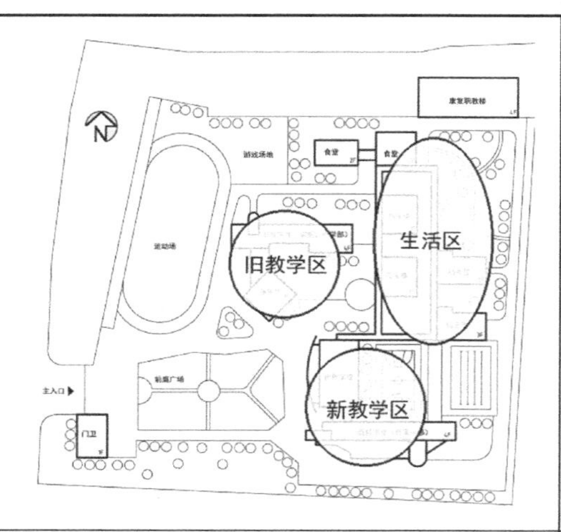

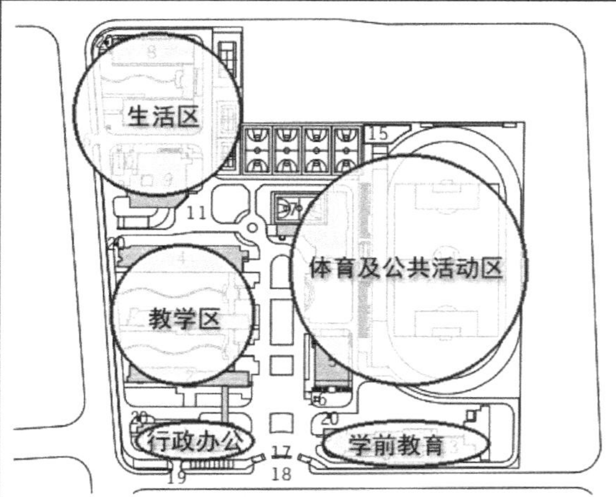

浙江省盲人学校	杭州市聋人学校
校园用地充足，经历一次扩建，教学楼分新旧两栋，康复职教楼在生活区北侧，距离教学楼较远	校园按功能分为生活区、教学区、体育及公共活动区、行政办公区、学前教育等几个部分，通过一条校园主轴线组织

学校用地紧张的情况下，多采用集中式布局。除建筑用地外，还要考虑体育活动场地、康复运动场地以及绿地的设置。其中体育活动场地根据实际情况设置，如视力障碍学生不需要设置篮球场，仅需要200m跑道即可，但建设标准仍要求其占地面积至少要达到4628m²。一些中西部地区新建的特殊教育学校，用地面积不过10000m²左右，很难按照标准要求设置运动场地。校园绿地的设置则更加捉襟见肘，原《特殊教育学校建筑设计规范》在总平面布置一节中要求学校绿地率不应小于35%。2020年实施的《特殊教育学校建筑设计标准》则取消了本条规定。若按原规范35%的绿化率计算，以中西部地区待建特殊教育学校为例，9班的培智学校建设用地面积为13761m²，扣除体育活动用地5186m²，再扣除35%的绿地4816m²，仅剩余3759m²，考虑到体育活动场地有部分面积可计算为绿地面积，剩余可适当提高，但剩余的建筑及道路面积依然不多（表2-22）。在调研过程中，除用地面积非常宽松的学校外，多数学校为保证基本的建筑功能及运动、康复场地，大幅减少了绿地的设置。

用地计算举例 **表2-22**

<table>
<tr><th>总用地面积（m²）</th><th colspan="2">绿地面积（m²）</th><th>体育活动用地（m²）</th></tr>
<tr><td>13761</td><td colspan="2">13761×35%=4816</td><td>5186</td></tr>
<tr><td colspan="2">剩余建筑及道路、广场、停车用地（m²）</td><td colspan="2">13761-4816-5186=3759m²</td></tr>
</table>

从特殊儿童教学与活动的角度考虑，首先，集中式布局主要的功能用房集中在一栋或两栋主教学楼中，学生在主教学楼内即可完成一天的学习工作，尤其是对于有行为障碍的学生来说，大大减少了交通时间和交通距离，教师也不必费力组织学生从一栋楼转移到另外一栋，可以提高师生在校时间的效率。但主教学楼扩建余地非常小，过于集中的功能空间使得学校的功能用房数目一定，规划建设初期又不可能提前预留过多发展用房，因此当学校教学生活步入正轨之后，学校再想扩大规模，提高班级数量，或者为新的教学方式提供单独教学空间时，可调用的房间就显得捉襟见肘。如成都市同辉国际学校，总平面为一字形折线展开的主教学楼，原本建设初期设定班级数为36个普通教室，容纳36个教学班，其中特殊教育班级18个，普通班级18个，但在学校投入使用几年后，应教育局要求需要再增设4个普通班，而普通教室早已占满，不得已，只能取消4个具有实验性质的特殊教育融合班，为增设的普通班级腾出教室，现在为14个特殊教育班与22个普通班。

其次，分散式布局的校园有几种情况。在经济欠发达地区，校方较容易从上级部门得到宽松的用地条件，校园用地内没必要形成过高的建筑容积率，多采用低层建筑模式，以利于学生户外活动。我国大力推进综合型特殊教育学校建设，但实际上，同时大规模招收三大类特殊儿童的学校较少，因为听力障碍和视力障碍儿童的绝对数量呈下降趋势，多数新建的综合型特殊教育学校以智力障碍儿童为主，同时招收听力障碍或视力障碍学生。此外，原有的聋哑学校因为生源问题，也改为综合型特殊教育学校。这些学校都是以某一种障碍类型的学生为主要生源，以其他障碍类型为次要生源。因此校园建筑布局一般将普通教室、康复用房、生活配套用房等分开建设，形成功能分区明确、条理清晰的校园形态。同时，将不同类型的学生分开，形成近似于组团布局的模式，每种障碍类型的学生在特定的区域内活动，学生之间不产生干扰。如温州市特殊教育学校，同时招收三大类特殊儿童，且规模都很大，因此在建筑布局上，首先按照儿童障碍类型来分，三大类儿童各占一片区域，形成单独的启喑区、启智区、启明区建筑组团（图 2-31）。

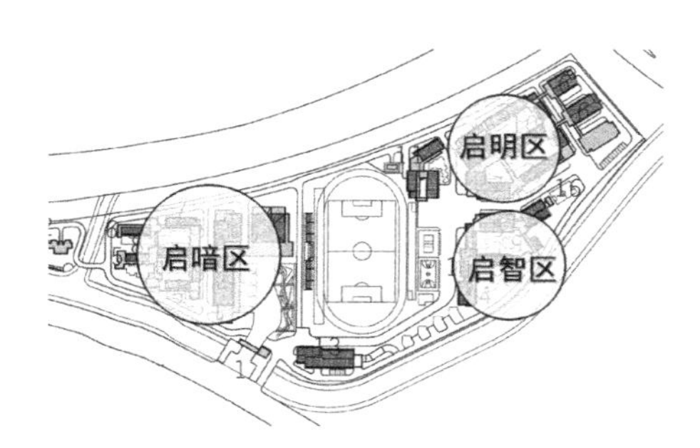

图 2-31　温州市特殊教育学校总平面图
（资源来源：根据浙江大学建筑设计研究院提供图纸绘制）

分散式布局因宽松的用地条件，在采光、通风、学生活动场地等方面具有明显的优势，可为学生提供较好的物理环境，同时，宽松的用地也为学校未来的发展扩建提供了余地，如酒泉市特殊教育学校，建设初期就在学校北侧规划了 4 栋预留用房，以备学校规模变化，但分散式布局的长距离交通也为行为障碍学生带来了诸多难处。

集中和分散是相对的，并没有明确界限。在建筑布局层面，应综合考虑学校未来的发展趋势与学生使用建筑过程中的具体要求。对于特殊教育学校来说，学生的需求才是根本，而学校未来的发展趋势很难预测，因此以开放的眼光来看待问题显得尤为重要。

2.6.3.2　不足

1. 分区不明确

明确的功能分区可以合理提高校园建筑的使用效率，但一些建设较早的老校园，在建设时并没有“医教结合”的理念，康复理念并未普及，人们对于特殊教育的态度是给特殊儿童一个接受学习、接受教育的机会，校园内没有考虑设置评估、康复训练用房等。随着教育理念变革，原有校园进行扩建，并加入新的教学和康复用房，使得校园内的面积十分紧张，造成校园整体规划混乱、建筑风格不统一、功能用房分区不明确等情况，同时校园内建筑密度极高，学生缺少室外活动场地。如成都市特殊教育学校成立于 1922 年，很早就定址在现金牛区一环路边，地理位置很好。在调研过程中发现，校内没有康复用房，都是与教学相关的教学用房。尽管学校将部分功能房间改为评估、个别训练等必需的康复用房，但运动康复、感官康复用房等还是缺少。

新校区的建设也可以分为两类，一类是 20 世纪 80～90 年代特殊教育刚刚兴起时建设的，另一类是 2004 年之后，特殊教育的整体地位得到逐步提升，国家出台了特殊教育整体建设计划之后建设的。第一类新建校区的建设目的是为了填补特殊教育学校的空白，而且在建设阶段国内并没有相关建设标准和设计规范出台，校园的建设都参照普通学校建设，在功能用房和校园整体结构布局上并无特色，2004 年底建筑设计规范推出后，校园建筑设计有据可循，整体建设水平提高很多。

分区布置可以提高功能空间的效率，但规模大、班额多的学校，其功能分区距离较远的，则带来不方便，尤其是教学楼与康复楼分开设置。但由于康复用房的使用频率不如教学用房高，因为康复多是基于综合性康复体系，尤其是低年级儿童更注重综合康复，高年级学生随着身体的发育和缺陷障碍的稳定，才对专门康复有需求，所以独立设置的康复楼整体使用率不高。

2. 扩展用地不足

《中小学校设计规范》中提到，应合理利用地下空间，节约用地。然而对于特殊学生来说，地下空间容易造成疏散和导向问题，同时空气流通与日照难以满足儿童日常使用需求。但是在学校建设用地实在紧张的情况下，学校依然只能向地下空间扩展。南京市盲校在地下一层设置了体育康复用房以及定向行走训练空间。视力障碍学生的定向行走包括定位与行走两部分，其中的定位包括回声定位与阳光定位，这两者在地下房间效果都很不理想。兰州市盲聋哑学校原处市中心，校园用地仅有 5660m^2，而建筑功能需求接近 10000m^2，地面用地非常紧张。2009 年原址重建，地面勉强挤下 200m 跑道后，少有绿化面积。在建筑密度与容积率都很高的情况下，不得以在新建的教学综合楼中，设置了 2146m^2 的地下一层空间，包括律动教室、医务室、劳技教室、盲人门球场地、学生浴室等多种功能，一定程度上造成功能分区混乱。

3. 走廊空间单调

调研中的学校，绝大多数都是采用走道式布局，在走道两侧布置教室，尤其建成时间比较早的学校。新建学校中，在中小学素质教育普及的推动下，开始重视多样化的活动空间、交往空间，走道空间逐渐受到重视。同辉国际学校在布局模式上虽然也是走道式布局，但已经有意识地将走道空间放大，在主教学楼的北侧，每层在不同位置保留了接近一个教室大小的开放空间，形成局部放大的交流空间，既提高了长走廊的采光照明，也为学生课间活动提供了场所，不同年级、空间设置的主题也不同，如手工操作、室内活动等，使用率颇高，师生评价很高（图 2-32、图 2-33）。

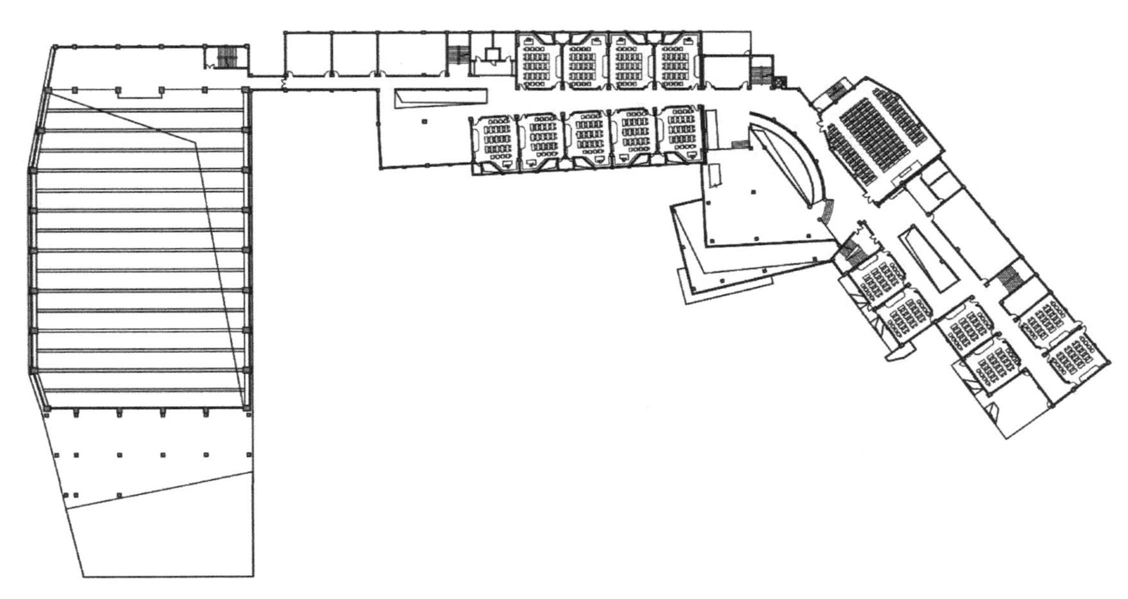

图 2-32 同辉国际学校二层平面图

（资料来源：四川省建筑设计研究院提供）

图 2-33　同辉国际学校走道空间的节点

国内单元式布局的学校较少，因为这种模式的布局需要学校教学模式的改革与调整。德阳特殊教育学校新校区选择组团式单元布局，形成一栋栋单独的教学和康复楼。每一栋楼对应一种障碍类型的学生，如启喑楼、启智楼等。楼内采用功能用房围绕中庭的环绕状布局，在建筑平面图上看起来逻辑性较强。但实际调研和教师反馈表明，楼内的流线略显复杂、周折，有时会发生迷路现象。因为教学和公共康复用房的设置问题，学生不可能仅在这一栋楼内活动，有时需要到另外一栋楼的特定教室中去，这时在建筑中穿行就非常容易丢失方向感，普通成年人都难以确定自己的方位，不知该向哪个方向走。这凸显出两个问题，一是室内空间的层级过多，不够清晰，二是建筑内标识不足。建筑外观和室内普遍采用白色，标识设计又不甚完善，看上去各个地方都差不太多，导向不足。

2.6.3.3　原因分析

（1）相关建设标准和依据不足。各特殊教育学校建设时期不同，早期建设的学校无建设标准可以借鉴，申请用地、用房设置等多以中小学校为标准建设，而特殊教育需要的人均用地面积远高于普通中小学，所以在后期扩建时，原有校园结构不可避免地成为约束。

（2）对特殊儿童的日常学习和生活特点不了解。总平面布局为形成明确的功能分区，营造校园环境，拉大了单体建筑之间的间距，导致行动困难的学生不愿去非教学区，课余时间多在教学楼内活动。

2.6.4　功能用房

特殊教育学校建筑的功能用房基本分为四类，教学用房、公共活动与康复用房、办公用房、生活用房。在调研过程中，除培智学校因招生范围多限制在本学区范围内，有些培智学校不设宿舍之外，多数学校四大类功能用房较齐全。尤其是新建的特殊教育学校，在专用教室、多媒体器材的应用上，非常有利于教学。

建设标准和建筑设计规范出台后，各个学校都进行过相关改扩建。但因建筑结构及校园整体规划问题，有些教室难以调整。对于小面积的康复用房，如语训室、个别训练室等较容易处理，但对于需要大空间的感统训练室、运动康复室等，实在难以改建，部分学校的感统训练室中出现了立柱，尺寸较大，加上软包等装修处理，对室内空间的划分影响非常大，造成使用不便。

新建学校就好很多，德阳市特殊教育学校的感统训练室是一个大空间，并配备了专门的辅助用房，用来储存训练器材、供教师休息等。室内空间高度、吊顶设置等都十分合理。多感官训练室投入较大，器材设备要求较高的康复用房，并不是每个学校都设置；对空间有需求、对器材要求不高的康复用房，多数学校都会设置，尤其是建设标准有要求，可能会影响学校评估的用房，如个别训练室、心理咨询室等。

专用教学用房的设置是功能用房中差距最大的，因为建设标准出台较晚，对于专用教学用房，各个学校根据自己的实际情况和国家相关的特殊教育课程而设置了不同的专用教学用房。如南京市盲校等教学实力比较强的学校，专用教学用房设置数量多、设备齐全，如地理教室为满足视力障碍学生直观教学的需求，设置了专门的声光地图。教师很自豪地说，教具和配套教室的建设在全国范围内都是领先的。浙江省盲校设置了专门的康复楼，将部分专用教室与康复楼放在一起，设置了很多实验室，但盲生因为感官问题，对于物理与化学实验的实践操作有很大的难度，教室使用率不高。

2.6.4.1 不足

1. 平面处理缺乏针对性

除基本的功能用房之外，早期建设的学校很少设置多功能的开放空间，西安启智学校主教学楼为一座内廊式板楼，由原某校实验楼改造并加建而成，因此在其加建一端，设置了超过原柱网尺寸的门厅空间，并在人流集中的交通区域附近保留了一个开放的多功能活动区。这个活动区的使用频率非常高。因为智力障碍学生在行动上也有障碍，尤其面对垂直交通，因此课间活动或阴雨天的体育活动，都安排在这个开放空间中，而且这个开放空间处在教学楼的端部，学生活动时对其他教室的影响不大（图 2-34）。

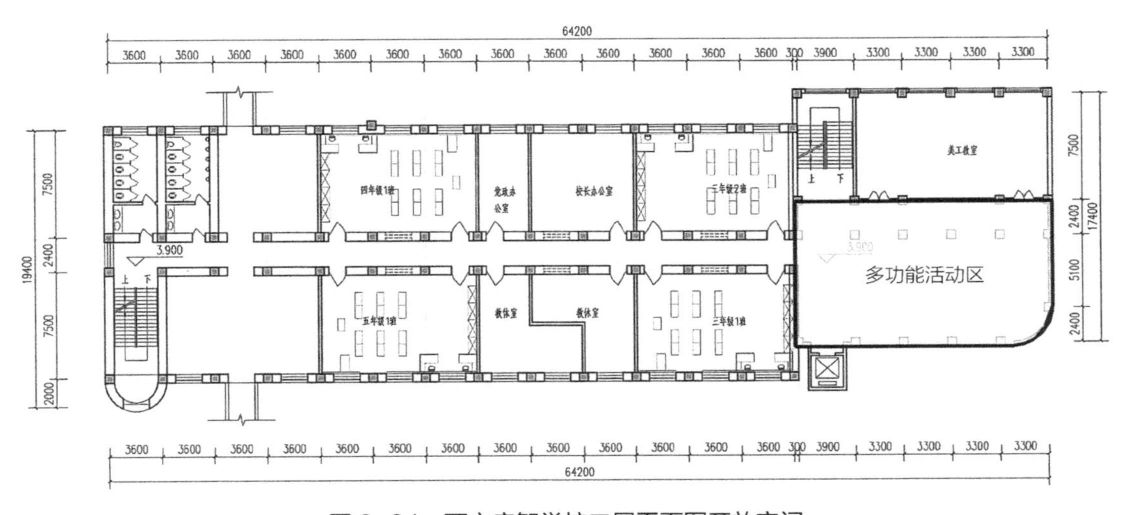

图 2-34　西安启智学校二层平面图开放空间

（资料来源：由西安建筑科技大学特殊教育学校调研组提供图纸改绘）

2. 功能用房数量紧张

首先是教室数量不够，尤其是比重最大的普通教室。近年来智力障碍以及自闭症谱系的特殊儿童越来越多，在特殊教育学校中所占比例越来越高，但学校因教室数量等问题，无力接纳更多的学生入学，如上文提到的成都市同辉国际学校。

普通教室多成组、成片布置，在具体班级安排上，基本遵照了自理能力差的低年级在首、二层，中高年级在中高层，职业教育在最高层或单独设置的原则。

除近些年新建的学校，多数学校反映的普遍问题是教室面积不足，难以保证学生活动后面将详细论述。

其次是配套用房紧张，宿舍用房设置粗糙。广州市盲人学校由于用地紧张，为满足更多学生住宿要求，视力障碍学生的宿舍为大房间，一间房内容纳 10～20 人，并采用上下铺形式，十分拥挤，使用不便。

3. 教室面积不足，功能分区单一

这种情况多出现在建设较早的学校，尤其是历史悠久的盲校和聋校。一是因为我国特殊教育最早就是从盲校与聋校开始的，中华人民共和国成立后，整编了相当一部分原有特殊教育学校，并建设了一批新的学校，这批学校基本保持了原有的教学用地和建筑布局，改善教学条件也大多是在原有框架下修修补补，教室的使用面积十分紧张。二是 2004 年前国家并无专门的建筑相关设计规范，建设时没有相关依据，对于专用教室、康复教室等考虑较少。培智学校是在 20 世纪 80 年代后期才开始兴建，经济条件和建设水平都与早期有所不同。新建的学校教室的使用面积都比较宽松，一般在 $50m^2$ 以上，大部分都在 $40～60m^2$ 之间，接近普通中小学建设标准。

盲校与聋校班级内学生人数较多，基本在 12 人以上，广州市盲校平均每班 14 人，成都市特殊教育学校视力障碍学生中高年级每班 14 人。培智学校因学生行为障碍，班额相对较少，一般在 8～12 人之间（表 2-23）。

特殊教育学校普通学校面积小计　　表 2-23

	学校名称	普通教室面积（m^2）	每班学生人数（个）
盲校	北京市盲校	77	8～14
	浙江省盲校	54	6～14
聋校	北京第三聋人学校	35	6
	兰州市盲聋哑学校	58	14
培智学校	广州市越秀区培智学校	40	10
	西安启智学校	71	12

2.6.4.2 问题分析

（1）建设用地条件对功能教室的设置影响较大。用地宽松的学校，教学房间的设置可以分区按数量设置，用地紧张的学校，建设较早的学校可利用之前的教室。

（2）特殊教育学校教学方式多且灵活，需要多种教学空间配合。如小组教学、个别化教学、使用儿童的宁绪空间等。而调研过程中多数学校的普通教室都是单一的矩形教室，并沿着走廊一字排开，室内空间单调，无法满足教学需求。

（3）对特殊儿童的障碍特征等考虑不够，教学中需要教师花费较大的精力在日常看护工作上。

2.6.5 教学设施

2.6.5.1 现状

特殊教育的教学设施比较复杂，种类繁多，我国在2009年统一颁布了行业标准，规定了义务教育阶段三大类特殊教育学校的教学与医疗康复仪器设备的配备标准。标准大致分为五个部分，对普通教室的设备、不同学科所需的教学设备、医疗康复仪器设备、资源中心以及职业技术教育设备做出了详细的规定。因为表格过于详细，且属于行业标准而非强制要求，所以在实际调研过程中，很难一一比对教室和学科是否配备了相关设备，但大致来看，对于使用率比较高的教室和用房，设备的配置普遍比较齐全，而且多数学校从教学和生活两方面配备了更多的设备；而使用率不高的房间设备相对简单。

杭州市聋人校在每个普通教室内都配备了FM射频系统，教师可以有针对性地调整所在班级的无线发射频率，聋生的助听器可以仅接收所在班级教师的信号，避免了班级之间的信号干扰，提高了助听设备的信噪比，改善设备使用环境。

听力障碍学生自理能力最强，但因为感官缺陷，无法听到声音，所以单独在宿舍内使用卫生间或淋浴间的时候，有时会出现舍友以为宿舍内没有人而将门反锁的情况。因此宿舍单元内可考虑设置有信息提示功能的设备。聋机是宿管人员与宿舍之间的沟通，同理，宿舍单元内部也需要这样的信息提示设备。

2.6.5.2 问题分析

（1）规范与行业标准更新缓慢，指导条文过细，指导性不强。最近的设备配备标准是2009年颁布的，其中很多电子产品更新换代极快，有很多条目已经过时。例如在培智学校学科标准中关于唱游与律动学科的配置中提到的影碟机、律动激励源等电子设备，已经由厂家按照建设时的具体情况统一生产，而不必由学校自己配置。

（2）教具储藏空间不足，很多教具堆放在学科教室中，占据了较大的空间。教师在上课前的准备工作也只能在教室中进行。

2.6.6 细部设计

细部主要集中在建筑空间之外的构造、设施等细节性设计上，如门、窗、楼梯等关键位置的设计、室内教学设施设置等。细部的特殊性设计主要与安全和校内的信息导向相关。

1. 安全性细部设计

为保护学生日常活动的安全，有行动障碍学生的学校，会对学生活动频繁的室外空间如校内广场、架空层等，和学生肢体活动较大的室内房间，如感觉统合训练室、体育康复训练室、低年级学生教室等突出的墙柱做软包处理，防止学生不慎撞伤。校内设饮水机的，热水出水口都有专门的保护措施，防止烫伤。在调研的部分智力障碍学校中，为防止学生由于认知障碍不能返回教室，对于智力障碍学生的教室区域采取隔离处理，用 1m 高的铁栅栏、双重门锁等方式，将智力障碍学生与学校的公共区域分隔开，甚至个别学校设置通高的不锈钢门（图 2-35）。虽然这种做法较能有效的保证学生在上课期间仅在教师规定的区域内活动，但这种做法与开放教学趋势、融合式教学趋势背道而驰，且容易造成非常大的安全疏散隐患。

图 2-35 海南省儋州特殊教育学校一楼楼梯口位置的防盗门
（资料来源：西安交通大学提供）

多数校方在主要的学生教室、走廊、校门等出入口处都配备了智能安防系统，包括校园监控、警示系统等，以便学生出现突发状况时，能够及时发现，并提供帮助；宿舍设置信息联动系统，尤其是聋校宿舍，在宿舍宿管室和学生宿舍房间内设置一体化聋机系统，并在床下设置强震器，起到信息提示作用。盲校与培智学校也有盲机等相关设备，但配置的学校极少。

因为这些设施和细部处理方式并没有强制性的规范要求，调研中的学校多数是以康复机构、其他学校，以及日常教学经验的总结为基础，做相关保护措施，在这方面学校较需要明确的设计指导。

2. 信息导向设计

校园建筑内的标识和指引信息，使得学生和教师能够高效地找到特定的教室、房间，对于感官和认知障碍的特殊学生来说，这点尤其重要，可避免在建筑中寻路浪费过多时间。调研中的所有学校都有标识系统的设置，基本都是采用普通学校的标识牌方法，在教室和房间入口上方，设置注明教室名称的标识牌。盲校除普通印刷体文字的标识牌外，多在学生伸手能够触摸到的位置，离地约 1m 的高度设置了盲文标识，方便视力障碍学生识别。智力障碍学校则多用鲜艳的色彩区分空间，通过较强的视觉刺激，引起学生注意。三大类学校都在地面设置颜色鲜艳的贴纸，指示学生行走方向，如走廊地面两侧用小脚印或连续色带指示学生，这些做法也偶见于普通小学及幼儿园。甘古力盲校则通过设置不同材质的地面作为信息提示。

2.6.6.1 问题分析

要实现特殊教育学校的基本使用功能比较简单，几间教室、一些桌椅就可以投入使用，最早的盲校和聋校都是借助民宅改建而来。但要做好特殊教育学校的建设，保障学生在校内高效的学习和安全的生活，需要对建筑及环境作大量细致、妥善的处理。调研过程中，多数学校都在人流较多的地方作了安全和信息提示处理，但仍存在很多问题。

1. 安全防护措施不完善

三大类学校在人流较多的地方，如疏散楼梯、走廊与楼梯相接的休息平台、房间内突出的柱子等，多做了安全防护，如设置高低栏杆，踏步边缘做亮色提示，踏步面做防滑处理，柱子和墙面做软包等。但人流较少处的走廊、卫生间等位置的突出管道、消防设施、采暖设备等极易被忽略，有些管道直接裸露在外，学生活动时打闹、跑跳很容易产生安全问题。同样，部分学校为形成丰富的室外空间层次，采用了绿化、硬质铺地相间的做法，但硬质铺地与绿化之间无任何防护栏杆或信息提示措施，对于视力障碍学生来说存在很大安全问题（图 2-36）。

2. 因管理、建设年代等因素，造成的安全隐患

一些培智学校为了管理方便，将智力障碍学生、自闭症学生的活动区域用带锁的门窗与公共活动区域隔开。但自闭症学生的智力并无问题，有些学生会将教师虚掩的门锁打开跑出去；有些学校设置双层门，却为安全疏散人为地设置了障碍。这两种做法除了方便校方管理之外，带来了极大隐患。建设年代较早的学校采用国家早期建设规范和设施，防火门四周设有门框，因此地面有凸起，这种情况出现在个别学校的楼梯间位置，一般采取斜坡垫高的方法，消除突然出现的门槛，防止通行时不注意被绊倒。

3. 对学生感知特点考虑不足

部分老校舍建设初期并未考虑设置电梯，楼梯为主要疏散通道，有些楼梯通道正对着教

图 2-36 辽宁省特殊教育高等专科师范学校室外铺地变化时，无防护处理

图 2-37　北京海淀区培智中心学校加建电梯

学区教室，课间休息时会有较大的瞬时人流，带来较大噪声干扰。有些学校为方便行动障碍的学生在校内活动，将老校舍加建了电梯，因老校舍多为一字形板楼，走廊两侧为功能用房，因此如果加建电梯的位置过于靠近功能用房，电梯开关以及人流通行时的噪声同样会对感官敏感的学生造成干扰（图 2-37）。

4. 无障碍措施有缺陷

一是无障碍措施多余，有些聋校和培智学校在室内的主要通道都做了盲道，而盲道的凸起和地面摩擦力的改变对于视力正常的学生来说有时反倒是一种障碍。二是无障碍措施不足，现在我国在逐步调整特殊教育学校的布局模式，将过去只招收听力障碍或智力障碍的专门聋校、培智学校转制为综合性特殊教育学校，由此部分学校需要重新补充校园环境建设，其中无障碍设施是最基础的保障措施，而部分学校由于师资和硬件所限，招收有视力障碍的学生或多重障碍学生较少，因此对于盲道、高低扶手、盲文标识等无障碍设施建设并不积极。造成校内有低视力或多重障碍学生就读、相关无障碍设施却不健全的情况。三是无障碍设施的施工错误。辽宁省特殊教育师范高等专科学校的室外盲道铺装上，刚好出现几个下水井盖，让人哭笑不得。这很难说是设计阶段不同专业之间的配合问题，更多的应该是现场施工时，定位出现了偏差，但作为无权参与建设的校方来说，也只能接受这种状况。

2.7 本章小结

本章对实地调研工作进行了详细的梳理和分析。调研工作主要包括两个部分。一是对调研的总体情况进行了介绍，并按照盲校、聋校、培智学校和综合类特殊教育学校的顺序将所调研的学校情况一一进行简要说明，对到访学校的基本指标做了简单统计，以利于后文分析。

二是对调研结果的整体分析。主要问题集中在三方面：一是学校的选址与建设规模互相牵制；二是建筑功能用房配置的数量和种类存在问题；三是建筑细部安全措施不足。

这三方面又可以细分为六个具体的问题。①特殊教育资源配置不均衡，受制于经济投入和政策关注等原因，导致宏观层面特殊教育资源与普通教育资源相比总量差距大，中观层面特殊教育学校之间的城乡均衡、校际均衡难以解决，以及微观层面学生入学机会、个别化教育不足等问题。②特殊教育学校选址和规模受制于社会对特殊教育的认可、经济投入以及规划指标出台较晚等原因，导致新建校园选址偏僻、不肯拆迁的老校园用地面积不足、周边环境恶劣等问题。③校园总平面布局受制于建设标准出台晚、对儿童障碍特点不了解等原因，导致功能分区不明确、可扩展用地有限、建筑内空间单一等问题。④功能用房的设置受制于学生障碍种类多、教学需求多样、对儿童特征考虑不足等原因，导致平面处理缺乏针对性、用房数量紧张、功能用房面积不足等问题。⑤教学设施受制于行业指导条文过细、教室面积紧张等原因，导致指导性不强，新设备安装缺乏审批依据，室内服务性空间如储物空间、厕位空间不足等问题。⑥细部设计受制于施工把控、对学生认知特点考虑不足、安全意识不足等原因，导致安全防护措施不完善、管理繁琐、无障碍设施有缺陷等问题。

在这些要点中，具体分析了目前特殊教育学校的现状和存在问题，并提出了导致这些问题的可能原因，为后文具体设计策略分析奠定基础。

第3章 基于特殊儿童障碍特征的空间需求分析

特殊教育学校的建设影响因素很多，其中特殊儿童的障碍特点是最主要的因素。特殊儿童由于障碍缺陷导致与普通中小学生在心理和行为特点上有较大差异，这些差异对学生日常学习和生活的校园环境有特殊要求，特殊教育学校的建设必须针对这些差异特点进行设计，以保障学生在学校活动的安全和效率。

我国对特殊儿童的分类基于其病理特点，但是其特殊行为并不仅仅是由于病理性缺陷所直接导致的，更多的是由于病理缺陷同时带来的心理问题所导致的。因此对于特殊儿童行为需求分析的前提条件是对其病理缺陷及心理问题的分类研究。

对特殊儿童心理的研究是一门成熟的学科，涉及普通心理学、儿童心理学、认知心理学、神经心理学等多门学科，研究中尤其关注与普通儿童的共性和差异性特点研究。其中的共性是指特殊儿童与普通儿童一样，其心理发展是一个连续的过程，从简单到复杂，从低级到高级，这个过程受到遗传因素、生理状态、环境因素、教育程度等影响，研究中需要遵循儿童心理学的研究框架；差异性是指儿童发展过程中，在认知、情感、个性发育等方面呈现明显的阶段性和特殊性。特殊儿童的心理特点主要指三大类特殊儿童典型的心理发展和现象，具体的研究内容包括特殊儿童的感知觉、注意、记忆、语言、思维、元认知、情绪和人格等多个方面。

本书研究的对象是校园功能建筑设计，基于此研究目的，对特殊儿童的心理研究，主要聚焦于其与普通儿童的显著差异特点，且这种特点会对儿童感受、使用建筑空间产生影响。在注意、记忆、语言、思维等内容方面，虽然特殊儿童与普通儿童心理有较明显的差异，但更倾向于个人精神活动，几乎无法直接反馈到对建筑的使用上，因此在本书中不予关注；感知觉、认知、情绪、人格等四个方面会对儿童的大动作行为产生直接影响，这种行为影响即是对建筑空间的需求。其中感知觉活动影响最明显，个体感受和认识事物的过程，与外界环境关系密切；认知与认识相似，是通过对所得信息的加工以了解周边事物的过程，对空间的认知能力；情绪是“以个体的愿望和需要为中介的一种心理活动[①]”，情绪问题会导致特殊儿童的不当行为，进而影响儿童的社会适应。特殊儿童除心理特点的差异外，在身体发展特征上与普通儿童也有明显差距，这些差距在建筑活动中也会带来一定障碍。

---

① 彭聃龄. 普通心理学 [M]. 北京：北京师范大学出版社，2001.

在全纳教育的理念下，障碍并不是使用者本身的缺陷所导致的，而是因为建筑和环境在设计过程中缺少对多种不利情况的考虑，从而导致障碍人群在建筑环境中无法正常生活。因此本书对于特殊儿童障碍特征的研究主要从儿童感觉、知觉、社会适应能力及身体发展特征四个方面着手，通过对心理特点的说明，分析这些特点所导致的特殊行为对空间的需求，为后文相应的空间设计策略中减少儿童的使用障碍提供理论依据。

3.1 特殊儿童的感觉特征及行为特点

感觉是“人们对客观事物个别属性的反映，是客观事物个别属性作用于感官，因此器官活动而产生的一种主观映像，受主体心理活动的制约，对人的感觉产生影响”。[①]。感觉是知觉的基础，与知觉同时发生，但感觉并不能通过简单的累积形成知觉，知觉是在得到感觉后通过整合、组织而形成的完整的映像。人感知环境和事物的感觉多种多样，包括视觉、听觉、触觉、嗅觉、振动觉、运动觉等多种感知能力。

感觉具有适应和补偿的能力，即周围环境发生变化时，个体通过同化和顺应与环境保持动态的平衡。感觉的适应，是指感觉器官在外界环境刺激的持续性作用下，感受能力的强弱会发生变化，最简单的例子如久而不闻其臭，也就是在一个臭味明显的环境里待时间长了，就感受不到臭的味道，这就是嗅觉在臭味的持续性刺激下，适应性降低了。一般来说，痛觉的适应性极弱，疼痛不会因为长时间作用而减弱，听觉适应性一般，而触觉、嗅觉、味觉和视觉的适应性都比较强。这几项中，触觉、视觉、听觉、嗅觉等都与建筑物理环境相关，是本书讨论的重点。因为感觉具有适应能力，这就为感觉的代偿和补偿提供了可能。当个体某一器官因病变等原因而功能失常后，感受外界刺激的时候，身体通过调整病变器官和其他相关器官的功能，让个体能够重新获得外界刺激以形成知觉的过程叫作代偿。补偿是指对有缺陷的感觉进行加强，使得原本无法获取信息的感觉能够获得基本信息。补偿和代偿理论为校园建筑中通过相应的补偿和代偿设计，为特殊学生在建筑中正常生活和学习提供了可靠依据。

特殊学生的感觉缺陷可分为两种：一是某些特定功能感觉器官的缺陷，及由此造成的对应感觉能力不足；二是各个感觉之间统合信息能力的缺陷，造成感觉统合能力失调。下面分别进行说明。

3.1.1 障碍学生的感觉缺陷特点

感觉缺陷是指感觉器官的障碍，以及由此造成特定感觉方式的缺失，需要通过补偿等方式弥补。感觉能力的缺陷会影响学生对身边环境的感知，并反馈到心理与生理上，进而产生特殊行为。特殊学生，尤其是视力障碍和听力障碍学生，由于感觉能力缺失，不能按照普通人的方式感知身边世界，在克服感官障碍的时候，可能会形成一些与正常人不同的认识世界的方式和结论。感觉缺陷根据缺陷程度可分为两种，一是特定感觉的完全缺失，二是感觉能

---

① 方俊明．特殊儿童心理学［M］．北京：北京大学出版社，2011.

力不足。根据缺失的种类，可分为单一障碍和多重障碍。

盲校中主要为视力障碍学生，其视觉缺陷明显，并通过听觉、触觉、振动觉等进行补偿；聋校的听力障碍学生听觉缺陷明显，可通过视觉、触觉、嗅觉、振动觉等进行补偿；培智学校的发展性障碍学生具有感觉迟钝的特点，需通过多种感觉进行补偿。因此三大类特殊教育学校中，学生主要感觉缺陷是视力障碍和听力障碍，而个体对外界信息的接收90%以上依靠这两个感觉能力，因此感觉能力缺陷对于特殊学生在校园建筑内的学习和生活有决定性影响。下面就分别对这三类学生各个感觉特点及缺陷导致的行为需求进行说明。

3.1.1.1 视力障碍学生的感觉特点

视力障碍根据是否有残余视力，可分为全盲和低视力两类。美国的一份调查统计表明，7%的视力障碍人士完全无光感，10%的人有感光能力，83%的人有残余视力，只是残余视力接受的信息不完整[①]。由于对视力障碍的定义标准与美国有所不同，我国相关统计中，视力障碍学生中纯盲无光感的占比不到20%，80%以上的学生都有残余低视力。低视力学生因为有一定的视觉能力，可利用残余视力感知环境，虽然感知的信息多是模糊、不完整的，但视觉感知作为人获取信息最主要的渠道，低视生对信息的获取仍比全盲生好很多。全盲生中，分先天盲和后天盲，后天盲因为曾有视觉感知经验，可借助听觉、触觉、嗅觉等综合形成认知能力，所以在感觉尤其是认知上比先天盲学生要好很多。因此视力障碍学生的视觉、听觉、触觉等对学生使用建筑都有明显影响。

1. 视觉特点

视觉特点是指低视力学生而言。按照残余视力由低到高排列，低视生的视力水平可分为几个等级。从只有基本的光感，到可在合适的光线下追踪目标物体，到能够辨认目标物体的位置及与周边环境的关系，甚至能够仅依靠视觉分辨目标物体的大小、长短和颜色等，并对物体做出基本的判断。虽然低视生的残余视力接收信息有限，但在助视器等辅助仪器的帮助下，借助其他感觉器官的补偿能力，他们能够相对容易地获得对事物的整体认识，并学习普通文字，大大提高了社会适应能力。因此有效、合理地使用残余视力对于视力障碍学生的在校学习、融入社会来说是非常重要的，也是校园建筑及环境设计的重要依据。其具体视力特点如下。

（1）视力、视野范围有限。矫正视力和视野集中范围是视力障碍的分类依据。视力障碍的主要表现就是矫正视力不足以及视野范围有限。

矫正视力是衡量视力水平的最主要依据，主要测量依据为分视角远视力表。分视角是指外界两点所发出的光线到眼内结点所形成的夹角，而人眼所能够识别出的最小距离的两点，即为最小视角，也就是1分视角。视力表就是根据这个单位而设计的，1.0的视力即说明中心视力正常。美国光学学会经过实验提出人眼的最高分辨率可以达到0.35分视角，正常视力表1.0标准的1/3大小都可以完全辨认清楚。按照我国对低视力的定义，障碍生的矫正视力在0.3以下，也就是要大于标准视力表1.0标准的3倍才能看清。在同等观察距离下，随着视力水平

① 王芙蓉．盲童的感知觉与盲校无障碍系统的建立［J］．四川建筑科学研究，2003，29（1）：93-95.

的下降，所见对象的清晰度也急剧下降，由于观察的模糊导致对象细节消失，所以所见对象的材质、前后空间层次、物体属性等均难以把握（表 3-1）。

视力障碍学生矫正视力表现　　表 3-1

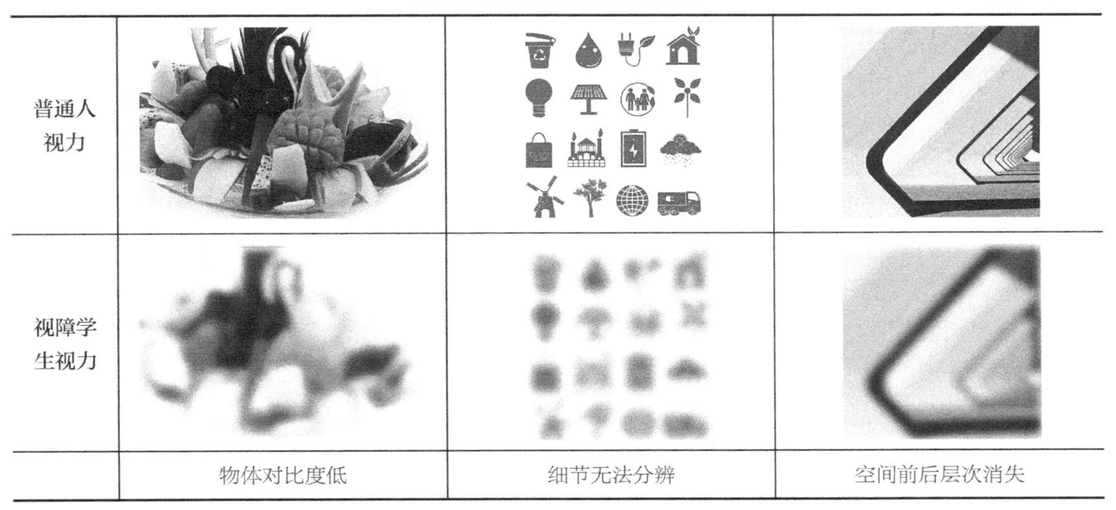

普通人视力			
视障学生视力			
	物体对比度低	细节无法分辨	空间前后层次消失

普通人水平视野的集中范围在 30° 左右，超过这个角度属于余光范围，是视野的不敏感区域，但依旧可以感光。视力障碍学生的视野集中范围要远小于这个范围。低视力学生的视野集中范围约在 20° 及更小的范围内，每个视力障碍学生的障碍程度不同，有些是视力不足，有些是视野范围不足，但当视野集中范围在 10° 以下时，视力的实际集中范围非常狭小，这种情况下，无论矫正视力有多少，均被定义为盲（图 3-1）。

（2）色彩辨别能力有限。这里的色彩不仅指色相和色彩的纯度，同时也包括色彩的明暗度。视力障碍学生中有相当一部分学生有色弱表现，对于色彩并不敏感，同时还包括不同颜色的色盲表现。对于视力障碍学生来说，对单色明暗度分辨的重要性要大于色彩分辨的能力，因为对色彩明度的敏感意味着光感的多少，而这在实际生活中更有意义。

正常视野范围 30° 左右

视障视野范围 10° ＜ 20°

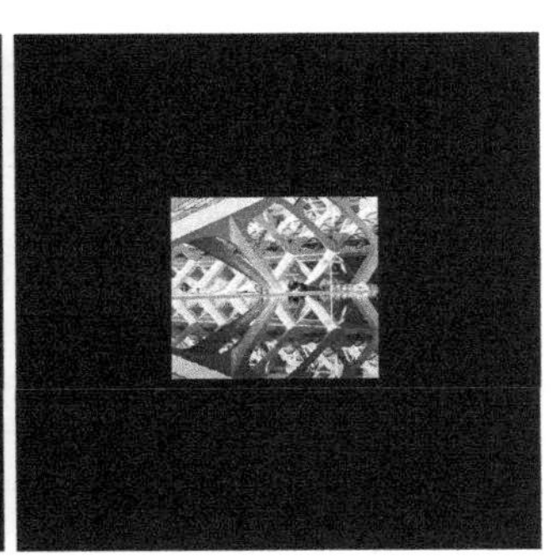

视障视野范围＜ 10°

图 3-1　视域角度的影响

（3）空间距离把握不准。丹麦某儿童福利院曾有视障儿童在三楼平台直接跳下造成骨折的例子，主要是因为视力障碍学生对于超出视力水平距离的环境无法把握，仅通过光感亮度、色彩明暗等感知的信息缺失了很多细节，从而使双眼无法形成对空间深度、层次的认识，无法形成空间认知，以为栏杆外侧仍然是可以通行的走道，进行翻越造成事故。

2. 听觉特点

在听觉上，人们往往认为出于补偿功能的作用，视力障碍儿童的听力要优于普通儿童，听力更加敏锐，分辨力更强。1958 年苏联学者曾对高年级视力障碍学生与普通学生做纯音的分组听力对比试验，结果显示两组数据差别不大[①]，并不存在视力障碍儿童听力更好的问题。相反，刘艳红在对北京盲校 98 名学生的纯音听阈测试[②]中认为，由于造成视力损失的先天性疾病，有非常大的可能性影响儿童的听觉系统，以及视力障碍儿童过度依赖听力系统，使得听觉器官承受过度的压力等原因，视力障碍儿童的听力损失率比普通中小学生的 19.2% 高出两倍[③]。但实际上视力障碍人群确实对声音敏感，这不是由于听觉器官的功能补偿，而是听觉注意能力较强。

普通人感受外界信息的渠道比较多，尤其是以视力为主，对于嘈杂的声音信息的选择相对较弱，而视力障碍儿童在缺少视觉渠道的情况下，获取信息的最便捷途径是听力，这需要将注意力集中在所需要注意的声音信息上，排除干扰因素。如进入一个陌生环境，明眼人可以通过视觉迅速明确自己所在地点的情况，而视力障碍儿童则需要通过周围人的说话声、声音的反射、环境背景声等来确定自己所在环境的情况。如通过声音在四周墙壁的回响强度、回响时间，来确定所在空间的大致形态和墙壁的材质等。在经过正确引导和训练后，其听觉的辨别能力和选择水平有较大的提高，能够分辨出较细微的差别，由此来认识环境并定位自己的位置与方向，这正是我们觉得视力障碍人群对于声音敏感的原因。但声音定位并不能完全代替视觉定位，因为声音的传播是无定向的，因此通过听觉只能定位发声位置的大致方位和大概距离，不能准确定位。

3. 触觉和嗅觉特点

触觉和嗅觉与听觉相似，这种补偿功能的体现，并不是器官性质的补偿，而是在注意上的分配集中和广度提升。触觉包括直接的触摸，如手对墙壁、物体的触摸等，还包括身体其他部位，如脚对地面材质的感觉。对材料的触摸可以感知材料的温度、光滑度、凹凸程度等属性，进而通过生活经验形成认知，从而实现对物体的认知和对自己的定位等。气味形成的空间引导也是利用了生活经验的认知，如消毒水、酒精的味道一般出现在医务室，食物、油烟的味道出现在食堂、厨房等位置。这些认知经验虽然不能直接形成对空间的定位，但可以在其他感觉的帮助下一起形成最终的信息统合。

① 朴永馨. 缺陷儿童心理［M］. 北京：科学普及出版社，1987：27.

② 刘艳虹，焦青，韩萍，等. 视力残疾学生纯音听阈测试研究［J］. 中国特殊教育，2004（6）.

③ 方俊明. 特殊儿童心理学［M］. 北京：北京大学出版社，2011：19.

3.1.1.2 听力障碍学生的感觉特点

1. 分类

与视力障碍学生分为全盲和低视力相同，听力障碍学生也分为全聋和有残余听力两类。其中有残余听力的学生约占 85%，其听力损失在 100dB 以下。

我国在第一次全国残疾人抽样调查中，将听力障碍分为两大类，听力损失在 71dB 以上的为聋，70dB 以下的为重听。2006 年第二次抽样调查中，在此基础上提高了标准，与国际卫生组织靠近，并取消聋和重听的用词，改为一、二级听力残疾和三、四级听力残疾。其中一、二级听力残疾属于中重度功能损伤，在理解和交流活动上受限严重，必须借助助听设备才能参与社会生活，三、四级受限程度较低，在无助听设备的情况下可适当参与社会生活。

2. 听觉特点

有残余听力的学生，其残余听力也并不完整。首先，残余听力多集中在低频 125Hz 以下的声音频段，即外界的声音刺激需要达到一定的强度时，才能引起学生的注意。由于人的语言声音多在中高频，因此残余听力虽然能获取一定的外界信息，但难以得到清晰的语音，因此即便学生有较好的残余听力，也有非常大的概率错过学习语言的机会，形成语言障碍。其次，听力障碍导致学生听力感知的范围有限，听力获取的信息不完整。听觉有三个心理参数，音高、响度和音色。听力障碍学生无法从这三个维度获取信息，如舒缓的课间铃声与紧急情况的铃声之间的区别。因此未经过医疗康复的听力，获取外界信息的能力十分有限，建筑设计中对残余听力的补偿应用也有限。

3. 视觉特点

听力障碍学生有相当高的几率存在视力问题，在视觉反应、视觉认知等方面存在缺陷。在“缺陷补偿”理论中，当听力发生缺陷时，对视力的依靠会大大增加，这是由于听力障碍学生对于视觉的注意力要高于普通学生，如对视野边缘物体的感觉能力要强于普通学生。其作用特点与视力障碍学生对听力的注意较高相同。但在视觉反应速度和阅读能力上，听力障碍学生要普遍低于普通学生，并且约 40% 以上的听力障碍学生存在相当程度的色盲、视力受损等情况。

3.1.1.3 发展性障碍学生的感觉特点

与视力障碍和听力障碍学生相比，发展性障碍学生并没有必然、明显的感觉缺陷，但由于其发展问题，导致感知能力相比普通儿童仍有差距。主要表现为反应速度慢和感受范围狭窄，对细微差别不敏感。在视觉上，很难或不能分辨物体的形状、大小等细微差异，如形状、大小等物理性质；在听觉上对相似、相近声音忽视，难以从背景噪声中提出需要注意的声音信息，难以分辨声音的细微差别，在语言发展上对相近的 b、p 和 m、l 等音调难以区分，尤其以智力障碍学生为代表。脑性瘫痪学生在感觉上的障碍多为并发性的。约一半以上的脑性瘫痪学生有听力衰退障碍，严重的甚至可定义为二级聋；同时多数学生也伴有视力障碍，具体表现为斜视、低视力、视野范围小等情况；较小概率的学生会伴有触觉障碍，对触摸到的物体无法区分大小、形状等。自闭症谱系学生在听觉和视觉感觉能力上的差距较大，有些学生并不具有任何感觉缺陷，而有些自闭症谱系学生则有相当严重的多重感觉缺陷。

综合考虑发展性障碍学生的感觉特点，在培智学校和综合型特殊教育学校中，需要对学生的视觉和听觉进行有效补偿和代偿，以方便各种障碍的学生在校园中生活学习。

3.1.1.4 对空间需求分析

感官缺陷对行为的影响非常大，也是特殊儿童与普通儿童最主要的区别。在建筑设计的过程中需要考虑学生行为的特殊性，从以下三个方面给予考虑。

一是对感官缺陷的代偿，通过其他无缺陷的感觉渠道获取信息；二是对感官缺陷的补偿，强调和突出有缺陷的感官感觉对象，设计中要尽量减少吸引注意的影响因素，让学生能够将有限的注意集中在可以通过感觉器官感受的途径中，减少注意力分散，提高感觉注意的广度；三是感官缺陷带来的不便及安全问题，设计中为不便行为提供尽可能专用的空间，减少互相之间的干扰及可能引起的安全问题。

1. 对于视力有缺陷的学生

从缺陷补偿的角度来说，视觉能力缺失，需要通过听觉和触觉、运动觉等获取外界信息，但效率与准确度都远不如视觉，影响学生对于外界环境信息的获得，降低了学生与周围人物、环境、事件的交流与互动效率。所以环境设计要有助于学生在听觉、触觉等多感官刺激下建立全方位信息获得的渠道。

从保障学生行动方便与安全的角度来说，在获得信息不足的情况下，减少通行过程中可能带来的障碍，包括水平交通与竖向交通。

从代偿的角度来说，障碍学生视野范围小、视力不足，导致视力障碍学生获取信息效率不高，注意力有限，因此有信息需要注意的地方应尽量突出、鲜明，可以引起学生的注意。

提高色彩的对比度，如色相的对比和灰度的明暗对比。日本建筑学会经过测量，认为亮度比在 2.5 以上有助于低视力人群的识别和注意（图 3-2）。因此在设计中需要引起视觉注意的地方，主体标识要有足够的明度或暗度，以便与背景形成足够反差引起视觉注意。

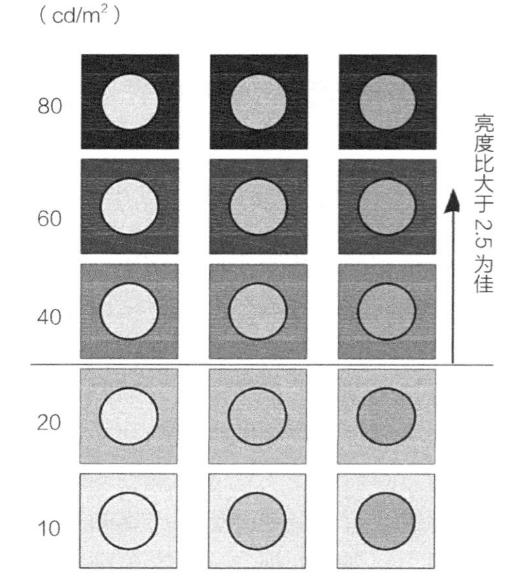

图 3-2 高对比亮度有助于提高视觉注意

2. 对于听力有缺陷的学生

从缺陷补偿的角度来说，因为听力受限，更强调通过视觉获取信息，其对外界信息获取的比例甚至超过 90%。仅仅依靠视觉获取信息，首先，会造成感知范围的缩小，因为视觉信息主要来源于身体前侧，而对侧面与后面的信息难以掌握，学生无法对视觉不可见位置的声音做出预判，如高过人视线的书架或货架，学生无法通过声音来预判架子后面是否有人。

同样，在无法看到物体的前提下，人在

确定自身与物体的位置方向时，可借由比较声音到达两只耳朵的相对强度和相对时间来确定，如固定位置无法确定，可以通过转头改变耳朵前后位置来重新比较，并确定位置。因此当听力受限时，学生在环境中确定自己所在的位置，也有相当的困难。因此需要调动触觉、嗅觉、振动觉等多种感觉共同协调获取信息，使听力障碍学生能够全方位地感受身边信息。

从保障学生行动方便与安全的角度来说，因为听力障碍学生存在听说障碍，因此其交流方式多依靠手语。教学中，听力障碍学生以双语教学为主，但实际生活交流过程中，手语为主要交流方式。交流过程中，需要眼睛与手势的绝对注意和协调，能够互相看清对方的表情与手势，才能保证交流效率，因此首先要保障交流过程中空间的亮度和双方的距离，保证互相可看清对方的表情与手势。其次，当多人之间交流时，要有足够的空间，使得每个人都可以自由的比划手势。因此学生进行交流的主要场所，如教室、宿舍等功能用房需保证足够的照明亮度，每个学生的座位也要有足够的宽度，避免互相干扰。

听力障碍学生在交流过程中，几乎全部的视觉注意都用于关注对方的手语和表情，导致对外界环境的忽略，易形成安全问题。因此学生在交流过程中需要有相对固定和不易受打扰的场地。

3.1.2 感觉统合失调

3.1.2.1 障碍特点

人与外界环境形成互动反馈，需要依靠多种感觉系统协调运作，将感受到的各种视觉、听觉、触觉、嗅觉、前庭觉等不同感觉器官的信息反馈至大脑中枢神经，并经过整理、选择、统一，反馈至运动系统，形成与环境的互动。特殊儿童由于特定感觉系统缺失，导致或感觉系统与运动系统之间的信息沟通不协调、不顺畅，与外界环境的互动不敏感或过于敏感，发生感觉统合失调现象。感觉统合失调主要表现在视觉异常、前庭功能及动作异常、触觉异常、心理异常等几个方面，影响儿童的日常生活、学习、心理等发展。其中视觉异常与视力障碍儿童的视觉缺陷不太一样，主要指儿童眼球运动困难，通过视觉获取信息时会发生错漏、不协调等情况，而非无法获得信息，具体表现为认错文字、手眼不统一等，导致学习困难；前庭功能及动作异常是指儿童身体平衡性差，容易摔跤，动作笨拙，走路不稳等；触觉异常是指触觉过于敏感或者过于迟钝，对于洗手、洗澡等正常接触难以忍受，同时也包括嗅觉和味觉等方面的异常；心理异常是指注意力方面容易出现注意力分散、注意力不持久，导致做事效率低，难以集中精力等现象。

视力障碍与听力障碍学生由于特定感觉系统缺失，多数都存在感觉统合失调问题，尤其是动作异常、平衡性不好。发展性障碍学生虽然没有明显的感觉障碍，但多数存在明显的感觉统合失调问题，即对各感觉器官信息的综合整理失调，尤其是前庭功能、动作异常和心理异常等，导致学生在综合性身体活动中难以完成动作，如手工课、体育课，甚至在水平、竖向交通行走中出现问题。智力障碍的程度越严重，失调越明显。自闭症学生中也有相当比例的触觉失调。

3.1.2.2 对空间需求分析

前庭觉功能与本体觉功能是运动发展的基础，统合失调会使学生大运动与精细运动困难。大运动障碍表现为行动时移动速度较慢，且需要较大活动空间，如在走廊中的水平移动、上下楼梯等需要较大活动范围，同时学生难以控制活动，有时会误伤他人；精细运动障碍表现为言语发育迟缓、发音不清、操作笨拙、手脚僵硬，如开关门窗、握笔写字等动作障碍，甚至害怕运动。因此在建筑细部的设计上，尤其是在需要学生操作的环节上要考虑通用的无障碍设计。

触觉功能对学生认知、情绪及社会交往具有极大的影响，产生问题的多为自闭症谱系学生，对触觉过于敏感，表现出防御姿态，喜欢重复已经熟悉的习惯，如熟悉的环境、固定的家居等，对于任何形式的变化都有较强的排斥，因此个人空间较大，不喜欢别人干扰，不合群，容易与人发生争吵。因此在校园建筑规划阶段，需要着重考虑这类学生所在班级普通教室的规划位置，尽量避免人流量大的流线，为学生活动保留足够的空间。

3.2 特殊儿童的知觉特征及行为特点

知觉是指人们通过感觉得到外界信息之后，大脑将这些信息进行加工，得到关于事物整体的认识。知觉是建立在感觉的基础上的，依赖于过去的经验和知识。根据事物的特性，知觉可分为空间知觉、时间知觉、运动知觉等几类[①]。特殊儿童的这几类知觉能力均有不同程度的不足。具体表现为知觉能力不足、抽象思维能力弱、空间认知能力有限几个提点。

3.2.1 知觉能力不足

3.2.1.1 障碍特点

（1）视力障碍学生的知觉能力不足。主要表现在知觉选择困难，理解缓慢，缺乏整体性和恒常性不稳定等几个特点。知觉选择困难是指在接收听觉和触觉等信息时，被迫接受除主体信息之外的背景信息，由此造成对主体信息的不确定，不能区分主体和背景。理解缓慢是指知觉在理解的过程中，需要综合已有的知识经验，而视力障碍学生因为缺乏视觉经验，在接受感知信息时速度要明显慢于普通人，所以对事物缺乏基本的感知经验，导致很难理解和接受新的认知经验。缺乏整体性是因为视力障碍学生虽然可以通过听觉、触觉等补偿视觉的缺陷，但知觉的整体性相比普通儿童来说仍有欠缺，如对皮球的认识，虽然能摸到是圆的并感觉其有弹性等，但无法整体把握皮球的所有属性。恒常性是指个体对事物形成知觉后，即便产生知觉的条件发生了某些变化，但知觉的总体印象不变，如踢皮球，皮球滚开了，普通学生会正常追随皮球滚开的方向去寻找皮球，而对视力障碍学生来说，并不知道皮球到底是

---

① 邓猛. 视觉障碍儿童的发展与教育［M］. 北京：北京大学出版社，2011：70.

停下来了，还是消失了，不能确定，也即恒常性的不稳定。

（2）听力障碍学生的知觉不足。主要表现为知觉范围有限。因为对于视力无法到达的地方就无法感知，所以无法形成视力之外的知觉，如屏风或门扇后有人说话，学生无法得知具体情况，知觉受限严重。

（3）发展性障碍学生的知觉能力不足。表现特点与视力障碍学生特点相近，也体现在知觉理解速度慢、辨识度低、恒常性不稳定等几个方面。但形成这些特点的原因与视力障碍学生不同，不是因为缺乏视觉感知，导致对事物没有经验，而是因为发展性障碍，对事物认知缓慢造成的。除此之外，发展性障碍学生的知觉容量小，在视觉呈现的同组比较中，对10个无关联意义的词和字的感知实验中，普通学生能感知出7~8个，而发展性障碍学生只能感知出3~4个。在听觉呈现比较中，发展性障碍学生的感知成绩与普通学生差距也非常明显，对于复杂信息的感知，仅能识别出有限的几个。

3.2.1.2 对空间需求分析

因为对知觉的反应慢，且对需注意的信息辨识度低，所以按照普通学生行为标准设计的标识系统不能有效地引起特殊学生的注意，对于重点信息要给与足够的强调，引起障碍学生的认知注意。这在建筑中主要从两方面着手。

（1）安全提示。一是避免日常生活中因知觉反应慢可能出现的危险情况，如走道流线交叉位置、上下楼梯位置等人流较多位置，提示此处应注意过往行人，防止发生碰撞；二是紧急情况下的警示信息要有足够的辨识度。

（2）信息提示。在空间转换时、功能性用房或工具的使用时，应有足够的提示。如建筑物主要出入口不要使用全玻璃门，这是因为障碍儿童知觉辨识度低，难以区分室内室外，对玻璃门无法察觉。

（3）信息要简明扼要。因为发展性障碍学生知觉容量小，不能同时记忆太多的信息，因此信息标识的设计不宜复杂，不宜同时承载过多的信息量。最好采用简洁具象的方式。

3.2.2 抽象思维能力弱

3.2.2.1 障碍特点

（1）视力障碍学生由于没有具体的视觉经验，无法形成事物的视觉表象，知觉整体性不足，因此很难通过归纳、综合、概括等方法形成对事物的整体概念，无法把握抽象的概念。

（2）听力障碍学生因为有较完整的视觉经验，结合触觉、嗅觉等其他感官，容易形成对事物的整体认知，只是对特别强调声音属性的物体把握有限，对视觉属性的抽象思维较好。苏联学者曾对不同年级听力障碍学生的视知觉反应进行比较，发现低年级学生比普通学生仍有较明显差距，但中年级差距逐渐减小，在高年级反应时间甚至比普通学生还要略高。

（3）发展性障碍学生在感觉和知觉能力上都较落后，因此对于抽象事物难以形成完整印象，这方面缺陷比视力障碍和听力障碍学生更严重。抽象思维能力弱，导致在面对抽象化表达的信息时难以理解，如对符号化的信息图像、约定俗成的信息提示等理解有限。

3.2.2.2 对空间需求分析

抽象信息主要出现在对空间和功能提示的各类导引信息中，主要包括视觉信息、听觉信息和触觉信息几大类。

（1）视觉抽象信息是抽象信息中最主要的部分，主要指可视化的图像、符号等，如楼层分布、房间指引、功能标识等。同时，具有逻辑关系的建筑造型和空间形态，也传达出抽象的标识信息，如果这些基本的标识引导信息过于复杂、抽象而难以被学生理解，则极大地降低了学生熟悉校园、正常使用功能房间的效率。

（2）听觉抽象信息包括语言信息和声音讯号。其中语言信息指直接通过广播形式传递信息，而声音讯号如紧急疏散警铃、背景音乐提示等，信息的抽象度较高，对于发展性障碍学生来说尤其困难。

（3）触觉信息主要指人体尺度范围内，通过手脚接触能感受到的材质变化，如摩擦力、纹理、光滑度、冷暖等变化，通过这种变化传达信息。触觉信息主要是针对触觉注意较高的人群，如视力障碍、听力障碍学生。

3.2.3 空间认知能力有限

空间知觉属于知觉能力之一，是指个体对自身和物体的物理空间信息进行统合，能够获取自己所在的空间位置，明确与空间周围物体之间关系的能力。上下台阶、寻找房间、安放物体、与人保持距离等日常行为都需要空间知觉。特殊学生在空间认知上的特点除知觉普遍选择困难、理解缓慢、缺乏整体性等几个方面之外，由于感觉能力的缺失，对空间的认知还有其各自的特殊性。空间知觉的认知对于个体使用建筑具有重要意义，是学生在建筑中生活与学习的重要基础，也是特殊教育学校建筑设计的重要依据之一。

3.2.3.1 空间知觉的内容

空间一词是建筑学最常用的专业术语，但并不仅限于建筑学专业，在更广义的层面上，空间包括物理空间和心理空间两种。其中物理空间基本涵盖了建筑学的空间含义，而心理空间是源于心理且依赖心理存在而存在的空间。本书中空间认知，是指在感觉对物理空间感知的基础上，在心理形成的空间模型，可以看作特殊学生关于空间的认知结构。

我们的日常生活中到处都有空间认知的活动，从简单的房间内开关的位置，对宿舍储物柜的记忆，从而寻找自己的物品，到复杂一些的在校园环境中找到某一节课程所在的教室等，都需要借助空间认知的能力。空间认知的内容很多，大致可以分为三个部分：一是空间特征的感知，即个体所在的空间范围、空间高低、空间边界等空间的物理特征，如坐标系、空间的维度、距离的计算等；二是空间对象的感知，即空间路径、节点等空间序列组成的空间表征，建立心理地图，确认个体所在方位等；三是空间格局的建立，即在前两个空间属性和空间表征确立的基础上，建立对环境的全面认知，得以在空间环境中进行活动，如寻找两点之间最短的距离，决定到某一处如何规划路线等①。

这三个部分中最核心的内容是形成空间的表征，也就是个体对物体空间关系和位置所形成的表征信息，因为空间表征的建立是空间定向的基础②，是个体在空间中活动的基础。空间认知最主要的感知来源是视觉观察，得到视觉空间信息后，则主要依靠大脑的思维能力得到对空间环境的认知。这对普通儿童来说比较正常，但对于特殊学生来说则相当困难，因为个体感知的缺陷，通常难以顺利感知空间对象，无法形成心理地图。视觉障碍儿童因为视力受损，在空间认知过程的最初，在得到空间信息方面就有相当大的障碍。发展性障碍学生则在信息加工阶段有较大障碍，虽然可以顺利得到信息，但很难形成关于空间的整体印象。相对来说，听力障碍儿童在空间认知上障碍较少。

空间的表征从空间范围来说包括大场景空间和小场景空间两种。其中小场景空间是指主体不进行移动的前提下，视线和触觉等感官所能够感知到信息的范围，小场景空间范围一般都比较小，常见于地图、桌面等局部范围；大场景空间在国外也称为环境空间（environmental space），是主体在移动过程中，从一处到另外一处，身体所处的空间环境信息不断进行更新，所需感知较大的空间信息范围，常见于室外环境、建筑室内空间等。大场景空间表征是指主体通过感知的空间信息所形成的关于物体和建筑空间关系的表现和形式，对于个体形成环境心理地图、使用建筑、在建筑中行走具有重要意义。因此本书关于儿童空间认知能力的部分主要集中在对大场景空间表征的认知上。

空间认知能力的强弱，尤其是对于环境的感知和定位，对儿童熟悉和使用校园具有至关重要的作用。在使用功能上，决定了儿童对校园的使用效率与学习便捷性，在心理上，熟悉而清晰的校园心理地图，有利于儿童对校园环境的认可，减少陌生感，能够尽快投入集体生活中。因此了解特殊儿童的空间认知能力，并根据相关认知规律提出有利于缺陷补偿、促进教学的空间设计策略对于建筑学专业具有重要的意义。

3.2.3.2 障碍特点

（1）视力障碍学生的空间认知。普通人是依靠视力获得空间信息，而视力障碍学生只能依靠残存的低视力、听觉、触觉、嗅觉和身体运动知觉等感官来感受空间信息，通过路径、路标、边界等物理信息来判断主体在环境中的位置和与周围物体的关系，由此形成空间印象，并逐步建立空间的表征信息。这其中，根据视力障碍的类型，认知也有不同的情况。谌小猛对盲人空间表征研究发现③，大部分先天全盲人的空间表征以路径表征为主，很难形成整体的空间认识，对于地标的认识仅限于经历地标的顺序，而对地标的具体位置和地标之间的空间关系没有认识，在路径行走上，仅限于点到点之间的行走，对于路径本身的长短、方向等无法认知，如果地标发生变化，路径表征被打断，则无法达到预定目标；低视力以及后天盲人情况要好很多，空间表征以场景表征为主，能够较全面地认识空间环境，明确地标特征和关

① 戴蒙．儿童心理学手册：第6版．第4卷［M］．上海：华东师大出版社，2009：221-224.

② 谌小猛，刘春玲．盲人大场景空间表征研究范式述评［J］．中国特殊教育，2013（6）.

③ 谌小猛．盲人大场景空间表征的特点及训练研究［D］．上海：华东师范大学，2014：115-122.

系，在路径行走上能够把握路径的长短和方向。也就是说，先天盲是一种自我中心式的表征，更倾向于选择以自身为中心的相对参考框架，如左、右、上、下等，绝对空间关系能力较弱，周围物体的环境位置都是以自身作为坐标参考系。而后天盲和低视力则倾向于环境中心式的表征，能够以环境和物体的绝对位置作为坐标参考，将自己置于整体环境中，获得环境信息。但总的来说，视力障碍学生较难建立起完整的场景知识，在场景中很难建立起清晰、正确的心理地图。

（2）听力障碍学生的空间认知。以前的研究认为听力障碍学生在视觉空间认知上与普通学生并无明显差异，我国学者谭千保在研究中发现，听力障碍学生存在一定程度的空间认知限制，在表达空间关系时，多采用以自我为中心的表述方式，并认为这与手语表达过程中多采用自身作为参照有关[①]。实际实验表明，这种以自我为中心的空间表述对于听力障碍学生对空间的整体认知并无过大的影响，对建筑空间中地标、路径及场景知识的建立影响不明显。

（3）发展性障碍学生的空间认知。发展性障碍学生的空间认知能力差异较大，有两个趋势。一是随着年龄增长有较大提高，二是认知能力与智力障碍的程度有明显关系，轻度障碍学生对空间方位、空间关系的把握明显好于中重度障碍学生[②]。发展性障碍儿童的空间认知能力发展明显迟缓，更倾向于选择以自身为中心的相对参考框架，如左、右、上、下等，绝对空间关系能力较弱。在认知能力上，有相当一部分学生可以建立地标知识，但对于进一步的路径知识和整体空间知识建构困难。

3.2.3.3 对空间需求分析

空间认知能力对于儿童来说非常重要，而特殊儿童在认知过程中信息获取和空间表征的建立上存在问题，由此导致很多看似简单或正常的建筑大空间组织和标志性节点的设计对于特殊儿童的空间认知可能会产生障碍。因此特殊教育学校内的空间形态、空间组织、空间节点等的设计应该有利于补偿学生的缺陷，能够改善和提高他们对于所在环境的认知能力，以便更好地形成心理地图，形成对校园环境的认可，避免陌生环境带来的焦虑和不适，以及由此带来的不当行为。

三大类学生的空间定位都倾向于相对定位，即基于自身所在位置来确定周边环境和事物方位，因此校园建筑的总体布局，以及建筑室内空间流线的组织过程中，应尽量简化道路的层级，提高空间的秩序性，降低流线的复杂程度，提高可达性。如教学用房、门厅与中庭之间的流线和结构关系应清晰明了，使得儿童容易建立关于学校学习环境的心理地图。

① 谭千保，钟毅平，张晶晶．情境对聋健学生空间认知的影响及其比较［J］．湖南科技大学学报社会科学版，2011，14（2）：135-138.

② 方燕红，尹观海，张积家，等．8-18岁智力障碍儿童空间方位概念的发展［J］．中国特殊教育，2014（1）．

3.3 特殊儿童的社会适应能力及行为特点

适应行为是指学生处理日常生活的有效行为，社会适应行为包括人际关系、责任、遵守规则、回避危险等。特殊学生由于障碍问题会存在心理问题，并导致社会适应问题，尤其以发展性障碍学生更为明显。

美国智力障碍协会（AAMR）将社会适应能力的具体内容细分为自我照顾、居家生活、社交技能、沟通、使用社区、自我引导、健康与安全、功能性学业技能、休闲和工作等10项技能。姚树桥在1994年编制的3~12岁儿童适应行为量表如下（表3-2），从中可见上述技能大体可分为两部分：一是以生活自理、自我管理为主，如控制个体情绪和行为，减少无故暴怒攻击行为；二是以社会交往、集体生活为主，主要是促进语言和行为的沟通交流，提高学习效率。

儿童适应行为量表结构和内容　　表3-2

分量表	主要测试内容
感觉运动	视觉、听觉、肢体功能、双手控制、跑跳、身体平衡
生活自理	饮水、餐具使用、排便训练、排便自理、穿脱衣服、洗漱及综合功能
语言发展	发音、计数、复合句词使用、书写、对话、阅读
个人取向	注意力、持久性、业余活动、就餐习惯、卫生习惯、更衣习惯、学习劳动习惯
社会责任	与人交往、集体活动、帮助他人、自私、责任感、替人着想、保管物品
劳动技能	准备就餐、房间卫生、一般家务、衣服清洗、做饭、职业工作
经济活动	管理钱物、合理购物、零钱计算

资料来源：刘春玲. 智力障碍儿童的发展与教育［M］. 北京：北京大学出版社，2011.

3.3.1 语言和言语障碍

3.3.1.1 障碍特点

社会适应能力中重要的一个评价标准就是与人的沟通交流，只有有效的沟通交流才能融入社会，进行学习、工作、使用社区等行为。而特殊学生在语言和言语上具有不同程度的障碍，影响了沟通行为。

语言障碍是指因认知问题，无法有效理解词句的意义，无法通过词句实现完整表达，如答非所问、说话缓慢、不能使用句子仅能使用词语等；言语障碍是指因为发声器官问题，无法清晰地吐字发声，声音含糊，无法分辨，如平翘舌不分、个别音调无法发音等。

大多数听力障碍学生由于缺少听力经验，没有语言学习环境，导致了非生理性的语言障碍，无法正常发声，与人交流主要依靠手语。手语交流过程中需要手势与眼神一起合作，完成信息交流。听力障碍学生之间借由手语可以互相交流，与普通人的交流则有一定的困难。

杨运强曾对聋校学生的生活做过深入调研，[①] 发现部分听力障碍学生对于与健听人交流有明显的抵触，平时生活圈子也仅限于听障人士。

语言和言语障碍在发展性障碍学生的智力障碍学生和自闭症谱系学生中也非常常见，与听力障碍学生互相之间可以保持交流不同，智力障碍学生和自闭症谱系学生由于认知问题，与人交流更少，经常重复使用与环境无关的词语或者发出怪声，听不懂指令，不会表达自己的需要和痛苦，很少提问，对别人的话缺少反应。

3.3.1.2 对空间需求分析

语言障碍导致的主要问题是学生与其他人之间的交流与正常方式有所区别，这既有感官问题带来的特点，也有交流方式本身的特点。

视力障碍学生的语言和言语问题主要是由于交流不畅所导致的，可以从缺陷补偿的角度为学生交流提供更多的空间，促进学生与学生，学生与家长、教师之间的沟通交流，并从建筑设施、建筑细部设计等方面，减少不必要的交流，提高学生在校期间的活动效率，如在封闭房间设置必要的观察窗口，使学生不必进入教室就可知道室内情况，减少必须敲门、开门的动作。

发展性障碍学生的语言和言语问题是由认知障碍导致的，需要教师给予足够的关心和指导，既包括班级集体指导，也需要个别指导，因此教学空间的组成应丰富灵活，有利于教师随时根据学生活动进行针对性的教学指导。

3.3.2 过度情绪敏感

3.3.2.1 障碍特点

控制个体情绪、维持正当行为是社会适应能力的一部分，特殊学生对超出接受能力的听觉和视觉刺激，容易产生焦虑和恐惧心理，并进一步形成过激反应行为，如突然地尖叫、跑跳等。这些过激反应对于学生本身来说只是情绪发泄的一种，但可能会对其他学生造成影响。

过度情绪敏感在发展性障碍学生中比较普遍，尤其是智力障碍学生和自闭症谱系学生。智力障碍学生因为脑部功能受损，抽象思维能力发展迟缓，与认知相关的社会化情绪发展缓慢，情绪控制能力差，当因身体、所处环境感觉不适时，表达渠道不畅通，容易引发过激情绪，并随时产生攻击、焦虑、破坏等不安全行为反应，对教学活动产生很大干扰。自闭症谱系学生感觉特点差异较大。有些学生对于感觉刺激过分敏感，容易产生过激反应，导致社会适应问题；有些学生则对于感觉刺激非常迟钝，无明显反馈，对于校园中必要的信息提示如疏散指示、校园广播等无反应。

① 杨运强．梦想的陨落：特殊学校聋生教育需求研究［D］．上海：华东师范大学，2013.

3.3.2.2 对空间需求分析

情绪过度敏感导致学生产生的突然性大声尖叫、不可控跑跳等行为一方面会为个体学生带来安全问题，另一方面，如果学生过激行为持续一段时间后，可能会影响其他正在进行正常教学和生活的学生。因此建筑设计中对情绪过度敏感有两方面应对。一是必须保证学生在非正常情况下的安全。当学生处于过激情绪时，无法注意到相关安全提示和保护措施，因此有些学校在上课期间将智力障碍学生的活动区域通过门锁完全封闭起来，虽然有利于管理，但为安全疏散带来极大隐患。二是在学生日常活动的教学区和生活区设置平绪空间，如游戏放松室、音乐治疗室、宣泄室等专门的平绪用房，在教学区还可通过设置多样的一对一个别空间让学生平复情绪。

3.4 特殊儿童的身体发展特征及行为特点

特殊儿童不仅在感官、智力水平及适应能力上与普通儿童有明显差异，在身体发展上也有一定的差距。一般来说，障碍越严重并具有多重障碍的学生其身体发展差距越大。身体发展的具体指标包括身体形态的发展、身体素质的发展和神经系统的发展等。

3.4.1 障碍特点

（1）身体形态的发展。身体形态是指身高、体重、胸围等与学生健康状况相关的直接指标。没有伴随性智力障碍、自闭症倾向的视力障碍学生和听力障碍学生在身体形态的发展上与普通学生差距不大，其中视力障碍学生由于视力缺陷，容易导致盲态，包括平时喜欢揉眼、说话时脸部向下、走路步子迈不开、身体容易摇晃等特征。盲态如果不纠正，容易对身高发育产生影响。发展性障碍学生在身高、体重、胸围等几项指标中，均落后于普通学生，如孙耀鹏、刘艳红等在北京市所做的测试中，7 岁智力障碍学生的身高平均在 119.2cm，与普通学生的 125.7cm 相差约 5%，在体重指标上有近 17% 的差距。① 特殊儿童的身体形态发展并不是一定的，这里的平均值是通过一定数据测量出来的，实际上特殊儿童的身体发育个体差异很大，有部分学生身体形态正常，有些则发育迟缓明显。

（2）身体素质发育。身体素质是指人在运动过程中所体现出来的力量、速度等身体基本能力。听力障碍学生平时的体育锻炼和发展与普通学生相近，在身体素质上差异较小。视力障碍学生由于缺陷所致，体育锻炼较少，身体素质发展有一定程度的落后，但不影响对校园环境的使用。发展性障碍学生的身体素质与普通学生有明显差距，如 50m 跑，7 岁的智力障碍学生平均成绩为 16.8 秒，与普通学生的 11.2 秒相差近一半；立定跳远平均成绩 55cm，与普通学生 124cm 相差一倍多。

（3）神经系统发育。发展性障碍学生的神经发育普遍落后，最明显的表现是动作技能发

① 刘春玲. 智力障碍儿童的发展与教育［M］. 北京：北京大学出版社，2011.

展迟缓，在大动作和精细动作能力上，与普通儿童有较大差异。如婴儿时代掌握翻身、站立、行走、跳跃等能力的时间都较晚，差异明显。

3.4.2 对空间需求分析

特殊儿童的身体发育随着年龄增长有较大改善，可以完成基本的适应行为，但最终与普通人还是有相当差距。校园建设要适当考虑其身体发展特点。

（1）适当缩短通行距离。考虑到学生身体素质有限，以及肢体活动能力有限，适当减少学生必须的通行距离，减少通行时间，有利于教师在各种情况下组织学生活动。通行距离包括日常交通往返距离以及紧急疏散时至疏散口的距离。普通学生的行走速度可达到1m/s，视力障碍学生在初步了解环境的情况下，借助盲杖或引导员随行的方式，可以达到0.4～0.6m/s的行走速度。脑性瘫痪学生的移动速度取决于其障碍程度，特殊教育学校中的脑性瘫痪学生多为中重度并伴有其他并发性障碍，有些学生甚至无法实现自主行走，时刻需要陪护。

（2）室内桌椅配置的灵活性。由于学生个体间差异很大，即使同一年级的学生其身体发育差距也很大，因此室内家具和可操作设施的高度、力度设置应具有适应性，灵活可调。如学生学习桌椅的高度、储物柜的开门等，要适当照顾发育迟缓严重的学生，也要考虑学生步入更高年级后身体发育的改善。

（3）空间的精细化设计。学生大动作和精细动作能力低，对需要操作的设施应尽量简化，包括操作步骤简化、操作方式简化等。如电源开关尽量设置盖板式开关，不设按钮、旋钮式；房间疏散门的把手应以推动式为宜，不设上下旋转式。

（4）安全保护措施。特殊教育学校学生身体素质不足，对个体运动的控制能力弱，过度的跑跳会产生碰撞等事故。盲校学生感觉能力差，在对周边环境相对熟悉的情况下活动速度很快，但如果有不能感知的临时障碍，如没有说话声音的人群、路边的板凳等，会发生磕碰。因此应在学生活动的室内、走道等位置做足够的安全防护，包括软包、贴壁板、声音提示等。

3.5 行为需求小结

特殊学生的障碍特征对其行为产生了比较明显的影响，而为保证这些特殊行为的安全和有效学习，又需要针对性的空间设计。将上述学生的障碍特征及行为对空间的需求进行汇总可发现，虽然障碍特征及其行为是不同的，但对空间的需求可以分类归纳，如知觉能力不足需要扩大知觉的范围，语言和言语障碍需要减少复杂空间和影响交流的空间节点的设置，这都是为了弥补学生的障碍缺陷。由此可将这四类障碍特点影响下的行为对空间的需求分为多样化教学的需求、缺陷补偿的需求、减少环境干扰的需求、补偿空间知觉能力的需求、弥补身体不足的安全需求等五大类（表3-3）。

特殊学生行为需求总结　　表 3-3

障碍特征 \ 行为需求		多样化教学的需求	缺陷补偿的需求	减少环境干扰的需求	补偿空间知觉能力的需求	弥补身体不足的安全需求
感觉特征	视力缺陷	教学方式及康复空间的多样	视觉、触觉的补偿听觉的代偿	对噪声环境敏感	提高触觉和视觉感知	
	听力缺陷	有助于交流的教学、交流空间	视觉、触觉的补偿	对噪声环境敏感		
	智力缺陷	小班化教学组织		对光线、声音环境敏感		精细动作缺陷，需要细部的安全设计
	感觉统合失调	康复空间的多样灵活				大动作失衡，需要大范围活动空间
知觉特征	知觉能力不足		扩大知觉范围		强化空间标识，增加空间的表征	人流复杂位置反应慢
	抽象思维能力弱				降低抽象信息的内容含量	
	空间认知能力有限	教学空间整合一体化，减少不必要行走	提高对环境认知，便于形成心理地图		简化空间关系	
社会适应能力	语言和言语障碍	提供更多交流空间、教师集体、个别指导空间	减少复杂、影响交流的空间设置，促进便利的交流	降低影响视觉、听觉交流的影响		
	过度情绪敏感	教学空间附近设供学生平绪的空间，设专门的心理和情绪治疗空间		减少空间之间、空间节点的干扰		保护过激行为可能产生的碰撞
身体发展特征	身体形态素质神经发育不足	提高室内教学空间的多样化和灵活适应	室内桌椅的灵活配置		缩短通行距离	建筑疏散流线快捷简单，细部空间的精细化设计

感觉特征、知觉特征、社会适应能力和身体发展特征是特殊教育心理学范畴内，与使用建筑空间密切相关的心理特征，其他注意、记忆、语言、思维等内容，虽然特殊儿童与普通儿童心理有较明显的差异，但更倾向于个人精神活动，几乎无法直接反馈到对建筑的使用上，对建筑空间研究影响不大。因此表 3-3 这四类特殊儿童的心理特征，基本代表了特殊学生在使用建筑空间过程中的所有障碍特征及行为表现。因此，这些行为表现对具体空间需求的五个分类，也较为全面地反证出特殊儿童对空间的需求。以上对空间需求的全面梳理和分类归纳，是本书后续对特殊儿童行为影响下空间设计研究的前提，也是本书创新点之一。

3.6 本章小结

特殊学生的障碍特点多样，差异性大。其中感觉特征、知觉特征、社会适应行为和身体发展特征对建筑空间的设计有直接影响。本章针对以上四点详细分析了三大类特殊学生的障碍特点表现，并在此基础上总结了学生行为对空间的具体需求。从感觉特征来说，要求空间的设计能够对感觉缺陷进行补偿，并注重安全设计，空间组织应简洁合理；从知觉特征来说，要求空间设计能够有完善简洁的导向标识设计、合理的空间组织；从社会适应行为特征来说，要求空间设计有多样灵活的教学空间和交流保障，从身体发展特征来说，要求流线组织合理、安全。以上空间需求的提出为下文空间设计策略的分类和讨论提供了基础。

第4章 基于特殊儿童行为特征的空间设计策略

4.1 空间设计策略的提出

基于对特殊儿童障碍特征的分析，针对特殊教育学校内的主要日常活动，本书提出如下设计策略的原则。

1. 以普通中小学为基本依据

特殊教育作为义务教育的一部分，其教育方式与教育目标最初都是从普通教育中借鉴而来，校园布局、空间模式等都完全遵照普通教育。随着特殊教育特殊性逐渐得到重视，特殊教育逐渐形成自己特有的教育模式，并完善了教育目标和教育方式。特殊教育学校的布局与空间模式都根据特殊教育本身的特点做出了针对性调整。但特殊教育本质的活动依然是对适龄儿童的教育，教育的本质和框架没有发生变化。学生在校园内的主要活动依然是日常生活和学习，只是由于障碍特点导致的异常行为，需要特别给予注意。因此特殊教育学校的设计师基于普通中小学框架，针对学生的障碍特征给予针对性设计。校园设计中的基本原则和规范要求等，都要首先遵守普通中小学设计要求，在此基础上提出特殊教育学校自身的设计要求。

2. 安全原则

普通学生在学校可以借助各种感觉器官感知身边的情况，能够顺利地进行日常活动。而特殊学生对周边环境的感知有限，安全问题包括几个方面：首先是与普通学校相同的防灾、避难问题；其次是由于学生感知特点，可能造成的日常活动安全问题；最后是学生行为异常带来的使用建筑的安全问题。

特殊学生由于缺陷特点，使得很多在普通学校中并不存在的问题，在特殊教育学校中却可能带来安全隐患。学生在心理和生理上都较为敏感脆弱，对环境的感受力也异于常人。因此保障学生在校学习与生活的日常安全，是特殊教育学校建设的首要问题之一。安全问题可以通过主动的措施来保障，如教师日常看护、家长陪护等，也可以通过建筑环境等被动的安全措施来保障。建筑遵循安全的原则，最大限度地减少了学生可能遇到的安全问题，也减少了教师、家长看护过程中的压力。

3. 缺陷补偿原则

缺陷补偿是指针对学生的障碍特点，综合利用一切有利因素，通过其他感官和途径代替、改善、促进因障碍造成的功能性损伤，使得学生能够实现教育目标。对生理的补偿是实现特殊教育可能的基础条件。通过医疗手段实现对生理的补偿，达到融入社会的目的。

建筑环境与人的行为之间具有极强的互动性，因此建筑环境也是补偿的一种手段，有利于补偿学生的生理缺陷，促进学生日常行为的规范化、社会化。因此建筑设计中需遵循缺陷补偿原则。

4. 个别化原则

个别化原则是指针对每个学生不同的特点，制定有针对性的学习计划，实施单独的学习进度。个别化原则主要针对于普通学生不同的个体。在普通学校中，大多数学生的学习进度和理解能力都相同，集体教学有利于学校整体控制教学水平，提高教学效率，随着对学生个性的重视，普通学校开始对个性突出的学生给予针对照顾，制定单独的学习计划，有助于学生个性发展，是一种锦上添花的做法。

在特殊教育学校中，学生的生理、心理障碍特点不完全相同，“没有两个特殊学生是完全相同的”，学生之间的障碍差异大。对某一个学生障碍特点适用的教育方法，不能完全照搬至另外一个障碍特点有所不同的学生身上。因此特殊教育学校的教育，在共性教育的基础上，根据学生特点，必须进行个别教育。校园建筑的设计，必须满足教育模式的需求，所以需要根据教育的方式特点，为学生和教师提供各种个别化教育的空间和场所。

5. 生活化原则

特殊教育的目标以基础教育为主，但并不完全照搬基础教育。对于视力障碍和听力障碍学生来说，要掌握一定程度的文化课知识，并以适应社会为主要目的，即在学校毕业后能够较为独立地在社会上生活。对于发展性障碍学生来说，文化课并不作硬性规定，主要以生活适应为主，即能够进行独立的生活。我国在 2007 年颁布的课程实验方案中都突出了生活适应和社会适应的原则，因此学校的教育也由课堂内延伸至课堂外，乃至学生生活的社区。

相应的校园建筑设计也需要顺应教育的生活化原则，教育的场所不仅仅集中在普通教室中，也要包括日常的课外生活场所，如走廊、操场、宿舍等生活化空间都是教学环境的重要组成部分，非教室场所与教室空间的无缝衔接，使得学生时时处于生活化教育当中，在课上课下都接受生活指导，能够尽快地了解和掌握日常生活所需的技能和规则。

根据以上原则，以及上一章结尾对儿童障碍特征对空间需求的分类归纳，本书提出特殊教育学校的学生活动空间设计应满足以下策略：①要保证学生在校内的多种学习行为，除普通的班级式集中授课外，应满足对小组教学、个别教学，以及医教结合等发展趋势下对教学的要求；②针对感觉能力不足的补偿化策略；③减少环境干扰的分离化策略；④补偿空间知觉能力的整合化策略；⑤提高社会适应能力的空间灵活化策略；⑥弥补身体发展不足的安全化策略。以下分别进行讨论。

4.2 保证多种学习行为的空间策略

特殊学生在校的主要目的，以及我国特殊教育的目的都是为了让学生更好地融入社会，并要求视障学生与听障学生掌握相当水平的文化课知识。因此，学习空间是特殊教育学校中最主要的空间。根据学习的内容和方式不同，学习空间可分为普通教室和专业教室两大类。

（1）普通教室越来越综合化，教室承载的教学内容和方式越来越多，尤其在中低年级，在普遍要求综合型课程的背景下，普通教室的教学方式多，所需的空间也越来越大。

（2）专业教室的种类多样，灵活性大。随着学生障碍的分类越来越细致，对障碍的定义越来越严谨，治疗与康复的手段越来越先进，在医教结合的趋势下，康复教室的种类越来越多，其设置也越来越专业，很多教室需要专门的厂家进行二次装修。

在这些发展趋势下，为保障学生在校的学习、康复活动，学习空间要满足以下要求。首先，普通教室保证能够容纳多样的教学要求：①教学形式的需求，如集体、个别教育，需要各种大小的空间；②教学方式的需求，如直观教学、生活教学、游戏化教学、多媒体教学对室内空间组成的需求；③教师空间设置；④生活化需求，一是卫生间，二是教学生活一体化。其次，教室应具有灵活可变的开放性：①教室组群的开放；②空间跨柱结构的可变与灵活化（康复空间变化多，要求不断提高，针对性设计很难改造）。最后，资源教室的设置作为兜底，保障有特殊需求的学生的教育与康复。

综上，为保证学生的多重学习行为，本书提出以下五点建筑设计策略：一是教学组织的小班化策略；二是教学单元的综合化策略；三是教学空间的开放化策略；四是教学与生活空间的一体化策略；五是康复教室的灵活化策略。

4.2.1 教学组织的小班化策略

普通中小学班额为30人左右，教学以集中授课为主，教学空间为规整大空间，教学的开放和多样化多为附加小空间形式。培智学校班额为8人，盲校和聋校的班额均为12人，集中教学空间面积需求不大，但要辅以多样的个别教学、卫生、游戏空间，且因为儿童行为失调和教师教学需要，这些空间面积不能太小，如游戏空间应能容纳8～12人同时活动。为保证教学效率，以上空间组合在一起形成教学单元，为学生提供学习和生活服务。所以小班化主要体现在两方面，一是班级规模的小型化，二是培智学校与普通学校结合的校园规模小型化。

4.2.1.1 班级规模的小型化

班级规模即普通教室内一个正常班级所容纳的人数，班级规模应控制在合理的人数范围内。一方面特殊学生的感知与认知有障碍，无人看护的状态下容易发生安全问题，需要班级教师对学生的行为给予足够的关注，以保证学生日常生活的安全；另一方面，每个特殊学生的障碍类型和程度都有所区别，教师需要针对每个学生的情况具体制定有针对性的个别教育计划，调整教学进度，控制班级规模有利于教师对学生情况的及时了解，并改善教学；同时，合理的班额控制有利于教师维持教学秩序，教学过程中与学生产生足够的互动；最后，中低年级的班级教学过程中，有时需要家长及志愿者的帮助和支持，合理的班额有助于更好地协调人员之间的关系和任务。

1. 班级人数

目前我国普通中小学的班级规模在素质教育的趋势下，逐步由大规模班级向小规模班级转变。《农村普通中小学建设标准》1997年试行稿和《城市普通中小学校建设标准》1998年稿中规定城市中小学校每班45人。《中小学校设计规范》2011年版中明确规定，完全小学为每班45人，非完全小学为每班30人，完全中学每班50人。美国教育学家芬恩在一项关于课堂规模的实验中得出结果①，认为师生比与学习成绩相关，班级规模在20~40人时，学生的成绩要普遍高于人数更多的班级学生。因为过多的学生消耗了教师用于教学的精力，加大了教学困难，导致学生听课注意力和教学质量的下降。班级规模的大小与教育资源的配置有很大关系。当教育资源匮乏的时候，单位人口数量所拥有的学校数量与班级数都不多，但就读需求一定，只能通过加大班级规模来解决就读人数的需要。例如第二次世界大战结束后，欧美地区人口激增，出现过60~70人的班级，在20世纪80年代后，师生比才由1∶25逐步下降到1∶20~1∶15。我国在20世纪80年代改革开放后，除个别发达地区外，多数学校的班级规模也都在50~60人。也是随着教育资源的提升，班级规模才逐渐降为30~45人。

特殊教育学校班级规模的影响因素很多，由于学生的障碍特点，班级人数相较于普通学校更少。首先，就教育资源来说，要达到与普通学校相近的教学水平，生均投入约为普通学生的3倍。也就是说不考虑教师、教学等具体因素，仅就办学条件，特殊教育学校的规模约为普通学校的1/3。其次，教学方式也是决定班级规模的重要因素之一。个别化教学、小组教学、游戏教学等，都需要教师对学生有很高的关注度，需要在每个学生身上投入的时间都远大于普通学校的学生。例如盲校学生的教学，应尽量实现低视力学生与全盲学生分别教学，因为低视力学生还存有一定的残余视力。而最大化地利用残余视力、提高学生的感知能力是教学手段之一，因此教师在进行汉字教学的过程中，需要远近结合，例如汉字书写课程，教师在前方黑板示范后，低视力学生仍存在无法看清黑板的情况，这时教师要走到学生座位上，对学生进行个别辅导。所以教学方式的特点决定了特殊教育学校内的班级规模不应太大。最后，特殊教育学校的班级规模与生源也有较大关系。我国20世纪80年代后期才开始招收智力障碍学生，在这之前只有盲校和聋校，由于社会对残障人士的认可和接受度有限，不少家庭，尤其是经济条件有限的家庭，对特殊学生上学接受教育持无所谓态度，学生入学率难以保证，盲校师生曾形容自己学校是“小组班、大班校，不管多少按班教②”。但随着经济水平的发展和社会对残障人士的了解，以及国家义务教育法的展开，特殊学生接受义务教育的比例在逐步提高，很多重点特殊教育学校出现了班额紧张、人数过多的情况。

在调研过程中，三大类学校之间的班级规模有较大差异，同类型学校、不同地区间也有差异。普遍来说，聋校的班级规模要大于盲校，盲校要大于培智学校。这是因为，聋校的学生视力与认知方面问题不大，可以通过视觉感知绝大多数重要的信息，因此教学过程中障碍较少，教学方式等与普通学校相似，班级规模也较近似，如一些学校的中高年级也有20~30人的班级。盲校由于教学过程中对光线和盲文书本的摆放需求，学生采用“一头沉”等桌椅尺寸较大，同时教师需要一定的个别教育辅导，因此盲校班级规模相对小一些，调研过程中多

---

① 李钰. 减小规模：班级？学校？——美国小班化改革与小学校化改革之争[J]. 上海教育科研，2003(6)：27-29.

② 盛永进. 盲校现行教学组织批判——基于个别化教学的反思[J]. 中国特殊教育，2006(10)：55-59.

数学校在 15～20 人。培智学校由于智力障碍学生的认知问题，以及有多重障碍学生就读，使得教师的看护和教学难度大大提高，因此班级规模普遍较小，一般在 8～15 人。以上是普遍情况，在一些地区由于生源紧张，学校采用单轨教学，每个年级只有一个班，每班甚至只有 4～5 名学生。

20 世纪末，原国家教委规定特殊教育学校班级额定人数为盲校和聋校为每班 12～14 人，培智学校为每班 12 人。2009 年颁布实施的三大类学校教学与医疗康复仪器设备配备标准中，认为各校的班级规模均按 8～12 人配置，2011 年颁布实施的《特殊教育学校建设标准》中又进一步提高了班级规模，明确规定盲校与聋校的班额为每班 12 人，培智学校为每班 8 人。2020 年《特殊教育学校建筑设计标准》中采用了与建设标准相同的规定。

2001 年，日本小学阶段共有智力障碍班级 11308 班，学生数 33119 人；听力障碍班级 365 班，学生数 745 人；视力障碍班级 107 班，学生数 139 人。按此数据计算，智力障碍班级的平均规模只有 3 人左右，而视力障碍甚至接近于 1 人。这是因为日本采用了小班化教学，实际编排中，盲校的教室班级人数为 6～8 人，聋校的班级人数为 6～8 人，智力障碍和养护学校班级人数为 4～6 人，另外在低年级设立了专门的多重障碍班级，这些班级几乎全面采用个别化教育方式，每班只有 1～3 人，因此在统计数据中，日本特殊教育学校的平局班级规模非常小。

从以上分析中，我们可以看到，特殊教育学校的班级规模与普通学校一样向小班化趋势发展。盲校与聋校班级规模在 8～12 人之间、培智学校在 5～8 人之间是比较合适的，这是与教育资源的提升、教学方式的转变、学生生源的变化息息相关的。在素质教育大前提下，将重视每个特殊学生的障碍特点，并提供针对性的教学方式和计划，因此小额多班是未来特殊教育学校的趋势，建筑功能用房的设计要适当考虑班级规模的因素，以便校方面对未来变革。

2. 面积指标

我国《中小学校设计规范》中规定，使用面积最大的普通完全小学按每班 45 人计算，则班级教室使用面积为 61m^2，可知普通教室生均使用面积为 1.36m^2。除去室内必需的教师讲台、储物柜、走道空间等，人均座位面积比较紧张。李曙婷曾对比美国等广泛推行素质教育国家的教室面积，无论是绝对面积还是人均面积，均远高于我国。并由此推算出，我国普通教室人均使用面积应在 2.65m^2，即班级教室的使用面积应为 80m^2（表 4-1）。

美国与我国大陆地区及台湾地区教室使用面积比较　　表 4-1

	使用面积标准（m^2）	班级规模（人）	人均使用面积（m^2/人）
美国	70～92.9	28	2.5～3.3
中国台湾地区	90～112.5	35	2.57～3.21
中国大陆地区	61	45	1.36

资料来源：李曙婷. 适应素质教育的小学校建筑空间及环境模式研究［D］. 西安：西安建筑科技大学，2008.

特殊教育作为义务教育的一部分，教室建设的情况与普通学校相似。在普通教室的使用面积和生均使用面积上，整体指标偏低。前文调研章节中已经指出，我国特殊教育学校校舍因为建设时间和标准出台时间的关系，三大类学校之间普通教室的面积有一定差异，不同地区相同类型的学校，普通教室的面积指标也有较大差异（表 4-2）。

国内普通教室面积调研表　　表 4-2

	学校名称	教室使用面积（m^2）	班级最大人数（人）	特校建设标准指标（m^2）	
				一级指标	二级指标
视力障碍学校	广州市盲人学校	43	16	44	54
	北京市盲人学校	74	16		
	浙江省盲人学校	52	15		
听力障碍学校	广州市聋人学校	44	15	40	54
	杭州市聋人学校	54	14		
	德阳市特殊教育学校聋哑部	47	10		
智力障碍学校	广州市越秀区培智学校	40	10	44	54
	海珠区启能学校	49	12		
	西安启智学校	71	12		
	哈尔滨曙光学校	24	12		
	大连沙河口区启智学校	57	12		

我国《特殊教育学校建设标准》于 2011 年开始实施，其中一类指标为县级镇首期建设最低指标，二类指标为地市级以上学校首期建设最低指标。调研中的学校基本为地市级学校。从调研访谈及数据中显示，除个别硬件条件有限的学校外，大部分学校的使用面积都在 $44m^2$ 以上，满足一级指标要求，省会城市的使用面积基本能达到二级指标要求。2011 年后有新建、改扩建的学校教室使用面积会更宽松，如北京市盲人学校的使用面积为 $74m^2$，西安启智学校使用面积为 $71m^2$。这反映出两个问题：一是国家建设标准的指导作用，近年新建的学校普遍基于建设标准的最低要求，保证了特殊教育学校建设的标准化，有力地推动了学校硬件条件的建设；二是教育资源不均衡，省会城市、大城市的重点学校得到的教育资源、经济支持都是小城镇，甚至二、三线城市不能比拟的，有条件的学校可以从教学的实际需求出发，提出更高标准的建设要求。

国外学校由于学生安置方式不同，教室面积不具有实际意义，但可从中一窥教室面积的发展趋势。日本建筑学会编写的《建筑设计资料集成》一书中建议的三大类障碍学生普通教室与多重障碍学生普通教室的使用面积均为 $55m^2$，只有肢体残疾的养护学校面积为 $65m^2$。班级内的学生最多为 8 人，多重障碍学生使用时，教室内为 1 ~ 3 人。福岛县光之学校、和歌草养护学校的普通教室均为 $60m^2$ 左右，基本遵照上述标准（图 4-1、图 4-2）。

综上分析可知，现行建设标准中的二级指标已可以满足学校基本的教学需要，但如果学校对教学形式和方法有更多要求，教室应提供更宽松的使用面积，满足教师教学。同时，应控制班级规模，保证教师在教室内对学生的关注和教学质量。

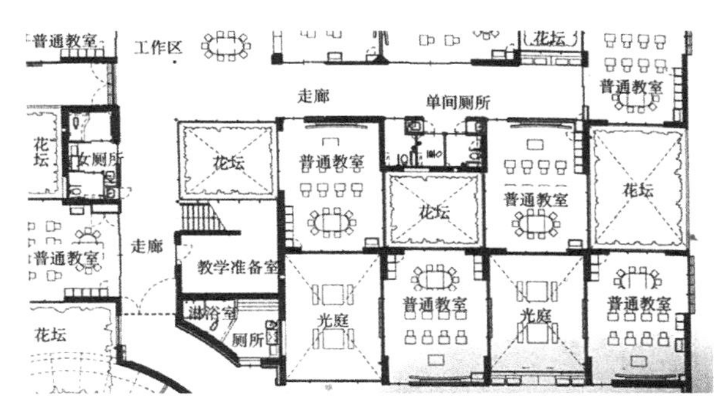

图 4-1 福岛县光之学校教室示意
（资料来源：日本建筑学会. 建筑设计资料集成 教育 · 图书篇［M］. 天津：天津大学出版社，2007.）

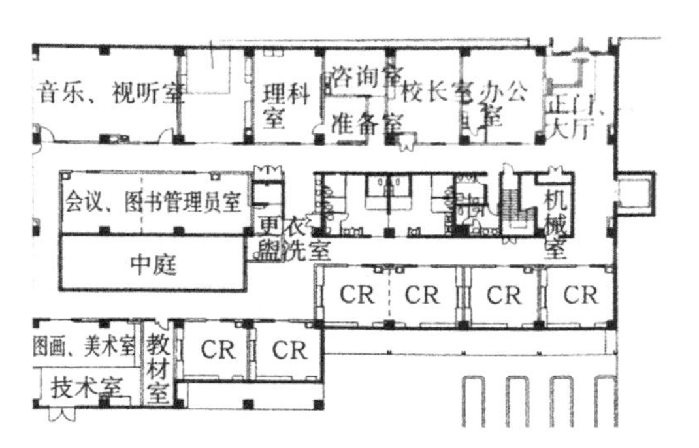

图 4-2 歌草养护学校教室示意
（资料来源：日本建筑学会. 建筑设计资料集成 教育 · 图书篇［M］. 天津：天津大学出版社，2007.）

4.2.1.2 培智学校与普校结合的校园规模小型化

我国以培智学校及综合类特殊教育学校为主，招收智力障碍学生及其他发展性障碍学生。虽然盲校和聋校也实验性地招收发展性障碍学生，但学生类型在本质上是以视障和听障为主的多重障碍学生。培智类学校作为国内数量最多的特殊教育学校，承担了一半数量的就读学生，但培智类学校的总体资源仍很缺乏，学校数量不足，班级招生能力有限，服务覆盖范围集中在发达地区，导致我国特殊教育的适龄入学率不高，距日本、美国等发达国家近 100% 的入学率有相当大的差距。培智学校的普及和建设是改善学生就读的基本条件。我国已经推出相当一批政策支持特殊教育事业发展，尤其是特殊教育学校的硬件建设，如《推进中西部地区特殊教育学校建设》等相关法令，但在中东部地区也难以实现全范围覆盖。主要原因有两点。

首先，培智学校总体数量不足。基于学生教学、康复形式，以及师资力量的考虑，培智学校一般以走读形式为主，不鼓励寄宿制。根据我国培智类学校的布局模式，每个区（县）设一所能够招收培智类学生的特殊教育学校，为的就是保证学生能够实现就近入读。但实际上培智学校的数量远远不够。除生源问题外，主要是对特殊教育的投入不足，导致特殊教育学校数量不足，覆盖范围不够。大而全的培智学校建设周期长、投入资金大、人员调配时间久。

其次，在融合教育的理念下，特殊教育学校的职能发生转变，由单一的教学功能机构向多功能的教育支持服务转变，为所在社区和教育服务范围内提供特殊教育支持服务，对随班就读学生提供支持与帮助，成为地区性特殊教育资源中心。学校职能包括但不限于以下内容。①评估职能。我国特殊儿童的评估体系并不完善，主要是由医疗机构从医学角度提供诊断性评估，且这种评估是结论性而非持续性的。特殊儿童的障碍多样，发展变化非线性，需要阶段性、针对性的评估体系，以便更好地评估学生的状态，决定教育及康复计划，甚至调整安置方式。特殊教育学校在教育学生的过程中对学生特点有着较为准确的把握，评估工作比医疗机构的诊断性评估更有针对性，更符合学生的个体特点。②特殊教育学校向资源教室功能转变。学校在全面了解学生情况的基础上，更有利于建立完善的学生个别教育计划，为家长和普通学校教师提供咨询服务。③为普通教师和特殊学生家长提供培训指导。我国普通院校中特殊教育专业课程设置处于起步阶段，普通教师对于特殊教育并不了解，难以承担起随班就读的责任，仅依靠实际工作中讲座、会议研讨等形式，难以满足教师对专业知识的需要，因此需要专业的特殊教育教师对普通教师进行培训。特殊教育学校的骨干专业教师既是周边普通学校随班就读班级重要的指导力量，也是培训、训练普通教师的重要人力资源。除对普通教师的培训外，对特殊儿童家长的培训也是特殊教育重要的组成部分，家长的观念和参与度对特殊儿童的教育和康复具有相当大的积极意义，家长对特殊教育的深入了解有助于更好地保障特殊儿童在非课堂时间的生活化教育，为随班就读营造良好的社会环境。

特殊教育学校职能的转变，尤其是培智类学校对普通学校随班就读的支持，大大提升了特殊教育学校的地位，扩大了服务对象和服务范围，学校为所在社区提供特殊教育的示范作用，将占培智类学生大部分比例的轻度智力障碍学生返还到普通学校接受教育。对于在普通学校就读的轻度智力障碍学生，主要的安置方式是随班就读，至 2010 年底，我国随班就读及特殊教育班级招收的特殊儿童为 3.97 万人，占特殊教育就读人数的 61%，但目前我国随班就读的情况并不理想。由于普通学校有升学压力，因此对于随班就读的智力障碍学生多采取降低标准、减少精力投入的态度，使得随班就读变成了随班混读。同时因为政策缺少对随班就读学生的明确指导，普通学校缺少师资辅导力量，使得随班就读学生的学习情况很不理想。多数家长在接受了一段时间的随班就读之后，想方设法把孩子又重新安排回培智类特殊教育学校。而培智学校招生范围以中重度学生为主，没有更多能力安置这些轻度障碍的学生。目前为解决随班就读不理想的现状，我国大力推进资源教室的建设。资源教室的硬件条件容易满足，但师资力量、专业水平等并不是简单投入经费就能解决的，是一项长期工作。同时，每所学校接收的轻度智力障碍学生数量有限，让每所学校都为有限的几个学生配备资源教室和资源教师，投入产出效率也很低。

针对以上分析，本书尝试提出小规模培智类特殊教育学校建设的策略。

1. 单独类型培智学校的小规模高水平建设

我国目前总体布局是区县一级一所培智学校，但除经济发达、对特殊教育投入较大的省市，如北京、上海、山东等可以实现这一目标外，其他地区都很难达到这一指标。为尽快实现学生的 100% 入学，目前的解决方案为无特殊教育地区新建或改制建设综合类特殊教育学校，先实现省市区域的特殊教育学校全覆盖。但由于培智类学生特点，市县级的综合类特殊教育学校很难照顾所有有特殊教育需要的适龄儿童。因此本书建议在目前政策基础上，还需建设单独的培智学校，作为现有特殊教育学校的补充。受制于特殊教育总体投入经费限制，以及为尽量扩大培智学校覆盖范围，单独类型的培智类特殊教育学校规模可适当缩小规模；学校的职能除必须接收的中重度智力障碍学生外，还应充分利用拥有的资源教师能力，承担所在片区内普通中小学的随班就读指导工作。

小规模建设是在已有综合型特殊教育学校的前提下，为弥补一所学校服务覆盖范围不足、招生能力有限的情况，单独建设的以招收培智类学生为主的特殊教育学校。小规模的培智类特殊教育学校的设置需考虑以下要点。

（1）选址与现有特殊教育学校保持一定的距离。最大限度地覆盖学生就读范围，为学生的就读提供多种选择。

（2）学校规模少班化。建设完备、符合国家现行建设标准的培智类学校需满足建设标准中对人数、校园规模等的基本要求。培智学校的建设投资一般是相等规模普通学校的3倍或更多，在总投入资金有限的情况下，学校单位建设面积的经费有限，分配到每个学生名额上的经费就有限。因此小规模建设的培智学校作为现有完备的培智类特殊教育学校的补充，校园规模与班级数都可考虑适当缩小，班级的设置具有极强的针对性和灵活性，根据当年招生的情况调整所需教室的数量和种类。小型化的培智学校有利于集中资源进行校园硬件建设。

（3）学校功能空间配置的精简化。培智类特殊教育学校教学职能的转变，使发展性障碍学生的日常教学主要由完整的培智类特殊教育学校承担，而小规模培智类特殊教育学校则主要承担面向社区和社会的针对普通学校随班就读的指导工作，并承担小部分情况特殊学生的日常教学工作。遵循小规模、少投入、支持性服务的原则，校园的空间配置与普通培智类特殊教育学校略有不同。

首先，教学空间不再是校园主要的功能空间。主要空间是为教师对外教学提供支持性服务的康复及个别辅导的空间，包括日常教学教室、康复教学空间、对外行政服务用房等。其次是校园硬件配置具有针对性和灵活性。针对性是指面向所在社区生源障碍特点的具体情况，调整教学所需的相关设备设施。平时使用频率不高、占用空间较大的专业型设备的使用统一回归到医疗康复部门。灵活性是指校园建筑的功能用房能够根据不同障碍类型学生的教学需要进行调整，教学单元模块化。如学校需增加脑性瘫痪学生的教室，可以将适当的教学空间改为引导教室等。

小规模培智学校意味着同等建设成本下校园整体水平的提高、特殊教育辐射范围的扩大，对特殊学生的安置有着积极的作用。

2. 学校选址靠近或依附所在区域的中心小学校

虽然我国目前特殊教育学校建设趋势是向综合类特殊教育学校发展，期望通过整合资源实现特殊教育的全面覆盖，但在特殊教育需求较大的地区，单独的培智类特殊教育学校由于教师的专业性及硬件资源门槛低等原因，更有需求。而单独的培智学校在选址过程中可以依靠覆盖地区的中心小学。这样有三个优势。一是顺应融合教育的发展趋势。融合教育的本质就是不强调障碍学生的特殊性，让障碍学生最大限度地融入普通社会中，融入普通学生就读的学校中，使得学生能够尽量适应社会和学校生活环境。如成都市同辉国际学校就是一所融合类学校，学校总体规模为40个班，其中26个班是普通学生班级，14个班是特殊学生班级，在课余、放学时间，特殊学生可以与普通学生一起进行体育或游戏活动，大大促进了特殊学生的社会参与度，同时也激发了普通学生对于特殊群体的关爱。二是节约用地，资源集中。普通小学与培智学校都属于非完全学校，部分学校功能完全可以实现共有，如图书馆、感统教室、风雨操场等。三是方便教师统合教育资源，实现层级式特殊教育普及，学生和教职员工可以在两所学校内互相往来，共享普通学校与特殊学校的资源。普通学校与特殊学校的资源整合，从学生规模到教工数量乃至校园用地等都要大于单独的普通学校和特殊教育学校，大体量的校园有利于吸收优质资源，容易得到经济、用地、教师资源等多种软硬件基础条件的政策和投入倾斜，使得特殊学校的教师有时间和精力为非本校师生提供社会服务，校园的

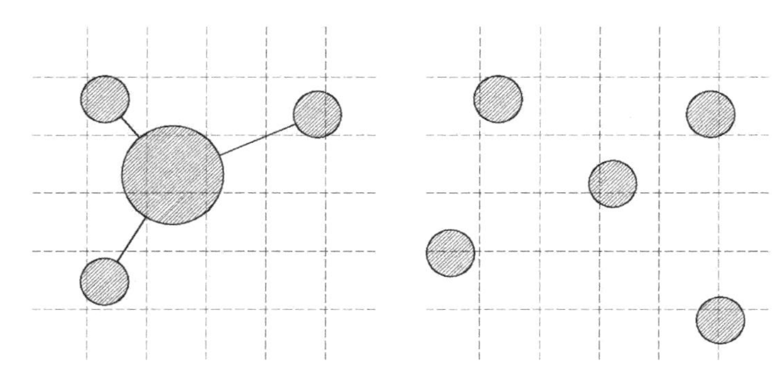

依附建校规模大，教育资源辐射面积大　　分散建校规模有限，辐射面积有限

图 4-3　合并建校和分散建校模式区别

投入产出比更高。比起散落的散点式布局，更有利于发挥优势力量（图 4-3）。

根据校园用地的具体情况，合并建校包括合并建设和相邻建设两种情况（表 4-3）。

合并建校和相邻建校模式区别　　表 4-3

建校模式	合并建设		相邻建设	
图示				

一是校区的合并建设，即普通学校与特殊教育学校在同一个校园内，只是具体教学空间根据需要分区或分层设置，减少干扰。如成都市同辉国际学校的主体建筑同时容纳了普通学校班级和特殊教育班级，并实行分层分区，特殊教育学生及低年级学生在首、二层，中高年级的普校学生在更高楼层。联系紧密的学校有利于学生的互相交流，有利于公共资源的共享使用。学校建设前期，需对这种合并建校的模式进行前期可行性研究，确认合并建校的规模、招生服务辐射范围等，使得特殊教育资源尽最大可能服务到周边社区及其他普通中小学校。合并建校需要提前规划、统一建设，一次性投入较大，但一旦建设起来，有利于实现教育资源的效率最大化。

二是相邻建设单独校区，各自校区主要出入口独立，学校完全独立管理。虽然校区独立，但是两个校区用地相邻或者距离很近，不用跨越大型机动车道，便于学生在平时交流，学生可在教师、家长或志愿者的引导下到需要活动的校区进行活动，两个校区的硬件资源可互相补充建设，如特殊教育学校对图书阅读要求不多，可借用普通学校的图书馆阅览室资源，不必自己单独建设，有利于资源共享。这种建设方式的优点在于可以根据当地的实际用地情况、已有学校数量、学生入学趋势等需求，分期按需建设，或依附已有学校校园建设，一次性投资可以控制，政府、校方、建设方的压力可调。同时，两个学校校区的独立也有利于特殊学生和普通学生的单独管理，有利于校区独立教学。不利之处在于一般小学校建成的地方周边用地都比较紧张，如果选定适合依附建设的学校周边扩展用地紧张，则后建设的学校选址不宜，容易造成越选越远，很难使学生通过步行在校区间穿行，相邻建设的优势不再。

4.2.2 普通教学单元的综合化策略

普通教学单元包括以班级普通教室为主的单一教学单元和若干班级普通教室组成的年级教学单元。单一教学单元以普通教室为核心，在教室内设置相应的辅助空间，教室本身作为一个独立单元，可与其他不同班级、不同年级的教室单元并列组合成校园教学空间。单一教学单元面积有限、数量多，但室内空间和设施相对完备和独立，适合封闭教学。年级教学单元以若干相同的班级教室为核心，辅以多样的辅助空间，尤其是多功能的开放空间，共同形成同年级师生活动的空间。年级教学单元占用面积大，单元总数不多，强调空间的开放性、公共性。相同年级、不同班级的学生差异性不大，在教学和活动中有更多的交流（图 4-4）。

无论上述哪种单元，其空间构成都不是传统意义上的普通教室，而是由以教学空间为主的多种相互关联的功能空间组合构成的，即单元构成的综合化。随着素质教育的普及，普通学校的教学在由封闭逐渐转向开放，特殊教育学校教学方式和辅助空间的要求比普通学校更加灵活多样，因此对开放性的要求也更高，教学单元的构成也更倾向于综合化。在这里，综合化包括两个含义。一是单元构成的功能空间要素多，即在单一教学空间的基础上辅以多种多样的功能空间，除教学空间外，还需要游戏空间、康复空间、生活辅助空间、教师工作空间等共同完成教学任务，而且针对不同的教学组织模式，都有相应规模的活动空间，如个别教学、小组教学和集中教学，都有相应规模的教学场地。二是单元构成的功能空间的多功能、非唯一目的趋向。空间本身并无特定属性，是空间中人的活动对空间做出了限定。普通中小学以集体教学空间为主，教室内的主要空间组成是学生的学习空间。特殊教育学校由于多样的教学形式和教学目的，教学内容丰富，如果每种活动都需要到专门的空间完成，则教学单元不仅面积巨大，而且流线复杂。因此在满足安全卫生和教学要求等前提下，应尽可能集中活动空间，即在同一空间、不同时间实现多种空间功能属性。如培智学校低年级学生的午饭普遍采用食堂送餐到教室的模式，因就餐时间短，就餐人数不多，没有必要单独设就餐区，可在教室的活动区或多功能区就餐。

不同类型的特殊教育学校，教学单元的空间构成要素也不完全相同。根据活动主体不同，可分为学生日常学习和活动的教学空间（游戏、生活训练）、教师办公休息空间和生活辅助空间（卫生间、更衣间）三大类。在不同类型学校，上述三类空间的具体组成也会有些差异。

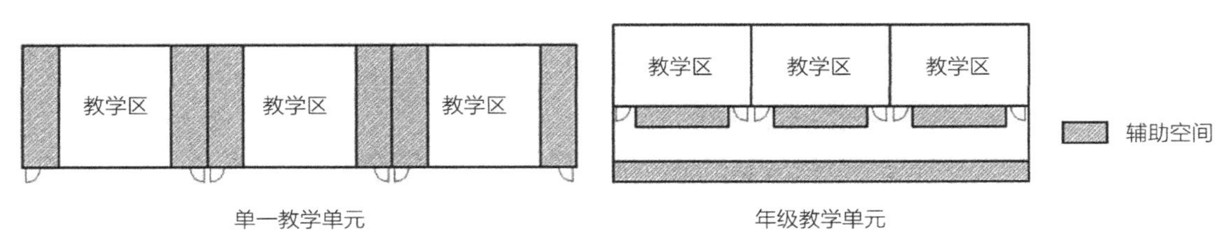

图 4-4 普通教学单元的构成模式

4.2.2.1 多样的教学空间

在普通中小学中，学生活动的教学空间主要是指学生课桌椅排布的教室中心区域，即日常学习区域。在特殊教育学校中，基于生活化教学和综合课程的教学特点，教学模式比普通中小学要更加丰富多样，非知识类分科课程少，学生平时身体活动多。这些特点使得学生活动的教学空间需求比普通中小学要更加多样化。除日常学习区域外，还有游戏教学空间、生活训练空间以及家长陪读空间等。

（1）日常学习区域是指学生平日用来学习的区域，摆放听课所用的桌椅，教师对分科课程进行集中或分组教学，是教学单元中最核心、面积最大的区域。不同类型学校教学单元内的日常学习区域面积、学生人数和桌椅摆放方式都不尽相同。具体相关指标将在后续单独类型的特殊教育学校功能空间建构的章节中进行讨论。

（2）游戏教学空间是指学生进行游戏教学的区域。游戏教学是指通过提前设计的教学方案，安排教学情景和步骤，将教学过程和教学方式游戏化，使得学生愿意参与教学过程，并在游戏教学的过程中达到预定的教学目标。游戏教学在培智学校中最为常见，在黄勇等对游戏教学的研究中，认为游戏教学对于促进学生认真倾听、专心上课，集中精力和适当回应等方面有明显的作用[①]。游戏教学的方式多样而灵活，是由教师根据特殊学生的特点进行设计的，既包括集体游戏教学，培养学生的社会适应能力，也包括个别游戏教学，改善个别学生生活适应能力。广义的游戏教学包括情景课堂教学、自由游戏教学、引导游戏教学、沙盘游戏教学等多种方式。其中情景课堂教学和沙盘游戏教学都需要专门的教学空间，将在后文讨论。教学单元内的游戏教学主要是指在教师指导下的自由游戏教学和引导教学。

游戏空间的设置应满足全班同时进行集体游戏教学以及个别游戏教学的需求。集体游戏教学的面积按幼儿园设计规范中对游戏活动空间的需求来设计，应能满足班级内同学手拉手围成一圈所需面积，同时还需考虑使用拼合桌面进行游戏的需求。按盲校和聋校班额 12 人、培智学校班额 8 人计算，全班人员一起游戏的活动范围分别至少为 3.9m × 3.9m 和 2.7m × 2.7m 大小，考虑到发展性障碍学生活动幅度较大，因此三类学生的游戏活动范围至少需保证 3.9m × 3.9m。游戏教学空间在学生活动范围的基础上在四周设一定缓冲范围，所以游戏教学空间至少应保证 5m × 5m 大小。考虑到游戏教学与其他分科课程较少同时进行，为节省教室内空间，当学生桌椅可灵活搬动时，游戏教学空间可与日常学习区域合并设置，实现空间的多目的使用（图 4-5）。

（3）生活训练空间是指对学生生活能力、身体姿态调整训练的区域。生活训练是一种综合性的训练，随时随地都可以进行，如在家政中心、康复训练场地等处都可以进行。教学单元内的生活训练以身体姿态调整为主，对视力障碍学生来说主要是纠正挤眼、抠眼、驼背等盲态；对于发展性障碍学生来说主要是进行简单而基础的生活技能培训，如系鞋带、穿衣服等。

---

① 黄勇．游戏教学对增进智力障碍儿童课堂学习适应行为之成效研究［D］．重庆：重庆师范大学，2013.

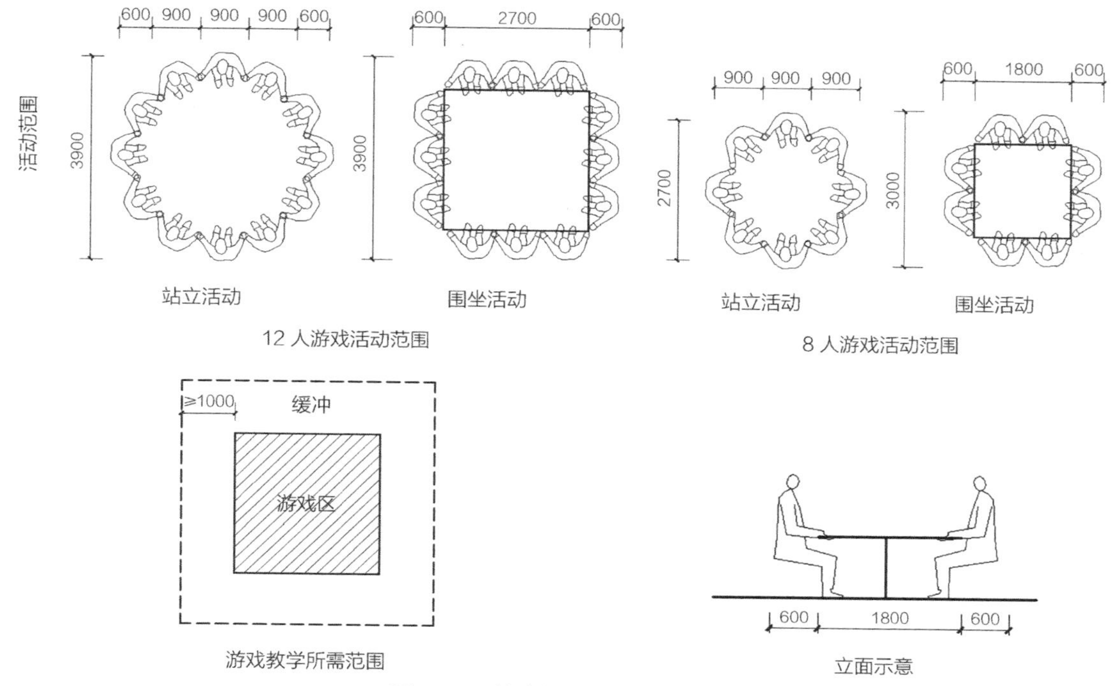

图 4-5　游戏教学所需空间尺度

生活训练主要为个别辅导训练，空间场地需求不大，能够容纳下一名教师与一名学生同时进行活动即可，空间一侧应有防爆的等身镜，便于学生通过镜子观察自己和教师的动作（图 4-6）。生活训练空间可与游戏空间结合设置。

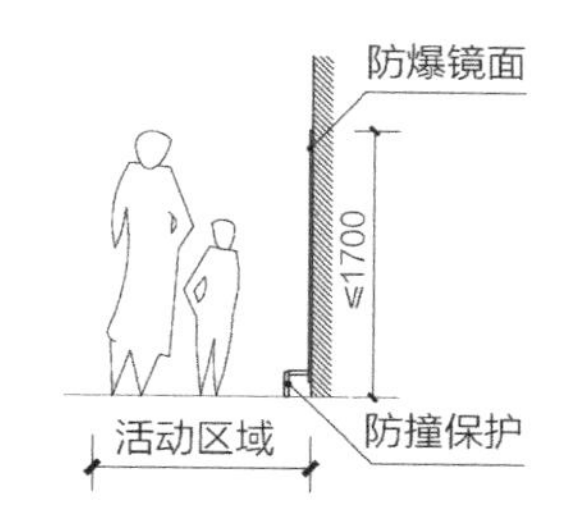

图 4-6　观察镜示意

（4）家长陪护空间是指针对低年级刚入学的学生以及重度障碍，尤其是肢体障碍学生难以适应学校生活，需要陪护较多的情况时，因学校师资力量有限，难以一对一看护，需要对学生更加了解的家长在学校陪护学生，所设置的家长停留空间。从日常教学的角度来说，因学生普遍存在依赖心理，经常寻找家长，在教学过程中无法集中精力，影响教学效果，是不提倡有家长在教学过程中陪护的。因此，原则上，家长陪护空间是设置在普通教室外，学生视线无法到达的区域。但根据学生具体情况，尤其是重度肢体障碍学生，必须要家长陪护的，则需要在室内设置家长陪护空间。

根据家长在教学过程中的参与程度，陪护分为几种方式。一是家长在普通教室内陪护，根据教师指导，帮助学生完成所需的活动；二是家长在普通教室外等候，教师有需要时，请家长进到教室内帮助完成教学活动；三是家长集中在教室外的休息区，一般教学过程中不需要陪护，在课间或上下学时与教师沟通，了解学生情况（图 4-7）。

以上功能空间，与学生日常学习关系紧密，不同的类型学校、学生的障碍特点和教学方式，使得普通教学单元教学空间的构成元素有所差异（表 4-4）。盲校由于学生视觉感知的缺

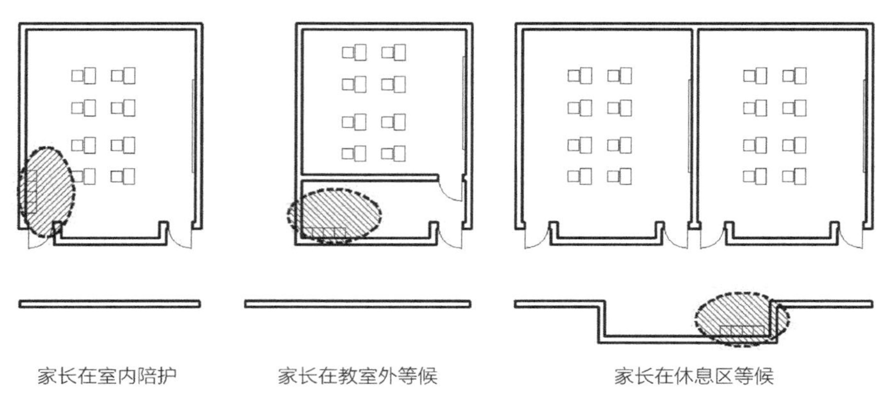

图 4-7　家长陪护空间模式

三类学校普通教学空间组成　　表 4-4

	日常学习空间	游戏空间	生活训练	家长陪护
盲校	●	○	●	●
聋校	●	●	○	○
培智学校	●	●	●	●
●为需要设置，○为可不设置				

陷，在小范围内大动作难以顺利进行，而且室内桌椅等设置为方便视力障碍学生的认知习惯，一般采用固定形式。因此盲校教学单元内较少设置功能可变的空间，游戏教学一般在较开阔的室外场地进行，较少在室内进行。聋校学生听力障碍的感知缺陷主要表现在交流困难和特定情况下行为障碍，社会适应行为等并无明显障碍，因此单一障碍的听力障碍学生并不需要专门的生活训练空间和家长陪护空间。随着听力缺陷的医疗干预，聋校单一听力障碍学生数越来越少，聋校开始接收以听力障碍为主的多重障碍学生，生活训练空间的设置可根据学校实际情况考虑。

4.2.2.2　教师办公空间

随着教学形式的多样化，以及教学过程的灵活化，教师授课的时间和方式也越来越弹性化。铃声一响，不同学科的教师来上课已经不能满足教学需要。教学时段教师在普通教室内停留的时间越来越长，任务也越来越多。教师在教室内的任务主要包括以下几点。从安全角度来说，尤其是培智类学校，因为学生的障碍特点，在教室有学生活动的正常时间，要求必须有教师在教室内对学生进行看护，以防出现意外情况。从教学角度来说，特殊教育学校不像普通中小学一样着重知识型学科课程，教学更偏向于生活化，教师的生活行为都是教学，虽然也存在着明显的课间与课时区分，但教学过程中教师对学生的辅导是随时的，不拘泥于形式的。三大类学校中低年级的课程设置都明确提出要将综合性课程与分科课程结合设置，遵循学生的身心特点，全面满足学生的一般性需求。因此小课时之间的界限较为模糊，多采用 2 节甚至更长时间的综合性大课时。从教学模式来看，特殊学生在难以理解教学内容的时候，更加需要一对一的临时个别辅导，这种辅导应该在教室内灵活、及时地展开，而不必费时费力另寻个别辅导教室专门进行。

以上这些活动，都要求教师在学生所在的教室内活动，因此在特殊教育学校内，尤其是培智类学校及盲校和聋校的低年级教室内，都必须设有专门的教师办公角，用来解决教师办公、临时教学、看护学生等需要。每个班级内的负责教师有一到两位。低年级班级和培智学校一般为两名教师，根据不同的教学需求，这两名教师之间的关系也不一样。如辅助式教学，一般以一名班主任教师为主，主要任务是对学生的课程教学负责，另外配一名辅助的生活教师，主要负责学生的日常生活；如果是协同式教学，两名教师不分主次，都负责课程教学。无论上述哪种方式，都需要两名教师尽量同时在场。因此普通教室内教师的办公角需要能容纳两名教师活动的空间。每位教师的活动空间应在 6m^2 左右，配有办公桌、储物柜等设施。

对于聋校和盲校来说，教师办公空间的设置更多是出于教学方便和综合性教学需要，因此教师办公空间的设置并不是强制性的，多设于低年级教室，尤其是有多重障碍学生就读的教室。对于培智学校来说，主要出于看护学生的目的，必须在整个小学阶段的教室都设置教师办公空间。

教师角在教室内的位置有三种情况（图 4-8）。

（1）教师角占用教室内部分空间。这类教师角并无专属的教师空间，出于方便，在教室靠近讲台一侧设置开放的办公桌椅，供教师临时办公，无相应的储存、设备空间等。这种教师角通常见于已有校园建筑改建，教师角领域感弱，有利于学生与教师之间的互动和教师对学生的照顾。但由于空间简单，限定感弱，教师难以完成需要集中注意力的工作，教师对这类办公空间的认可度较低。

（2）教师角独立于教室设置。不占用普通教室内空间，在两个普通教室相邻的地方设置封闭的放大空间用作教师角。这种教师角的私密性较好，家具配置齐全，有利于教师集中精力完成备课、教具制作等工作，且独立空间可兼做一对一辅导空间，空间使用灵活多样。但由于空间封闭，教师与学生之间的联系较弱，教师对学生的关注需通过窗口进行。

（3）每个教室内设置专门的教师角，普通教室内设教师专属开放办公空间，位置固定，空间固定，可配备固定的家具、教具等。建筑设计过程中即考虑到教师角的设置，在完成最终室内布置后，教师角对室内空间的侵占并不大，教学空间依旧保持较完整的矩形，有利于教学活动的进行。

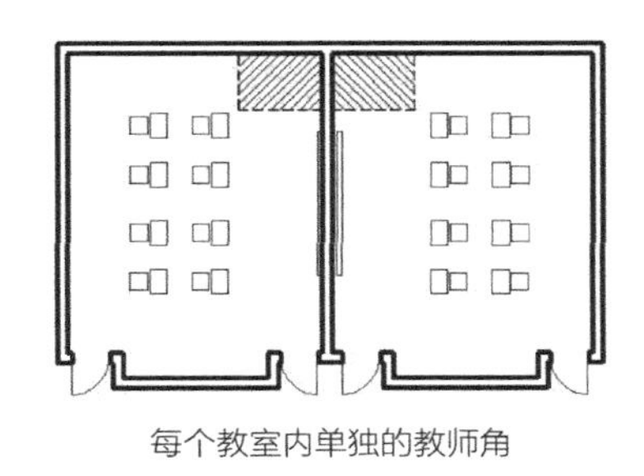
每个教室内单独的教师角

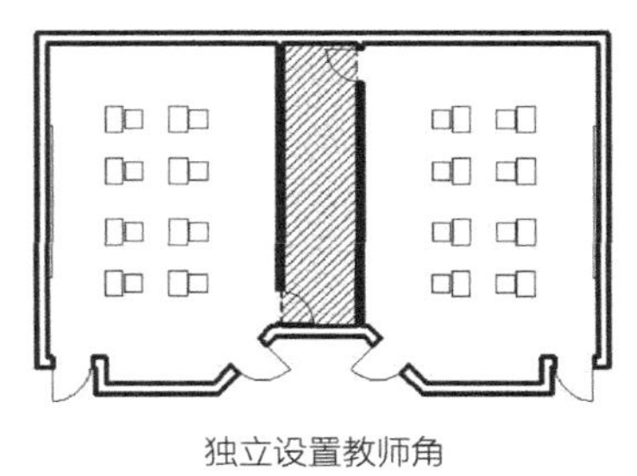
独立设置教师角

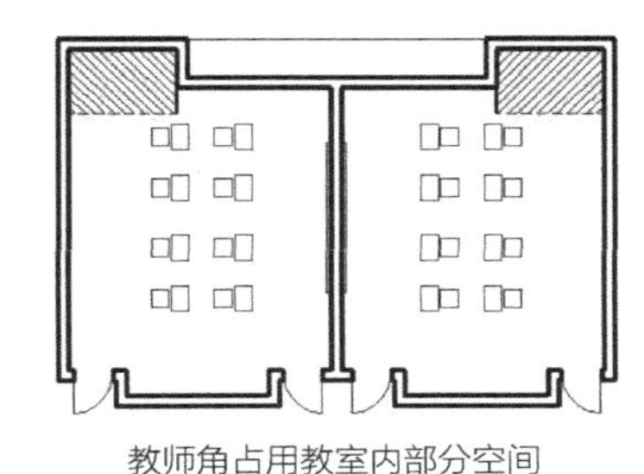
教师角占用教室内部分空间

图 4-8　教师角的集中设置方式

4.2.2.3 生活辅助空间

辅助空间是指为满足学生日常生活需要所设置的卫生间、更衣间、洗漱间、储藏间等。在普通中小学中，学生都有相当的自理能力，所以这些辅助空间集中设置，有利于集中管理、提高空间使用效率，易于清洁等。但对于障碍学生来说，由于相当部分的学生存在肢体行动困难、生活适应性差等问题，需要经常使用这些空间。如中重度智力障碍学生的生活适应性差的表现之一就包括破坏性行为、自我专注、沟通障碍、焦虑、身体不适等多种情况。如果按照普通学校集中设置辅助空间，则生活教师的工作量非常大。因此，应根据学生日常障碍特征，在普通教室内有针对性地设置辅助生活空间，具体空间要求见表 4-5。

各类学生普通教室设置生活辅助空间的需要　　表 4-5

	洗手池	卫生间	更衣间	储物柜
视力障碍	●	○	○	●
听力障碍	●	○	○	●
智力障碍	●	●	●	●
自闭症	●	○	●	●
脑性瘫痪	●	●	●	●
●为需要设置，○为可不设置				

（1）视力障碍学生需要通过触觉来感知身边的环境与事物，日常需要用手部接触大量物体，为保持手部敏感，避免学生的盲态出现时用手擦揉眼睛等行为带来的卫生问题，视力障碍学生需时刻保持手部卫生，用清水清洗手部。因此，视力障碍学生的教室内需设置洗手盆。

（2）听力障碍学生自理能力较强，教学过程中对辅助生活空间需求较少，平时交流方式以手语为主，需保持手部干净，因此洗手池可设在教室附近，或几间教室合用，而不必单独设置在教室内。

（3）发展性障碍学生障碍表现多样，中重度智力障碍学生生活适应性差，有无法控制大小便的情况，脑性瘫痪学生运动能力弱，无法长距离移动。因此换洗衣服的更衣间、处理大小便的卫生间、洗手池等都应该就近在室内设置，且活动室内需考虑轮椅的无障碍使用条件。考虑到卫生间的使用频率及异味对教室教学的影响，仅在低年级设置室内卫生间，内设一个蹲位、一个小便池即可，也可以相邻的两间教室共用一间卫生间。洗手池使用频率高，不宜与卫生间一起设置。

辅助空间的设置根据空间的大小、是否有用水需求、与教室的关系可分为集中设置和分散设置两种方式（图 4-9）。

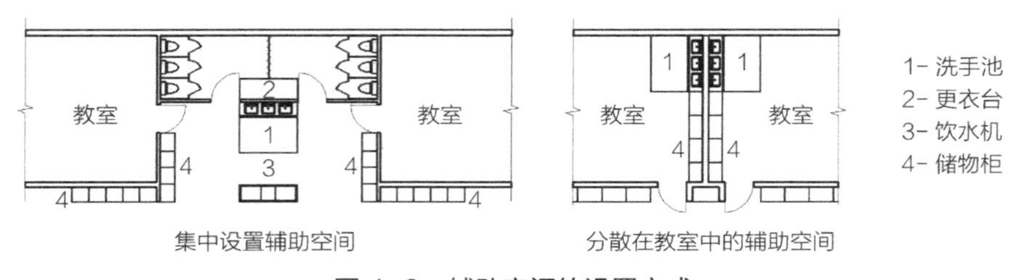

图 4-9　辅助空间的设置方式

集中设置是指为需要用水的洗手池、卫生间等功能单独设置专门的辅助空间，将这些辅助功能集中在一起，便于学生和教师操作。这样做的优点是主次功能区干湿分开，动静分开，有水区域易于单独清洁，并且避免因地面湿滑可能带来的学生安全问题；不足是这些功能需占用相当面积的独立活动区域，增加了每班的平均用地面积。分散设置是指在教室内一角设置洗手池，不另设专门空间。优点在于占用空间少，方便学生随时使用；不足在于需占用室内空间，且使用过程中产生的滴水和声音会对正常教学产生一点干扰。

4.2.2.4 多媒体教学方式

教学手段的多媒体化，三大类学校中都需要用到专门的多媒体设备，盲校需要中央控制的音响设备，低视力学生需要个人桌面电子助视器、显示屏等设备，而这些也都需要相应的中央控制设备。聋校为弥补听力不足，需要专门的 FM 射频装置，同时需要大尺寸的电子屏幕作为教学辅助设备。培智学校需要集中的声音、显示设备设备。

这些电子多媒体设备包括专门的终端和运行的主机两大类，目前现有的电脑个人主机在统筹多个设备时容易发生错误，多样的设备也容易导致学生在游戏、活动过程中发生碰撞，而且加重了老师的维护工作。因此可考虑建设专门的设备间，将除教师和学生使用的终端外的所有设备都放在专门的封闭设备间内。将需要控制的终端统一嵌入教室的墙壁、桌面等界面上。这样做既减少了老师使用过程中可能带来的问题，也减少了学生课余活动时不慎损坏设备的可能性，同时也将室内空间整齐化，避免电线、数据线等的安全问题。

设置的方式可以多样，根据具体教学需要，以及学生多对媒体设备的使用依赖程度来决定具体教室的设备间方式（图 4-10）。

在聋校与培智学校，当室内桌椅摆布较为灵活时，多媒体设备可以设置在教室侧面，将教室前后墙面留给黑板等展示面，保证教师足够的板书空间，同时也有足够的面积摆放大屏幕等电子设备。当学习过程中有多媒体演示需要时，学生可以将桌椅摆放成面向侧面的方向。如聋校和培智学校的普通教室。

在盲校，当室内桌椅因学生行动特点和桌上设备较多而相对固定时，多媒体设备易设置在普通黑板同侧的方向，这样不需要学生作过多调整，就可以同时满足普通黑板板书和电子屏幕的现实需求，但这样黑板一侧的墙面较为紧张，或者减少黑板面积，将电子屏幕与黑板并排设置，或者将电子屏幕设置在黑板上方，观看时需有一定的视觉仰角。

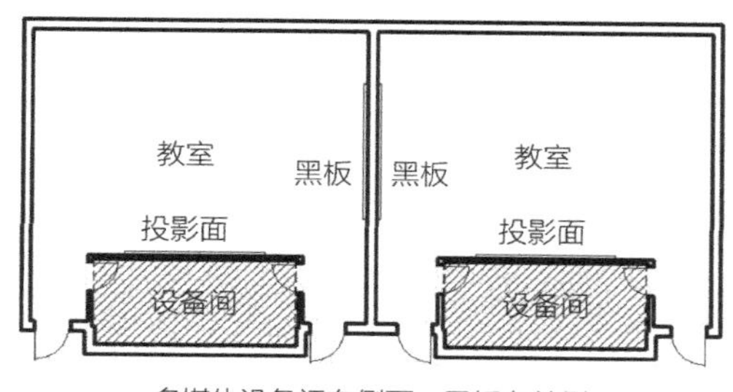

多媒体设备间在侧面，黑板在前侧

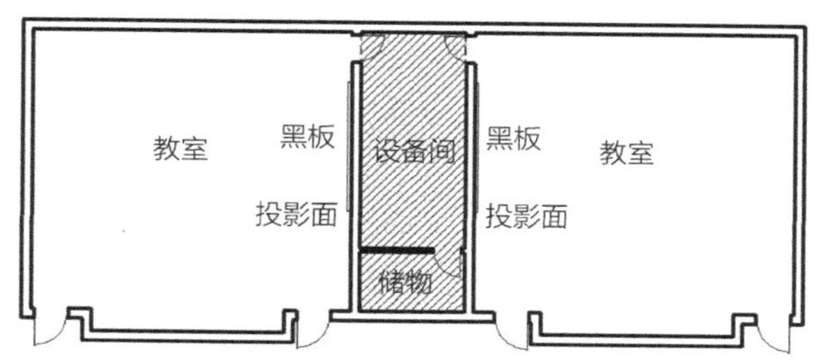

多媒体设备在黑板同侧，前后两间教室共用一个设备间

图 4-10 设备间位置

4.2.3 教学空间的开放化策略

教育本身是一个复杂的过程，并带有明显的价值体系。20世纪中期以欧美、日本等国开始提出的开放教育（open education）、创新教育（creative education）等形式，从教学时间、教学内容、教学方法等多方面着手，以学生为主体，重在提升学生综合素质，实现开放式教学，被人们普遍接受。20世纪末开始，我国在普通中小学中推广素质教育，作为教育改革的重中之重，影响了教育体系的方方面面，这其中也包括学校校园建设。开放式教育作为素质教育的重要形式，其内涵和方式也得到各界重视。特殊教育作为普通教育的一部分，整体框架和教育模式等都受到普通教育的指导和影响，在全纳教育理念下，普通教育的发展趋势也是未来特殊教育的前进方向，因此特殊教育的发展也愈发趋向于开放。基于特殊教育自身的特点，其开放式教育的内容和意义与普通教育并不完全相同，开放主要体现在以下方面。

（1）特殊教育理念的转变。这主要是特殊教育由封闭走向开放的过程中所带来的必然结果，主要影响因素包括融合教育的普及、医教结合的推广、随班就读工作的展开等。

（2）特殊教育学校职能的提升。特殊教育学校从单一的教学职能向特殊教育支持服务转变，为所在区域的普通学校提供特殊教育服务与支持，为所在地区的残疾人提供继续教育，为有特殊需要的人群提供咨询、康复指导等服务。特殊教育学校招生也向两端扩展，提高学前教育、职业教育及成人教育的比例。

（3）特殊教育方式的扩展。特殊教育的参与人群不再局限于传统的教师和学生，而是面向社会全体人员，包括学生的家长、学生所在的社区和社区志愿者等。这个过程推进了学校、家庭和社区的合作，特殊教育的方式扩展到家庭、社区乃至社会。

校园环境的开放与教育理念变革息息相关，在开放式教学理念的背景下，校园环境逐渐由封闭走向开放。校园环境是开放式教育的物质基础，其开放是逐级展开的：首先是教学空间的多目的化，从教师讲述、学生接受知识的单一目的转向多种学习方式，教学空间既包括分科教学也包括素质培养等多种目的；在此基础上，教学空间的范围扩展，形成由开放空间、休闲空间等多种空间共同组成的开放式教学空间；开放式教学模式扩展了学校职能，资源中心为学校向更广泛人群服务提供了基本的功能保障；资源中心受限于规模，以提供指导性服务和个别化服务为主，为特定人群服务，随着社区对教育需求的扩展、对学校教育的参与，学校成为社区学习中心，由提供教育服务转向成为社区公共资源，并最终成为完全的开放式学校，促进社会形成终身学习社会（图4-11）。

独立的多目的教学空间

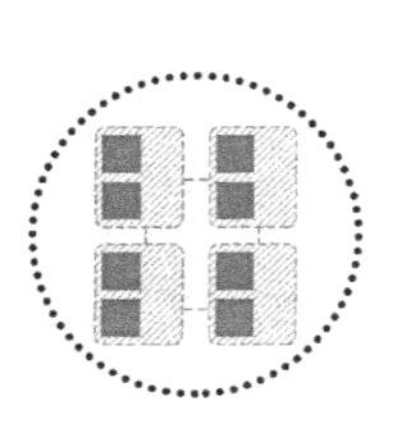
教学空间组成的开放式教学空间

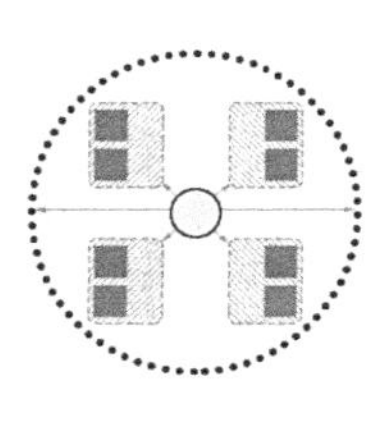
以资源中心为核心的支持服务

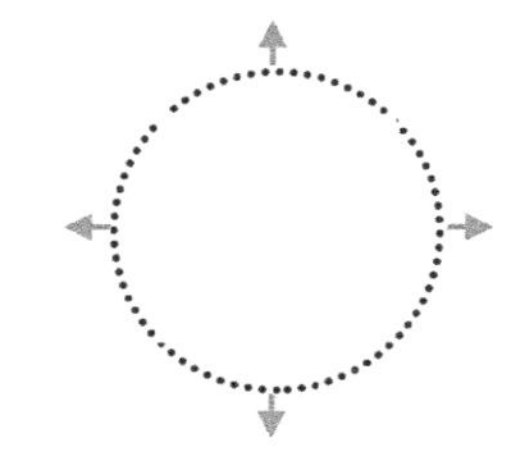
学校成为社区学习中心，为所在社区服务，乃至促成终身学习社会

图4-11 校园环境的开放阶段

我国特殊教育发展迅速，在教育理念上逐渐与国际观念同步，开放式发展趋势明确而坚定。但受限于起点较低，以及我国总体经济、人口条件的影响，不可能短时期内就与发达国家处于同等水平，而是根据实际情况，在开放式发展的过程中，分阶段稳步发展。目前绝大多数特殊教育学校都已经明确并推进了教学空间的多目的使用，即上文提到的教学空间综合化。在此基础上，已经有学校开始推广开放式教学空间，并在国家政策指导下建设资源中心。虽然特殊教育学校成为社区学习中心，并促进开放式学校的全面建成目前条件尚不成熟，但有理由相信这是未来的发展方向。

4.2.3.1 特殊教育学校内的资源中心

1. 资源中心的定义

资源中心，又称资源教室（Resource classroom，Resource room），指在普通学校或特殊教育学校内为安置有特殊需要的残疾学生而设置的专门综合性教室。我国特殊儿童的安置，有一半左右是在普通学校中以随班就读的形式安置，而资源教室是特殊儿童在普通学校学习和生活的载体和平台，是进行特殊教育支持的重要保障形式。

在普通学校，特殊学生在正常上课的时间在班级教室与普通学生一起，或在特殊教育班级按普通课时上课，课余或特定时间内则到资源教室里接受有特殊教育资质的教师所提供的特殊教育支持性服务。泛指的资源教室起源于 20 世纪 60 年代的美国，早期的资源教室仅限于为单一类型的学生提供特殊服务，后来才逐渐发展为面向所有有特殊教育需要的学生，为其提供咨询、管理、心理辅导、拟定个别化教育计划等专项服务，以及教学支持、学习辅导、康复训练、教学评估等综合服务[①]。我国随班就读广泛采用了资源教室支持的方式，上海市 2008 年相关统计表明，在已开展特殊教育的学校中，85% 的学校设有独立的资源教室。

资源教室是为特殊学生提供特殊教育支持服务的，并非专门的教育方式，所以灵活性和专业性较强。日本在 2001 年将特殊教育改名为“特别支援教育”，从教育形式到安置模式都有了较大改变。在全纳教育的发展趋势下，特殊教育支持已经成为特殊儿童融入普通学校、融入普通社会重要的保障支持，资源教室则是特殊教育支持的重要形式之一。实际上，资源教室的支持服务功能，在特殊教育学校职能向社会化、生活化转化的趋势下，除了为学生服务外，更多的为所在社区、家长和教师服务。特殊教育的支持服务在特殊教育学校中更加重要，因此资源教室在特殊教育学校中也逐步得到推广。

2. 资源教室的服务对象

资源教室是综合性服务教室，功能多样，面向上述学生、家长、教师以及社会人士提供评估、教学、康复、咨询和在职培训等服务。最主要的服务人群是普通学校中随班就读的学生和特殊教育学校中的学生。这些学生特指经过医学鉴定，被确定为需要安置在普通学校随班就读或者在特殊教育学校学习的残疾学生；同时还包括在学习、生活、交往等方面存在心理和行为障碍，没有明确医学鉴定与评估的学生，如语言障碍、孤独症、精神残疾、多重残疾等有特殊教育需要，在认知、心理等方面存在问题，无法跟上正常学生学习进度的学习困

---

① 刘全礼．随班就读教育学：资源教师的理念与实践［M］．天津：天津教育出版社，2007.

难学生；随着全纳教育理念的发展，资源教室的服务对象也越来越多元化，尤其是特殊教育学校内的资源教室，多为因各种原因无法在随班就读和特殊教育学校内安置的学生，尤其是多重障碍学生。

针对上述学生的服务主有三个方面：第一是补偿教学，帮助难以跟上课堂学习进度的学生，在知识性课程上达到国家标准，减少学生因身体障碍无法理解和掌握知识性课程，这是随班就读资源教室最主要的作用；第二是康复训练，特殊学生除正常教学需要，还需进行一定的感统、感知、语言等康复训练，以及改正学生的不良行为习惯，在医教结合的趋势下，资源教室的康复功能越发重要，可以大大减少学生及家长在医院和学校之间的路程时间；最后是为学生制定个别教育计划，为学生从普通班转介过来后进行初步能力评估，对学习能力、学习和康复过程进行全面评估并制定教学计划。

3. 特殊教育学校的资源教室

作为随班就读重要的支持形式之一，资源教室普遍设置在普通中小学内，为有特殊教育需要的学生和教师提供服务场地和设备支持，但是近年来，随着特殊教育理念的发展和特殊教育对象的多元化发展，普通学校内随班就读虽然安置学生数量很多，但安置效率并不高，学生反馈效果不好。特殊教育学校作为特殊教育资源集中的教育单位，不仅应承担本校学生的特殊教育服务，还应扩大服务面，面向更广泛的有特殊教育需求的人群，这些服务职能正是咨询教室所应承担的，因此，特殊教育学校内设置资源教室也具有明显的意义。

首先，特殊教育学校设立资源教室有利于均衡特殊教育资源。虽然我国小学数量从 20 世纪末开始不断下降，但至 2014 年底，仍有 20 余万所小学校。如果按照随班就读的安置方式，为这 20 万所学校无差别地配置资源教室，是相当大的基础投资，在我国经济发展不均衡、教育资源不平衡的状况下，有相当大的难度。我国目前正在广泛推进特殊教育学校的建设，提高特殊教育覆盖面，尤其是在人口密度低、经济不发达的地区和广大农村地区，而特殊教育学校设立资源教室后，可以大大提高学校的教育辐射面，尤其是培智学校，不仅可以对特殊学生进行教学和辅导，还可以更多地通过资源中心指导家长、普通学校教师和社区工作人员对所负责的特殊儿童进行教学和康复指导，有效提高了特殊教育学校的教育及康复辐射范围，一定程度上降低了特殊教育的基础投资。

其次，特殊教育的对象越来越多元化。除了三大类障碍学生外，自闭症、脑性瘫痪等学生越来越多，尤其是多重障碍学生，需要协调多种教育资源和教育方式以满足教育需求，这些对于普通学校随班就读来说难度很大，但如果完全放回特殊教育学校安置，对学生来说又难以接受，因此，资源教室的特殊教育支持服务刚好能够满足学生障碍多元化的发展趋势。

最后是面向家长和教师的需要。有特殊儿童的家庭，家长对于孩子的关爱和帮助需要专业知识的支持，这正是资源教室的职能之一。特殊教育学校内的资源教室在特殊教育相关咨询、服务性上更专业，所配备的设施设备也有利于减轻家庭经济负担，开放时间灵活，有利于家长利用学生康复、运动的时间接受专业知识的教育。对于特殊教育教师来说也一样。特殊教育学校的教学方式、资源和信息更加专业，可以将在普通学校资源教室遇到的问题集中到特殊教育学校内进行汇总、评价和改进，有利于教师进一步提高教育水平，更好地为随班就读的学生服务。

我国随班就读是20世纪80年代后开始逐步推行的安置模式，建设初期资源教室的硬件建设并无建设依据，在实践应用中逐渐探索建设要点。早期试点多是在已建成的，有相当教学经验的普通学校中展开，所以多是利用现有校舍中的教学或办公用房改建，因陋就简，规模受限。很多资源教室使用面积紧张，功能分区混合，在客观条件上限制了资源教室的使用效率。随着随班就读的普及和资源教室重要性的提高，新建或翻建的学校中，已经开始考虑对资源教室的统筹设计。针对国家长久以来缺乏对资源教室的规范和建设标准的明确要求，各个省市根据实际需要，制定了地方性建设标准，在指导资源教室的建设中起到了重要的作用。2016年2月，我国教育部办公厅统一引发了《普通学校特殊教育资源教室建设指南》，属于政府文件类指南。指南对于资源教室的总体要求和功能作用提出明确建议，是资源教室设置的指导性文件。但文件名称也明确指出，这是面向普通学校进行特殊教育服务的资源教室，并不涵盖特殊教育学校的资源教室。本书以特殊教育学校内的资源教室为主要研究对象，其服务对象与普通中小学中的资源教室略有不同，但基本功能构成、平面组织相似。

目前国内特殊教育学校设置资源教室的并不多，主要是因为多数特殊教育学校目前服务对象有限，还局限于本校就读的学生，学校对所在社区、学生家长等的服务还没有展开，也有学校正在尝试展开类似工作，只是没有明确挂牌为资源教室。如成都市青羊区特教中心将大空间的教师办公室腾出一角，专门用来接纳外来访客、家长，进行教师培训工作，起到了部分校级资源中心的作用。

4. 资源教室的设置要点

通过上述对资源教室的分析可知，特殊教育学校内的资源中心面向对象和服务内容有所不同，如果仅设立一个资源教室，其服务对象与服务能力就会受到限制。因此本书建议，特殊教育学校内的资源教室也应分级别设置。其具体规模和级别有所差别，形成为社区、为家长、为普通学校学生、为本校在校生服务的多层级资源教室（表4-6）。

特殊教育学校各等级资源中心区别　　表4-6

	服务对象	服务内容	服务时间	功能分区	使用面积
校级资源中心	学校教师、学生家长及社会志愿者、有特殊教育需求的人群	提供教学、指导、培训、评估等校级对外服务	与学校开放时间相同，根据社会需要，在节假日也可对外服务	教师办公区、接待咨询区、教学区、康复活动区等	1～2个房间，分别以教学咨询和康复运动为主，面积80～120m^2
年级资源中心	所属年级的学生与家长、志愿者	提供有针对性的课后辅导、康复等服务	集中在正常教学日的课余时间	资源空间，办公区、个别教学区、康复活动区等	1个房间，内部按使用功能进行分区，面积60～100m^2

资源教室的规划设置，要综合考虑服务人群到达的便利性、使用效率等因素。具体包括以下几点。

（1）要考虑儿童的年龄、年级特点，面向全年级学生使用，应具有明显的标识，便于学生快速、安全地进出教室，尤其要满足低年级儿童的使用，所以不宜设置在过高的楼层，建议设置在首层。

（2）资源教室承担评量、培训功能，面对全校师生开放，甚至对周边社区服务，遵循资源共享原则，有时需要资源教师携带教学方案、教学教具送教上门，所以交通流线应方便教师和家长方便到达，进行参观或辅助教学。

（3）要考虑儿童的心理作用。尤其在普通学校中，有特殊需要的儿童面对正常儿童容易产生自卑心理，不愿承认自己有缺陷的一面，往往对带“特殊”字样的地点和教育方式产生抗拒。因此资源教室的位置不易过于靠近学生的主要人流通行区域，最好在直线走廊的尽端，旁边设有垂直交通或出入口，方便学生快速通行和到达。

（4）一、二类资源教室中会设置感统训练内容，这些训练会产生一定的噪声，规划时应注意不要与有安静需求的房间相邻，如图书室、听力检测室等。

4.2.3.2 教学单元的开放空间

教学空间的开放空间首先出现于普通中小学中。20世纪六七十年代，英国进行教育改革，逐步取消了固定班级的普通教室，代之以完全开放的年级教学组团。由于教学过程互相干扰，效果并不理想。80年代后日本开始推行扩大教室面积的开放模式，既保证教学独立性，又提供了多样的公共活动空间。① 开放空间的设置主要是基于教学活动和学生行为的多样化，承担平时在教学空间内因功能分区、动静分区等原因不宜纳入的活动功能。

开放空间与普通教室共同组成教学单元，完成班级或年级的教学任务，是学校内基本的教学构成单位。根据开放空间与教学单元的关系，开放空间可分为三种类型。

一是每个班级都有相应的开放空间。代表形式为扩大走廊作为开放空间。如日本女子大学附属丰明小学校，作为基本教学单元的普通教室并排排列，与侧面传统意义的走廊形成单走廊式布局。在此基础上，扩展走廊的宽度，在其中容纳了教师角、年级文库、饮水处等不同区域，并借助可活动隔墙在需要时围合成可进行集体活动的空间（图4-12）。

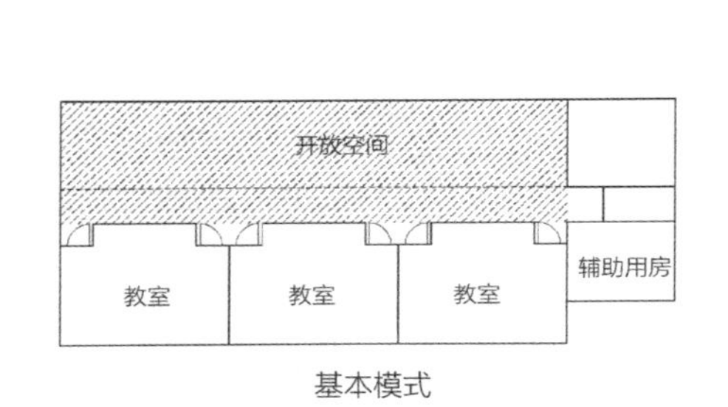

基本模式

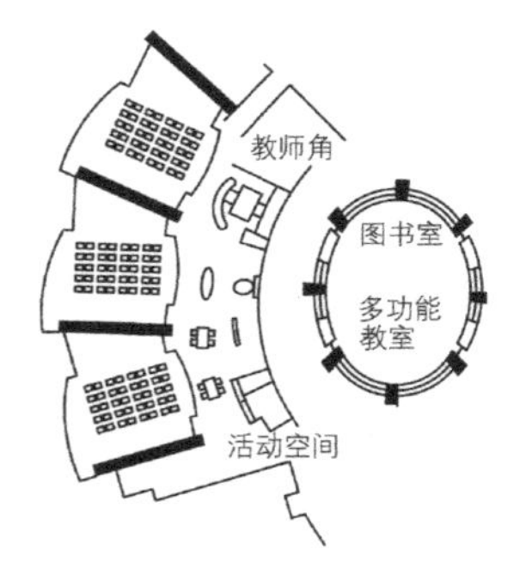

日本丰明小学教学单元平面

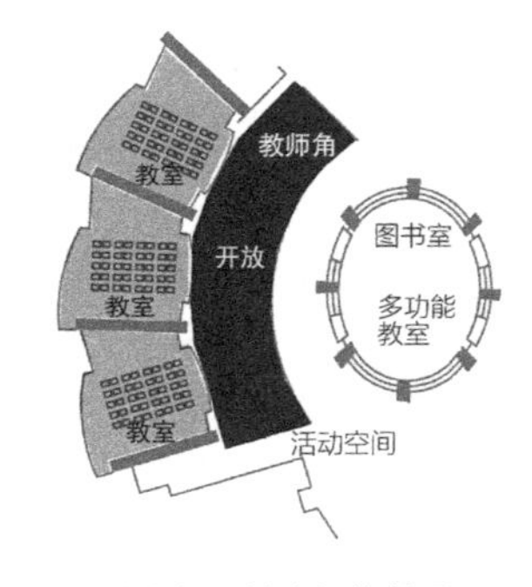

教室与开放空间的关系

图4-12 扩大走廊的开放空间

（资料来源：丰明小学教学单元平面来自：长泽悟，中村勉. 国外建筑设计详图图集（10）教育设施［M］. 北京：中国建筑工业出版社，2004.）

---

① 李志民，李曙婷，周崐. 适应素质教育的中小学建筑空间及环境模式研究［J］. 南方建筑，2009（2）：32-35.

扩大走廊面积并不是简单地加宽走廊，或者加大走廊面积，而是将几个年级或教学活动相近的教室相邻设置，共用一个扩大的走廊公共空间。虽然扩大走廊是开放给单元内所有的班级，但每个班级前的扩大部分距离自己班级最近，与本班学生关系最近，可看作具有一定归属感的空间。走廊空间可以承担学生的游戏、学习、阅读、交流等功能，也可包含教师办公、教具制作和存放资料等功能。这种开放空间综合考虑了独立的教学班级需求，又兼顾了多种教学形式的需求，是一种折中的做法，相比欧美等国家的开放式教学空间来说较为保守。这种方式的缺点也较明显，一是扩大的走廊宽度导致教室邻走廊一侧的采光条件降低，需控制教室进深；二是扩大走廊内功能繁多，同时兼顾交通、游戏、休闲、教学等，互相之间并无明显分隔，使用过程中容易产生较大干扰。

二是多个班级或一个年级共用一个开放空间，代表形式为围合组团的开放空间，如日本千叶市打濑小学校的教学单元平面布局（图 4-13）。四个普通教室分布在正方形的四个角，在中间围合成一个共同使用的大型开放空间。空间内包括了除教学外学生所需的各项基本活动设施，如图书角、双面书架、移动式书架、电脑桌，以及可供多人使用拼接灵活的桌面，满足学生课余活动、读书、阅读所需。

围合组团的开放空间因为空间集中，距普通教室相近，有利于培养学生对空间的归属感，有利于提高学生间的合作几率，促进集体活动，改善社会适应能力。开放空间内的设施、设备使用频率和效率都比较高，减少了学生在不同教室之间移动的时间和距离，使学生能够更加专注于学习或活动目标。围合组团的不足之处也在于空间过于集中，学生活动时产生的噪声或视线干扰对其他班级影响较大，因此最好同一组团内班级教学活动的时间安排相对统一，减少干扰。同时因为开放空间多布置在普通教室的中间，空间内的采光和通风可能会受到一定程度的阻碍，因此这种模式下开放空间应加强与室外的光线和空气流通，如打濑小学就是将相邻两个教室拉开一定距离，形成两个班级专属的室外小庭院，这个庭院既可以保证中间开放空间的通风和采光，也可以作为次一级的开放空间，为相邻两个教室的学生服务。

三是开放空间不仅与普通教学区相邻，其中还包括了其他教学活动所需的空间，如必要

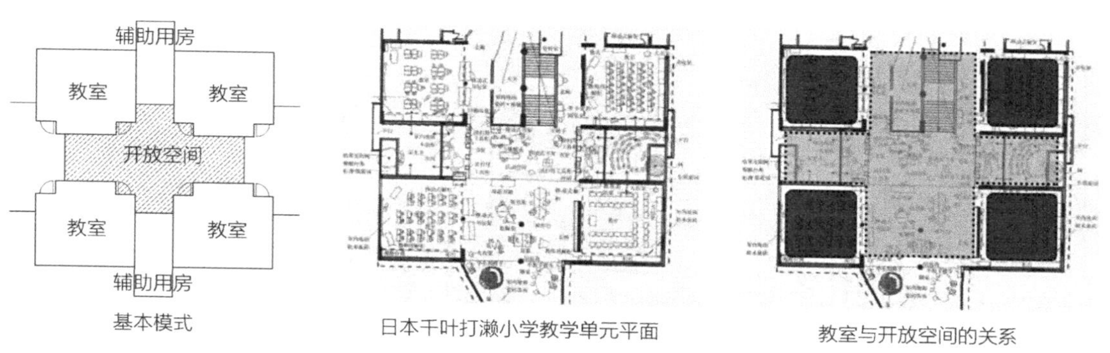

图 4-13　围合组团的开放空间

（资料来源：千叶打濑小学教学单元平面来自：长泽悟，中村勉. 国外建筑设计详图图集（10）教育设施［M］. 北京：中国建筑工业出版社，2004.）

的专业教室或资源中心等，代表形式为综合型的开放空间。如武藏野市立千川小学校的教学单元平面布局（图 4-14）。五个普通教室在 L 形的开放空间外侧展开，教室直接面向开放空间，而 L 形开放空间围绕一个学习中心展开，并在端头与校内食堂相邻，学习活动中心与食堂都可作为多功能活动场地，为这五个教室的学生，乃至全校的学生提供专业服务。

综合型开放空间容纳的活动较前两者更多，在学生活动的基础上，还包含一定特定功能如康复、教学乃至生活用房，形成综合型学习单元。其中最重要的是通过专业教室的设置，将教学活动的内容扩展，为学生提供更多的教学服务。因此综合型开放空间能够容纳的教学活动种类多，尤其是需占用较大活动空间的集体活动。不足之处在于综合型开放空间由于需设置专业教室，每班用地面积和教学单元建筑面积都较前两种更大，需综合考虑用地情况设置。

基于对开放空间作用及类型的分析，特殊教育学校对开放空间的设置有着更大的需求。首先，特殊教育的教育方式趋向生活化，具体教学方法多样灵活，所需空间的种类也更加灵活多样，开放空间在普通教室外提供的活动空间，很好地满足了特殊教育对小组教学、个别教学、游戏教学以及学生宁绪需要等多种需求。其次，医教结合的教育趋势加强了康复在教学活动中的比重，这些康复活动有偏重医学康复的，需要专门的功能用房，在康复教师的指导下依次进入接受封闭康复训练，也有相当一部分是偏重游戏与生活化的康复，这类康复活动更加简单开放，随时进行，所需的场所也更加灵活。再次，特殊学生多存在行动困难，尤其是脑性瘫痪、感觉统合失调等发展性障碍学生。对于这些学生，经常性的肢体活动非常有必要，有助于促进身体康复，在天气条件允许时，应积极引导学生到室外活动。但室外活动受天气影响较大，特殊学生对于环境变化较为敏感，对寒冷和炎热天气接受能力有限，因此介于室内与室外之间的物理环境较容易控制，适合学生活动。最后，考虑到视力障碍学生和发展性障碍学生行动能力有限，提供肢体活动的场所宜靠近日常教学所在的教室，便于学生到达。

因此，开放空间的设置非常适合特殊教育学校的教育需求。在日本的特殊教育学校中，无论是盲校还是护养学校，开放空间的设置都比较普遍，如神奈川县茅崎护养学校以 4 ~ 6 个普通教室为单元，共用一个开放空间兼作学生游乐区。群马县二叶护养学校每四个普通教室

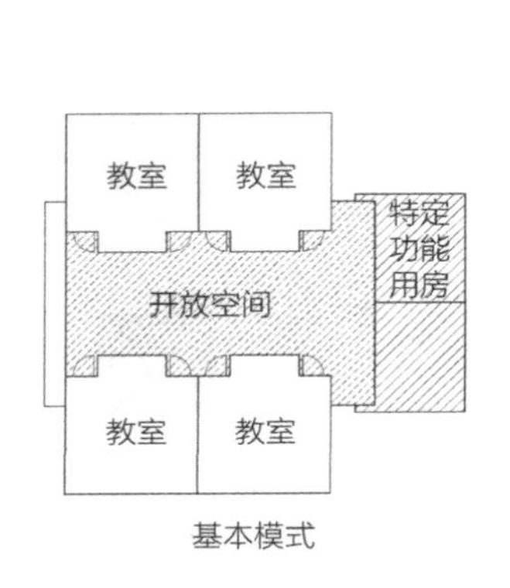

基本模式

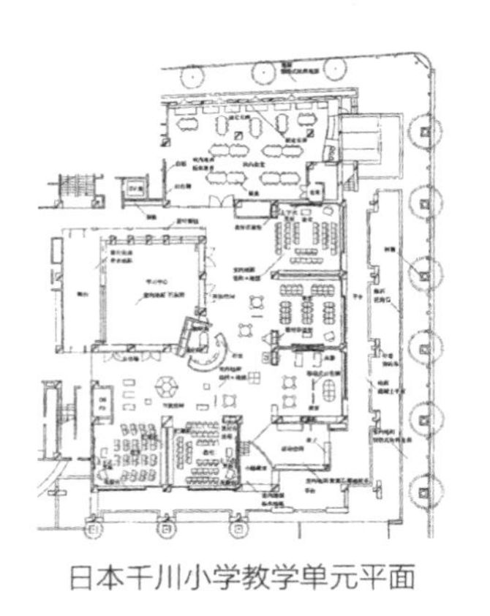
日本千川小学教学单元平面

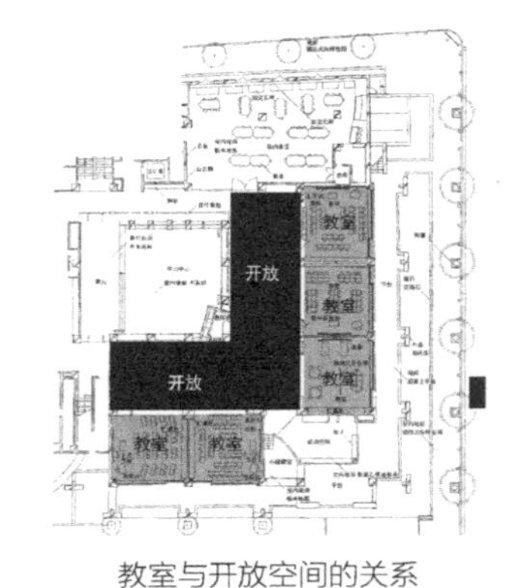

教室与开放空间的关系

图 4-14　综合型的开放空间

（资料来源：千川小学教学单元平面来自：长泽悟，中村勉. 国外建筑设计详图图集（10）教育设施 [M]. 北京：中国建筑工业出版社，2004.）

与一个开放空间形成一个品字形套匣式教学单元。每个单独教室的规模都不大，学生的教学活动在各自班级内进行，集体活动或开放教学活动则在开放空间内进行。教学单元外设置相应的辅助空间，如洗手池、卫生间、储物柜等，保证教学区域的完整。教学单元沿走廊长向并排布置，每个教学单元设独立的出入口，空间相对独立，学生对所在班级和单元的认同感很强，有助于教师对学生社会适应能力的培养（图 4-15）。

不同类型的学校对开放空间类型的需求不同。对开放空间类型选择产生影响的要素主要有学生的障碍特征和教学模式。

在盲校中，学生由于视力障碍，对空间方向的认知和判断障碍物的存在等方面存在较大缺陷，开放空间中可灵活布置的桌椅书架等没有固定位置，会给视力障碍学生的行动带来极大影响。教学模式上，视力障碍学生以综合型课程为主，会辅以定向行走等康复性课程。所以盲校的开放空间宜有明确的方向性，设施及空间分隔相对固定，并形成连续的大空间，有利于视力障碍学生跑跳等游戏活动。因此盲校适合设施和家具较少的、位置相对固定的扩大走廊式开放空间。

在聋校中，学生主要表现为语言交流障碍，对于视线可达的双人、多人交流空间和平台需求较多。在教学模式上，也主要体现在通过加强视线注视，弥补语言交流障碍。因此聋校适合围合式开放空间以及扩大走廊式开放空间。

在培智学校中，学生在认知、行为等多个方面存在障碍，出于安全考虑，为方便教师在教室内或开放空间内对教学单元内学生活动情况的掌握，开放空间的设置应相对集中。培智学校中发展性障碍学生的障碍类型较多，对环境要求也有区别，如自闭症侯群学生对外界刺激敏感，智力障碍学生经常产生的过激情绪反应可能会对自闭症侯群学生产生很大影响，因此培智学校内应根据就学学生的情况，划分明确的教学单元。针对发展性障碍学生，主要以生活教学和社会适应能力培养为主，需要教师、家长、志愿者等多方面的配合，这些非正式的教学不拘泥于具体空间，见到学生不适当的活动即可当场给予纠正和提醒，因此非教室空间的生活化、尺度化有益于这些活动的展开。扩大走廊的开放空间即可满足这些活动。图 4-16 为广东省康复中心智力障碍儿童教室，走廊虽然宽度有限，但在满足基本交通的基础上，布置了相当多的活动场地，尤其在走廊尽端无交通要求的位置，更是布置了儿童经常需

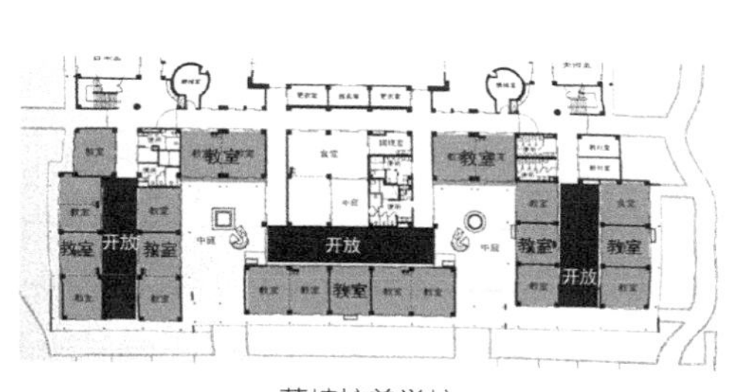

茅崎护养学校

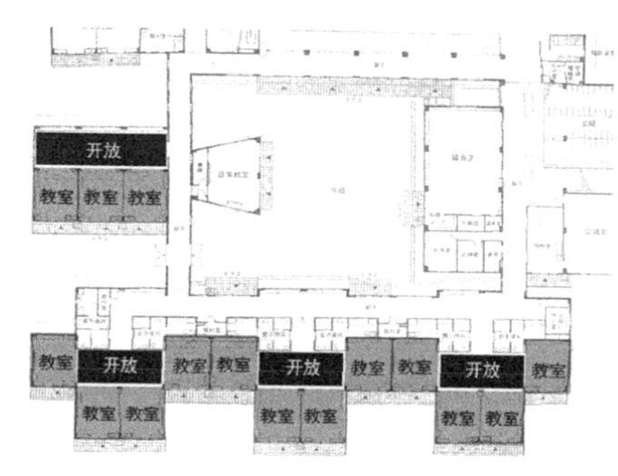

二叶护养学校

图 4-15　日本特殊教育学校开放空间示例

（资料来源：改绘自：长泽悟，中村勉．国外建筑设计详图图集（10）教育设施［M］．北京：中国建筑工业出版社，2004.）

要的情景活动场景。在生活化的多样空间基础上，根据儿童日常需要，辅以一至两间多功能用房，可用作康复活动用房或生活用房，形成综合型开放空间，有利于提高教学效率。

综合型开放空间内的多功能用房作康复用房时，主要面向单元内的年级或班级学生使用，多用于日常经常用到的感觉统合康复或体育康复等活动。一般感统教室的学生人数不宜超过 10 人，因为当过多的人同时活动时，会产生较大的相互干扰。而根据建设标准要求，一般学校只设置一间感统教室，当学校总人数较多时，感统教室的使用会比较紧张，因此可将学生每日都需进行的基本项目，对器材要求少、教师看护少的项目放至学生所在教学单元内进行，较为特殊或者需要专业指导的项目再到学校感统教室内进行。做体育康复时，同理设置。

考虑到低年级走读学生午间休息需要，为学生设置午休空间时，因为学生行动能力弱，午休空间宜紧邻普通教室设置，当普通教室难以容纳午休活动时，可考虑设置在教学单元的多功能用房内，根据需要，将多功能用房的一部分面积用作学生午睡，或在单元内设置专门的午休用房。

综上，开放空间在教学单元内的设置是有益于特殊教育学校教学及学生日常活动的，不同学校设置的空间类型不同，具体情况见表 4-7。

图 4-16　广东省康复中心儿童康复部走廊

不同类型特殊教育学校开放空间设置需求　　表 4-7

	扩大走廊开放空间	围合组团开放空间	综合型开放空间
盲校	●	○	○
聋校	○	●	●
培智学校	●	●	●
●为适宜类型，○为不适宜类型			

4.2.4 教学生活空间的一体化策略

4.2.4.1 一体化的提出

在上文教学单元的设置中提到午休空间，这是考虑到发展性障碍学生中有相当一部分学生体力差，有休息需求，且多数学生具有严重的行为障碍，尤其在低年级和学前班情况更为突出。除午休外，部分培智学校考虑到就读学生家庭较远，难以走读的情况，设置了宿舍，满足学生夜间住宿需求。

按照传统的生活区与教学区分区设置的做法，虽然功能明确，流线清晰，有利于管理，但有两点不足：首先学生每天至少需要在不同建筑分区之间往返两次，由于肢体行动障碍导致行走速度慢、教师组织学生困难，占用了学生在校相当长的一段时间，且学生随时出现的各种状况为教师增加了很多负担。其次，低年级学生身体发育不成熟，对睡眠要求多，普通小学校中为满足学生午睡需求，为 1～3 年级学生提供午睡场所。特殊教育学校，尤其是培智学校学生身体发育情况较普通儿童有一定程度的迟缓，对休息需求也多，当学生进行完一定程度的体力活动后，有可能无法坚持后面的课程，必须休息。如果送学生回生活区，一是休息不及时，二是路上时间久，再返回教室学习耗时长。

为解决以上问题，借鉴老人院、福利院及幼儿园对行动能力不便人群的看护方式，将低年级发展性障碍学生的宿舍生活区与教学区结合在一起，形成教学单元与生活单元相邻的教学与生活一体化单元，将学生的学习与日常生活都集中在同一单元内，设专门的生活教师负责课后看护，满足学生休息的需要。

“一体化”的本义是指多个相互独立的实体通过一定的方式结合而形成一个单一的实体及这个过程[①]。这里的一体化单元是指学生教学区与生活区结合形成一体化教学生活单元。一体化单元最早出现在国外的儿童福利院中，20 世纪 60 年代的荷兰阿姆斯特丹儿童之家的设计，将康复用房和儿童居住单元紧邻设置，形成套间，方便残障儿童的康复治疗。20 世纪 90 年代设计的日本 AJU 自理之家福利院也采用了康复与居住相结合的单元套间设置模式（图 4-17）。这种康复生活一体化的单元模式减少了儿童在功能用房之间的往返交通，大大提高了儿童的康复效率。同样，在儿童康复中心、老人护理院等具有移动障碍的康复和生活护理机构，都开始尝试将使用频率高但功能完全不同的空间，在人性化设计的指导下，设置为一体化单元，减少使用者因行为障碍带来的使用不便。

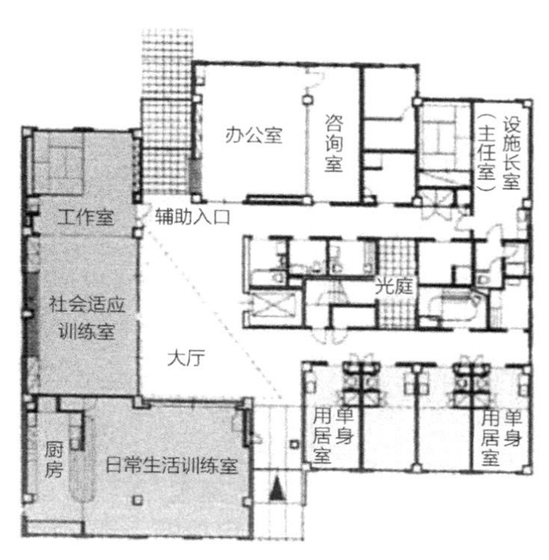

图 4-17 日本 AJU 自理之家平面示意
（资料来源：刘滨洋. 儿童福利院儿童用房区设计初探［D］. 南京：南京大学，2014.）

---

① 刘滨洋. 儿童福利院儿童用房区设计初探［D］. 南京：南京大学，2014：35.

随着特殊教育学校招生对象向低龄化扩展，自理能力差的低龄特殊儿童，尤其是培智学校的低年级儿童、多重障碍儿童以及三大类学校的特殊教育学前班儿童，在学校内的学习与生活也面临着同样的问题。低年级智力障碍儿童的心理及行为特点要远低于正常儿童，保育教师的工作范畴和工作量都很大；同理，虽然低年级的视力障碍儿童主要以康复医院、儿童福利院等康复治疗机构安置为主，但依然有一部分轻度视力和听力障碍的学前儿童，以及术后恢复阶段的儿童安置在特殊教育学校的学前班中。因此特殊教育学校在面向学生具体教育与生活需求的前提下，借鉴上述一体化单元模式，可减少因身体障碍导致的教学和生活效率不高的问题。

4.2.4.2 教学生活一体化单元的服务对象

一体化单元的内容比较宽泛，根据儿童活动特点，可分为居住康复一体化、教学居住一体化、教学康复一体化及教学康复生活一体化。由于特殊教育学校以教学活动为主体，因此一体化单元也是以教学为主体，与康复或居住的一体化。其中，教学与康复的一体化本质上是教学空间的开放化设置，在本章前面已经讨论过。因此这里所讨论的一体化主要是指教学与生活一体化的策略。

教学生活一体化单元的学生主要是生活适应能力低的学生，与学生的障碍类型和年龄阶段有关。一般来说，障碍程度越严重的学生，年龄段越低的学生，其行为能力和适应能力越低，一体化单元的作用越明显。在不同障碍类型的学生中，发展性障碍中的脑性瘫痪和肢体障碍学生行为能力最差，其次是智力障碍学生和多重障碍学生。而单一的听力障碍学生和视力障碍学生在经过基本的康复训练之后，自主行为能力较好，对一体化单元的设置需求不大。在不同的年龄段中，学龄前儿童多数无法生活自理，对一体化单元需求高。6～12岁小学阶段学生自主行为的程度主要决定于障碍类型和程度，是否需要一体化单元，需针对学生的具体需求决定。12岁以上的学生基本具有一定的生活适应能力，除个别障碍程度非常严重的学生，如脑性瘫痪、智力障碍等需要较多护理之外，都可以完成相当一段时间的独立学习。综上所述，对一体化单元需求的学生主要是障碍程度严重、低年龄段学生（表4-8）。

教学生活一体化单元需求情况　　表4-8

	发展性障碍			听力障碍	视力障碍	多重障碍
	脑性瘫痪	智力障碍	自闭等其他			
学龄前	●	●	●	●	●	●
小学阶段	●	●	○	○	○	●
初中阶段及以上	○	○	○	—	—	○

●为非常需要，○为视学生情况决定，—为无明显需要

4.2.4.3 教学生活一体化单元的规模

（1）班额。考虑到学生行为能力的障碍特点，一体化单元的班额应比特殊教育学校普通班级的班额低。考虑到每班学生同时住宿的需要，建议盲校与聋校的教学生活一体化单元每班人数不超过 8 人，培智学校每班人数不宜超过 6 人。

（2）与学校普通教学单元的比例。一体化单元的出发点是为行为能力不足的学生提供方便、高效率的学习生活一体化空间，在特殊教育学校的招生向中重度障碍学生发展的趋势下，一体化单元的建设具有相当优势。但特殊教育总的发展趋势是融合教育，即特殊学生与普通学生的融合，与普通校园环境的融合，与普通社会环境的融合。在这种趋势下，特殊教育学校的发展应逐步走向开放，特殊教育学校应逐步减少“特殊性”的强调，而趋向普通学校发展。

一体化单元将学生一天的主要生活完全集中在单元内，本质是封闭趋向的，与特殊教育的开放式发展有一定分歧。因此，如何把握更方便、高效率的学习生活状态和面向未来开放的融合发展，需要校方根据学校自身条件、招生情况，乃至资金投入情况综合统筹考虑。在实际调研中，采用一体化单元的学校，主要面向低年级和学前儿童展开，尤其是中重度智力障碍、脑性瘫痪等发展性障碍学生。盲校与聋校由于学生学前医疗康复的介入，学生行为能力得到了较大改善，对一体化单元的需求并不是特别高。因此本书认为，一体化单元的建设是必须的，但应控制单元的比例。

在盲校和聋校中，由于刚入学的学生对校园环境不适应，以及出于学生必须住宿的需求考虑，一体化单元应以低年级，尤其是一年级为主。培智学校中脑性瘫痪和智力障碍学生经常出现到二三年级仍无法自理的情况，因此一体化单元的比例可适当提高，但不宜全校都采用一体化单元设计。

4.2.4.4 教学生活一体化单元的构成要素

教学生活一体化单元的空间内容主要是面向特定使用人群的教学空间和生活空间。教学空间是特殊学生在校的主要学习空间，也是一体化单元的主要空间要素，学生白天的多数时间都在教学空间内活动。根据综合型教学需要以及一体化单元规模限制，教学空间主要是指学生固定的班级教室。生活空间的内容较为广泛，在特殊教育开放式发展的趋势下，分为狭义和广义两类。狭义的生活空间就指学生休息的空间，包括学生的休息床位和相应的盥洗卫生空间。学生的休息包括短暂的临时休息、午休和长时间的夜间住宿两种，前者对休息空间要求不高，后者还要求配备生活教师看护、休息等空间。广义的生活空间定义更加多样，还包括必要的康复空间、公共空间、就餐空间和教师休息等。康复空间是指以游戏和娱乐等教育康复为主的开放性康复空间，对康复器材的要求低，主要以教师和学生的个别辅导为主，如感觉统合训练空间等。

（1）教学空间。教学空间内的空间与普通班级教室相似，主要包括三个部分：一是班级集体上课空间，满足桌椅摆放的要求；二是游戏教学和活动空间，在不搬动桌椅的情况下，能够容纳全班同学的游戏活动；三是教师空间，是教师的办公备课空间，同时可兼作个别辅导空间。

（2）生活空间。生活空间是学生生活、起居、游戏的场所，主要包括学生休息床位、盥洗卫生间等空间，同时还应考虑学生在校的个人隐私，应有适当的个人活动空间。生活空间内的床位应能保证全班同学同时休息的需要，容纳人数不应小于教学空间的人数。根据学生障碍类型不同、年龄不同，学生肢体活动范围不同，生活空间的面积要求也不相同。目前我国特殊教育学校建设标准要求盲校和培智学校生活空间每人使用面积不小于 $6m^2$，聋校不小于 $4m^2$，这一指标主要考虑到住宿学生有一定的自理能力，且聋校可安排上下铺，所以人均面积不高。一体化单元中学生行为能力不足，多数需要生活教师辅助活动，床铺均为单层床，同时考虑增加学生个人私密学习空间的需求，所以人均使用面积要大于上述指标。参考刘滨洋在儿童福利院居住空间中的面积要求①（表4-9），本书认为三大类学校的一体化单元生活空间人均面积不应低于 $8m^2$。即按照班额 6~8 人来考虑，盲校与聋校一体化单元生活空间面积不小于 $64m^2$，培智学校不小于 $48m^2$。如广州市康复学校一体化单元，可容纳 12 人班额，包括淋浴、盥洗等用房在内，休息空间的面积约 $80m^2$（图 4-18）。②

儿童福利院居住用房面积指标 表 4-9

	居住空间人均面积	4 人间使用面积	2 人间使用面积
3~6 岁	$12m^2$/床	$48m^2$	$24m^2$
6~12 岁	$10m^2$/床	$40m^2$	$20m^2$

资料来源：刘滨洋. 儿童福利院儿童用房区设计初探［D］. 南京：南京大学，2014.

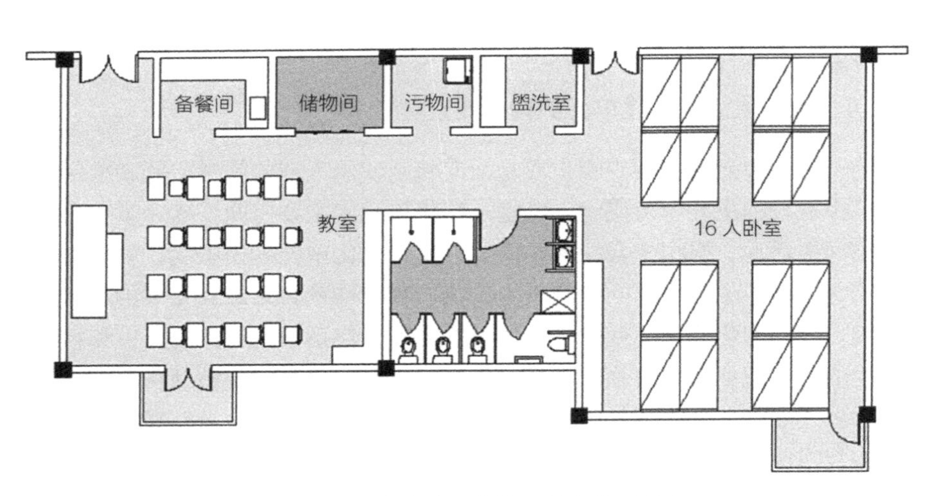

图 4-18 广州市康复学校一体化单元平面

（资料来源：华南理工大学建筑设计研究院工作六室投标文本）

① 刘滨洋. 儿童福利院儿童用房区设计初探［D］. 南京：南京大学，2014：58.

② 汤朝晖，陈静香，杨晓川. 两所特殊教育学校的设计探索与实践［J］. 南方建筑，2009（2）：19-22.

（3）康复空间。特殊教育学校内的康复活动以教育康复为主，即通过教师的指导和纠正，来提高学生行为和生活适应能力，这是对基本医疗康复的重要补充，也是学校内重要的学习活动之一。这类康复活动以游戏和娱乐形式为主，对器材要求不高，以感统训练为主，随时进行，看到问题马上纠正，因此这类康复空间趋向于开放化设置。一体化单元中，为满足学生日常教育康复活动的需要，在条件允许的情况下也可设置康复空间。康复空间的康复内容以感统训练为主，辅以少量器材，服务对象为单元内的学生。空间宜开放设置，既可满足多人同时训练，也能进行个别训练。空间功能多样化，可兼作一体化单元的多功能活动空间。空间面积并无具体要求。

4.2.4.5　教学生活一体化单元的组合模式

根据一体化单元构成要素的多少，以及所提供服务内容的多少，一体化单元的组合可分为独立式单元、并列式单元和多组合式单元三类。

（1）独立式单元是最基本的一体化单元，其构成要素以基本的教学空间、活动空间、生活空间及相应的辅助空间为主，容纳一个班级完整的日常学习生活。负责教师对学生最好可做到 24 小时看护。独立式一体化单元相对独立，可作为普通教学单元被有效地组织在学校教学空间中，对学校整体规划布局影响小。

（2）并列式单元是指多个基本单元并列组合，并与具有康复功能的公共活动空间共同形成的单元。基本单元仅包括教学和休息空间，并列单元将与这两者联系较弱的其他活动空间抽取出来，在基本单元外合并成大的公共活动空间。并列式单元比独立式单元具有一定的开放性和公共性。负责教师主要负责学生教学和休息时间，其他活动时间可在公共空间统一组织。根据公共空间容纳的功能多少和层次等级，可分为以单一康复功能为主的单核并列单元和以康复功能为主，辅以起居、休闲空间的多核并列单元。并列式单元体量较大，尤其多核并列单元空间丰富、功能完善，需统筹考虑与校园内其他教学空间的关系。

（3）多组合式单元是指多个基本单元的构成要素分别合并成集中的要素组合（表 4-10）。例如一个单元内有四个基本单元，则基本单元内的四个教学空间相邻组织，形成教学组团，四个生活空间相邻组织，形成生活组团，然后再与其他公共活动空间共同组成多组合式单元。多组合式单元的教学与生活空间并不是紧邻着一一对应，而是保持一定距离。因此要求学生

一体化单元的组合模式　　表 4-10

独立式单元	并列式单元			多组合单元
	单核并列式单元		多核并列式单元	
	串联式	组团式		

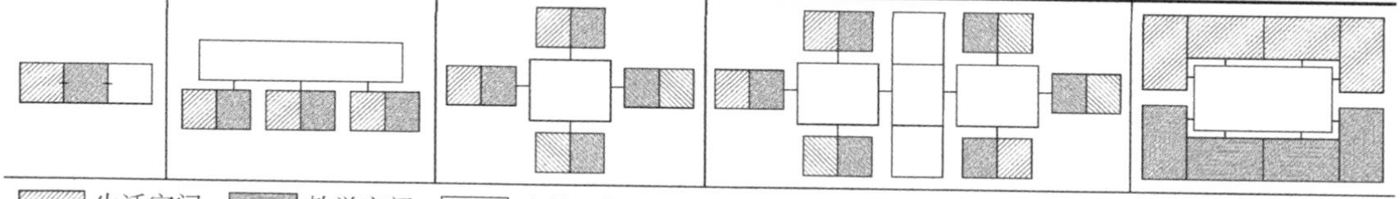

生活空间，教学空间，公共服务空间

具有一定的自理能力，不必每班单独配置看护教师，在师资紧张的情况下可以实现最大的看护效果。公共空间可根据需要设置学生常用的康复用房及专用教室。多组合式单元规模最大，多个多组合式单元可完全容纳学校基本教学、生活功能，同时也有利于促进学生的公共生活，是在保证效率的封闭单元与开放教育发展趋势之间的一个较好的平衡点。

4.2.5 康复教室的灵活化策略

随着医教结合理念的推广，特殊教育学校对特殊学生的康复教育越来越重视，康复用房就是面向学生的康复需要所设置的提供康复训练服务的场地和用房。康复教室是学生日常在校生活中经常使用到的房间。按照使用模式，康复用房可分为独立设置、与教学用房结合设置两类；按照康复治疗的类型分，可分为视力康复、听力康复、语言康复、智力康复、肢体康复等多种；根据康复的专业分类可分为医学康复、教育康复、社会康复和职业康复四类。康复训练种类繁多，即便同一康复目的，也可有多种不同的康复手段。三类特殊教育学校中，根据学生对康复需要的不同，康复用房的设置也不必一概求全，根据教学需要而设置。康复训练项目的发展有以下趋势。

1. 康复项目的多元化

多元化有三层含义。首先是服务对象的多元化。随着特殊教育学校的发展、学校职能的转变，学校办学由封闭转向开放。在这个过程中，康复训练服务作为特殊教育学校资源开放的一部分，由仅对本校注册学生服务，逐渐面向学校所在社区及周边普通学校有特殊教育康复需要的人群，为其提供康复训练服务，服务对象的范畴扩大了。其次是康复内容的多元化。特殊教育学校招收的学生由过去轻度和重度视力障碍、听力障碍、智力障碍三大类学生，发展到以中重度障碍、多重障碍为主，学生障碍的种类、程度多样而复杂。在医教结合的理念下，基于学生障碍特点的变化，康复训练的地位明显提升，康复的内容也由普遍性的基础康复，发展为针对每个学生不同的障碍特点，制定针对性的个别康复辅导计划，并与教学结合。从严格意义来讲，每个学生的康复训练都有所不同。最后是康复发展方向的多元化。随着医学技术的进步，越来越多新技术从医疗应用到康复训练中，大大提升了康复训练的效率，学校对这些有助于提升学生生活适应能力、弥补缺陷的康复训练较为支持。如水疗、多感官训练等原本属于医疗机构和康复中心的训练也逐渐被经济条件较好的学校所接受，并融入学生日常的康复训练中。在将来也会有更多高效的康复方式逐渐进入校园。

2. 康复用房的规模化

规模化有两层含义，一是指单个康复用房的使用面积成规模，需要占用较大面积。康复用房按照使用人数多少来分，可分为单人康复用房和多人康复用房两类。单人康复用房如语言训练室、心理治疗室等，房间容纳的人数不多，一般为一名学生外加一名教师，或再加一位辅助教学的教师，总计在2～3人，房间内设备不多，房间总面积不大。多人康复用房指类似感觉统合训练、体育康复训练等同时容纳很多名学生和教师进行训练和辅导的康复场地，这类用房对于房间总面积没有特定要求，只是要求单位面积内的人数密度不要过高，避免活动中发生肢体碰撞。在国内的一些康复中心，为满足大多数人对感觉统合训练的要求，甚至将整层楼的主要使用面积完全开放，摆满康复器材作为训练场地。多人康复用房随着室内康复器材和人数的增加，面积规模越来越大。除此之外，大型水疗池、引导训练教室等康复用房本身设备需求较多，设备的尺寸也大，为满足众多设备的安置需求，房间面积需求也大。

规模化的另外一个含义是指康复用房成组相邻布置，形成一定规模的康复组团。多数学校上午为文化类课程，下午为康复训练类课程。为方便学生行动，康复训练课程多集中在一起，教室也多设置在一起。这出于对康复训练项目体系化、个别化的考虑。体系化是指学生在一段时间内为实现特定目的的康复需持续完成一系列的具体小训练项目。如感觉统合训练的前庭功能训练中，包括荡绳、滚筒、滑梯等多个项目，当学生对其中一个项目熟悉以后，可以转到训练目的相同但方式不同的其他项目继续训练，保证足够的训练强度和训练时间。个别化是指康复教师在观察辅导学生训练的过程中，针对具体情况及时调整训练强度和训练项目，因此需要有教师针对学生的具体情况做出完整的评估和计划，以指导下一阶段的康复活动。评估是一系列阶段性、持续性的评估，因此康复用房组团布置，有助于评估和计划的制定。

康复用房的多元化和规模化要求康复用房的设置具有灵活性，以适应康复训练项目的发展趋势。首先，房间的设置不宜过于封闭，功能过于单一。面向学校的持续发展、学生人数和障碍特点变化导致康复项目的变化，以及新的康复项目介入，康复用房在满足基本需求的前提下，应部分开放，具有可调整性。其次，校园建筑的发展难以与科技进步同步，新的技术器材对空间的需求各不相同，建筑空间难以一一对应，面对多样的空间需求，应给出通用性解决方案。因此本书在以上分析基础上，提出康复用房的开放设置和标准化设置两个设计策略。

4.2.5.1 康复用房的开放设置

1. 康复用房对外开放服务

在前文对特殊教育学校开放式发展的分析中，笔者认为特殊教育学校的开放，首先是校园服务的开放，这个服务既包括普通硬件基础设施的开放，也包括特教资源的开放。特教资源的开放，重要的一部分就是康复教室资源的开放。从康复资源的布局来看，特殊教育学校开放的康复资源应是技术要求较低的、非专业医疗的康复项目，作为补充康复中心和康复医院接纳能力不足，满足社区有康复需要人群就近康复的康复项目。从特殊教育学校管理角度来看，开放的康复资源应是学生课余使用不多、无需教师时刻关注、较容易管理的康复项目。因此开放项目主要以感觉统合训练教室、体育运动训练室、物理治疗室等为主。

对外开放的康复项目应有单独的人行流线和单独出入口，便于校外人流直接进入康复教室，不与校内学生日常流线交叉。考虑到管理需要，开放的康复教室应与其他有对外资源开放的教室统一设置，并在出入口附近，宜设置行政管理用房（图 4-19）。

2. 康复用房应保持与教学用房的紧密关系

根据康复的目的，康复服务分为四大类：医疗康复、教育康复、社会康复、职业康复。医疗康复是指通过医疗手段，如手术、矫正等消除儿童的功能障碍；教育康复是指通过教育和培训的方式培养儿童独立生活的能力；社会康复是指学生能够在社会中正常生活，融入社会；职业康复是指通过康复训练使得学生获得一定的职业技能并取得就业机会。这四类康复并无明显的界限。教育康复的某些方法，也是在帮助学生融入社会生活，乃至掌握某种职业技能。这四类康复在特殊教育学校都有涉及，四类康复训练所需要的空间并不相同，大致分为三类。

作为校内最主要的教育康复，主要康复内容是对日常活动能力、基本动作模式和日常生活管理的康复，具体形式包括行走训练、游戏训练等。这类康复训练器材需要少，空间要求不高，学生在教师的指导下独自反复进行练习即可。因此空间相对灵活，面积小，可利用大空间附近的边角空间及其他学生活动的多功能空间设置，例如在教学单元、公共空间等位置。在生活化的教育康复基础上，感觉统合训练和体育运动训练需要借助一定的康复器材，并保证足够的训练空间。这类训练肢体活动较多，容易产生噪声，一般将这类房间单独封闭设置。随着开放式教学的深入，康复活动变得游戏化和娱乐化，使康复训练不再让学生产生心理抵触，学生也更愿意接受这类康复训练。在专门的康复医院中，为满足同时大数量人群的康复训练，这类康复空间多占用一个完整的大空间。如日本小仓康复医院，除个别需避免外界干扰的器具理疗、语言治疗等用房是封闭房间外，其他康复活动均面向走廊和大厅开放设置，中间辅以休息、停留等休闲空间，康复活动成为公共活动的一部分（图 4-20）。特殊教育学

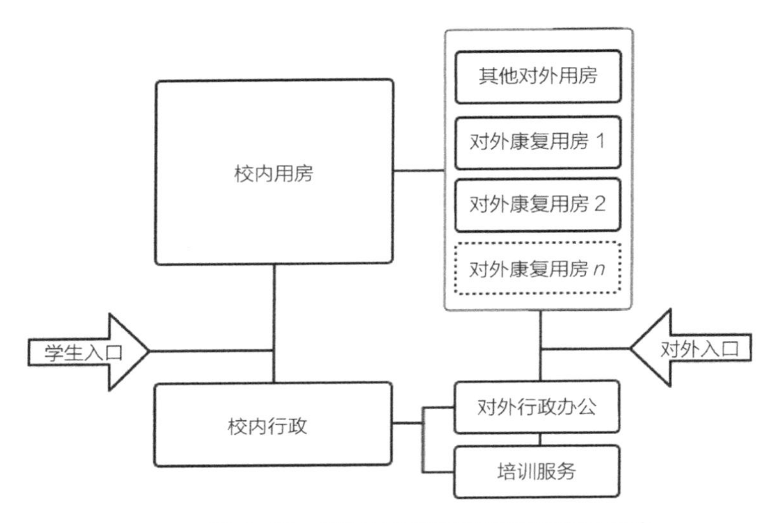

图 4-19　需对外开放的康复用房布局示意

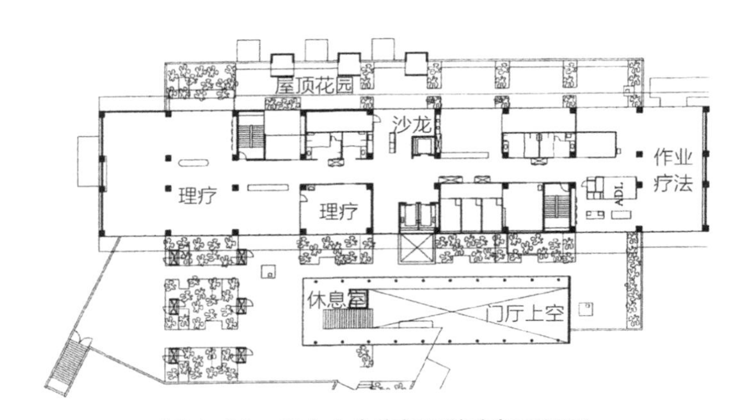

图 4-20　日本小仓康复医院康复层平面

（资料来源：日本建筑学会. 建筑设计资料集成　福利 · 医疗篇［M］. 天津：天津大学出版社，2006：94.）

校也逐渐借用这种方式，在不影响教学的前提下，将康复用房在端头放大空间开放设置，吸引学生在课余时间自主和互助训练。医疗康复与其他三类康复不同，需要借助专业的康复器材，在专业教师的指导下才能进行，如水疗训练、视功能训练等，这类训练需要完整且独立的训练空间，与外界环境关系不大，为方便学生完成多项训练，通常将这类康复用房集中设置（表 4-11）。

康复空间根据使用情况的分类

表 4-11

类型	分散的开放式康复空间	集中的开放式康复空间	专门的集中式开放空间
图示			
说明	开放空间与教学、生活等学生日常活动空间紧密结合，分散在各个空间的周围，空间界定不明显。康复训练随时展开	完整的开放式空间，主要用作康复活动，可兼作休闲空间。学生根据教师指导需要集中训练	面向医疗康复等需要专门指导的康复训练。空间指定为特定康复训练使用。学生在教师康复评估指导下训练
位置	教学单元、公共空间	走廊尽端、放大端头空间	功能房间内
举例	个别训练空间、姿态矫正	感觉统合训练	水疗、视功能训练

4.2.5.2 康复用房的标准化设置

康复用房的标准化主要是面对以医疗康复为基础的，对康复器材摆放要求高，需要明确的隔离环境以方便教师进行康复指导的训练项目。随着医疗技术的进步，新的康复技术训练逐渐由医疗机构向特殊教育学校普及。例如感觉统合教室的设置，在《特殊教育学校建设标准》出台之前，并无任何标准与条例要求设置，主管部门在建设可研阶段出于控制总投资的目的，不会主动去规划这类投资较大、功效尚无定论的康复用房。但随着特殊教育研究的深入，感觉统合训练作为障碍儿童康复最有效、最基础的手段已经得到了业内的普遍认可。2011 年颁布的《特殊教育学校建设标准》中也将感觉统合教室作为培智类学校康复用房的必备指标。鉴于感觉统合训练教室的重要性，很多早期建设的学校开始改建和补建感觉统合训练教室，但受原有建筑用房开间和结构的影响，不少学校只能将多间小教室合并为一间大教室，为学生提供服务，导致室内空间不可避免地出现无法移除的结构立柱，造成采光不足，视线和活动范围受限等情况，对功能房用的正常使用产生了非常大的影响。

康复用房标准化设置的目的就是为了学校将来有可能出现新的功能用房，避免不适当的空间改造，提供可满足基本使用要求的空间框架。出现的新功能用房大致分为两类：一是大空间用房，如上面提到的感觉统合训练室、大运动训练室等，需要较大使用面积，且室内应保持开敞，保证空间形态的完整和室内视线畅通；二是小空间用房，使用面积不大，对空间的物理属性如声环境、光环境有特殊要求，如视功能训练室、水疗室等。因此用房的标准化设置应满足两个条件：一是房间可根据需要合并为面积更大的空间，或拆分为可单独使用的小空间；二是辅以相应的辅助用房。

1. 空间的合并和拆分

专门的康复用房与教学用房功能相互独立，一般可做分区处理，保持交通便捷即可，但总距离不宜过长。原则上康复用房组团结构可与教学单元结构分开设置，即柱网尺寸可以不同。但出于对房间功能灵活性的考虑，以及空间合并和拆分的需要，可将主要功能用房按照模数设计，根据需要自由确定。按照《特殊教育学校建设标准》规定，二级指标教学用房面积指标多在 61m^2 左右，康复用房面积多为 21m^2、56m^2 和 120m^2 三个指标，可以简单理解为在最低面积指标下，通常教学和康复教室面积在 60m^2 左右，大房间面积为普通教室的 2 倍，小房间为普通教室的 1/2 或 1/3。

根据这一标准，可将普通康复教室与普通教室按相同面积来设置，采用相同的开间与进深。当学校招生人数或康复训练的功能用房需要调整时，两类教室可以互换，提高使用的灵活性。教室面积的变化通常通过保持原进深而改变开间来实现，保证室内足够的采光和通风条件。当教室呈普通外廊一字形排列时，教室开间可采用常用模数；当需要拼合为大教室时，可拼合成 1+1/2 开间，或 2 开间；当需要拆分为小教室时，可拆成 1/2 开间。教室的进深应与开间相近，保证教室拼合或拆分后，教室开间与进深的比例控制在 1：2 左右，保证使用效率。以开间与进深柱距都为 7800mm 为例，普通教室的建筑面积为 60.8m^2，多合并半开间后建筑面积为 88.9m^2，合并两间教室后建筑面积为 121.8m^2，拆分为半间教室后，建筑面积为 30.4m^2，基本满足建设标准中对空间使用面积的要求。房间的开间和进深可根据需要进行调整，如表 4-12 举例。

教室开间变化面积举例　　表 4-12

		普通教室	合并大空间教室		拆分小空间教室
图示		a a a；b	a 1/2a a；b	2a a；b	1/2a 1/2a；b
房间面积举例（m^2）	a=7.8m b=7.8m	建筑面积：60.8 使用面积：54.7	建筑面积：88.9 使用面积：81.4	建筑面积：121.8 使用面积：112.4	建筑面积：30.4 使用面积：25.9
	a=9.0m b=7.2m	建筑面积：64.8 使用面积：58.5	建筑面积：97.2 使用面积：89.1	建筑面积：129.6 使用面积：119.6	建筑面积：32.4 使用面积：27.8

2. 辅助用房的设置

辅助用房的内容主要是根据学生在康复用房内的活动所决定的：在进入教室后，由于学生在肢体、行动上的障碍可能导致无法长时间站立等待和排队等候的要求，需要在主教学空间附近设置等候和休息空间；学生在康复活动过程中可能会有剧烈的身体活动，要保持个人卫生，需设置有上下水的洗手池，面向肢体障碍和智力障碍学生活动的房间还应考虑盥洗设备的安置；需设固定的储物空间，用来存放学生个人物品以及康复所用的小型教具等（表 4-13）。

标准化康复用房的辅助空间设置　　表 4-13

图示	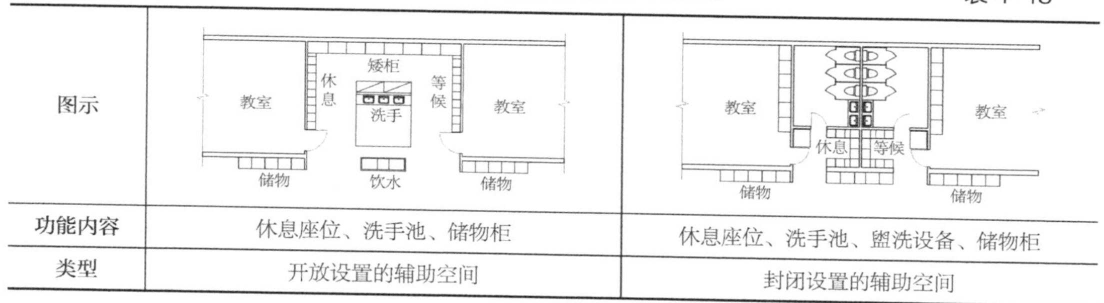	
功能内容	休息座位、洗手池、储物柜	休息座位、洗手池、盥洗设备、储物柜
类型	开放设置的辅助空间	封闭设置的辅助空间

原则上，每个康复教室最好设置一间辅助用房。考虑到康复教室合并和拆分的可能，辅助用房的设置不宜在教室内，可放在教室之间，独立设置。当相邻的房间合并或拆分后，可保证功能用房附近都有辅助用房，方便学生使用。可每隔 2～3 间房间设置一间辅助用房（表 4-14）。

辅助用房的设置　　表 4-14

每三间教室设一间辅助用房		每两间教室设一间辅助用房	
三间独立用房		两间独立用房	
		两间合并	
其中两间合并		其中一间拆分	

4.3　针对感觉能力不足的补偿化策略

三大类特殊教育学校学生普遍具有感觉能力不足的特点，盲校主要为视力障碍，聋校为听力障碍，培智学校学生有一定比例的视力和听力障碍。感觉障碍影响学生对外界信息的获得，直接影响学生行走、交流、学习等活动。为保证学生在校生活的正常进行，应通过对缺陷感觉的补偿和代偿，使得学生能够获得基本的信息并进行有效的学习和生活。

补偿的主要含义是弥补缺陷，抵消损失。对于功能并未完全丧失的感觉器官应给予感觉的强化刺激，对于全盲或全聋，则应以其他感觉器官进行代偿刺激。如对视力障碍学生，应尽力促使学生使用残余视力；对听力障碍学生来说，应促使其多使用残余听力。在此基础上通过其他感觉的共同作用形成对外界信息的整体印象。

因此针对不同障碍类型的学生，校园建筑补偿化策略也有所不同，应针对学生特点利用建筑空间、光线、声响效果等手段，改善和提高对学生感觉器官的有效刺激，并强化普通学校中并不需要注意的其他感觉刺激，以此实现学生有效、安全的学习和生活。

4.3.1 针对视觉障碍的感觉补偿

视觉是人获取信息的主要渠道，针对视觉障碍的补偿首先是对学生残余视力的使用，放大和加强需要视觉感知的信息，使低视力学生能够通过视力进行大部分活动。在此基础上通过非视觉感官，如听觉、触觉、嗅觉、振动觉等进行有效代偿。对于视功能完全缺失的全盲生，则主要依靠听觉和触觉的代偿。

4.3.1.1 视觉的补偿

视力障碍学生中 80% 以上都有残余视力，虽然对环境的感知能力有限，不能清晰地分辨事物，但能够感知到光线的明暗对比。视力稍好的，能够分辨光的强弱。根据以上视力障碍学生对光线亮度的感知，设计中可以通过空间的开放与封闭，引入日照与阴影的对比，或在关键位置加强人工照明，形成强烈的光线对比等方法，加强低视力学生的视觉感知能力，实现学生对自身的空间定位，有效行走。

1. 引入自然光线的通高公共空间

一般的功能用房及附设走廊都是一层高度，并多为封闭空间，空间亮度低。明亮的公共空间能够使低视力学生形成足够的注意，引导学生明确公共空间的位置。通高空间引入的自然光线会使得空间整体明亮，与低亮度的走道空间有明显对比，只要是非全盲有微弱光感的视障学生都可以感受到亮度变化，从而知道所在空间的大概位置和空间的属性（图 4-21）。

2. 封闭走道空间适当引入自然光开口

低亮度的内走道很容易使视力水平不高的学生失去方向感，无法判断行走方向。可采用在一定距离内设置有自然光线的开口，与低亮度走道形成对比，提示视障学生所处的位置。开口的方式灵活多样，可在走道中间设置临室外的开放阳台，也可在走道转角处设通高窗扇，也可以利用有采光的教室临走道一侧开窗或开门，利用各种可能产生视觉亮度差异的方式，提示空间节点的变化（图 4-22）。

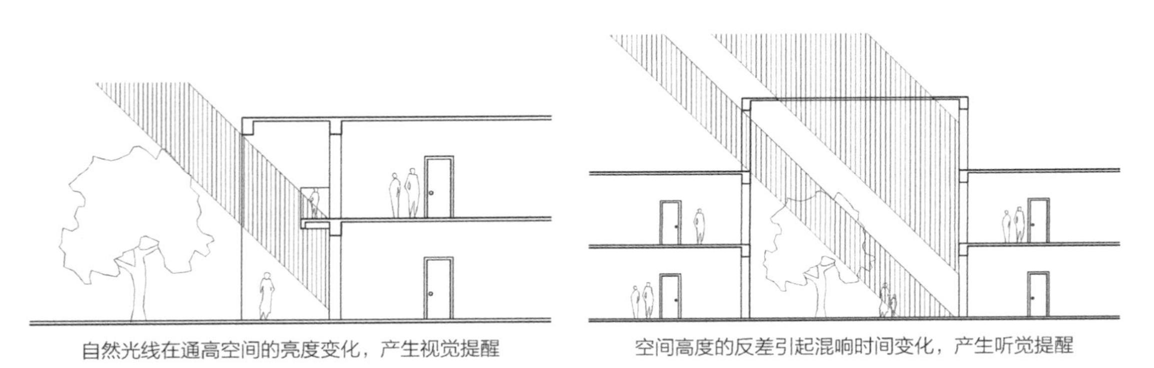

自然光线在通高空间的亮度变化，产生视觉提醒　　空间高度的反差引起混响时间变化，产生听觉提醒

图 4-21　通高空间的提醒作用

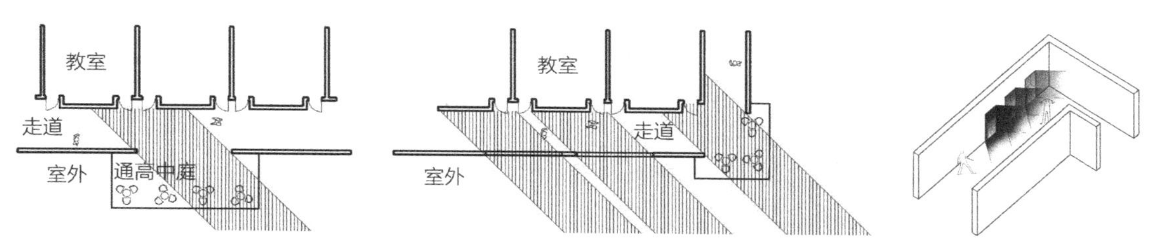

图 4-22 走道空间节点室外光线引入形成亮度反差，产生视觉提醒

3. 强调人工照明

当走道两侧都是功能房间，无法引入自然光线时，可通过在顶棚或两侧墙壁设置规则、连续的带形灯，为行人提示空间前进的方向。带形灯应连续，能够在心理上形成连续的导向性。其颜色应与顶棚和墙壁的颜色有明显差异；灯罩的颜色也可以采用明亮的暖色等，不点亮灯光时，灯具也可与顶棚和墙壁形成对比引导方向。

图 4-23 人工照明作为方向引导

4. 门窗等细节的设置

视力障碍学生对物体的空间位置感知有限，当进行门、窗等日常设施的操作时，首先要明确所需要操作门窗的位置，才能确认自己与门窗之间的位置关系，然后保持与门窗适当的距离，在伸出手臂后刚好能接触到。从视觉补偿的角度来说，窗扇玻璃可透射室外光线，与不透光的墙壁有较明显对比，容易确认位置，而一般门扇不透明，亮度低，紧靠色相差异难以形成足够对比。可在门扇上设置玻璃开洞，借室内光线与走廊形成对比，帮助学生确定门扇的位置。当门扇由于隐私要求不设透明玻璃时，可在门上设置有方向的灯光指示，只有当人到达门扇附近时才可观察到指示灯光（图 4-23）。

4.3.1.2 听觉的代偿

视力障碍学生对声音的注意要高于普通人，普通人对声音主要集中在直接的语言信息上，如广播、对话等可直接传达信息的方式。对于视力障碍学生来说，除直接传递信息外，声音的强弱、内容变化等都是信息的一部分，尤其是环境声音的变化，可以使其根据内容大致分析出所处环境的情况。当对环境较熟悉时，视力障碍学生可以通过这些细微的声音变化来确定自己在建筑中的位置，结合其他方式确定想去的目的地后，就可以实现有效的定向行走。这些细微的背景声既包括主动产生的提示信息，也有空间高度和地面材料变化时，在行走过程中被动产生的声音，这些都是有效的声音提示。

1. 不同高度的空间混响时间不同

混响时间是指声源停止发声后，声压级减少 60dB 所需的时间。人在特定空间中说话和行走都会产生声音。在吸声量相同的情况下，即反射声音的墙壁材质相同的情况下，空间越狭小，空间高度越低，混响时间越短，反之，空间越大混响时间越长。混响时间的变化比较容易被人感知，越是空旷的地方回声越久，尤其是从小空间转入通高的中庭或开阔大空间时，变化更明显。根据这一特点，当视力障碍学生行走或谈话时注意到周围的混响时间发生了变化，就能够比较容易得出所处的空间发生了变化的结论。建筑设计可根据这一特点，在人流较多且需要产生足够注意的地方，通过空间体量、高度的变化，或墙面吸声材料的处理，产生明显的混响时间变化，作为听力感知的一种补偿（图 4-24）。

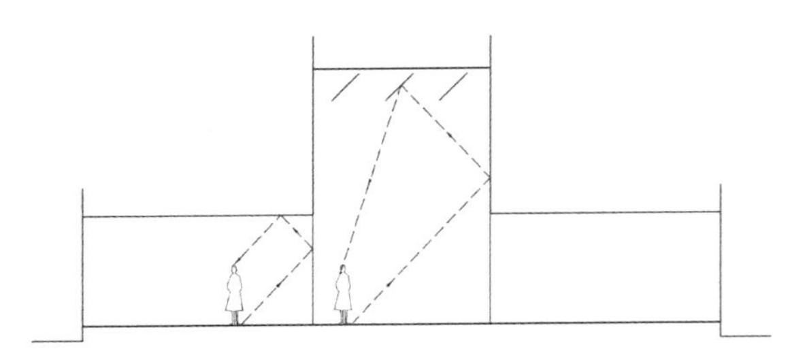

图 4-24　空间高度的反差引起混响时间变化，产生听觉提醒

2. 关键空间节点设置背景声音

关键空间节点主动设置内容、强度不同的背景声音，通过背景声音的变化提示所处空间的不同，帮助学生确定自己所在的位置。

盲校建筑内的主要流线应简洁明了，不宜设环形流线，避免视力障碍学生在环形流线中无法定位。丹麦视觉障碍协会的福尔桑格中心在设计中着重考虑了视障人士的感觉特点，采用了直角折线的平面布局，将公共活动区域与客房区分开。为避免视障人士在蜿蜒曲折的建筑平面中迷失方向，在每个转角的隐蔽位置，都设置了可产生微弱背景声音的设施，每个转角的声音内容不同，视障人士听到声音就可大致知道自己在曲折平面中的位置。如一直有流水流淌的小景观、装有小鸟的笼子等，背景声音以音乐或其他适当的方式出现，替代了提示性盲铃生硬、尖锐的声音。

3. 地面铺设不同的材质，形成不同的声音

人在行走过程中的脚步声音与地面材质有较大关系，光滑坚硬的材料与鞋底摩擦容易产生清晰的高频回声，而粗糙和带弹性的材料产生的声音则相对低沉。因此可在空间转换处设置不同的地面材料，形成不同的脚步回声，提示空间的转换。

4.3.1.3　触觉的补偿

1. 地面摩擦力不同

地面材质不同，除了使脚步回声不同外，鞋底与地面的摩擦程度也会有明显变化。光滑的石材表面行走相对容易，而木地板会产生适度的弹性，摩擦力比石材地面要大。当地面统一采用同一种材料时，可通过在材料表面设置凹槽或凸起胶条等方式改变同种材质的摩擦力感觉。

2. 地面道路设置轻微的坡度

普通认知概念中道路都是平坦的，而通行的桥面因为结构技术的原因在过去做成略微隆起的路面。可借助这一传统认知习惯，在两个功能空间通过连桥连接时，将地面做成略带起伏的形式。对于普通人来说，由于视觉已经引起足够的注意，对轻微的起坡感知不明显，不会带来行走不适。而对于视障人士或乘轮椅的人士来说，由于触觉注意度较高，以及轮椅推

行重量有变化，对于轻微起坡可以较容易地被感觉到，并通过坡度的方向、高度以及起坡下回声的不同判断自己在连桥上的位置。如丹麦的科灵城遗址博物馆有三座过道式的廊桥，其中第一座完全水平，第二座略凸起，第三座略凹陷，这些变化对普通人不会产生明显提示，但视障人士则会有较明显的感觉，并通过桥的变化明确自己所在博物馆的楼层数。

4.3.2 针对听力障碍的感觉补偿

多数听力障碍学生具有较好的视力，能够通过视觉获得绝大多数必要的信息。但视觉是具有明显的方向性的，主要集中在身体前侧，过于依赖视觉会导致对身边和身后的信息获取不足。因此对听觉障碍的补偿以扩大学生感知范围、提高感知强度为目的，借助视觉、触觉等感觉方式形成完整的感知能力。

4.3.2.1 视觉的补偿

1. 增加视线的穿透性

听力有障碍时，对于实体遮挡背后的信息无法通过可穿越的声音获得，因此遮挡视线的实体使用可通过视线或可感知光感的透明或半透明材质，可扩大感知范围。具体方法包括以下几种。

（1）不同空间转换处的门窗界面透明化。在可开启门扇上加装玻璃，可以使门内外的视线贯通，提前知道门后是否有人要开门，避免碰撞。如需要保证足够的私密性，可在视线高度或门的一侧设置半透明材质，保证足够的光感，保证了房间内活动的私密，当有人贴近门时，可隐约看到人影，提前注意。在公共区域的转换中，可将门与隔墙做成完全透明，保证视线的完全穿透（图 4-25）。

门窗界面的透明度应该是多种多样的。根据不同房间对室内私密性需求的不同而设置不同的透明度。透明度的变化可以借助不同材料来实现，如全透明玻璃、半透明磨砂玻璃、不透光材料的镂空堆砌等（图 4-26）。借助这些不同透明属性的界面所产生的不同光感，可以在一定程度上引导听力障碍学生的寻路方式，透明度越高、越接近室外亮度的地方，开放性越强；反之，透明度低、光线较暗的地方私密性越强。

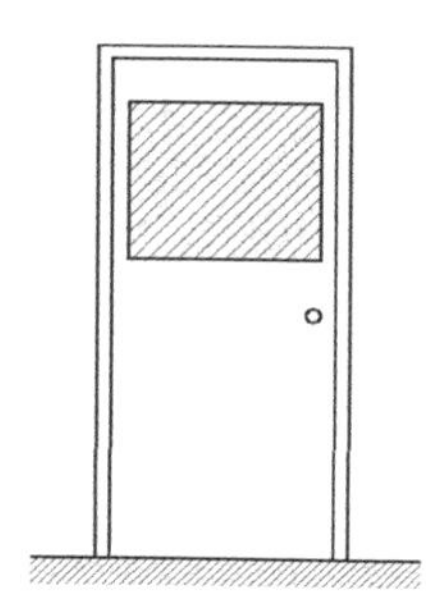
门上部透明，适合成人或教师观察

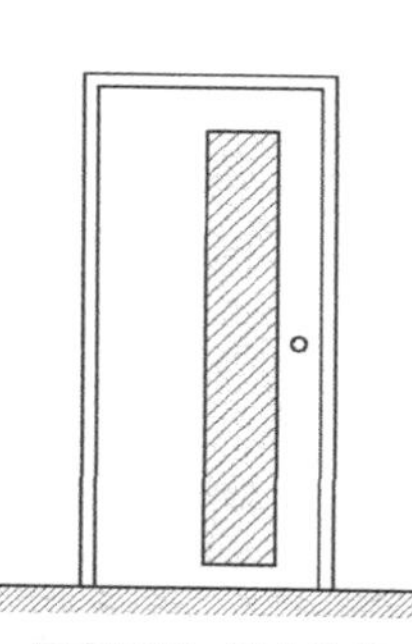
通高透明，适合教师和学生经常使用

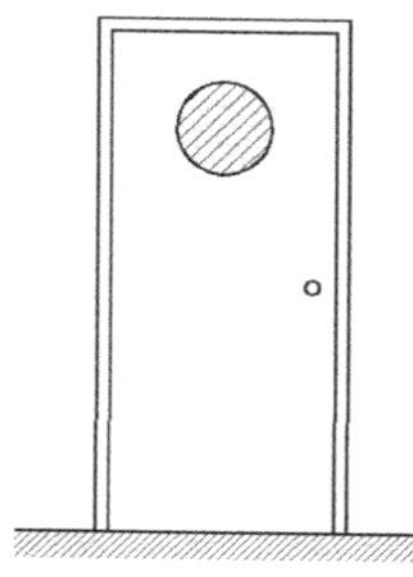
高处点窗，适合需要保护隐私的房间

全透明隔断

图 4-25　不同形式的门上开窗

（2）在电梯、长走廊、楼梯间等封闭空间的围合界面中加入视线可穿透的部分，可帮助内部的人随时了解自己所在的位置，了解空间外面的情况（图 4-27）。如美国加劳德特大学交流中心中庭的电梯采用了景观电梯，电梯轿厢在面向中庭的一侧采用了全玻璃材质，乘坐电梯的学生可以随时知道自己所在的楼层位置以及楼层外的情况。

（3）空间的开放，有利于视线穿透。可开放的空间主要指公共空间、交通空间等人流较多、功能复杂多样的空间。如建筑的中庭向各层空间开放；公共活动空间向四周空间开放；楼梯的休息平台交错设置，向上下层空间开放等（图 4-28）。

2. 通过反射扩大视野

在视线无法直接到达的地方，如在走道或楼梯的转角处通过设置镜子或有一定反射能力的光滑表面，将信息从正面传递给个体，从而避免转角等位置可能发生的碰撞，以及掌握背后视线无法顾及的情况（图 4-29）。

3. 视线引导

视线引导可以通过方向标识、指示牌等方式，以抽象的信息明确提示四周的空间信息。但指示牌太多容易造成信息过度，引起视觉疲劳，因此在路线并不复杂的转角、走廊或房间中需要以相对简洁的方式提示空间延伸的方向，并提示空间发生的变化。基于行走空间的水平属性，可以利用水平线条如地板的踢脚线、墙体材料变化的接缝等并不强烈的线性提示，为通行人员提供方向指引和空间变化的注意（图 4-30）。

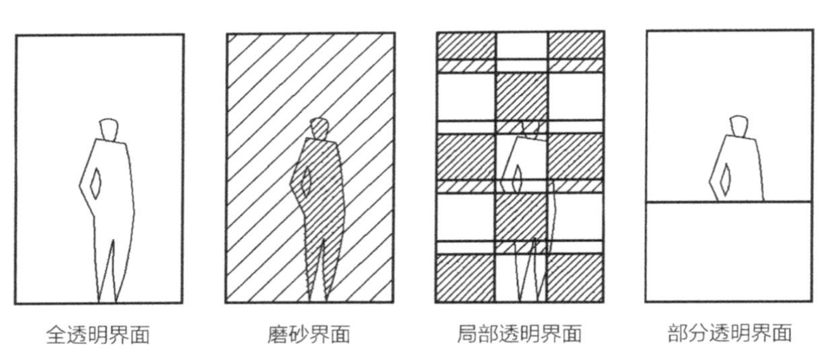

图 4-26　不同材料所带来的界面透明度不同

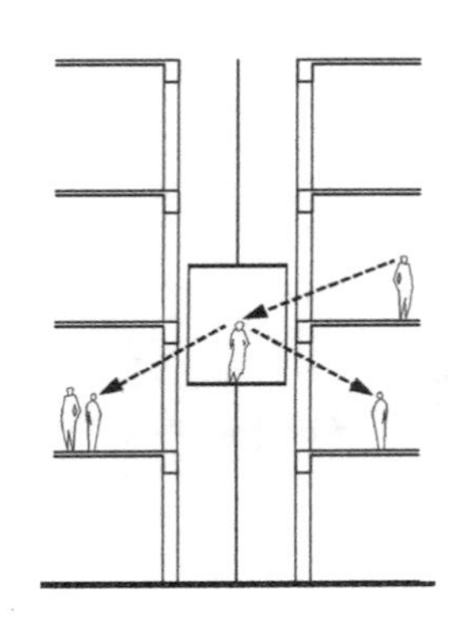

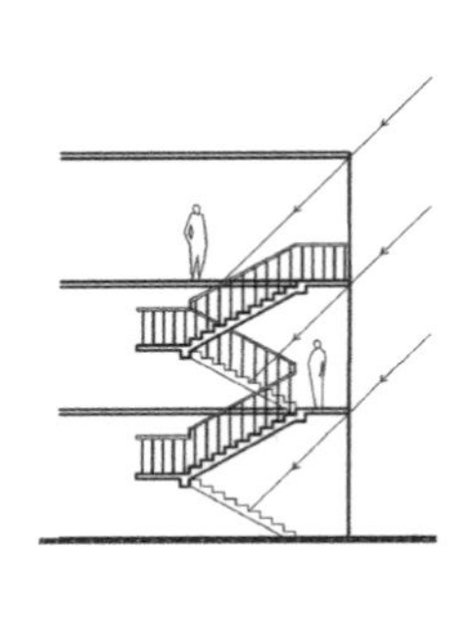

图 4-27　开放的景观电梯和楼梯间、走道

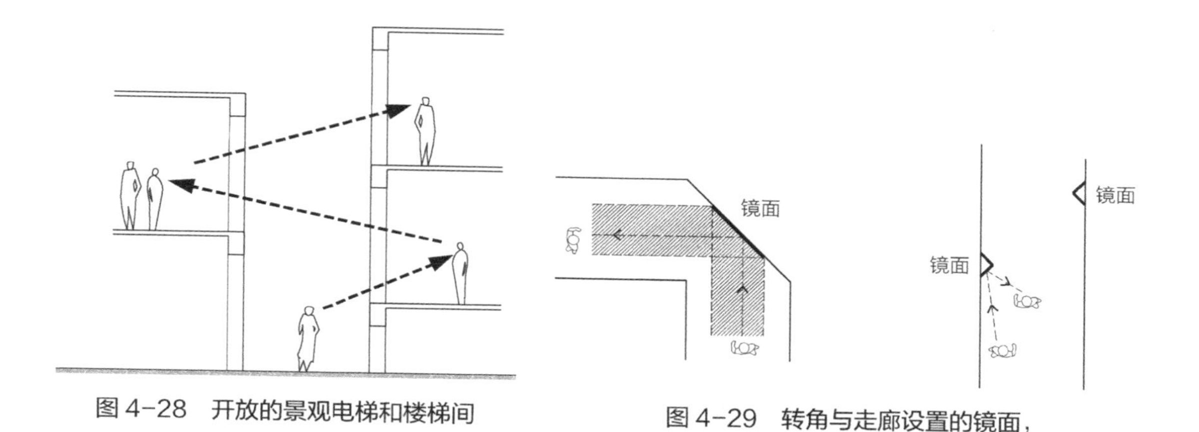

图 4-28　开放的景观电梯和楼梯间

图 4-29　转角与走廊设置的镜面，反射视线无法到达地方的情况

图 4-30　水平线条的方向提示

4.3.2.2　触觉的补偿

与视觉补偿相同，当学生听力有缺陷后，其他感觉的注意会相对提高，以弥补感知的不足。触觉的增强表现为对振动、材质变化等的敏感。针对振动敏感，可在需要引起注意的地方设置能传递振感的木地板。如在无法设置透明窗口的门两侧铺设有振感的地板，当一侧有人行动时，另一侧的人可以通过地板的振动感知到。同理，律动教室内的木地板不仅是被动的由人的行动产生振动，还铺设了主动振动源，可以在计算机等设备控制下，产生有节奏的特定强度的振动，为听力障碍学生提供信息。

当听力障碍学生休息时，视觉器官也较难接受外界信息，因此触觉就成为主要的信息来源。这种情况多出现在学生宿舍，如学生熟睡时发生紧急情况，警示系统主要通过安装在学生床下的强振器产生节奏不同的振动来提示学生。强振器的振感强烈，足以将学生从睡眠状态唤醒，控制端由宿舍管理员统一管理（图 4-31）。

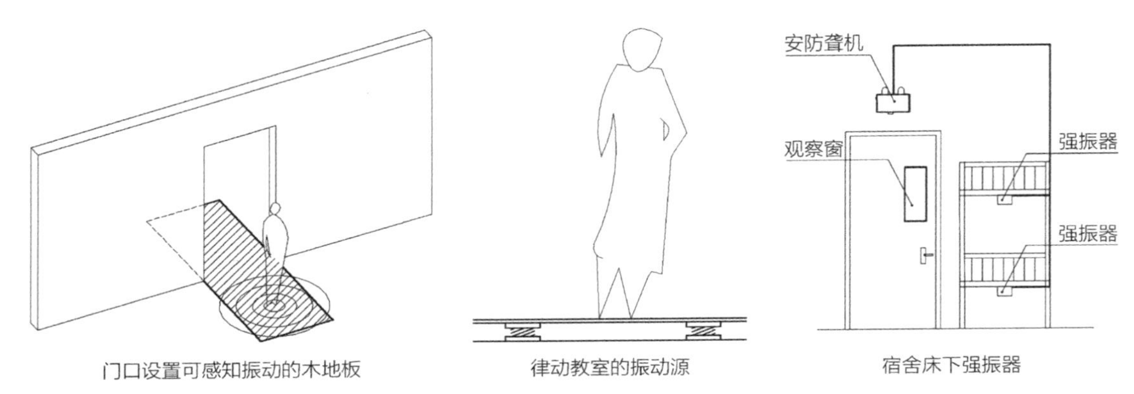

图 4-31 触觉对听力障碍的补偿方式

4.3.3 针对听力障碍的交流方式补偿

特殊学生中，听力障碍学生和发展性障碍学生都具有较明显的语言交流障碍，听力学生的语言障碍是由于听力损失导致声带作用少，言语和语言技能得不到锻炼而丧失语言交流能力。发展性障碍学生的语言障碍原因多样，其成因多为认知层面，而非感觉层面。因此在掌握其他交流方式后，听力障碍学生是可以互相进行较顺畅的交流的。提高听力障碍学生社会适应能力的举措之一就是促进听力障碍学生之间的交流，以及听力障碍学生与普通学生、与社会人士的交流。虽然我国在教学过程中以双语教学为主，但听力障碍学生的交流方式还是以手语为主，因此在聋校设计中，要能保障听力障碍学生的顺利交流，增加交流的可视性，减少交流过程中因视线过于集中在手势上而引起的安全问题。

4.3.3.1 保障交流的安全

视力障碍学生在交流过程中注意力几乎完全集中在对方的面部和手势上，对外界环境注意力很少，并且多数学生会一边行走一边交谈，对于身后和身旁的障碍物、通行车辆等注意少。因此校园设计首先应尽量做到人车分流，在有学生经过的主要道路上避免车行通过；其次应在基本的车行道两侧加设人行通道，且人行通道的宽度应满足两名听力障碍学生通过，按照每人 650mm 的宽度计算，人行道的最小宽度在 1300mm。为节约校园用地，人行通道可只设在车行道路的一侧。在无机动车通行的校内人行道路两侧，可间隔设置港湾式休息区，为有交流需求的听力障碍学生提供专门的交流角落。

4.3.3.2 促进交流的便利性

听力障碍学生的交流主要依靠视觉，为保证交流方便，首先应保证所有参与交流的人能够互相保持适当的视线接触，其次应有助于提高参与交流的人的受注意程度，区别于背景环境；最后应减少可能造成视觉干扰的要素。

1. 空间界面的开放

空间作为中介促进不同空间内的人产生可能的交流。这种可能性介于有无之间，如果空间界面完全阻断不同空间之间的光线，听力障碍学生无法通过视觉感知到相邻空间的人的存在，交流也就无从谈起。但完全开放的空间界面无法保证房间内行为的私密性，交流暴露在无关人士的视线下无法正常进行。因此要在空间的视线连接和私密性之间寻找一个平衡点，使得人们能够感受到相邻空间是否有人和事件发生，但不必担心他人的过度关注。具体可通过两种方式来实现，第一是空间界面采用半透明的窗口，即有光通过，但不产生清晰图像，在前面小节已经提及，第二是空间界面面向公共空间的部分开放，通过设置与每个私密空间都相邻的公共空间，并留有足够的开放界面，使得私密空间的人可以通过开放界面了解公共空间的情况，同时保持自己空间的相对独立（图 4-32）。

2. 眼神与脸部的注视交流

无论是坐着、站着或者行进中的交流，都需要个体与个体，或个体与群组成员之间保持足够的视线交流，这种交流本质上是依靠空间尺度的。桌椅的排布方式就属于空间尺度的一种，应有利于交流的双方能够方便地看到其他人的脸部，并保持足够的眼神交流（图 4-33）。

3. 足够范围的均匀照明

室内空间应尽量保证照度均匀，减少阴影，使得从各个角度都能够较好地看清室内人物的动作和表情，并减少逆光可能带来的亮度反差。因此对于自然采光较差的房间进行补

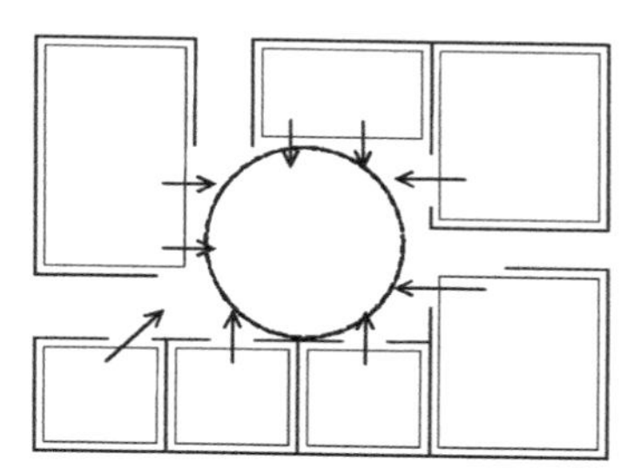

私密空间向公共空间部分开放，多个私密空间通过公共空间产生视觉联系

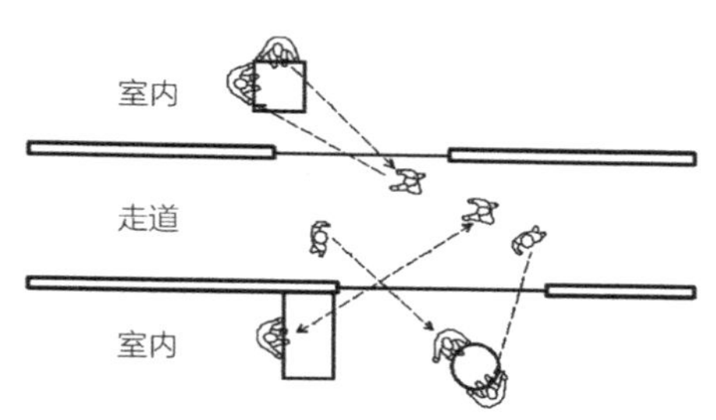

建筑的功能空间最好有一部分开放界面，与有人穿行的走廊、大厅等空间通过透明界面达成视觉穿透，使得听力障碍学生能轻易了解房间内的状况

图 4-32　空间界面开放与私密的平衡

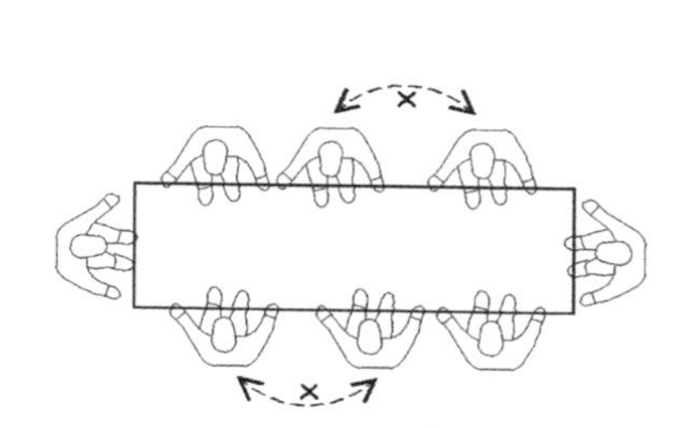

传统的矩形排布，位于长边的人较难看到同侧人的脸部

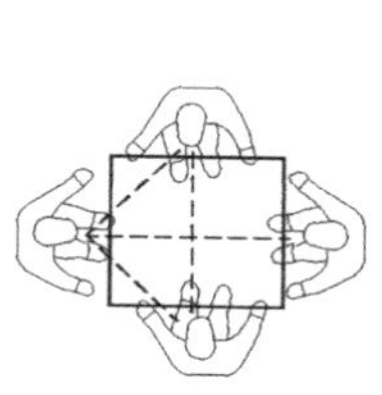

矩形方桌适合人少时使用，人数不超过 4 人

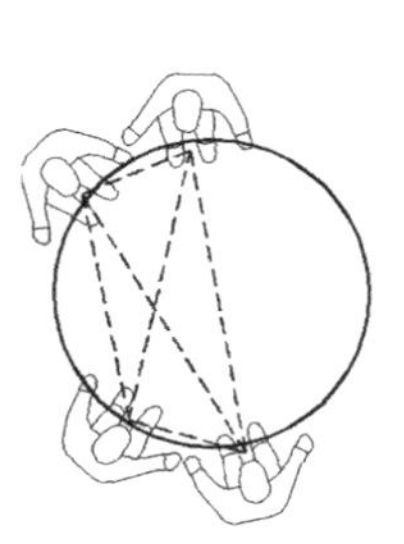

当多人同时交流时，宜采用多边形的围坐方式，圆形桌更具有灵活性

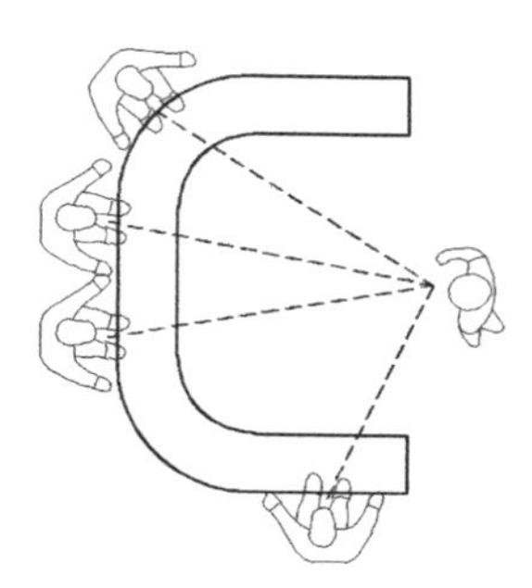

当有一名主讲人（如教师）需要特别关注时，宜采用半围合形

图 4-33　桌椅的排布方式

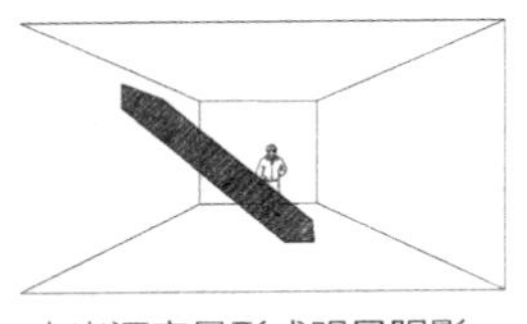
点光源容易形成明显阴影，影响观察

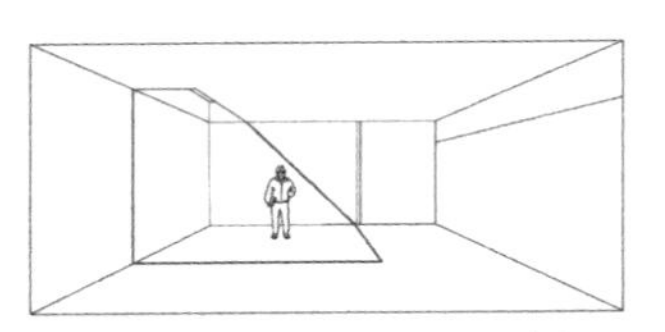
光滑墙面有利于漫反射，面光源、线光源有利于减少阴影

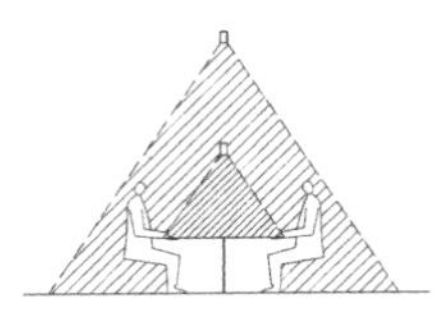
局部加强照明的人工灯具，可适当提高高度，增加照明范围

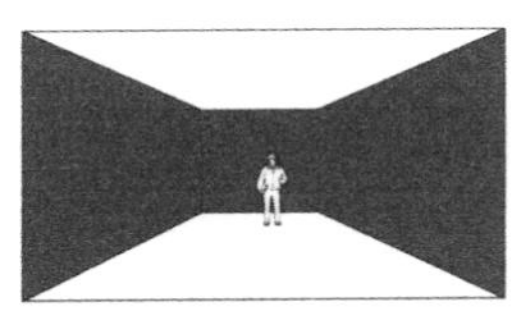
墙面颜色和适当处理为浅蓝色或绿色，与肤色形成对比

图 4-34　保证室内空间照度均匀

光时，可有以下几种方式。首先，避免只有单一光源，容易形成明显且生硬的阴影，影响观察，多使用面光源、线光源而非点光源，减少阴影的深度。其次，室内墙面进行光滑处理，有助于形成漫反射，减少剪影效果的出现。再次，对于局部照明的灯具，应适当调整位置，使得在保持足够亮度的前提下，能够照亮较大面积，包括交流双方的表情和手势。最后，室内墙面的颜色可适当处理为与人体肤色有明显对比的浅蓝色或绿色，以突出人的手部动作（图 4-34）。

4.4　减少环境干扰的分离化策略

日常生活中有很多感觉刺激，包括视觉刺激和听觉刺激等，这些感觉刺激既包括有用的信息也包括无用的背景干扰。普通儿童在正常学习的过程中能够在众多感觉刺激中分辨出哪些是需要引起注意的主要信息，哪些是可以忽略的干扰信息，并由此保证注意力的集中，进行有效的学习和工作。但障碍学生由于感觉和认知上的缺陷导致无法有效地区分感觉刺激属于无用或有用，例如突然有非正常教学过程外的强烈声、光刺激出现后，学生的有效注意可能会发生转移，导致教学过程中断，更有甚者可能会引起学生的过激反应。所以需要尽量减少无用的环境干扰。

特殊教育学校中的活动多样，有用信息与背景干扰并不是绝对的，根据学生具体的活动状态，感觉刺激是互相转换的。这里的背景干扰泛指对教学和日常生活可能带来影响的感觉刺激。主要包括听觉干扰、视觉干扰和活动干扰。听觉干扰是指各功能用房或公共空间活动时产生的噪声干扰，视觉干扰指学生视野内与教学和康复等主要活动无关的视线吸引，活动干扰指影响学生正常活动的其他活动。

4.4.1　噪声干扰房间的分区布置

学生白天在校活动按照产生声音的大小分为安静教学的普通教室和非安静教学的活动教室两大类。普通教学对教学环境有较高的声音要求，而康复训练教室、职业技术教室、专业教室等活动教室等教学形式和教学器材多样，教学过程中可能会产生持续的或间歇、突然的噪声。如多台盲文打字机同时工作时的声音接近 80dB，几乎完全掩盖了说话的声音；感觉统合训练室内，游戏教学的方式会有学生蹦跳带来的间歇性撞击声等。这些都会对普通教学产生影响。这些声音既包括高频音也包括撞击产生的低频音，最好的隔声方式就是将安静教学与非安静教学分离设置，保持足够的距离，避免声音传播。但由于教学体系的需要，这些教学活动并不是完全分离的，是互相穿插交错的。如果教室设置的距离过远，虽然避免了噪声干扰，但通行距离也增加，且有流线交叉，而多数障碍学生都存在一定程度的行走障碍，教室之间的转移具有相当难度。因此教室的分区设置应综合考虑学生的行动能力、声音的传递和干扰，以及教学体系的安排，兼顾教学和学生的行动特点，同时减少互相之间的干扰。具体可采用以下几种分区方式。

1. 总平面分区

在规划设计阶段，将需要安静教学的普通教室与非安静教学的活动教室分区设置，两者建筑体量相对独立，保持足够的距离，最大限度地避免了互相干扰。同时总平面布局上的分区设置也有助于校园内明确的功能分区，因此多数特殊教育学校都采用分区设置的方法。如杭州杨凌子学校，体育馆、康复与办公、普通教室分三栋建筑呈三角形布置，通过中间的共享大厅保持联系，功能分区明确，互相之间无声音干扰（图 4-35）。

2. 建筑的水平与竖向分区

规划布局将普通教室与活动教室分区虽然有较好的隔声效果，但学生需根据课程安排，在课间往返于不同教室，给行动不便的障碍学生带来较大的交通压力。同时，部分学校因用地紧张，无法采用分散式布局模式，只得将功能用房集中设置。这时为避免相互间的噪声干扰，也应做分区处理，可采用水平和竖向的分区设置方式，将互相影响降到最低。

3. 房间之间的隔声处理

由于教学需要，必须将活动教室与安静教室邻近设置时；或者两个教室都需要安静教学，但教学过程中会不定时地产生活动声音，如智力障碍学生的教学过程中会经常采用游戏教学的方式，学生嬉戏声音明显，而不同班级难以统一游戏教学的时间。因此在相近、相邻教室需要做隔声处理时，可采用隔声墙或辅助空间隔声的办法。如上文提到在普通教室之间设置多媒体设备间（图 4-36），同时也可以将教师角等教师办公设置在两个教室之间，达到空间隔声的效果。

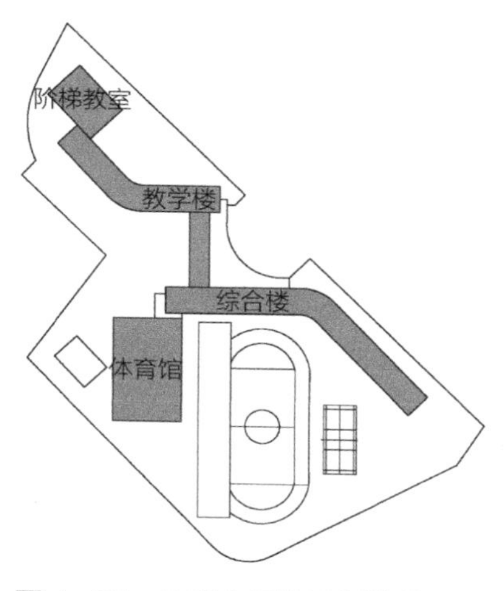

图 4-35　杭州市杨绫子学校总平面

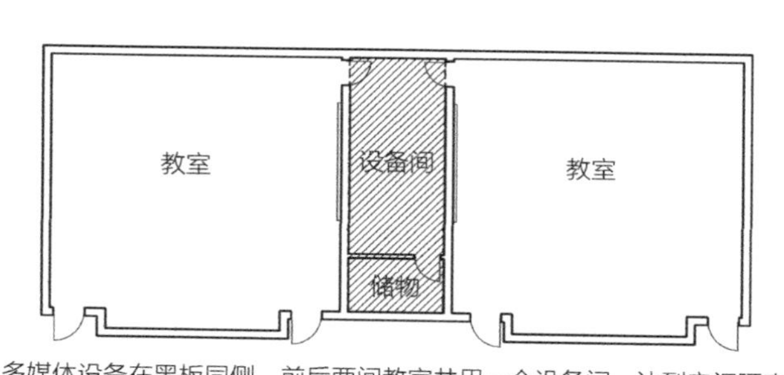

多媒体设备在黑板同侧，前后两间教室共用一个设备间，达到空间隔声

图 4-36　辅助空间作为隔声处理的设置方式

构造隔声需要对墙体进行单独的处理，如加贴隔音棉或采用复合墙体等，对设计和施工阶段，乃至后期使用中的维护都有较高要求。而特殊教育学校内由于教学空间多样，辅助小空间种类多，采用辅助空间隔声是较经济、低维护的做法。

4.4.2 空间节点干扰的优化处理

空间节点主要指公共活动空间及相关竖向和水平交通集中的地方，如电梯厅、中庭、人流集中的门厅、走廊等。因为人流量大以及相关设施需操作、等候等，容易形成较大的背景噪声干扰。对空间节点干扰的处理主要有两方面。

一是调整空间节点的位置，与教学区域教室用房保持一定的距离，减少活动声音的直接干扰。如表 4-15 中，中庭、门厅等人流密集容易产生噪声干扰的节点应与有安静需求的房间保持一定的距离，并侧面相邻，不宜正对房间门口。如成都市同辉国际学校中庭空间在两侧用房的交界退让处，首层的噪声即使通过中庭传到其他楼层，经过走道缓冲，已经无法直接影响教学用房。相反德阳市特殊教育学校培智教学楼的中庭因规模有限，与教学用房的开门直接相邻，首层门厅的声音很容易传到二楼的教室中。

空间节点位置的选择　　表 4-15

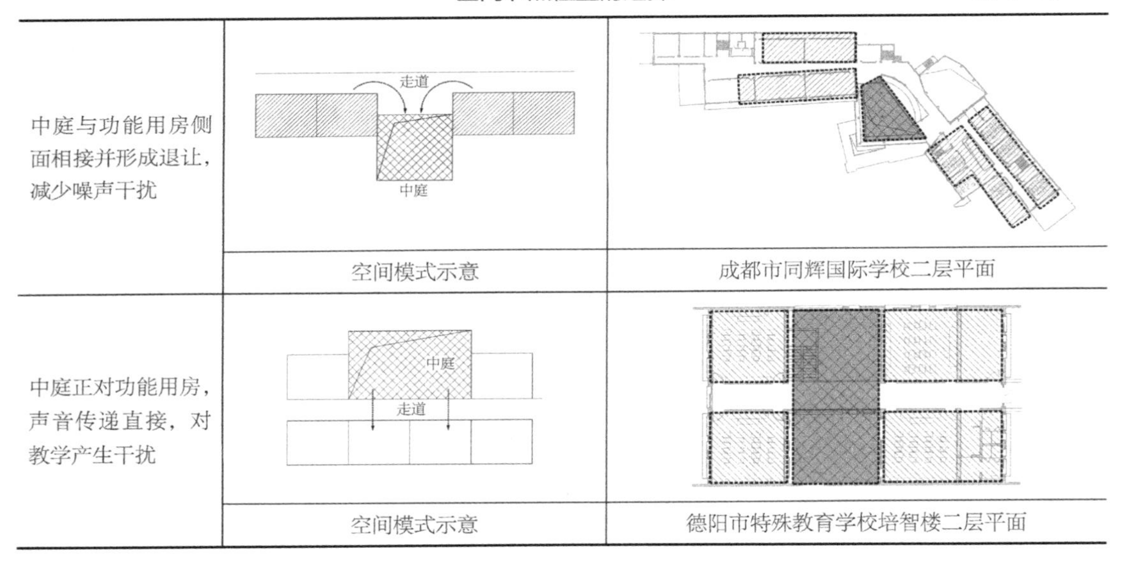

中庭与功能用房侧面相接并形成退让，减少噪声干扰	空间模式示意	成都市同辉国际学校二层平面
中庭正对功能用房，声音传递直接，对教学产生干扰	空间模式示意	德阳市特殊教育学校培智楼二层平面

二是扩大空间节点的面积，将单位面积上人数密度降低到一定范围内，并尽快将人流分散到各个功能用房和其他流线中去。如美国加劳德特大学的入口门厅空间承载了多种功能，既包括人流交通的疏散功能，也包括开放式讲座、就餐、休闲座位等。这些功能并没有完全集中在门厅的大空间，而是将不同功能分区明确适用范围，并适当控制空间的高度，使得各个空间的活动声音能够控制在自己特定的范围内，并保持各个分区之间的视觉畅通。另外，在节点空间的边角位置提供近人尺度的小空间供交谈、停留使用，也可将活动控制在较小范围内。小尺度空间有吸引行人停留、交流的作用，需要在中庭等节点空间进行简单交谈的人

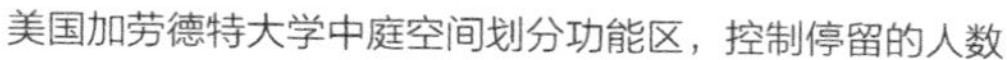

美国加劳德特大学中庭空间划分功能区，控制停留的人数

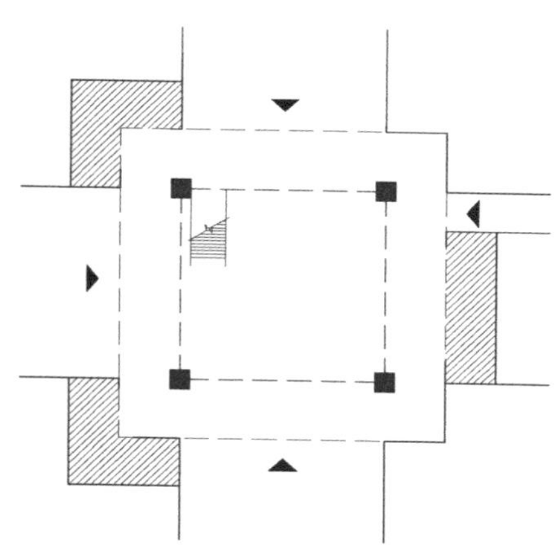

中庭边角设置小尺度交流、停留空间

图 4-37　空间节点面积及尺度处理

不必在空旷的大厅内交流，可以走到小尺度空间内安静谈话。对于行动不便的障碍学生来说，这些随处设置的小尺度空间也提供休息作用，同时，这些装修和布局各异的小空间，也可以作为空间标志物用来确定自己所在的空间方位（图 4-37）。

4.4.3　视线干扰的遮挡处理

视线干扰是指听力障碍学生和发展性障碍学生注意的能力有限，不能够长时间保持注意，容易受周围环境的影响，尤其是突然出现的视觉变化的影响，包括教学单元之间窗口及门口的对视，开放空间、交通空间与教学单元窗口、门口的对视，以及教室走廊一侧窗边路过的行人、走廊或教室忽然开关的电灯等。视觉注意的转移会导致学习效率的下降，过于突然的视觉变化会导致学生心理不良反馈。因此学生主要活动空间中应避免不必要的视线干扰，主要通过降低界面的透明度、调整临走廊一侧的开窗位置、入口设置缓冲空间等方法。

降低界面透明度是指在容易发生视线对视的地方，设置单向反光玻璃，或者设置磨砂玻璃。调整临走廊一侧开窗位置是指临走廊的开窗分为上下两部分，下部学生视线高度固定不可开启，并设磨砂玻璃，上部 1.5m 高度设可开启上悬或中悬窗，教室外的人在不影响学生注意的情况下可以看到室内情形。开窗方式应考虑窗扇开启后对走廊通行宽度的影响（图 4-38）。

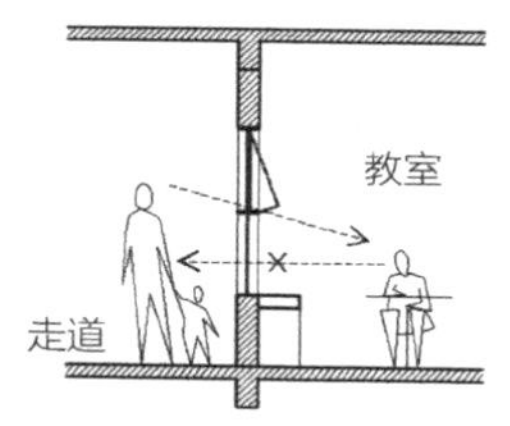

1.5m 以上位置设上悬窗

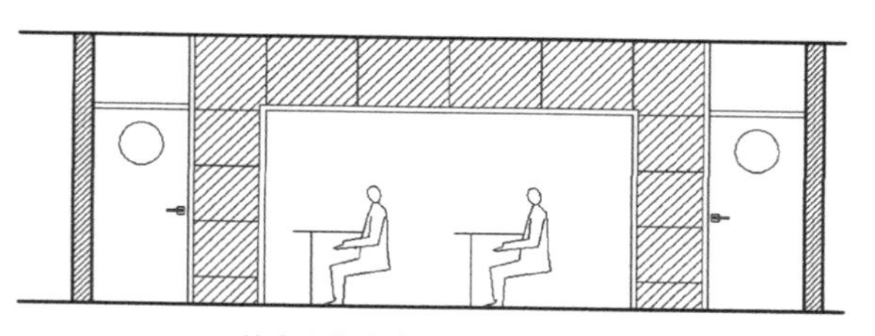

教室内临走廊一侧的开窗位置

图 4-38　调整邻走廊一侧的开窗位置

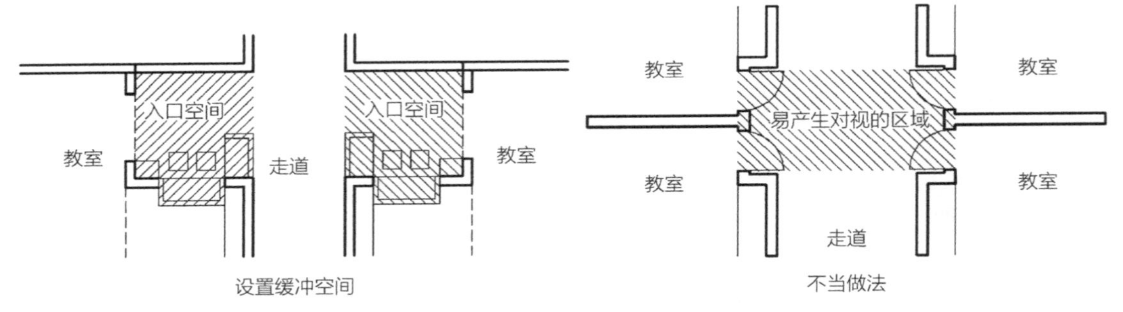

图 4-39　用房入口设置凹入式缓冲空间

入口设置缓冲空间是指在人流较多的教室入口等位置，设置凹入式缓冲空间，门口空间可用来作学生活动、家长等候等场所，同时避免了不是本教室的人在走廊经过时对室内产生影响，有助于改善教室开门时互相对视的情形，保证教室内教学活动的专注（图 4-39）。

4.5　补偿空间知觉能力的整合化策略

空间知觉能力是个体确定自己与所在空间环境关系的能力，是确定自己所在位置的能力，是行走的前提。在前文对障碍学生的特点进行分析时，可知不同的特殊学生对空间的理解和认知是不同的，且都迥异于普通学生，其对校园空间环境的认知水平，因感知受限具有一定的缺陷。学校作为学生活动的主要场所，与学生的关系绝不是单向的，不仅仅是学生对已有空间的熟悉和使用，反之，校园的空间环境对学生的情绪和行为也有相当大的影响。过于复杂、使学生无法掌握认同的空间环境会使学生产生压抑、烦躁的情绪，进而导致过激行为。这里所指的空间环境，并不是建筑学物理空间的具体形态和属性，这里的空间，特指空间的表征，即学生心理的空间模型。

空间知觉能力包括两个方面：一是对空间表征的感知，即通过感觉了解自己所在空间的关系和位置，例如认识到自己正处在入口大厅，并知道自己身后是大厅的出入口；二是在感知的基础上，形成对空间的认知，即通过对不同空间表征的感知，建立起完整的、可指导行动的心理地图，比如知道自己正在入口大厅，并知道自己所要到达的教室的具体位置，并知道通过那条路线到达。空间知觉能力对于学生的定位、行走，以及在周边环境中生活和学习具有重要的意义。

空间知觉障碍主要集中在视力障碍学生和发展性障碍学生中。其中视觉障碍学生由于视觉感知障碍无法感知周边环境，尤其是空间尺度的远距离信息，无法实现空间定位；发展性障碍学生由于认知问题，无法对视线外的空间结构组织进行预判，仅能理解视力所见范围的空间结构。这些行走障碍基本都是由于对空间关系的感知和认知缺陷造成的，与空间本身的属性无关。因此下面对空间知觉的讨论限定在如何帮助学生通过补偿或代偿的方式了解校园建筑的空间关系，有助于形成心理地图并促进行走。具体方式有三种，一是加强学生对空间表征的感知，二是简化建筑空间结构关系，三是辅助设施、标识的细节设计。

4.5.1 增加空间表征

西格尔（Siegel）与怀特（White）在1975年提出大场景空间表征的理论，认为空间表征包括地标知识、路径知识与场景知识三类。其中地标知识是指与周围环境有明显区别的标志性提示，提示既包括视觉的，也包括听觉和触觉的。如一条道路的尽头设置红色的墙面，并在墙面设置有背景音乐的喇叭，这里的红色与背景音乐都属于明显的地标。路径知识是在地标知识的基础上发展而来，指将不同的地标按照特定的顺序串联起来，形成特定的路径。形成路径知识后，在行走过程中到达一个地标之后就可以借此确认下一个地标的位置，并继续行走。地标间的路径知识并不是唯一的，比如有四个地标，可以形成ABCD的顺序，也可以形成ADCB或BCAD的顺序，当了解了足够多的路径后，就对空间环境有了足够的认知，形成了场景知识，可以根据地标的位置，判断并选择存在但并未行进过的路径以实现更高效的行走。如需要从B到D，则可以直接以对角形式行走，不必经过A或C（图4-40）。

由上可知，在认知并无障碍的前提下，对空间表征的把握首先在于标志性节点的确定。其次在于简化路径关系，即简化空间层次。

标志节点的设置即通过多种感觉方式，包括视觉、听觉、触觉等使得学生能够在较低注意的情况下也能感受到标志性节点的存在，因此节点要能够保持相当的稳定性，不受人为因素的影响而发生属性变化，并且节点应当是唯一的，具有明确的辨识度。在视障学生的定向行走训练及发展性障碍学生对校园熟悉的过程中，很多要素可当作标志节点，如校园范围内路边转角的树木、广场的雕塑等，建筑内部公共活动空间、楼层标志等。

所以从建筑环境角度，可作为标志节点的有以下几种。

（1）校园的建筑体量。建筑物的体量和立面设计应能够明确反映建筑物本身的功能属性，而不做太多的装饰设计和手法设计。如日本大阪四天王寺学院小学教学楼在学生活动用房设置了若干凸出于建筑立面的悬挑空间，并在立面框架上饰以红色装饰，与建筑背景和天空区分，具有鲜明的视觉效果。学生在操场活动时，可以非常容易地确认与教学楼的位置关系。瑞士瑟斯特殊学校的教学楼立面采用落地玻璃窗，并在班级之间做小面积户外活动场地，学生在操场上可以较容易地辨认出教学楼。德阳市特殊教育学校接收包括发展性障碍学生及听力障碍学生，校园布局分组团设置了聋哑楼、培智楼、宿舍楼及综合楼等，为统一效果，几栋建筑立面都采用了白墙开洞的方式。虽然建筑体量本身比较明确，但不同建筑之间的辨识度较低，仅有建筑上的文字能够区分建筑功能。虽然学校并没有视障学生，但对于认知有限的智力障碍学生来说非常容易混淆（图4-41）。

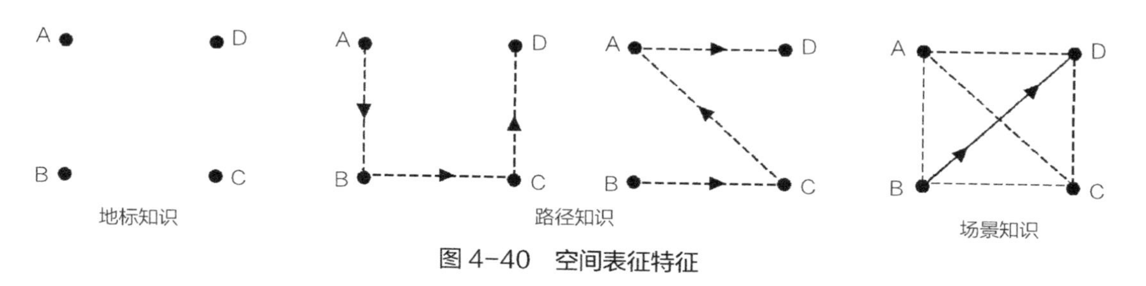

图4-40　空间表征特征

日本大阪四天王寺学院小学

瑞士瑟斯特殊学校

德阳市特殊教育学校

图 4-41 学校教学楼体量及立面

（图片来源：左，高松伸建筑设计事务所. 日本大阪四天王寺学院小学［J］. 城市建筑，2010（3）：38-43；中，马克·杜德克. 学校与幼儿园建筑设计手册［M］. 武汉：华中科技大学出版社，2008；右，作者拍摄）

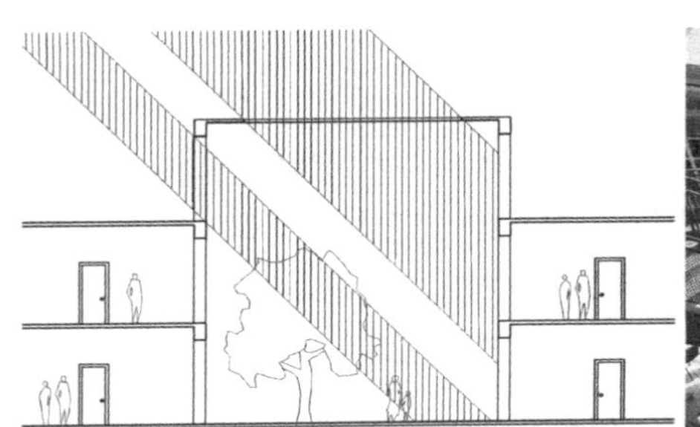

中庭引起视觉和听觉注意

加劳德特大学教学楼中庭

成都市同辉国际学校中庭

图 4-42 中庭及门厅作为标志性节点

（2）建筑内部公共空间。一般建筑都以门厅为交通组织核心，疏导去往各个方向、各个楼层的人流，或者通过建筑内部的中庭组织不同功能分区的人流。所以门厅或中庭是学生在建筑内部辨识方向的重要节点空间（图 4-42）。空间应与走廊、功能用房等有较明显的感觉差异，以利于视力障碍和发展性障碍学生在较低注意时也能够感觉到，并明确方向。如中庭空间通高设置，与房间形成不同的混响时间，提醒听觉注意；在中庭顶部引入足够的自然光线，与光线不足的走廊形成亮度对比，提醒视觉注意；中庭地面可铺设略带纹理的地面材料，与普通房间内地面形成不同触感，提醒触觉注意，等等。

除将建筑物的核心空间作为标志性节点外，其他小空间经过加强听觉注意和视觉注意后都可以作为节点空间使用，具体做法参照本章“针对感觉能力不足的补偿化策略”一节。

4.5.2 简化空间关系

空间概念最初的出现都是用于描述个别的空间属性，人们的评价都是定性的、描述性的。这对于具体单个的空间感受来说比较容易，但当想阐明空间之间的关系时，定性描述显得力不从心，需要定量研究。1984 年，比利·希利尔在空间组构概念的基础上提出了空间句法理论，成功地解决了对空间关系的定量研究问题[①]。在其中众多的评价体系中，空间的“可理解度”直接体现了空间中个体对所在空间及周边空间结构关系的认知。说明在认知能力一定的情况下，个体对不同空间表征的掌握程度，决定了其在空间中寻路、行动的难易程度。可理解度成为空间认知难易程度的重要指标之一。作为一个综合性指标，可理解度由“整合度”和“连接度”两个分项指标构成。连接度说明了空间的拓扑深度，反映出空间的可达性；整合度说明了空间的遮挡程度，反映出空间的可视性。当可达性与可视性相一致时，也就是整体空间可以相对容易地通过视觉感知到，又不必经过复杂的路线就可以到达，就说明这个空间的可理解度高，人们对空间的认知难度低，整体空间具有较强的亲和感。反之，两者相差较多时，则空间的可理解度低。

可理解度是一个动态的概念。因为其涉及整体的概念，而整体概念是在局部概念的基础上建立起来的。通过多个局部认知形成整体认知，而多个局部认知是建立在正常的感觉和记忆基础上的。这个指标的评价建立在普通人感觉和统合具有一定能力的前提下，而对于障碍学生来说，由于感知觉的障碍，或者对局部空间的认知有障碍，或者对多个局部空间认知的整合过程有障碍，所以其得出的空间可理解度与我们正常意义的空间理解度有相当的差距。由于本小节的目的并不是通过可理解度来评价某特殊教育学校的空间结构关系是否良好，因此这里不直接使用可理解度的指标，而是借用可理解度下面的两个分项评价指标“整合度”与“连接度”来说明特殊儿童对空间的需要。

视力障碍学生无法通过视力感知所在空间，因此也谈不到连接度对他们认知空间的整体影响，而空间的拓扑深度才会对他们认知空间、使用空间产生影响，如一个环形空间，如果不告知视力障碍学生，只是带着他们一直沿着同一个方向行走，他们所建立的认知地图是一条线形，而非头尾相接的环形。发展性障碍学生由于认知能力和统合能力弱，对视线外不可见的位置基本无法通过整合理解而推测出来，所以可视性对发展障碍学生具有较强的意义。以下将对这两个分项进行讨论。

4.5.2.1 空间的连接度

连接度包括连接值和深度值两个要素。其中连接值是指与特定节点相邻的节点的个数。连接值越高代表该空间点与周围空间的渗透性越好。如图 4-43（c），以最下一点作为连接的判定点，左边的树状结构可同时连接 2 个节点，而右侧的可同时连接 4 个节点。以线形连接则同时只能有一个连接节点，空间的渗透性较差。深度值是指从一个节点到另外一个节点的最少步数，就是这两个点之间的深度。图 4-43（a）与（b）在体量和空间划分上看起来基本相同，但是空间之间的联系路径不同，图（a）呈环形连接，其空间关系图如右侧的圆点图，是线形的，即空间所有节点的深度是直接相加的，最大的空间深度从入口处进入到中间需要经过所有的空间，深度值为 8。图（b）的空间联系则以中间为主干，向两侧展开，空间关系图接近于树状，空间的深度值不超过 4。显然图（b）的空间联系要好于图（a）。

---

① 比尔·希利尔. 空间是机器：建筑组构理论［M］. 杨滔，张佶，王晓京，译. 北京：中国建筑工业出版社，2008.

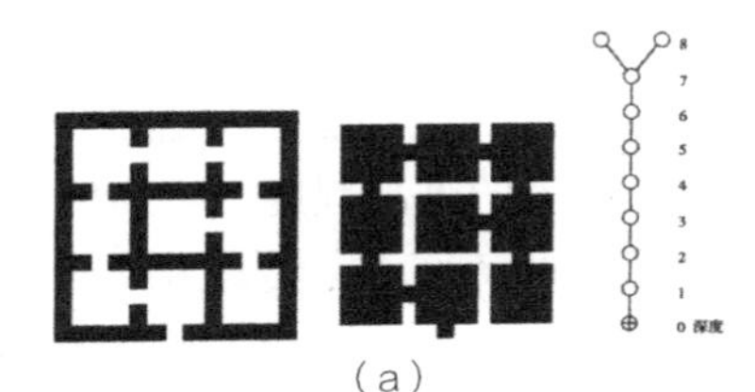

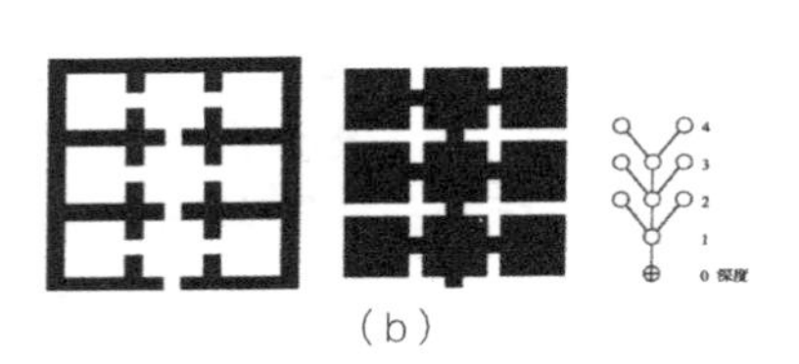

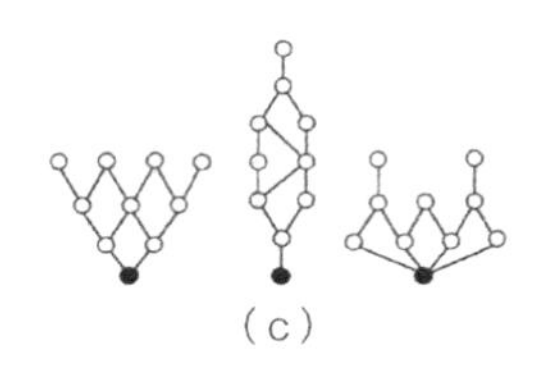

图 4-43　空间连接度示意

（资料来源：比尔·希利尔. 空间是机器：建筑组构理论［M］. 杨滔，张佶，王晓京，译. 北京：中国建筑工业出版社，2008.）

4.5.2.2　空间的整合度

空间的整合度是指空间某一节点与其他节点的联系是否紧密。当空间节点较多的时候，空间的连接值并不能准确地反映空间整体的构成关系。因此通过整合度的概念来表示空间所有节点关系的紧密或疏远。如图 4-44 通过同样大小的 30 个小方格组成不同的图形，颜色越深的图形其与周边图形的整合度越高，整合度由中间向四周逐渐降低，且计算深度值后也可发现右侧图形好于左侧两个。这与我们经验判断所得的结果基本一致，也就是对称图形的连接度和整合度都要好于非对称的零散分布的图形。

在此基础上，希利尔计算了固定图形网格下不同形状、不同面积、不同位置的实体隔断对相邻空间点的拓扑深度，并认为隔断越靠近中心，越会明显增加拓扑步数，即连接的深度值增加，隔断越长，隔断两侧的连接深度值也会明显增加（表 4-16）。

这些都表明空间的拓扑深度、连接度及整合度等空间构成关系与所组成的空间数量、空间之间的可视性和可达性有着直接关系。基于以上理论以及日常空间构图的经验，我们可以对简化空间关系的策略作简单梳理。

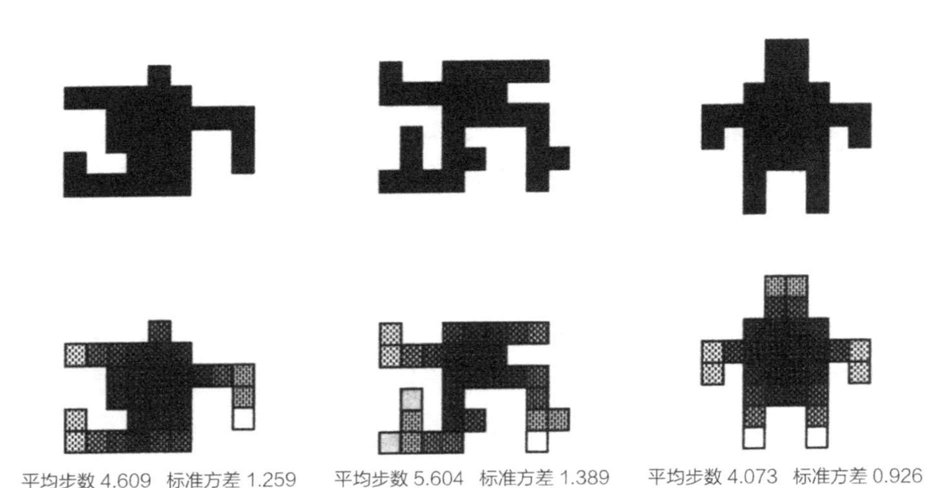

图 4-44　不同网格的构形分析

（资料来源：比尔·希利尔. 空间是机器：建筑组构理论［M］. 杨滔，张佶，王晓京，译. 北京：中国建筑工业出版社，2008.）

块状阻隔物各个单元格的总拓扑深度　　表 4-16

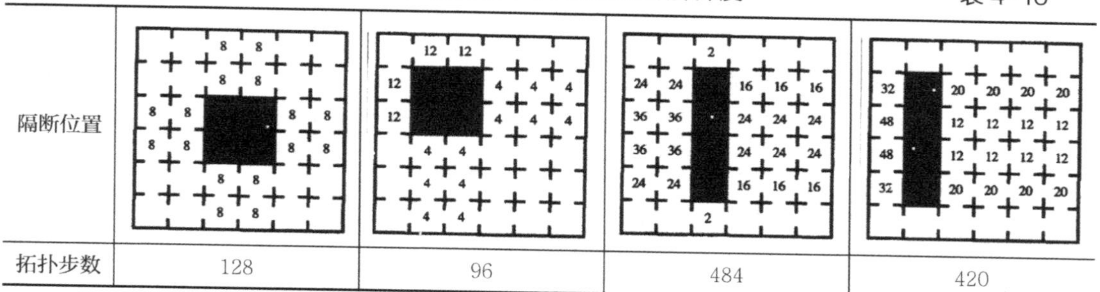

隔断位置	（图）	（图）	（图）	（图）
拓扑步数	128	96	484	420

资料来源：比尔·希利尔．空间是机器：建筑组构理论［M］．杨滔，张佶，王晓京，译．北京：中国建筑工业出版社，2008.

4.5.2.3　具体策略

由空间连接值和整合度的概念可知，减少空间节点的深度值，应增加空间的连接度，并保持空间连接结构的秩序性。在整体空间布局上，也应尽量避免不可通行、不与其他空间联系的阻隔空间。

在特殊教育学校的设计中，减少深度值、增加空间连接度有利于减少视力障碍学生不必要的行走距离，减少阻隔空间的设置，有利于增加发展性障碍学生对可视空间的理解。因此，为降低学生对空间理解的难度，简化空间关系，可以从以下几方面入手。

首先，加强空间的秩序性，通过交通轴线或核心空间组织空间布局，如走廊、中庭等。通过这些空间，减少学生在不同用房间转移时的流线距离，可以更方便地到达各个功能用房。

其次，减少必要的流线层级，减少组团的层次，尤其是学生活动主流线层次，从入校到班级单元，从班级单元到康复教室等流线，应避免从不必要的空间经过，减少空间变化和节点层次。如图 4-45（a）由入口门厅 1 进入后转至大厅 2，再转至组团 3，最后进入教室 4，虽然结构关系清晰，流线层次多，但对于障碍学生来说需掌握和了解的空间节点及行走路线都较多。如果房间总数不多，可简化为（b）、（c）模式，进入大厅后直接进入各个功能用房，或者将大厅简化，直接在门厅疏导人流，都是有效降低流线层级的办法。

再次，控制开放空间的规模、形状，调整核心空间在平面的位置，使从四周到核心空间的距离和路线简洁明了。如图 4-46，开放空间的位置在整个建筑的中间，既有利于学生每次通过中庭这个标志性节点空间确定方位，行走到下一个目的空间，也减少了因功能空间集中而可能导致的空间阻隔。

最后，提高空间规律性，利用空间轴线、功能分区、单元组合等方式组织空间构成。通过以上方法，使对校园环境不熟悉的学生尽快建立校园活动的心理地图，减少陌生感带来的恐惧和情绪。如德阳市特殊教育学校的总平面布局以开放式庭院为中心，周边几栋功能建筑紧邻庭院布置，学生由校园入口进入庭院后，再进入功能建筑十分方便。成都市同辉国际学校的通高中庭设置在两个长条形内廊建筑的夹角位置，既不会对功能房间产生噪声及视线干扰，也有利于学生通过中庭确认自己的方位，形成空间表征（图 4-47）。

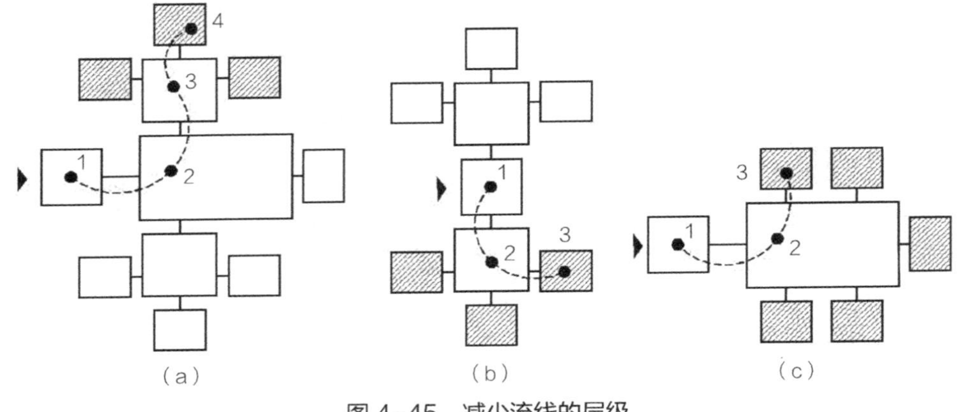

图 4-45　减少流线的层级

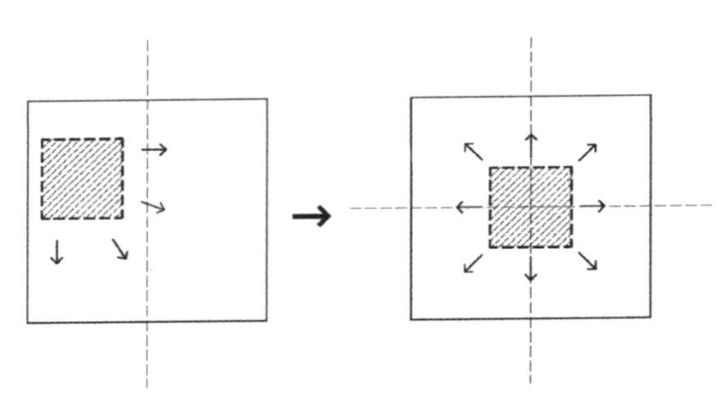

图 4-46　开放空间位置的影响

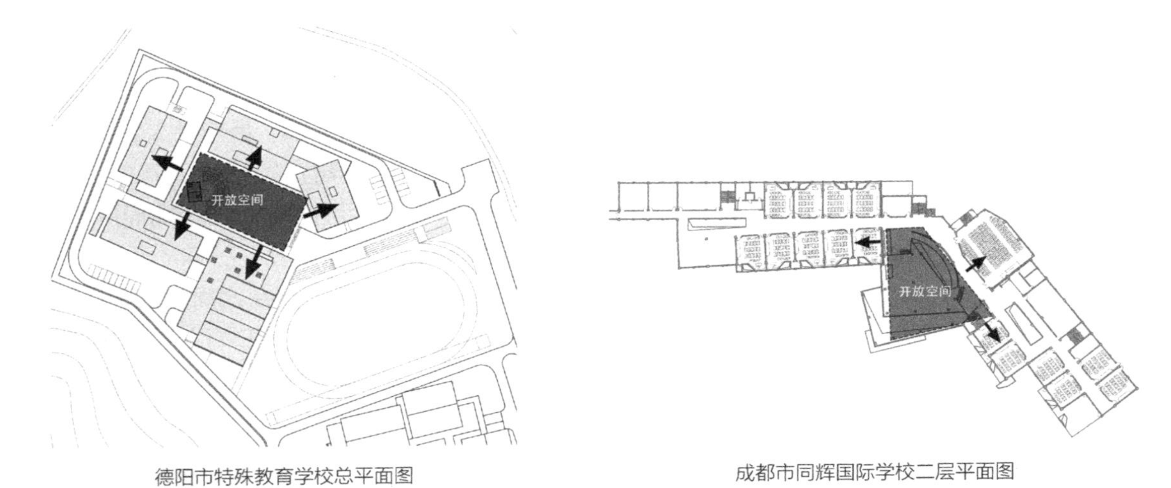

图 4-47　简化空间的案例

4.5.3　设置触感地图

触感地图是设置在校园明显位置的，带有可触摸盲文信息的地图。视障学生由于无法感知远处的环境信息，对于大空间场景表征的把握有明显障碍，从而无法行走。触感地图以盲文的形式将环境信息反馈给视障学生，帮助学生确定方位，掌握空间表征，有效促进其行走效率。Jacobson 在 1998 年的一个测验中让视障人士画出自己所在校园的空间结构图[①]，然后再对他们进行基本的触感地图训练，训练后再重新绘制校园空间结构图，其表现的节点和路径关系较没有接触触感地图前，有明显改善（表 4-17）。因此触感地图对于不熟悉校园环境的刚入学学生，以及外来参观学习的视障人士了解校园空间环境有非常明显的作用。但触感地图在我国的设置并不普遍。笔者在写作调研过程中所走访的学校中，仅有上海市盲童学校在校园的明显位置设置了触感地图。究其原因，首先是国内对触感地图的作用并不了解，对残疾人权益关心不足，认为触感地图的设置占用了过多空间；其次是因为触感地图的制作需要专业的盲文知识以及地图绘制知识，需要咨询专业人士才能实现，而国内专门的视力障碍资源中心还远未普及开来，除上海和南京、北京等少数发达城市外，其他地区建设水平较低；最后，触感地图的设置位置多为视障人士活动的公共场所或学校医院等，并需要相关管理部门提供专门的总平面图、疏散通道设计等一系列图纸，设置过程复杂。所以触感地图在我国多出现在盲校、特殊教育学校以及医疗康复机构等与视力障碍人群直接相关的活动区域，而普通公共场所较少，这需要一个长期的普及过程。

触感地图设置的位置可根据地图的整体性和信息量分为场景地图、指示地图等，如在校园主入口设置有整体校园环境信息、建筑信息的场景地图，在单体建筑的入口公共空间设置关于此建筑各功能区划的指示地图；在建筑各个主要活动层设置提示本层各功能用房名称位置的详细地图等。触感地图的设置可考虑以下几方面。

Jacobson 测试中视障学生使用触感地图前后对路径的把握情况　　表 4-17

校园平面图	A 组未接触触感地图	A 组接触触感地图后
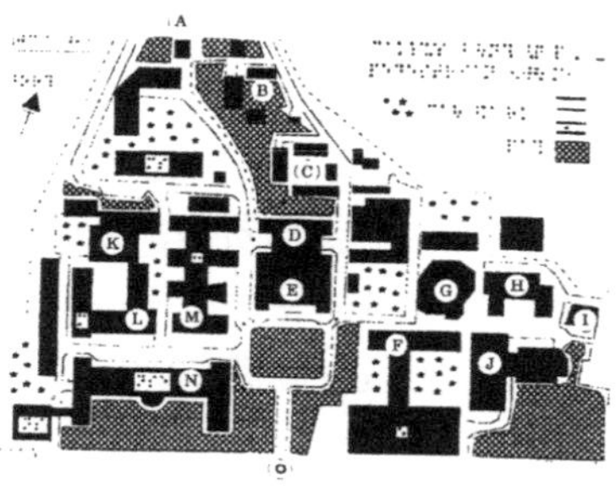	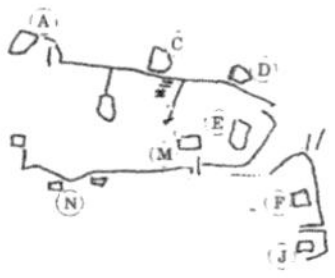	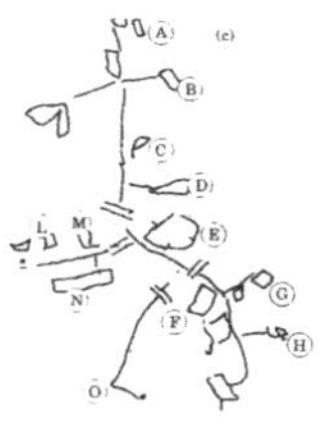
	B 组未接触触感地图	B 组接触触感地图后
	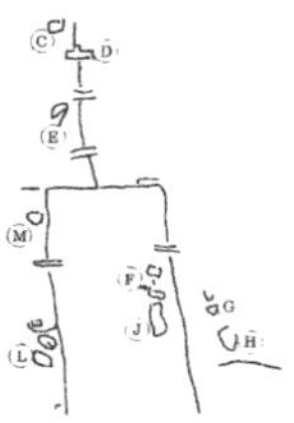	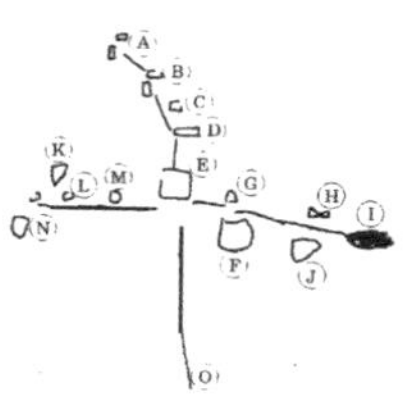

资料来源：谌小猛. 盲人大场景空间表征的特点及训练研究 [D]. 上海：华东师范大学，2014.

① Jacobson R D. Cognitive Mapping Without Sight: four preliminary studies of spatial learning[J]. Journal of Environmental Psychology, 1998, 18(3):289-305.

上海市盲童学校操场附近的触感地图

模拟真实场景的触感地图

图 4-48　触感地图实例

（资料来源：左，作者拍摄；右，Indoor/outdoor hybrid tactile map [EB/OL]. http://versoteq.com.）

（1）地图的位置应明显，要便于学生从空间的入口节点寻找到地图，地图周边不应有障碍物，应独立于场所中，不宜贴近墙面或柱子，便于视力障碍学生到达，并通过盲道和适当的声音提示地图位置。

（2）地图的触感面积在 1.2m × 1m 之间，学生在地图前不必移动身体，张开手臂就可以触摸到整个地图。触摸面高度应在 700 ~ 900mm 之间，面向人停留的方向保持一定的倾斜角度。

（3）触摸面的材质需考虑在露天场合的使用，材料应耐磨损、耐腐蚀、易清洁，凸出的触点不易变形，目前多数触感地图都采用金属材质（图 4-48）。3D 打印技术极大地推进了触感地图的普及。

4.5.4　标识系统的直观化

建筑内各种标识系统是引导学生在建筑内对空间认知的有效辅助方式。普通中小学中的标识主要指各种文字和抽象类的视觉信息提示，如班牌标识、紧急疏散方向等，特殊教育学校中由于学生认知能力有限及视力障碍缺陷等，无法一次性接受过多信息，过于抽象的信息标识容易使学生混淆重要信息与背景信息。因此特殊教育学校中的信息应简洁，即标识系统的信息简单化、直观化、具象化。简单化是指标识的信息应单一，不要在一个标识中同时包含多层含义；直观化是指标识的信息应易于被特殊学生所接受，可以很容易理解；具象化是指信息的具体表现方式最好以图形、模型等生活经验中常见的形象出现，避免过于抽象的符号。系统标识除视觉信息外，考虑到学生的缺陷补偿，还应以听觉、触觉等多种感觉方式出现，方便有感觉缺陷的学生也能得到足够的标识信息。

（1）视觉标识。视觉标识在三类特殊教育学校中都有明显的作用，盲校中主要为低视力学生提供引导。标识包括主动标识与被动标识，主动标识是指明确提示信息的标识，如在楼梯口位置设置的楼层数标识、班级的班级信息标识等。被动标识是指遵照生活经验提示的

芬兰约恩苏小学标识

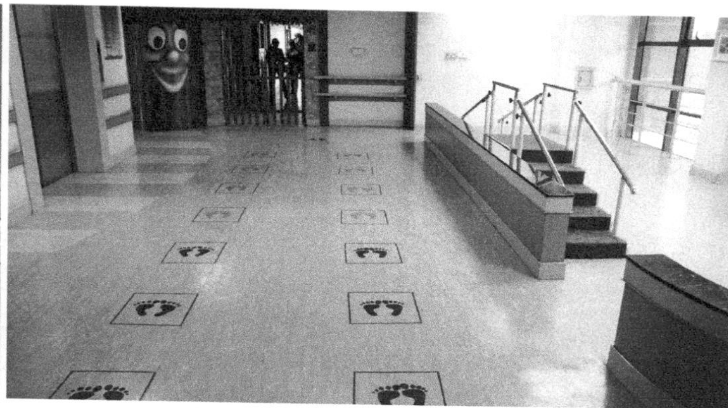
上海儿童福利院地面标识

图 4-49 视觉标识
（资料来源：左，殷倩．新学校［M］．沈阳：辽宁科学技术出版社，2012；右，作者拍摄）

简单信息，如地面贴有脚印图案的方向指示等。视觉标识应直观简洁、颜色鲜艳、对比度高、标识的尺寸适当放大，有助于在学生注意力不高的情况下发现标识。如美国约恩苏小学班级入口处字母标识有 2 层通高，学生在中庭很远的位置就可以注意到字母标识，从而判断是否是自己所要去的教室。上海市儿童福利院的感觉统合训练教室中，利用一系列连续的脚印图案作为交通方向的指引和提示，具象的脚印图案更有利于发展性障碍学生的理解，脚印图案的外侧用相反色相的红色框起来，提高了图案的对比度，容易引起学生的注意（图 4-49）。

（2）触觉标识。触觉标识主要在盲校和培智学校中常见，聋校由于学生的视觉注意较高，触觉补偿的作用较少。触觉标识在盲校中主要指在楼梯、走廊尽端的扶手位置等处设置的盲文标牌，提示学生所在楼层、前方位置等，属于主动标识；在培智学校中主要是起到提醒作用，而非具体信息提示。如地面摩擦力不同，在学生熟悉校园环境的前提下，可以使学生意识到活动范围的变化，属于被动标识。

（3）听觉标识。主要是指通过主动播放提示声音的方式传达信息。声音信息包括抽象的语言信息和背景声音两类。盲校学生对于声音注意度高，语言信息更容易被理解和接受。聋校和培智学校学生由于对声音感知障碍和认知能力有限，语言信息较难接受，因此多以背景声音的方式出现，如利用课间在学生活动场所播放背景音乐，提示学生现在属于休息时间，在教室或宿舍门口设置感应式门铃，提醒有人经过或停留等。听觉标识因为声音提示的持续性，需注意音量应满足城市区域环境噪声标准，避免听觉标识变成噪声，干扰日常教学和学习。

总之，标识系统的直观体现在易理解、易发现上，通过多种感觉刺激对学生进行提示，并对学生正常学习和生活的注意力不产生影响，当学生需要标识引导而努力寻找空间标识时较容易发现即可。

4.6 弥补身体发展不足的安全化策略

障碍学生的身体发展水平低于普通学生，表现在身高、体重及身体素质等方面，神经发育的迟缓导致其行动缓慢，对身体控制能力不足，在跑跳及操作设备过程中容易发生问题。发展性障碍学生及视力障碍学生由于感觉和肢体缺陷，行走能力较弱，当遇到紧急情况时疏散速度有限。这些问题无法完全避免，但可以通过加强安全设计将危险可能性降到最低。面向以上学生身体发展特点，特殊教育学校内的安全设计包括防灾避难和日常安全两部分。

防灾避难是指预防自然灾害及其带来的次生灾难，尤其是校园内可能受到的自然灾害，具体包括地震灾害、气象灾害、地质灾害、水灾、火灾、传染性疾病以及由此引发的次生灾害，如突发性踩踏、构筑物损毁等[①]。主要内容包括疏散通道的设置和避难场地的设置。日常安全是指学生对身体控制不足时出现的异常行为，包括身体大运动障碍下跑跳活动难以控制撞到墙壁柱子，精细动作障碍下对需要操作的设施无法正常使用等。

4.6.1 校园总体布局有利于疏散防灾

防灾疏散的目的是将学生从有危险情况的教学楼内转移到空旷的避难场地。[②] 特殊教育学校中的避难场地主要是指运动场地及康复训练场地等室外活动场地。障碍学生因为认知和感觉问题对校园整体空间认知差，加上紧急情况下的心理压力，容易出现找不到疏散通道、不知向哪里避难、向错误方向疏散等情况。因此避难场地的设置应尽量邻近教学楼和宿舍等学生日常生活用房，并保持简洁通畅的视觉联系和疏散通道（表 4-18）。

避难场地与学生活动建筑的距离　表 4-18

分类	情况说明	图示
1 号方案	建筑围合成中庭样式，操场短边紧邻教学建筑山墙一侧。学生活动噪声对教学楼干扰少，但学生课间去操场距离较长、耗时久，且有建筑阻隔。因此课间多在围合中庭内活动，而中庭因处于建筑倒塌范围内，不能作为避难场地	
2 号方案	主体建筑呈半围合状态，一边的开口面向操场短边，在疏散过程中路线比 1 号方案更清晰，但中庭距离操场中心仍有较远距离，疏散时学生需穿越较长的庭院才能到达操场，人流较大时易发生拥挤。且建筑多为山墙面向操场，教师对操场关注有限	

① 王国光. 重建福祉——日本中小学校的防灾与灾后重建启示［J］. 南方建筑，2008（6）：23-25.

② 侯昌印，张姗姗. 教育建筑安全问题及设计对策探析［J］. 南方建筑，2008（6）：26-28.

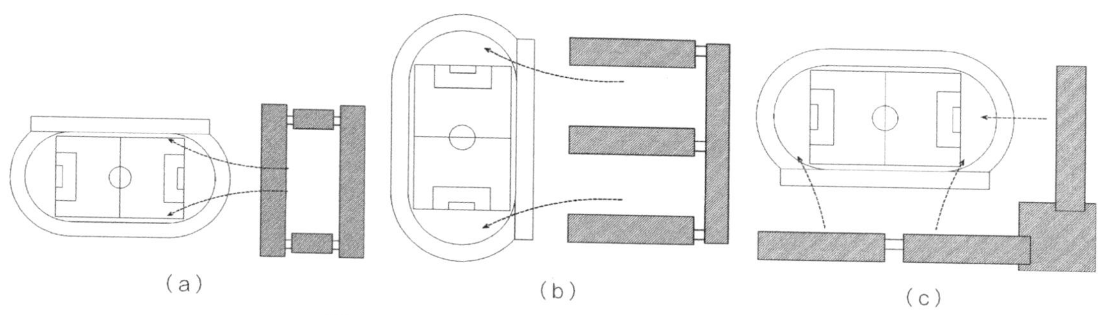

图 4-50 建筑与避难场地之间的疏散流线

（1）避难场地距离学生主要活动的教学楼和宿舍等建筑不应太远，教师应有足够的视线关注。

（2）学生活动的建筑与避难场地之间的疏散路线应简洁开放，便于学生认知，不应过于曲折。分为以下三种情况。一是建筑长边面向操场短边，前排建筑学生下课后可直接到达操场，且教师有相当长的关注面，但需注意操场与教学楼之间的距离在 25m 以上。避免操场噪声对教室的直接干扰。后排建筑学生去操场不方便［图 4-50（a）］。二是教学楼山墙面向操场长边，庭院向操场开放，学生到达操场距离适中，但教师对操场的关注面有限［图 4-50（b）］。三是建筑呈半围合状态面向操场，学生非常容易到达操场，且教师有足够的关注面，但操场对教学楼干扰大，且需注意日照朝向问题［图 4-50（c）］。

4.6.2 建筑通行与疏散的合理组织

疏散通道是指从功能用房到避难场地之间的全部路线，应保证学生安全地由教室转移到避难场地。根据学生的疏散位置可以分为三个阶段：从学生所在功能空间到室内水平交通，从水平交通到垂直交通，以及从垂直交通到室外疏散场地。为保证疏散的快速安全，这三段疏散必须有足够的通行宽度，能够容纳疏散时瞬时人流的通行。具体来说，功能空间到室内水平交通的疏散主要指功能空间室内容纳的人数、疏散口的间距、疏散口的宽度等，这些需要按照国家一般性规范，如《中小学建筑设计规范》《建筑设计防火规范》《民用建筑设计统一标准》等要求进行设计；水平交通到垂直交通指走廊到疏散楼梯，主要涉及楼梯的水平间距、楼梯出入口平台的设计、楼梯与功能用房的位置关系；垂直交通到室外是指楼梯的竖向设计，包括梯段宽度、扶手设置等细节问题，以及门厅的疏散方式。

4.6.2.1 水平疏散通道的宽度

疏散通道宽度的设置在满足国家法律法规的基础上，需要考虑到不同障碍学生的行走特点，满足紧急情况下学生与教师或辅助人员同时通行的要求。

1. 视力障碍学生的行走特点

视力障碍学生的行走方式很多，在校园内主要有以下几种方式。

（1）徒手行走。当学生在熟悉的环境中，且没有临时阻挡障碍，视力障碍学生的行走与正常人相似。行走速度和范围都比较自由。徒手行走过程中，视力障碍学生前臂向两侧前方伸出，双手间的距离大约在 1000mm。在无临时遮挡的情况下，视力障碍学生的行走宽度与常人相近，一股人流 600mm 宽即可，一般通行宽度需保证 2 人以上并排行走，为保证通行效率，至少应考虑 3 股人流，因此总的宽度在 1800mm 左右。

（2）导盲随行。导盲随行是指视力障碍学生在引导员的带领下行走的方式，包括一名引导员带领一位视力障碍学生，也可以同时带多位视力障碍学生。带一位学生时，要考虑到视力障碍学生在引导员后方的换位行走，如原来在引导员的左后方，在某些情况下需要转移到右后方。带多位视力障碍学生时，引导员在最前面，视力障碍学生呈纵队，依次站在前一名学生侧后方位（图 4-51）。因此采用导盲随行方式的通行宽度，其最小通行宽度为引导员 600mm 再加左右 450mm 的视力障碍学生宽度，即 1500mm。

（3）盲杖通行。使用盲杖相当于将视力障碍学生的手臂延长，增加了学生通过触觉感知周围环境的能力。盲杖通行是视力障碍学生定向行走的基本技能之一，是视力障碍学生最常见的行走方式之一。在熟悉掌握定向行走技能的情况下，借助盲杖等辅助工具，视力障碍学生可以一个人在室内、校内甚至校外公共空间安全、单独地行走，提高了行动自由度，增强了视力障碍学生的社会适应能力。

持盲杖行走时，盲杖左右摆动的幅度约为 100～150mm。在沿墙壁或栏杆行走时，盲杖要能碰触到墙壁或栏杆的边缘，所以这时视障者的落脚点距离墙壁的距离约为 300～500mm。

所以持盲杖行走时，视力障碍学生至少要一边靠墙，考虑到相向而行，道路宽度应能同时满足两个持盲杖学生的通过，即 900×2=1800mm 宽。人流较多的道路可考虑有引导员或教师、低视力学生同时通行的情况，可再加一股 600mm 宽的通道，即总宽度为 2400mm（图 4-52、图 4-53）。

2. 脑性瘫痪学生的行走特点

在发展性障碍学生中，脑性瘫痪学生主要表现为肢体运动障碍和姿势异常，行走能力弱，走路摆动幅度大。尤其是痉挛型脑性瘫痪学生，典型表现为下肢交替性行为困难，由此产生

单人导盲随行

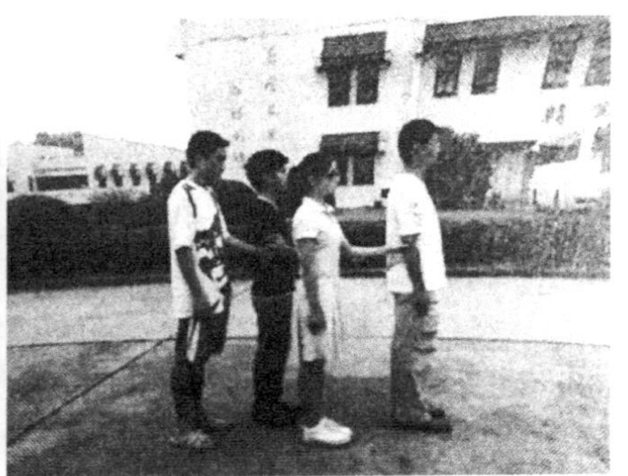

多人导盲随行

图 4-51 视障学生随行通过时所需通行宽度

（资料来源：中国残疾人联合会. 盲人定向行走训练指导师培训教材［M］. 北京：华夏出版社，2008.）

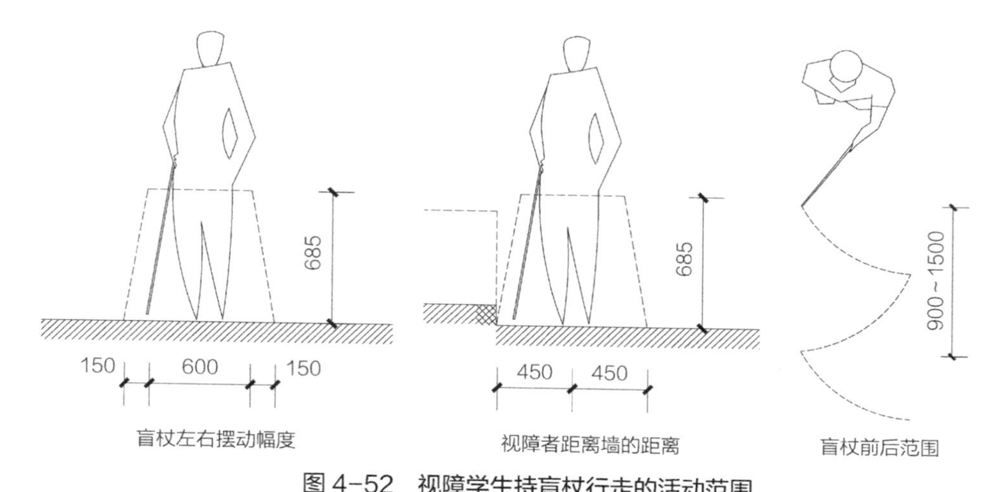

图 4-52 视障学生持盲杖行走的活动范围
（资料来源：中国残疾人联合会. 盲人定向行走训练指导师培训教材［M］. 北京：华夏出版社，2008.）

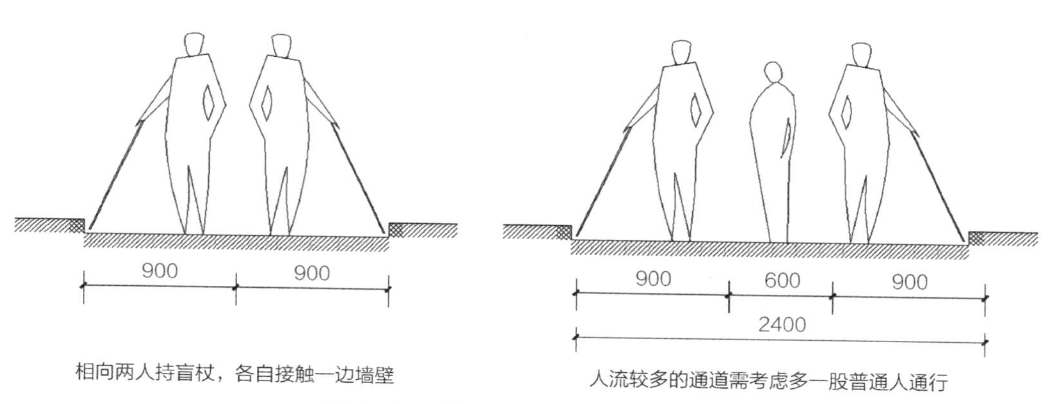

图 4-53 满足持盲杖行走的走道宽度

行走困难[①]。刘赫男在大连一所培智学校中对脑性瘫痪学生的行走特征做了比对分析，并得出在无人陪护的行走过程中，学生肢体的摆动幅度在 720～600mm 之间[②]（图 4-54）。

根据《中小学校设计规范》要求，学校中普通学生的通行宽度为 600mm，并规定教学用房内走道宽度不应小于 4 股人流，也即 2400mm。对于培智学校来说，还需要考虑以下情况（表 4-19）。

（1）有乘坐轮椅的通行需要时，走道需考虑至少一辆轮椅与一名陪护人员和另外一名儿童与陪护人员相对而行的情况，总计宽度为 2800mm。当两辆轮椅相对而行，再加上两侧的陪护人员，总计宽度为 3200mm。

① 李志锋. 脑瘫患儿高跪走、交替半跪和蹲走动作训练效用的下肢表面肌电分析［D］. 天津：天津体育学院，2014.

② 刘赫男. 基于儿童心理特点的培智类特教学校建筑设计策略研究［D］. 沈阳：沈阳建筑大学，2016.

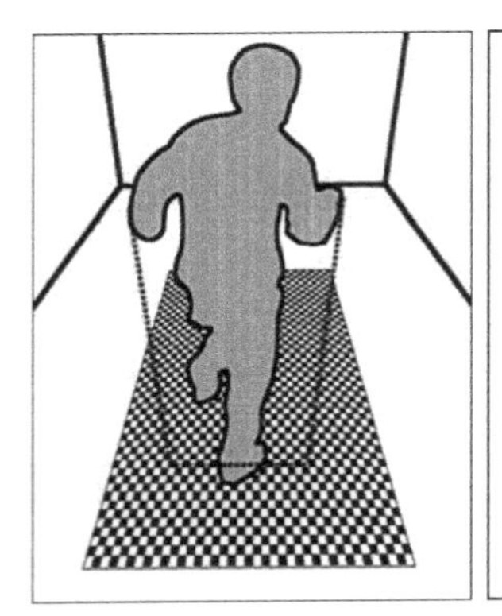

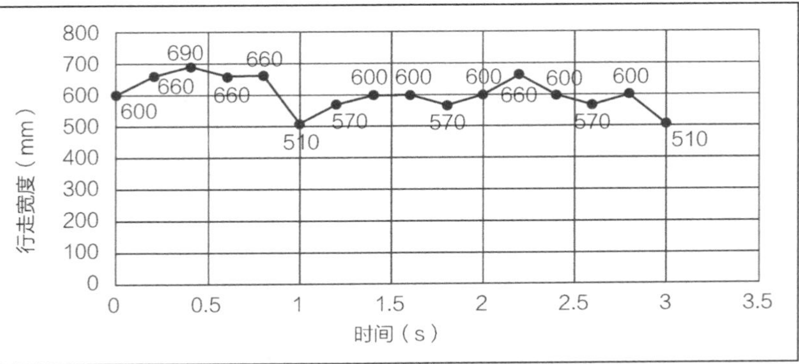

图 4-54　重度脑性瘫痪学生行走特征分析

（资料来源：刘赫男. 基于儿童心理特点的培智类特教学校建筑设计策略研究［D］. 沈阳：沈阳建筑大学，2016.）

有脑性瘫痪学生通行的走道宽度　　表 4-19

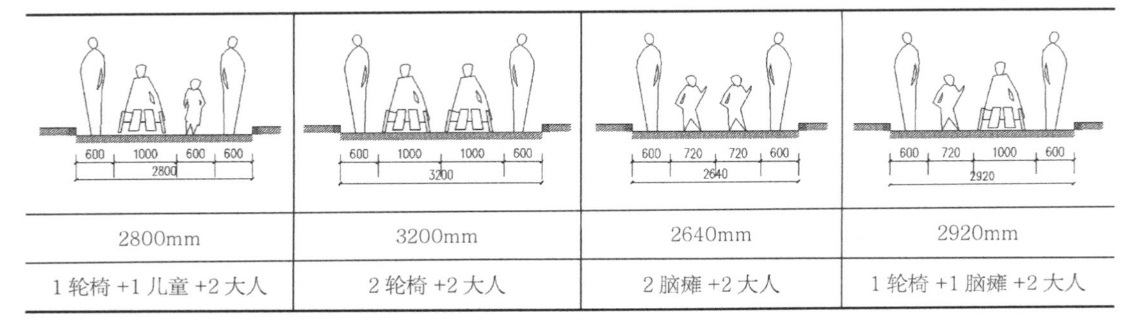

2800mm	3200mm	2640mm	2920mm
1 轮椅 +1 儿童 +2 大人	2 轮椅 +2 大人	2 脑瘫 +2 大人	1 轮椅 +1 脑瘫 +2 大人

（2）两名脑性瘫痪学生与两名陪护人员相对而行，总计宽度为 2640mm。一名脑性瘫痪学生与一辆轮椅及各自一名陪护人员，总计宽度为 2920mm。

根据以上计算，当有轮椅通行时，走道最小宽度在 2800mm 以上时才方便通行，但走道中两辆轮椅同时相对而行的机会较少，其余脑性瘫痪学生的通行宽度均在 2800 以下，因此本书建议培智学校内走道宽度在 2800mm 以上。

3. 听力障碍及其他发展性障碍学生行走特点

听力障碍学生无行走姿势异常，行走过程中的感知与认知与普通人相似，只是在行走过程中需要有交流时，只能通过手语和注视来进行交流。手语交流需要人体上肢保持一定的摇摆幅度，因此单人通行宽度在 700mm 左右。交流过程中需要双方并排行走，并保持眼神和手势的同时注意，因此聋校学生活动的主要走廊宽度应能够满足双向两人并排行走的需要，即 4 股 700mm 人流，至少 2800mm 净宽。

4.6.2.2　竖向疏散的设置

校园建筑中的竖向疏散主要指楼梯，其他还有电梯、坡道、大型台阶等多种形式，但并不能作为安全疏散使用，尤其在特殊教育学校中，考虑到学生的障碍特点，大型台阶并不适合作为通用的竖向交通形式。

楼梯是建筑中竖向交通的主要形式，联系着水平交通与疏散场地。在多层建筑的疏散中，学生的疏散顺序是由教室到所在楼层的走道，再到疏散楼梯的位置，然后经由疏散楼梯到首层疏散空间或直接通向室外。教学楼作为校园内的主体建筑，具有人流活动密集、人流方向规律、人流出现时间集中等几个特点，如上下学和全校性集会活动时，瞬时人流非常大。如活动需要跨楼层进行，则竖向交通压力都集中在楼梯和楼梯口。因此，建筑中，尤其学生集中的教学楼、综合楼等的楼梯间、疏散口需做针对性处理，如果设置不当，容易引发踩踏、拥挤等安全事故。

虽然特殊教育学校的学生总数并不多，如普通盲校学生总数约 200 人，培智学校则更少，与九年制普通中小学校动则 2000～3000 人比起来疏散压力小很多，但由于学生感知觉障碍、肢体障碍的行动特点，特殊教育学校具有疏散速度慢、疏散目的性不强、疏散过程需要陪护等特点，因此特殊教育学校的疏散楼梯在设置过程中应注意以下两点。

首先，应尽量提高总的疏散宽度，当行动慢的学生占据一定疏散宽度时，其他人可以从旁边或其他疏散通道绕行，并且对教师、志愿者等陪护人员所占据的疏散宽度也能有所弥补。其次，尽量减少竖向交通之间的水平距离，使学生不必经过长长的走廊就可以实现竖向疏散。

1. 楼梯的位置

障碍学生多有心理应激反应，即遇到突发事件时，可能会产生异常情绪，并导致躲避、乱跑和从众等行为，引起过分拥挤、疏散无序、速度缓慢等问题。同时考虑到障碍学生的空间认知能力不足，尤其在盲校和培智学校中，不应设置尽端式走廊，因为尽端式走廊只有一个疏散方向，对认知能力弱和情绪异常的学生来说容易产生混淆。所以，在学生活动较多的教室用房，应设双向疏散口，即可以同时向教室疏散门左右两侧疏散。具体情况包括以下一字形走道、分支形走道和环形走道几种形式（图 4-55）。学生从教室疏散门出来后，可根据具体情况，选择疏散的方向。

现行《中小学校设计规范》中，对于疏散距离要求按照国家防火规范要求，即房间疏散门到最近的安全出口距离不大于 35m，两个安全出口之间的距离在 70m 以内。

但特殊教育学校中学生行动慢，认知困难，普通学生能够快速疏散的距离，对于障碍学

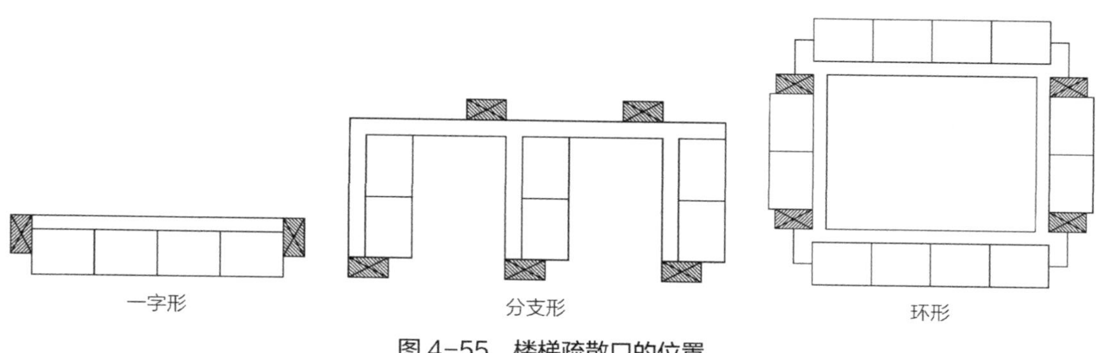

图 4-55　楼梯疏散口的位置

生来说有较大难度。对于普通学生来说，70m 距离约行走 1 分钟，但对于行动困难的脑性瘫痪或其他有行为障碍的发展性障碍学生来说，70m 的距离可能需要 4 ~ 6 分钟。因此其疏散标准应高于普通中小学校。《建筑设计防火规范》将民用建筑的疏散距离按功能分为四类，其中医院、疗养院与学校建筑中，两个安全出口之间的距离均为 35m，尽端式走道为 20 ~ 22m；托儿所和幼儿园两个安全出口之间距离为 25m，尽端式走道为 20m。特殊教育学校中学生的行为能力与认知水平普遍落后于普通学校，尤其低年级学生，其身体水平、认知能力与幼儿园儿童相似，因此其房间疏散门到安全出口间的最大距离可以幼儿园标准的 25m 为底线，并不建议考虑尽端式走道。同时，考虑到具体疏散时间，如果要求障碍学生能在 1 分钟内尽量从房间疏散门到达安全出口位置，则应该在以上标准的基础上，增加安全出口的数量，减少安全出口之间的距离。因此，在条件允许的情况下，在容易出现行为障碍的培智学校学生主要活动的楼层，除保障必须的疏散宽度外，应尽量减少疏散楼梯间的间距，使学生可以就近疏散，保障疏散速度。

除作为硬性指标的安全出口距离外，安全出口的使用效率也是重要的影响因素。使用效率包括两点：首先是安全出口与学生主要活动用房之间的距离，应尽量保证与活动用房疏散门之间距离的均衡，使得每个安全出口服务的范围尽量均等；其次是考虑到具体房间的使用情况、人员的行为习惯和便捷性等因素，使得每个安全出口通行的人数能够尽量平均化，避免出现总的疏散宽度与疏散距离满足要求，但实际使用过程中，人流基本集中在个别楼梯的情况。在已见的普通学校发生的拥挤事故中，多是因学生过于集中在某一部楼梯通行而导致安全问题。虽然特殊教育学校总人数有限，疏散楼梯达到人员密度安全界限的情况不易出现，但也应尽量平均疏散人流，提高疏散效率。

2. 楼梯口的缓冲空间

楼梯口的位置是水平交通转向垂直交通的转接点，水平交通人流通行速度较快，而楼梯的通行速度远不如水平交通，并且在中间楼层的楼梯口位置，从上面楼层下来要继续向下疏散的人和本层水平通道汇聚来的人，在楼梯梯段前发生交叉，因此楼梯口的位置非常容易发生拥堵，当单位面积的人数过大时，就会发生推挤，进而容易产生安全问题。所以作为疏散流线的关键节点，楼梯口的位置应适当地放大平台，缓冲进入梯段的人流（图 4-56）。

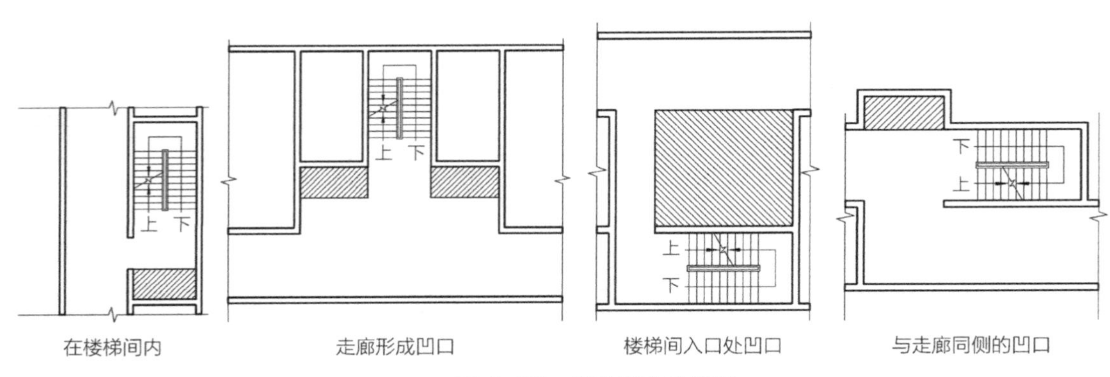

图 4-56　缓冲平台的设置

缓冲平台的宽度应大于楼梯梯段的宽度，使得人流有空间交错，有序疏散。平台设置的位置应紧邻梯段的休息平台，为上层楼梯下来的人提供缓冲空间，不能跨越水平交通走道设置。

缓冲空间的设计，除满足基本的缓冲面积及位置要求外，还需要考虑到学生的感觉障碍对通行和信息提示的特殊要求，具体设计方法可见本章。这里简单说明如下：针对学生的听力障碍，楼梯转角位应做倾斜或圆角处理，使得学生能够在较远的距离就知道通道上是否有人，避免发生碰撞（图 4-57）；针对学生的视力障碍应在空间转角位或楼梯口利用地面材质的光滑度、色彩变化提示低视力学生，并适当扩大节点面积；针对脑性瘫痪学生，除梯段位置设缓冲平台外，在水平走廊的相应位置也应做放大处理等。

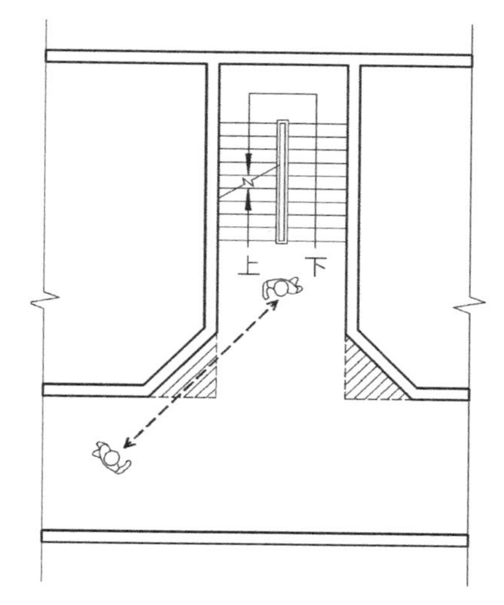

图 4-57　走道转角做倾斜处理

3. 电梯的位置

电梯不能作为紧急情况下的疏散工具，但仍是主要的交通形式，对于肢体障碍的学生来说，电梯可以解决垂直交通不便的问题，提高行动效率。电梯的设置对特殊学生来说涉及两个问题。一是电梯的操作问题障碍。由于部分学生具有认知障碍，难以顺利操作电梯，需作较明显的信息提示帮助学生理解电梯操作的基本要求。部分学校由于楼层不高，电梯数量不多，直接限制学生乘坐。二是电梯作为核心交通要素之一，会吸引大量人流聚集，电梯附近停留和通行的学生、教师多，既带来吵闹的噪声问题，又容易出现流线交叉的安全问题，因此电梯的位置应适当考虑特殊学生的活动特点，预留足够的缓冲区域。具体设置要求如下。

电梯间与水平交通之间要有足够的缓冲面积，要能够引起水平交通学生的注意，避免发生碰撞。如视力障碍学生在熟悉所在环境之后，跑动蹦跳速度与常人无异，若电梯前无缓冲空间，突然有人从电梯里出来，对于视力障碍学生来说，属于熟悉环境中临时出现的障碍，难以发现并非常可能发生碰撞。或者将电梯尽量设置在学生集中活动的水平交通范围之外（图 4-58）。

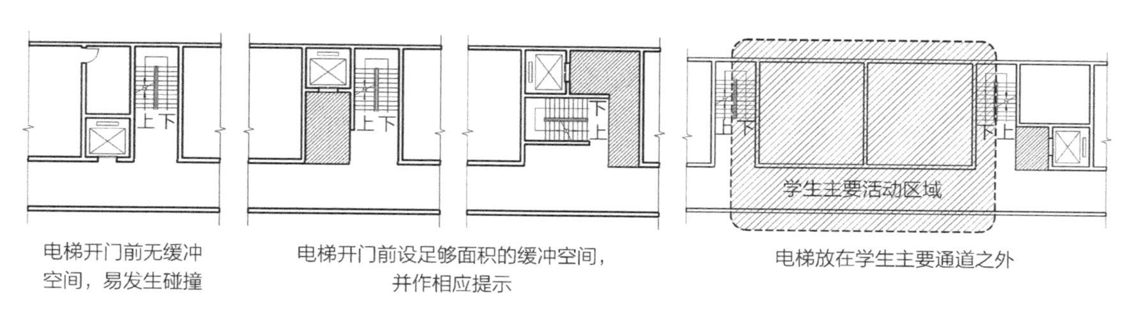

图 4-58　电梯位置示意

4.6.3 细部日常安全设计

针对学生身体大运动障碍和精细动作障碍的安全设计，集中在与学生身体尺度相关的建筑细节中。

1. 可能发生碰撞位置的软包处理

建筑的室内环境由于结构和构造需求，不可避免地会出现坚硬的凸出物，如墙角、通行通道上的柱子等，这些对于身体控制能力有限，或者感觉能力缺陷的学生来说非常容易发生碰撞并产生意外伤害。除此之外，学生活动幅度大的感统训练教室、体育训练室、风雨操场等，学生在墙壁附近活动时，如果保护措施不得当，都容易发生碰撞事故。为尽量减少这种碰撞伤害，最简单有效的做法是将对这些部位做全面的软包处理。

软包的具体材质和做法可参考幼儿园设计，软包的高度应考虑到障碍学生的身体发展条件和活动范围，应该能覆盖学生活动的高度。室内墙面软包高度不小于 1.5m，凸出的转角和柱等位置高度不小于 1.8m。软包最下沿可与地面保持 100mm 的高度，以便于日常清洁。

2. 饮水机等需操作的设备

特殊教育学校内必须设置冷热水源以满足学生日常饮水需要。通常的做法是并行设置带冷水源和开水源的饮水机，常见方式包括设置桶装饮水机和开水炉。这两种方式都有单独的开水开关，对于精细动作有障碍的学生很容易发生误操作而导致开水溢出烫伤。

为避免误操作烫伤，解决方式有两种。一是将饮水机设置在教师可以看护的室内，由教师操作，减少学生接触饮水机的机会。二是集中设置饮水间，将开水炉设置为只出安全温度的饮用水，或采用保险装置避免可能的误操作。从学生社会适应能力培养的角度来看，取用饮用水是最普通的一项日常活动，应给予学生足够的锻炼机会。因此，低年级、重度障碍班级的学生对精细操作实在有难度的，可在教室内设置饮水机；中低年级、有一定操作能力的学生可在教室外的辅助空间设置安全温度的饮水机；中高年级可在每个楼层或每个班级群组内设置一个专门的饮水处。

饮水处作为生活适应教学的一部分，应有足够的活动空间，并不占用走道等通行宽度。饮水嘴按照每班 2 个计算，满足所在楼层使用数量。水嘴高度在 1m 处，下面设水槽及密闭地漏。

4.7 本章小结

本章总结得出，影响特殊教育学校规划及建筑设计的因素有很多，包括特殊教育法律政策、社会认可、教育资源均衡等宏观因素，技术规范、行业发展等中观因素，还有教学组织形式、儿童行为与认知特点等微观因素。在这些因素中，特殊教育的开放式发展趋势、特殊教育教学体系的变革、特殊儿童的心理与行为特点，在与普通中小学的比较研究中，对特殊教育学校的设计影响最重要，因此本章节对这三点影响分别展开说明。在最后，通过对以上影响的分析，得出对学校来说有针对性的三点空间设计策略：保障多种学习行为的空间功能、减少对空间使用的环境干扰和有利于缺陷补偿的空间细节。

第5章 特殊教育学校的选址与总平面布局

特殊教育在我国拥有悠久的历史，20世纪初现代特殊教育起步时，我国也同步开始建立了盲校及聋校，目前国内各地多数的聋校和盲校，在1949年10月之前就已经建校，之后统一改制为国有公立学校。随着特殊教育的发展，盲校、聋校的功能逐渐扩展，从为单一障碍类型的视力障碍、听力障碍学生教学，发展为为学校所在地区的视力障碍、听力障碍学生提供随班就读支持，教师再教育指导，学前儿童干预中心，职业教育等与视力障碍、听力障碍学生教育、发展、就业、康复、培训、科研等服务一体化的教育资源中心。目前我国盲校数量趋于稳定，聋校数量则有逐步减少的趋势，部分聋校转为综合型特殊教育学校，开始招收除听障学生之外的发展性障碍学生。发展性障碍教育在我国起步晚，时间不长，20世纪80年代后才开始尝试进行智力障碍学生的教育，随着对发展性障碍教育认识的提高，培智学校的建设呈迅猛发展的趋势。在20世纪初，培智学校的大规模建设，极大地促进了发展性障碍学生的入学率。目前我国培智学校已经完成了基本布局，并以综合类特殊教育学校建设为主。随着特殊教育的发展，培智学校的功能也逐渐扩展，从单一的以智力障碍学生教学为主，发展成为所在社区智力障碍学生、脑性瘫痪学生和自闭症谱系学生提供全方位教育与培训的资源中心。

5.1 选址与规模

5.1.1 选址原则

特殊教育学校是特殊学生学习和生活的重要场所，校园与外界交流和联系是特殊学生接触社会、参与活动的重要保障。特殊教育学校的选址应考虑与周边现有社会资源的联系，如医疗康复机构、福利机构、文化设施资源等，使特殊学生能就近利用社会资源参与社会活动。同时特殊教育学校应与普通学校保持互动关系，为普通学校提供特殊教育支持，为随班就读学生提供特殊教育服务。例如德阳市特殊教育学校，以收治聋生为主，新建学校选址的主要依据是因为邻近德阳市残联新建的康复中心，两块用地相毗邻，方便利用残联的优秀资源，利于学前儿童的康复。

特殊教育学校的校园环境对学生的身心发展有明显的影响，学校的选址对学生的发展十分重要。选址首先应考虑到学生的障碍特点及其所带来的行为和心理特点，从安全、便捷等角度保护学生的缺陷，避免学生产生过激、不当行为；其次应有利于学校对学生的教学和康复活动，包括校内活动和校外活动等；最后在开放式教育的发展趋势下，为更广泛的社区和社会、为更多有特殊教育需要的人提供特殊教育资源和服务。

5.1.1.1 最大限度地利用现有社会资源

社会资源包括两类，一是为适龄儿童服务的公共社会资源，服务对象既包括普通儿童，也包括特殊儿童，如博物馆、图书馆、少年宫等。视力障碍学生多数没有认知障碍，在充分考虑视觉无障碍设施的前提下，对于公共社会资源的使用较容易。听力障碍学生相较于视力障碍学生更容易单独使用这些资源。特殊教育学校受限于规模与投资，校内相关特殊教育资源有限，如图书馆的藏书种类与数量都有限，内容丰富程度上与公共社会资源相差较远。现在博物馆、图书馆等公共场所多设有完善的无障碍设施，供障碍人士使用。如南京市盲人学校紧邻金陵美术馆、傅善祥故居等文化设施，学校会组织学生定期参观，融文化教育于日常教学中。对于发展性障碍学生来说，在课下单独到上述公共场所则具有一定的难度。因为发展性障碍学生一般具有严重的社会适应问题，难以单独在社会环境中活动；从另一个角度来说，目前社会环境对发展性障碍学生的无障碍和通用性设计考虑并不周全。但是社会适应能力是发展性障碍学生教学和康复的重要目标之一。为了使发展性障碍学生有更多的机会接触社会环境，培智学校通常采用送学生出去和借资源到校两种方式。送学生出去是指由培智学校组织教学班级或有一定行为能力的学生到真实的社会环境中参与各种美术、康复、游戏与实践活动，为学生拓展学校之外的社会环境。借资源到校是指在学生难以走出去的情况下，将各种社会服务或实践活动请进校园，与发展性障碍学生共同活动的形式，如成都市同辉国际学校邀请残奥会选手到学校内与学生进行互动，这深受学生喜爱，不仅特殊学生受到鼓舞，同校区的普通学生也积极参与。无论哪种方式，都需要学校与相关资源单位、企事业单位有方便的联系。

第二种社会资源主要指专门为障碍人士提供康复、医疗等服务的残联康复机构，如康复中心、康复医院等。虽然医教结合理念已经逐步开展，但特殊教育学校内的医疗设施较为基础，提供的医疗与康复以教学康复为主，对个体复杂情况的诊断与治疗仍需要到专门的康复医院。为减少学生日常康复治疗往返学校与医院的交通和时间成本，特殊教育学校的选址应在可能的条件下靠近相关残联与医疗机构。

对于低视力学生来说，日常康复的视功能训练是重要的康复治疗。目前多数盲校都设有视功能训练室，但由于国家尚无相关的建设标准和依据，训练室内条件差距很大，当学校的训练室无法满足学生日常康复的专业要求时，就必须借助周边康复机构的专业支持。

对于听障学生来说，医疗康复主要有两种形式：一是听力补偿，利用学生现有的残余听力，将外界声音信号放大，使其获得信息，主要手段是佩戴助听器；二是听力重建，放弃学生残余的听力，通过手术在内耳植入电子设备，外界声音信号在电子化后传入体内电极，使学生获得听力信息，主要手段是人工耳蜗植入。无论是听力补偿还是听力重建，康复治疗介入的时间都是越早越好，因为儿童语言结构的建立是在 2～3 岁，所以现在听力康复治疗的时间大大提前。在实际操作层面，1 岁即可以进行有效的听力补偿和重建，为语言康复作铺垫。

所以在学龄阶段，多数听力障碍儿童已经得到有效康复，能够进入普通学校随班就读。在聋校就读的学生多为错过最佳学习语言的时期，或一直没能进行听力康复的学生，他们对医疗康复的需求并不大，主要是社会性语言和言语康复。因此，聋校对于医院和残联等康复机构的医疗康复需求不大，反而是对于一对一语言和言语康复的需求很大。目前社会上有很多康复机构，面向听障学生及自闭症谱系学生开展，在部分学校资源有限的情况下，学生可根据需要到社会康复机构进行进一步训练。

在医教结合的理念下，医疗康复和教育康复的结合对于发展性障碍学生的康复和教育具有非常重要的意义，积极的康复对于学生回归社会有明显的提升作用。受到技术、师资和硬件条件，以及以教学为主要目标的限制，大部分培智学校的康复治疗水平不高。而医院、残联等部门的康复技术水平更贴近当下的研发水平，尤其在脑性瘫痪、自闭症等热点研究方向，研究成果转换临床实践速度快，能够为障碍人群提供较先进的治疗方案。发展性障碍学生的康复不是特殊教育教师依靠个人耐心和努力就能改善的，需要科学理性的方法和先进技术的支持，针对病因积极进行康复治疗。

综上，特殊教育学校的选址需要考虑学校与上述医疗康复部门的便捷联系，使得学校可以适当借鉴医疗康复部门已经成熟的实施方案，也可安排学生去相关部门接受更专业的评估和治疗，最大程度地为学生康复和教学提供方便。

5.1.1.2 为普通学校提供特殊教育支持

特殊学生并不是全部就读于相应的特殊教育学校中，有相当一部分学生以随班就读的形式安置在普通学校中。在我国现行教育体系下，普通学校中少有专业的特殊教育教师提供支持服务，因此造成了一定程度上随班就读的效果有限。在融合教育的趋势下，特殊学生开始逐渐融入普通学生的生活与学习过程，这并不是简单地将可以进入普通学校就读的特殊学生送到普通学校就结束了，而是需要建立一体化的教育跟踪体系，保证学生在普通学校中能够尽快适应生活与学习模式，融入教学环境。同时，由于我国对于残疾和障碍的定义较为严格，相当一部分在欧美发达国家可被认定为残疾障碍的学生，在我国均被归为普通学生，就读于普通学校。这些学生亟需特殊教育教师的指导和特殊教育资源的支持。

我国盲校布局以省为单位，服务全省范围内的视力障碍学生，一个定点学校虽然无法全面照顾全省各个城市，但一般多设置在经济、教育、医疗等相对发达的省会城市，尽最大可能服务市中心区域内的学校，并保证其他地市的学生有盲教需要时，可以较方便地到达。因此，就小范围区域来说，盲校应尽可能地设置在普通中小学附近，为所在片区的普通中小学提供视力障碍教育资源服务。就区域选址范围来说，应设置在交通发达、人流密集的省会城市。

我国聋校布局以市镇为单位，服务全市（镇）范围内的听力障碍学生。听力障碍儿童进行听力重建后，多数选择回到普通学校进行随班就读。但助听器和人工耳蜗植入的康复只解决了儿童听感问题，使儿童能够感受到声音信息，而无论何种康复方式，声音信号的清晰度、信噪比都会有一定损失，影响个体对信息的把握，进而影响语言能力和学习效率。因此听力障碍儿童在普通学校的随班就读仍需要有相当长一段时间的语言康复过程，这时聋校的相关支持就显得尤为重要，所以在选址过程中，聋校也应尽可能设置在普通中小学附近，便于为所在片区的普通中小学提供听力障碍教育资源服务。

我国培智学校布局以区（县）为单位，服务行政区（县）范围内的智力障碍学生。目前我国还没有建立完整有效的智力障碍学生学习成果评估体系，普通学校对于在校安置就读的轻度智力障碍学生普遍了解不够、支持不足，而资源教室作为随班就读最主要的支持手段，仍在广泛建设中，周期漫长。这些原因导致我国随班就读情况并不理想。如果随班就读的轻度障碍学生完全交由普通学校和家长教育，会出现学生无法得到应有的关注，随班就读变成随班混读的情况。为避免这种情况，培智学校作为特殊教育的中心有责任承担起对普通学校特殊学生学习的支持工作。对于发展性障碍学生而言，工作包括两方面：一是直接对学生的评估和康复训练，针对普通学校特殊教育专业教师匮乏的情况，请培智学校专业教师到普通学校中对随班就读学生进行阶段性评估，并在评估基础上与普通学校教师共同制定针对随班就读学生的教学计划；二是对普通学校教师特殊教育知识的培训和支持，提高普通学校教师对于随班就读学生的了解和支持，更好地保障学生在校的学习质量。因此培智学校的选址应适当考虑对所在区域普通学校的支持与服务工作，确定合理服务范围，与普通学校形成良好的教学资源互动。

我国综合型特殊教育学校并没有明确的布局要求，只是原则上规定 30 万人以上的市县必须建设一所特殊教育学校。考虑到特殊教育资源有限的因素，这类特殊教育学校一般为综合型的特殊教育学校，而非单一的盲、聋或培智学校。因为其覆盖范围至少为 30 万人口基数的适龄残疾学生，因此学校的选址应靠近城市中心区域，便于就近与普通教育、医疗康复资源形成互动。

5.1.1.3 为所在居住社区提供特殊教育服务

2008 年国务院发布《关于促进残疾人事业发展的意见》，提出大力开展社区康复，推进康复进社区、服务到家庭的目标。2011 年《中国残疾人事业“十二五”发展纲要》将“普遍开展社区康复服务”作为人人享有康复服务的目标。康复不再仅限于医院、残联等专业部门，逐渐走入残疾人日常生活的社区中，实现就地、随时康复①。在 20 世纪 80 年代康复医学引入我国后，经过二十多年的发展，与传统医学相结合，逐步形成了多层次、全覆盖的康复事业。由过去的康复中心为主导，发展为综合医院、疗养院、社区医院等多层次的康复科室，为残疾人提供服务。

特殊教育理念在这一趋势下也发生了转变，将康复与教育有机结合起来，认为特殊教育中需要医疗康复的介入以改善学生的学习效率，并在康复中融入教育因素，提高障碍人士的整体文化道德水平，最终帮助特殊学生回归社会，实现独立生活。因此，社区康复是我国“学校—医院—社区—家庭”四合一的综合化康复体系中重要的组成部分。培智学校为所在社区提供教育康复指导，是社区教育康复的重要补充。

① 本社．中共中央 国务院关于促进残疾人事业发展的意见［J］．宁夏回族自治区人民政府公报，2008（15）：4-8.

5.1.1.4 覆盖范围应合理

据统计，至2011年，我国共有盲校32所、聋校452所、培智学校428所。按照我国特殊教育体系的布局，盲校以省为单位，每个省配置一所专门收治视障儿童的盲校，学校收治的学生不局限于普通中小学的服务半径要求，而是面向全省招生，学校具有较强的示范性和指导性作用。聋校以市（镇）级布局，面向全市招生，学校面向省内其他市镇有一定的示范作用。随着特殊教育的发展，特殊教育学校收治学生的数量在逐渐增加，残疾种类也更加宽泛，越来越多的多重残疾学生进入学校就读，多个地市的聋哑学校也改制升级为市一级综合型特殊教育学校，开始收治培智学生。这说明单独服务类型的聋校特殊教育正面临转型，由单一的面对聋生服务，逐步扩大为服务于多类别的残疾学生。培智学校以区（县）为单位，招生范围略大于普通中小学。

普通中小学的服务范围是由服务半径来计算的。《中小学校设计规范》指出，城镇完全小学的服务半径宜为500m。2002年《城市普通中小学校校舍建设标准》并未对学校服务半径做出明确要求，只有原则性的说明，要根据学校规模、交通以及学生住宿条件、方便学生就学等原则确定。

盲校的覆盖范围很难参照普通学校以单一的服务半径来计算学校服务范围。考虑到视力障碍学生行为不便，如果采用走读的方式，大多数学生很难利用公共交通或步行，在较短的时间内到达学校，为节省时间，确保通行安全，多数盲校采用寄宿制。如果学生有条件走读，应将学生每日单程到校时间控制在15分钟以内。因此盲校服务范围能够满足所在省市多数学生入学安置的原则，并保证学生每周能够回家一次。盲校的选址一般要求选择在当地省份有代表性的城市中，一般选择在省会城市，其服务面覆盖较广。

同理，因学生人数问题，聋校的覆盖范围也很难参照服务半径来计算学校服务范围。与盲校一样，适当考虑学生日常走读和寄宿需求，走读单程交通时间控制在15分钟以内，寄宿学生在就近入学的原则下，能够每周回家一次。

培智学校的覆盖范围也不是以服务半径来决定，而是以行政区划为单位，这导致了学校很难均衡考虑人口密度和服务范围的问题。以北京市为例，每个行政区一所培智学校。东城区辖区面积41.84平方公里，人口91.9万；西城区面积50.7平方公里，人口124万；丰台区辖区面积305平方公里，人口221万。各个区的辖区面积和人口总数相差极大。总的来说，培智学校以行政区为单位划分主要考虑了辖区内适龄障碍人群的数量比例，有利于现有特殊教育资源的效率最大化，但对于多数发展性障碍学生来说，无法就近入学，造成了一定就读困难。

5.1.2 用地条件

特殊教育学校与普通中小学同属我国教育体系中义务教育阶段的范畴，在学校的选址上有很多相似的地方，例如都应选在地质条件较好、交通方便、环境适宜、地形开阔、阳光充足并具备必要基础设施的地段。同时，特殊教育学校的校址又有其自身的特殊性，需要有利于听障学生的听觉补偿，有利于教学活动的组织，保障学生在校生活的顺利进行。特殊学生由于各种障碍对灾害、安全的感知能力和避难逃生能力要比同龄普通学生差，同时其身心发展的特殊性导致环境对他们的影响作用更为突出。因此，特殊教育学校的选址除应具备与普通学校相似的基本条件外，需在交通条件、噪声环境和地形环境三个方面谨慎考虑、妥善处理。

5.1.2.1 交通条件

1. 安全问题

特殊学生由于障碍特点，对身边环境的认知能力较弱，对周边环境变化感知能力差。校园规划时应统筹考虑人流疏散的方向和密度。

视障学生基于缺陷补偿原则对于声音环境敏感，我国无障碍设计主要面向对象之一就是视力障碍人群，但为视力障碍人群服务的无障碍设施主要以盲道、声音提示器等设施为主，在人流密度不高的地区可以正常发挥作用，在拥挤地段，单位面积地面的人数超过一定限度时，普通行人就会占用盲道，街道产生的噪声也使得声音提示设备提示范围受限，造成视力障碍人士出行不便。听障学生对环境的感知过于依赖视觉，容易形成环境感知的盲点，对于身侧、身后的信息提示难以及时察觉。发展性障碍学生除感知有一定缺陷外，因肌肉能力弱，其行动对环境信息的反馈也不积极，如对过往车辆、行人的声音提示感知差。过于频繁的车行交通容易造成学生出行的安全隐患。

基于以上特点，特殊教育学校的校园出入口不宜紧邻车流量大的街道或城市干道，并远离人流密集区域，与公交车站、地铁站、人行天桥保持适当距离，避免人流交叉干扰以及普通行人对学校四周无障碍设施如人行道路、盲道、盲音红绿灯等资源的过度干扰和占用。发展性障碍学生行动和反应速度低，校园周边道路应有宽度充裕的人行道路，并延长信号灯时间。

2. 日常通勤便利

特殊教育学校的布局模式使得学校的服务覆盖范围很大，无法对所有师生考虑就近入学。盲校和聋校普遍采用寄宿制就读模式，约一半以上的学生寄宿在学校。对于发展性障碍学生来说，教育全面化要求学生不仅在课堂时间接受学校教育康复，平时课后家庭、社区的继续教育也是发展性障碍学生教育康复的重要组成部分，因此培智学校鼓励学生走读，有相当一批培智学校不设置学生宿舍。目前我国特校选址话语权较低，为能得到一块适合学校目前发展情况并留有适当发展余地的用地，一般需要到远离市中心的城郊区域，为学生进出带来不少困难。如杭州市聋人学校的新校区位于杭州市北，2012 年调研时，城市公交仍未覆盖学校所在区域。如果学生自己单独出学校，则需要步行相当长一段道路，才能到达公交站点，非常不便。

考虑到学生的个人交通能力，学校周边的道路应与城市道路有良好的衔接，出入口应便于学生抵达日常通勤的公交站点或当地短途客运站，保障非住宿学生和家长通过公交或其他交通方式解决日常上下学问题。

3. 职业培训需要

特殊教育体系中职业教育为学生毕业后独立生存提供了重要的技能基础，虽然本书并不具体解决职业教育空间设计，但在校园规划中可适当考虑职业教育因素对校园空间结构的影响，为未来发展留有余地。视障学生的职业教育多以学校为基地，在校园内单独划分一块与外部相邻的地块或用房作为实操基地。听力障碍学生的职业教育多与当地政府、企业、事业单位合作，到工厂、企事业单位实践。因此除选址时需适当考虑与企事业单位集中的区域有方便的交通联系外，在校园规划中，应为职业教育设置单独的人流出入口和车行出入口并适当考虑停车问题，减少对城市道路的压力。

5.1.2.2 噪声环境

根据缺陷补偿原则，视障学生需要借听觉、触觉等方式补偿感觉能力，其非视觉感官的注意力更加集中，对声音、振动、材料变化等感知注意力高于普通儿童。持续的非视觉干扰，如低频噪声会引起学生头痛、耳鸣、疲劳等生理症状，同时会对主要通过听力获得信息的学生产生巨大干扰，降低学习效率和效果。在视力障碍学生最重要的康复课程——定向行走训练中，基本技能之一就是通过声音来源确定自己所在的方位，噪声也会直接影响学生的康复训练效果。如南京市盲校校舍紧邻城市干道，道路交通噪声对教学有相当大的影响。

大部分听障学生都具有残存听力，聋校教学与康复的基础就在于对残余听力的利用和重建，以及语言和言语能力训练。人们普遍认为，听障学生因听力损伤，对外界声音敏感度没那么高，可以放宽对外界声音环境的控制，甚至吵闹一点都无所谓，这是完全错误的。对残余听力的补偿和训练，尤其是听力重建后听觉能力的建立和相关的语言训练都需要专门的训练环境，以培养学生对声音信号的敏感。

发展性障碍学生虽然没有明显的感觉缺陷，但认知障碍比较严重，其中一个明显特征就是注意力不集中，容易被其他事物吸引而分散。如智力障碍儿童在教室中的学习非常容易被走廊行人产生的声音和身影吸引。另外，智力障碍儿童和自闭症谱系学生对于持续性的噪声刺激有明显的抵触，容易造成情绪激动并产生尖叫、大幅度不可控动作等过激行为，影响正常教学。

因此整个校园环境需严格控制噪声条件，保持安静的校内及周边环境。学校地址应避免紧邻城市主干道，并与铁路、大型十字路口等产生持续交通噪声、社会生活噪声的位置保持足够距离，严格控制周边社会生活（如农贸市场、娱乐场所、汽车修理站等）、工业生产、基础建设项目施工等带来的噪声干扰。尤其是主教学区与学生宿舍等学生停留时间较长的区域，其噪声要求比普通学校要更加严格。可在城市道路之间设足够高度的绿化隔声带，或与城市道路保持足够的距离以降低噪声。根据教学及生活要求，噪声标准白天应控制在 60dB 以下，夜间在 45dB 以下。

5.1.2.3 地形环境

特殊教育学校的用地应尽量平整，避免出现明显高差，给学生行走带来障碍。如高差不可避免，至少应尽量保证学生活动区的平整。

这主要是考虑到学生的行动特点。视力障碍学生对校园空间认知困难，远距离行走有明显障碍，在大尺度空间下对环境把握能力有限。听障学生并无明显行为障碍，主要表现为交流困难，需要手语与目光注视，因此地形环境不宜过于复杂。发展性障碍学生认知能力和活动能力都较差，坡地建筑、台阶过多都会对学生活动产生影响。因此，良好的户外活动、平整的用地条件对于特殊教育学校尤为重要。

在此基础上，用地地形还应特别注意学校用地内足够的日照条件并保持良好的通风和排水。有些特殊教育学校沿用异地重建已迁走的小学用地，有些学校因资金匮乏，不得已使用原有校园建筑或进行简单改建，这些问题在南方地区相当普遍。当周边建筑密度很高的时候，会对校园用地形成覆盖遮挡，学生白天户外活动时难以获得足够的日照和通风。

5.1.3 校园规模与指标

5.1.3.1 总体规模

普通中小学校规模通过服务半径和所在地区千人指标来确定。2002 年《城市普通中小学校校舍建设标准》并未对学校服务半径做出明确要求，只是说明要根据学校规模、交通以及学生住宿条件、方便学生就学等原则确定。在地方规范中，这一指标得到相对明确的落实，以上海市为例，2004 年上海市《普通中小学校建设标准》在学校服务范围确定后，通过千人指标来控制学校规模，即通过计算服务范围内的总人口数来确定学校的用地规模和建筑规模。“2.5 万人口的住宅小区宜配建 30 班规模小学一所和 24 班规模初中一所”，上海市中小学校千人指标如表 5-1 所示。

上海市中小学校千人指标　　表 5-1

学校类别	每千人建筑面积（m^2）	每千人用地面积（m^2）
高中	266	626
初中	442	981
小学	461	1102

资料来源：根据黄俊卿，吴芳芳．基础教育设施布局均等化的比较与评价：以上海郊区小学布局为例 [C] // 2013 中国城市规划年会，2013. 编制。

相应用地面积指标如表 5-2 所示。

上海市中小学校用地面积及生均用地面积指标（中心城外）　　表 5-2

学校类别	指标	学校规模（m^2）		
小学	班级数量	20 班	25 班	30 班
	用地指标	21115	24616	27539
	生均指标	26.39	24.62	22.95
九年一贯制学校	班级数量	27 班	36 班	45 班
	用地指标	29082	36682	44342
	生均指标	25.51	24.13	23.34

资料来源：根据黄俊卿，吴芳芳．基础教育设施布局均等化的比较与评价：以上海郊区小学布局为例 [C] // 2013 中国城市规划年会，2013. 编制。

上海市普通中小学的建设指标略高于全国平均水平，是经济发达城市的典型代表，在人口持续增长的趋势下，也可以认为是未来国内多数中心城市的发展方向。通过表 5-1、表 5-2

可见，20 班的普通学校，学生的生均占地在 $25m^2$ 左右。

相比之下《特殊教育学校建设标准》中，三大类特殊教育学校的生均占地面积则大很多，盲校 9 班 108 人均占地 $140.8m^2$，聋校 9 班人均占地 $143.8m^2$，约为上海普通小学的 5 倍，培智学校 9 班人均占地 $191.1m^2$。27 班时生均占地面积略有下降，但仍远大于普通小学标准。这主要是因为特殊教育学校在普通中小学普通教室和专门教室的基础上，还承担了更多的教学任务，需配置一定面积的教学辅助及康复、评估等训练用房，如盲校需配置视功能训练用房、视力检测室，聋校需配置听力检测室室、个别语训室等，且康复用房的种类和面积随着医疗和康复技术的发展也在不断更新，所需生均建筑面积较高。同时考虑到特殊学生行动不便的特点，教学建筑以中低层为主，校园内学生活动的建筑容积率不宜过高，例如盲校控制在 3 层以下，所以生均占地面积较普通中小学校要高。

5.1.3.2 班额与班级数

我国三大类特殊教育学校的教学体系均是以九年义务教育为基础的，班额配置与一贯制完全学校相近，覆盖了义务教育阶段小学和初中部分，有 9 班、18 班和 27 班三种规模。多数特殊教育学校出于服务社区、学生就业和学生毕业后融入社会考虑，在九年一贯制的基础上增设了学前教育班、高级中学和职业教育班等，学校规模在 9 班基础上再增加班额。

1. 盲校班额

视障学生的职业教育和学前教育比较普遍，如北京市盲人学校覆盖小学、初中、高中三个阶段，共 12 个年级，同时还有 1 个学前班和 1 个多重障碍班，共计 14 个班级。上海市盲童学校也覆盖了从学前到高中和中等职业教育的学制，共计 25 个班级。目前我国盲校由于生源总数的控制，多是每个年级 1～2 个自然班，学校总班数在 20 班左右。盲校规模与当地适龄视力障碍儿童人数也有直接关系，当地人口数、残疾人口数等对学校规模都有一定影响。出于对视障生行为安全、便利性的考虑，盲校每个班的班额建议为 12 人，对于招收以视力障碍为主的多重障碍学生和学前视力障碍学生的学校，班额还应更小，以 8 人 / 班为宜。

2. 聋校班额

听力障碍学生经过小学和初中阶段的学习和康复后，具有较好的生活适应能力和社会适应能力，因此聋校的高中教育和职业教育比较普及，也有相当多听力障碍学生继续申请参加全国统一的高考。所以聋校的规模在 9 班、18 班、27 班的基础上作相应增加，涵盖大部分教育阶段。如广州市聋人学校现有班级 45 个，覆盖了从学前到高中阶段、中高职的全学制。听障学生具有一定的自主行动能力，康复教学以个别教学为主，聋校班额建议不超过 12 人 / 班，其中兼有其他多重障碍学生的班级不宜超过 8 人 / 班，低年级班额控制在 8～12 人 / 班，中高年级不多于 12 人 / 班。

3. 培智学校班额

发展性障碍学生的障碍类型种类多，原则上分班教学有利于根据学生障碍特点实施针对性教学，因此学校内的班级数根据学生障碍类型，可分为智力障碍班级、脑性瘫痪班级和自闭症候群班级等多种。尤其低年级学生障碍表现多样明显，如脑性瘫痪学生多数伴有智力障碍及其他并发多重障碍，自闭症候群学生的数量逐年增加。为提高教师对学生个体的关注和管理，培智学校应适当提倡小班化、多班化教学，提高低年级班级数量的灵活性。随着学生年龄的增长，单一障碍类型的发展性障碍学生自理能力、学习能力和社会适应能力都有明显提高，根据具体情况，部分学生可转至随班就读，部分学生可转向职业教育学习，学校可根据学生数量进行班级数量调整，一般高年级班级数量比较稳定。以杭州市杨凌子学校为例，一至九年级每个年级设 1 个自然班，并同时为智力障碍学生开设了园林花卉和面点制作两个专业的职业高中教育，加上学前康复 1 个班，总计 12 个班。实际上，教学质量好的培智学校每年招收学生的名额非常紧张，符合入学要求的学生很多。很多适龄学生的家长为能使孩子顺利入学，不得已采用购买学区房的方式，因此本书建议培智学校出于教育公平和零拒绝的教育原则，适当放宽和增加低年级班级的数量，以便更好地安置有特殊教育需要的发展性障碍学生。考虑到发展性障碍学生行动不便，以及教学安排及教师看护需要，培智学校班额不宜超过 8 人 / 班，并根据学生的障碍类型进行分类教学，如启智班、星星班等。学校年级根据招生和教学需求覆盖学前、义务教育、职业教育等方方面面。职业教育可适当放宽班额至 10 人 / 班。以笔者调研所知，大部分培智学校都以每年级 1 ~ 2 个自然班为主，每班 8 ~ 12 名学生。

5.1.3.3 用地指标

《特殊教育学校建设标准》中对于三类特殊教育学校的用地给出了具体的量化指标（表 5-3 ~ 表 5-5）。

盲校规模与用地指标①　　表 5-3

学校规模	学生人数	占地面积（m^2）		生均用地面积（m^2）	
		Ⅰ类用地指标	Ⅱ类用地指标	Ⅰ	Ⅱ
9 班	108	13104	15216	121	141
18 班	216	18767	22559	87	104
27 班	324	—	27896	—	86

资料来源：特殊教育学校建设标准：建标 156—2011 [S]. 北京，2011.

聋校规模与用地指标①　　表 5-4

学校规模	学生人数	占地面积（m^2）		生均用地面积（m^2）	
		Ⅰ类用地指标	Ⅱ类用地指标	Ⅰ	Ⅱ
9 班	108	13542	15526	125	144
18 班	216	18966	22414	88	104
27 班	324	—	29379	—	91

资料来源：特殊教育学校建设标准：建标 156—2011 [S]. 北京，2011.

① “Ⅰ”代表Ⅰ类建设用地指标，是指满足校舍总建筑面积一级指标加选配指标的建筑用地和其他各项用地之和所需的建设用地面积；“Ⅱ”代表Ⅱ类建设用地指标，是指满足校舍总建筑面积二级指标加选配指标的建筑用地和其他各项用地之和所需的建设用地面积。
其中：建在县级城镇的特殊教育学校首期建设的校舍建筑面积不应低于一级指标；建在地（州）、市及以上的特殊教育学校首期建设的校舍建筑面积不应低于二级指标。

培智学校规模与用地指标[①] 表 5-5

学校规模	学生人数	占地面积（m^2）		生均用地面积（m^2）	
		Ⅰ类用地指标	Ⅱ类用地指标	Ⅰ	Ⅱ
9 班	72	12338	13761	171	191
18 班	144	17100	19974	118	138
27 班	216	—	25670	—	118

资料来源：特殊教育学校建设标准：建标 156—2011［S］. 北京，2011.

考虑到各个省份之间生源数量和学校用地条件的差异，为推广特殊教育学校向县镇地区普及，生均用地面积没有采用一刀切的统一标准，而是分为 I 类建设用地指标和 II 类建设用地指标两个标准，且建设用地指标与总建筑面积的分级指标直接相关，其中县级城镇盲校首期建设指标不得低于一级指标，地市以上学校指标不得低于二级指标。下面分别对三类特殊教育学校举例说明。

1. 盲校用地指标

盲校一般设在当地省会城市，生源以本省为主，起到辐射、示范作用。部分学生来自外地，无法走读。所以盲校一般采取寄宿制，校内需设学生宿舍，宿舍房间根据年龄差异和有无多重残疾作相应调整，并根据生活习惯和地区差异设置相应的配套用房，如食堂送餐和浴室等。因此在盲校前期的可行性研究阶段和选址时应该尽量留足用地面积，为盲校的可持续发展奠定一个良性的基础。如广州市盲人学校用地面积过小的问题异常突出，校园异地重建计划迟迟未能敲定，给学校的教学活动带来了很大的负面影响。

盲校可行性建设阶段设计并无专门的政策或指导文件，盲校建校布局以省级行政地区为基础，不同省份的人口密度、人口总数、适龄残疾人数相差较大，而每个省份原则上仅设一所盲校，所以盲校的需求规模差异较大。在实际调研过程中，基本所有省份的盲校布局都已经完成，且有相当一批盲校是在中华人民共和国成立前就已经存在的，导致不同盲校校园用地条件差异很大。如表 5-6 所示，广州市盲校生均用地面积仅有 $9m^2$，而浙江省盲人学校生均面积已经达到 $151m^2$，造成这种差距的原因主要是部分学校历史悠久，在中华人民共和国成立前就确定了现有校园用地。建校之初学生数不多，所以规划占地较少。改革开放后特殊教育大发展，随着对盲教育的逐渐重视，越来越多的人开始接受盲教育，盲校就读人数也越来越多，校园用地日渐捉襟见肘。但学校在建校之初原本偏僻的用地，在当下城市化进程中已经处于市中心位置，原址扩建成本极高。为满足越来越多的视力障碍学生的就读需求，校方扩建的解决的办法除了原址扩建之外，只有校园整体异地重建。异地重建征地相对来说容易很多，在特殊教育不受政府重视的年代，当地土地部

① “Ⅰ”代表Ⅰ类建设用地指标，是指满足校舍总建筑面积一级指标加选配指标的建筑用地和其他各项用地之和所需的建设用地面积；“Ⅱ”代表Ⅱ类建设用地指标，是指满足校舍总建筑面积二级指标加选配指标的建筑用地和其他各项用地之和所需的建设用地面积。

其中：建在县级城镇的特殊教育学校首期建设的校舍建筑面积不应低于一级指标；建在地（州）、市及以上的特殊教育学校首期建设的校舍建筑面积不应低于二级指标。

盲校用地指标调研　　表 5-6

学校名称	班级数	学生人数	占地面积（m^2）	生均用地面积（m^2）
广州市盲人学校	19	328	3000	9
北京市盲人学校	22	300	29700	99
浙江省盲人学校	23	241	36465	151
上海市盲童学校	18	210	19600	93.3
南京市盲人学校	19	202	7200	35.6

门非常希望盲校异地重建，可以更好地开发原有校址的土地，所以在学校选址的面积上给予一定支持，校方也可以根据学校功能的扩展和学生人数的增长来确定校园规模并预留部分发展用地。

2. 聋校用地指标

我国聋校起步早、发展慢，校舍建设时间差异很大，学校之间用地差异很大。早期建设的聋校校址位置较好，但用地面积非常紧张。按照听障学生的特点，聋校学生活动的建筑用房不宜超过 3 层，但多数聋校因用地紧张，高年级学生用房不得不安排在 5～6 层，给教学带来了较多不便。相比之下，新建聋校用地选择较为充裕，在可能的条件下，多数预留了一定的未来规划用地，校园用地面积较大（表 5-7）。

聋校用地指标调研　　表 5-7

学校名称	班级数	学生人数	占地面积（m^2）	生均用地面积（m^2）
广州市聋人学校	45	600	6600	13.3
杭州市聋人学校	32	210	66000	314
兰州市盲聋哑学校	30	340	5333	15.7

3. 培智学校用地指标

培智学校校舍间的差异比较大，用地条件和规模相差甚远。相比于盲校和聋校的历史悠久，培智学校是在 20 世纪 80 年代后期才逐步纳入我国特殊教育体系中来的，校舍建设在初期也没有相关的建设依据。在资金紧张的情况下，多数培智学校利用原有搬迁的普通学校旧址改造为最初校址。因为原有的搬迁学校多是因为校园规模过小，不能满足学生增长对义务教育的需求而重新选址建设的，所以原校园面积和规模都不大。20 世纪初，国家对特殊教育逐渐重视，相继制定了有关的建筑设计规范和校园建设标准，在相关标准出台后，依法建设的新校园在校园规模和用地上都更加适合发展性障碍学生的教学。

出于特殊教育学校建设的标准化以及发展性障碍学生行动特点的需求，培智学校学生常用的建筑用房不宜超过 2 层，校园整体建筑密度低，能够为学生提供足够的室外活动场地。培智学校近些年发展迅速，在教育理念和康复手段上都有明显的提升，这些教学活动都需要相应的教学空间支持，因此培智学校在可能的条件下应预留适当的发展用地，以满足教学方式和学生人数增长的需要。所以培智学校的用地在可能的条件下，应适当宽松。表 5-8 是调研过程中一些培智学校的用地情况。

培智学校用地指标调研　　表 5-8

学校名称	班级数	学生人数	占地面积（m^2）	生均用地面积（m^2）
北京市东城区培智中心学校	9	91	2225	24.4
北京市海淀区培智中心学校	12	227	13500	59.4
广州市越秀区启智学校	18	220	3700	16.8

5.1.4 用地构成

特殊教育学校的校园用地主要分为三类：建筑用地、室外环境设施用地和道路广场停车用地。

1. 建筑用地

建筑用地是指容纳各类功能用房的用地。功能用房主要是指教学及教学辅助用房、公共活动及康复用房、行政办公用房以及生活用房四大类（表 5-9）。

特殊教育学校建筑面积和班均建筑面积　　表 5-9

	项目名称	一级指标（m^2）		二级指标（m^2）		
		9 班	18 班	9 班	18 班	27 班
盲校	建筑面积合计	4782	7822	6302	10552	13708
	班均建筑面积	531	435	700	586	508
聋校	建筑面积合计	4150	6558	5578	9042	12357
	班均建筑面积	461	364	620	502	458
培智学校	建筑面积合计	3792	6173	4817	8243	11103
	班均建筑面积	421	343	535	458	411

2. 室外环境设施用地

室外环境设施用地是指室外运动场地、室外游戏场地、康复训练场地以及绿化用地等几类用地的总和。其中室外运动场地是指单独划分的进行体育活动的场地，包括田径场地、球类活动场地等常用运动场地，以便学生在日常体育课、课间操或课外时间活动。室外游戏场地是指为促进学生户外活动，在课余时间进行户外游戏和课堂游戏教学所用的场地。康复训练场地内容较多，主要针对学生室外康复的具体需要。包括针对身体技能的体育康复训练、感觉统合训练，以及针对缺陷补偿的康复训练等。

3. 道路广场停车用地

道路广场停车用地是指各类广场、道路和停车场地。校园内的各类广场是学校举行各种体育活动、康复活动、集会活动和仪式活动的场地。为培养特殊学生正确的道德品德观念，除必要的室内课堂教学外，室外集体性活动也是重要形式之一，学校内需有一个集中平整的场地，能够容纳全校师生同时举行集会和升旗等活动。停车用地是为学校校车、教职工的自有车辆，以及外来车辆停放所设置的。在特殊教育学校的开放办学趋势下，学生从重视单一的学科知识，转向更加重视社会适应能力，学生教学越来越多地融入社会环境中，积极参与社会上的康复、职业教育等活动，并与校外单位机构等有固定的合作关系，保持密切联系。因此，校园内的停车和交通组织需要合理顺畅。除此之外，聋校的道路除承担必要的交通功能外，也是学生交流场所的重要组成部分，针对学生感知声音的障碍特点，道路应有足够的宽度，并设置必要的休息、停留区域。

5.2 总平面布局

按照使用功能不同可将特殊教育学校总平面分为教学办公区、体育活动和训练区、生活服务区以及绿化区四个部分。

教学办公区包括教学和教学辅助用房、公共活动和康复用房、行政办公用房三个部分；体育活动和训练区包括室内及室外的体育活动场地和用房，以及康复训练的场地和用房；生活服务区包括教职工以及学生的宿舍、食堂等生活配套用房。

为高效、便捷、安全地进行各类活动，学校用地需进行合理的规划分区布局，具体应遵循以下原则和要点。

5.2.1 布局原则

1. 基于学生的障碍特征

第一应有利于学生的缺陷补偿。通过标识、色彩等手法提高学生对于校园布局情况的了解和使用。对视障学生来说还可以通过听觉、触觉等其他感觉方式帮助学生掌握学校建筑布局及场地情况。对听障学生来说校园布局应有利于学生互相之间的视线、手语交流。第二应有利于学生的活动安全。活动安全首先指校园空间内应保持空间开阔，视线畅通，避免出现教师无法监视的角落；其次指紧急情况下安全疏散的有序。特殊教育学校中的体育活动场地可作为避难场地，避难场地本身，以及到达避难场地的路线应清晰，便于紧急情况疏散。

2. 有利于教学、康复活动的组织

我国对特殊学生培养目标的总体原则是促进学生全面发展，开发潜能，补偿缺陷，克服困难，适应现代生活需要。因此教育的过程不仅仅是文化课程的教学，还有生活适应、社会适应、康复训练等多种教育内容，为确保教育过程的进行，应有相应的教学和训练空间。

3. 适应校园的职能开放

职能开放主要是指为社会有特殊教育需要的人提供服务。这个服务既包括硬件服务，也包括软件服务。

硬件服务主要是指校园空间、功能用房的开放服务。我国普通中小学的校园开放程度相比发达国家来说并不高，但总的发展趋势是逐渐走向开放，使校园成为所在社区的文化服务中心。对于特殊教育学校来说，开放也是必然的发展趋势，虽然由于其服务的特殊性，开放的程度应该是谨慎的、逐步的，但也应坚定地走向开放。具体开放要求如下。首先，开放的对象应有所限定，不是面向社会全体成员，而是面向所在社区有特殊教育需要的居民。在我国户籍管理制度体系下，片区内的残障人士相对固定，流动性较少，易于统计和管理。这些居民在离开学校后，仍有继续学习和康复的需求，除所在社区的康复中心外，特殊教育学校拥有更丰富的硬件资源和更专业的指导教师。其次，开放的范围有所限定，普通中小学的开放是开放专业教室和公共服务资源，学生日常使用的普通教室基本不对外开放。特殊教育学校的开放也应以社会残障人士所急需的职业教育、康复教育功能用房为主，并在可能的条件下开放具有残疾人活动性质的体育训练场馆。

软件服务主要是指校园教育资源、康复资源服务的开放。特殊教育学校作为地区特教中心，覆盖范围比普通中小学要广，能够为更广泛的人群和地区提供教师培训、家长培训、课后指导等服务。

盲校的校园开放面向的对象是所在社区低视力和全盲人士中非义务教育年龄段的人群。在掌握基本情况的基础上，可以有条件、有计划地为他们开放盲人门球、盲人足球场地，并提供盲人按摩、钢琴调律等职业技能的培训，更可以尝试为离开学校却未能全面融入社会的障碍人群提供康复和治疗的指导服务。针对以上开放的功能设置，体育活动场地、职业教育和部分康复训练教室应考虑单独的对外流线，以及接纳社会停车等设施，并严格与校内就读师生的流线分开。

聋校的校园开放为社会上有聋教育需求的人提供服务。听障学生的康复教学主要包括两部分：一是听力重建，通过助听器、耳蜗植入等方式帮助听力严重受损者恢复听力；二是听力重建后的语言康复，虽然听障患者恢复了听力，但由于长时间缺少声音和语言刺激，具有相当程度的听觉障碍，具体表现为听觉分辨困难、识别困难、理解困难等，在语言障碍上表现为呼吸障碍、发声障碍、构音障碍等。听力重建可以在医院、残联部门得到很好的解决，而听力重建后的语言康复是一个长期的过程，需要不断地进行个人能力评估并修改康复计划。如果重建听力后的康复都依靠医院、残联等医疗部门解决，听障人群本身的康复时间、经济成本非常大，也对上述医疗部门形成了设备和康复指导的压力。因此聋校作为聋教育重要的基地，也需要逐渐向社会开放特殊教育资源，承担所在片区的语言康复教育工作。具体有两种形式，一是社会上有听障教育需要的人到学校里来接受语言康复，二是聋校向所在片区的普通学校、社区等主动提供聋教育资源，如语言康复辅导、一对一评估等服务。

培智学校的校园开放面向学校所在社区内有特殊教育需要的居民。发展性障碍学生在完成义务教育阶段的学习后，仍有相当一部分人无法完全融入社会，需要继续得到特殊教育学习指导和康复指导，培智学校所拥有的硬件资源和支持服务能够较好地提供就近支持。校园内开放的用房主要是发展性障碍人士所急需的职业教育、康复教育及相关专业教学的功能用房。

除了向社会有特殊教育需要的人提供服务外，职能开放的另一层含义是特殊教育向两端延伸。职业教育与学前教育代表了特殊教育对义务教育阶段的补充发展方向。尤其是职业教育，为学生毕业后步入社会提供了极大的机会和条件。职业教育的主要目的是培养学生走向社会自力更生的能力，因此其设置多与社会现实所需接轨，并建设校外或校内实习基地。校内实习基地作为校园组成的一部分，其部分或全部空间需向社会开放，布局时尽量设置单独的流线，避免与校内学生发生交叉干扰，同时应综合考虑校外车辆的停车和流线问题。例如，学前教育的作用不仅是对视障儿童的学前教育，更重要的作用是为医疗康复后的视障儿童进行必要的教育康复，以便在达到学龄年纪后，能够步入普通中小学进行随班就读，而不必在盲校接受相对封闭的特殊教育。学前教育考虑到儿童生理特点和活动方式，在校时必须有人看护，因此建筑功能基本完全独立。

4. 预留发展用地

特殊教育的实施在我国具有重要的意义和广泛的发展前景，三大类特殊教育学校作为我国特殊教育体系的重要支撑，会在相当长一段时间内为特殊学生提供教学和康复服务，特殊教育学校的作用不可代替。随着技术的发展，特殊教育学科的发展也非常迅速，这也促进了特殊教育学校的发展与变化。一是特殊教育学校的职能转变。传统特殊教育学校面向校内就读学生服务，随着特殊教育学校职能的扩大，转为面向社区、社会，为有特殊教育需要的人群提供特殊教育服务，学校的整体硬件条件也需要改善。二是就读学生数量和成分的变化。从长远来看，随着我国人口总数的增长和学龄特殊儿童入学率的逐渐提高，视力障碍和听力障碍学生在校的总体数量还是上升的，尤其是随着城市化进程加速，精神类障碍儿童比例与绝对数量呈明显上升趋势。因此特殊教育学校的作用和规模在将来都将表现为一种上升的趋势，而校园建筑作为特殊教育服务的基础，必须满足教学和生活的需要，因此特殊教育学校的建设应预留足够的发展用地，或者考虑将来扩建的可能性，避免因人均用地和人均使用面积不足而影响教学，乃至不得不整体异地重建。

5.2.2 布局要点

综合以上原则，特殊教育学校的总平面布局应遵循以下要点。

1. 空间组织合理

特殊教育学校建筑功能组成较为复杂，包括专用教学用房、专用教学用房、康复用房、宿舍用房等多种功能用房。功能用房应按照合理的分区进行布局，以学生活动最主要的教学用房为中心，根据活动特点和流线形式，组织安排其他用房，形成功能合理、流线统一的校园建筑空间。各个主要建筑之间，应保持足够的联系，可通过带顶的连廊将各个不同的功能建筑联系起来，方便学生使用。

2. 建筑布局灵活

主要指布局要充分考虑建筑功能的灵活使用。首先要考虑校内人员对建筑的使用。盲校、聋校内的学生年龄相差较大，不同年龄段的学生对学习内容的要求不同，低年级学生对游戏和综合性教学要求多，高年级学生逐渐倾向于向高等教育和职业教育发展。设计应为不同年龄段的学生考虑建筑布局的独立性和完整性，如职业教育需要与社会服务接轨，应考虑对外流线。其次要考虑学校对外服务的可能，建筑布局在保障各自独立使用和管理的基础上，考虑对外人员在校内使用特殊教育资源的流线和校内教师对校外人员的培训等，必要时需设置单独的出入口，供其他有特殊教育需要的人士使用校内的资源中心、康复和教学用房等。最后，为适应特殊教育学校职能转变以及改扩建需求，建筑功能布局应考虑既有建筑与新建部分的关系，在改扩建后依然具有合理的使用空间。改扩建的方向主要有学生教室用房的增加、新的职业教育或对外服务空间的增加，以及与周边学校或医疗康复定点机构的合作等。建筑布局时应考虑改扩建部分的交通和使用问题，预留可能的对外出入口以及室外广场等。

3. 交通流线顺畅简洁

首先，交通流线应保障顺畅。顺畅是指特殊学生由于障碍特点导致对空间环境认知不足。如视障学生由于视觉感知障碍，对空间结构、空间顺序认知困难，对环境的细微变化难以察觉；发展性障碍学生对空间顺序及指示标识的认知都有困难。因此，流线应保证学生在主要建筑内无障碍地通行。流线的组织形式可以是线形，即一字形或在一字形基础上的弯折变形等，线形流线方向感最明确，有助于学生快速定位自己所在的位置，并去往目的空间，使用效率最高。组织形式也可以是环形，流线没有明确的起点和终点，适合用于功能空间较多的流线组织。组织形式还可以是线形与环形的组合，有利于根据建筑功能或学生年龄段组织建筑用房。但组合形式的流线较复杂，对于发展性障碍学生和多重障碍学生并不合适。交通流线的合理顺畅，是保证学生正常使用功能建筑的基础。

其次，交通流线应简洁。简洁是指流线应清晰有利于辨识。视力障碍学生行动过程中的定向与定位非常重要。但应注意是否存在矫枉过正的情况，导致建筑设计束手束脚，缺乏灵活性。2004 年版的《特殊教育学校建筑设计规范》中明文规定，建筑严禁采用弧形平面组合，就是考虑到视障学生对空间认知有障碍，心理地图建立困难，较难实现自身在建筑中定位，从而导致无法有效行走和进行紧急疏散的问题。虽然弧度过大，进而产生视线遮挡的弧形平面在没有外界有效参照物的情况下，很容易使行走者丢失方向感。但在建筑设计中通过视觉补偿、听觉代偿、触觉补偿等针对性设计策略，是可以保证视障学生在空间节点明确、流线结构清晰的建筑平面中实现有效定向与行走的。因此，在满足安全与疏散的前提下，为保证建筑平面与形态的灵活性，可适度灵活采用弧度及长度适当的弧形建筑平面。2020 年修订实施的《特殊教育学校建筑设计标准》中对应小节也取消了严禁弧形平面的规定。听障学生对于空间认知的障碍不明显，但与普通学生相比仍有一定的差异，主要表现为定位上存在以自我定位为主，确定方向多使用“前、后、左、右”，而非固定参照物的“东、南、西、北”等方式。发展性障碍学生的空间认知能力最差，对方向的判定参考不是绝对物体如房间、柱子等，而是多以自己为参考，通过“左、右、前、后”等确定方向，认知能力比视障、听障学生都要弱。因此过于复杂的建筑布局对于特殊学生来说认知效果差，容易导致无效行走，顺畅简洁的交通流线有助于学生建立心理地图，提高空间定位能力，保障高效的日常行走和紧急疏散。

5.2.3 建筑布局模式

由于建筑用地和功能用房的基本结构比较相似，三大类特殊教育学校的建筑布局模式基本相似。根据建筑组合形式的不同，可分为集中式和分散式两种。

5.2.3.1 集中式

集中式是指学校的主体功能建筑集中在一起，形成一栋体量较大、功能集中的主体建筑。集中式布局具有用地少、使用方便的特点。用地少是指在用地条件有限的情况下，集中式布局可以最大限度地布置功能建筑，节约用地，减少建设资金的投入。使用方便是指有利于减少师生日常交通距离，方便教师对学生的看护。集中式布局的校园因为总面积较小，建筑平面和流线简单，有利于学生校园环境认知，快速适应校园环境，避免产生陌生和紧张心理，减少过激行为的产生。

但集中式布局也有一定弊端。首先，动静分区较为困难，教学用房之间容易产生干扰。例如感觉统合训练教室、多感官训练室等噪声较大的功能用房容易对普通教室产生噪声干扰。视障学生教学中，盲文打字室中机械打字机的声音对其他房间干扰非常明显。听障学生教学中，多数都实施过助听器、耳蜗重建，对于外界声音比较敏感，为提高周围声音的信噪比，如普通教学用房、语言教室、个别语训室等大部分功能用房都对噪声等级有较高要求。发展性障碍学生的普通教室之间，学生突发的无法控制行为也会对邻近的班级学生产生不良影响。其次，因为建筑用房过于集中，学生户外活动的范围有限，视障学生、发展性障碍学生等对空间认知有限、行动不便的学生不愿意跨层活动，班级教室层数较高的学生在有限的课间时间到室外活动的概率大大下降。如果所在楼层的室内活动场地不多，则学生在课间几乎无处可去。再次，人员流线容易形成交叉，无论是竖向分区还是水平分区，行政人员、康复教师、视障学生不可避免会产生一定程度的混流。最后，集中式布局因用地有限，多数建筑的容积率与层高较高，学生必须通过一定的竖向交通才能到达目的教室，这对于行动能力有限的视障生来说是较大的障碍，因此在作建筑功能分区时，应注意将学生用房尽可能安置在低层，教师办公用房可安置在较高楼层。

我国盲校和聋校起步早，建设时期差异大。既有历史悠久、建校时期很早的聋校，也有随着特殊教育大发展、特殊教育学校改制时期重新择地建设的新标准学校。早期建设的盲校、聋校多数未考虑学校未来发展问题，用地面积较小，早期校园内建筑不多。随着特殊教育的发展，为满足教育和康复需要，增建了很多建筑，导致校园内建筑密度和容积率不断提高。学校面临这种情况只有两个选择，一是在已有用地的基础上继续提高建筑层数和密度，二是择地重建。目前这两种情况都比较普遍。在对特殊教育资金投入有限的城市，多数学校选择了原地新扩建，多为集中式建筑，向地上和地下同时发展。如兰州市盲聋哑学校，原校园位于市中心白银路，用地面积 5300m^2，于 2009 年决定扩建，但受资金和选址条件限制，只能原地重建，新建建筑为一栋 7 层的综合教学主楼，内部包括宿舍及各类教学用房，旁边紧邻一栋 2 层的食堂，校园容积率已经接近 2。

集中式布局有两种模式：一是一字形或 L 形的主教学楼，楼内采用双边走廊的形式，功能用房分列于走廊两侧，校园有一定的空余用地用于体育或游戏活动；二是 U 形或环形主教学楼，楼内采用单边走廊，建筑分布于走廊外侧，走廊围合成一个中庭，中庭用于体育、游戏活动，如果建筑层数较高，中庭的日照条件并不理想。特殊教育学校教学用房对噪声等级要求较高，因此，当学校所在用地紧张、学校总体规模不大、功能用房数量不多、学生人数不多时，按照一字形或环形排列有助于学生相互之间的交流，改善校园氛围，集中式布局是较为合适的。但班级数和学生人数较多时，容易产生各种互相干扰的问题，应分区布置，不宜采用过于密集的集中式布局（表 5-10）。

日本文京盲校是集中式布局的典型实例。学校地处市中心，用地紧张，主体建筑采用边长约 45m 的正方形带中庭的集中式布局模式，主要功能用房全部集中于方形的四边，建筑内交通流线呈规则的正方形围绕中庭展开，有利于视障生确认自己的方位。为弥补室内空间紧张，在各层建筑的转角位和每层建筑的最外圈，设置了供学生活动和疏散的阳台，为建筑内的日常活动提供空间场地（图 5-1）。

集中式布局模式示意　　表 5-10

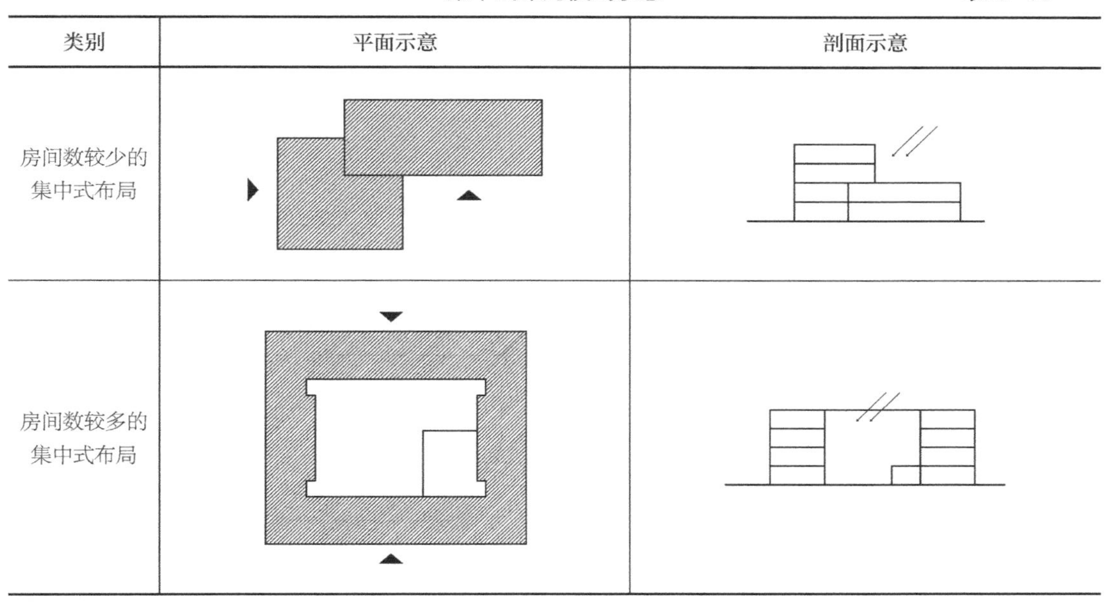

类别	平面示意	剖面示意
房间数较少的集中式布局		
房间数较多的集中式布局		

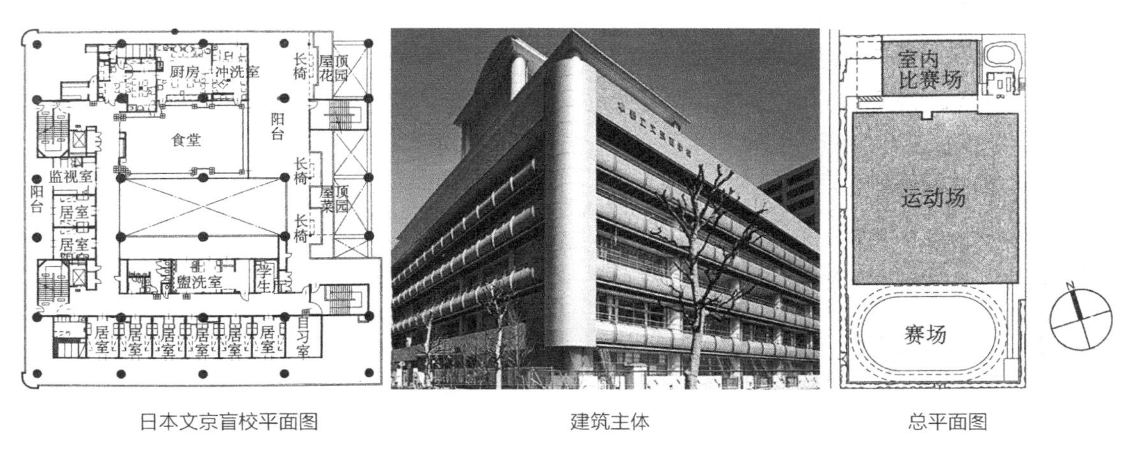

日本文京盲校平面图　　建筑主体　　总平面图

图 5-1　日本文京盲校

（资料来源：日本建筑学会. 建筑设计资料集成　教育 · 图书篇［M］. 天津：天津大学出版社，2007.）

日本茅崎护养学校采用了集中式布局模式。学校总体平面呈口字形，主要功能建筑围绕中间庭院四面展开。建筑南侧为学生活动的主要空间，共 3 个教学组团，组团内以多个普通班级教室为主体，围绕游乐区形成开放空间，并辅以卫生间、中庭、食堂等辅助用房，形成能够完成独立教学功能的教学组团。建筑北侧为行政办公用房及部分专业教室，包括资源中心等对外开放用房，将开放的、对社区服务的功能集中在北侧，避免日常使用中对南侧教学组团的影响。建筑东西两侧为中庭和其他对采光通风要求不高的教室，庭院最中间为大空间的体育馆，可分别从南北两侧进入，有利于满足不同时段、不同人群的使用要求。建筑内主要交通流线呈规则的正方形，围绕中庭及体育馆展开，流线简洁清晰，便于有认知障碍的发展性障碍学生形成整体空间印象，提高建筑使用效率。功能用房分区明确，综合办公、木工、机械教室等会产生噪声的教室与普通教室群分区设置，避免互相干扰。整体建筑为 2 层高，低矮的建筑保证通过中庭可以得到较好的采光和通风（图 5-2）。

5.2.3.2 分散式

分散式布局是指学校各个功能分区的建筑相互独立、分立而设，通过活动场地、绿化、庭院等确保间距，并由连廊等保持一定联系。分散式布局常见于有扩建需求和建筑规模较大的校园中，学校用地扩展或在预留用地上新建功能建筑，减少原有功能建筑的使用压力。分散式布局的建筑间距通常较大，日照与通风情况良好，动静分区明确，干扰少。建筑间有足够的活动场地用作视障学生的康复训练、体育活动和户外活动，校园室外环境丰富，交往空间多样。

分散式布局的不足在于建筑间距大，交通流线过长。对于行动不便的障碍学生来说，因课程转换，需要频繁地在不同建筑之间穿行，如教学建筑与康复建筑、宿舍与教学建筑之间的往返交通，学生活动半径大，流线较多，对行动不便的视障学生、脑性瘫痪学生和认知障碍明显的智力障碍学生来说交通压力较大，会降低建筑的使用效率；对于行政办公人员及教师来说，建筑间距增加使得多样化教学过程的连贯性减弱，教师视线难以顾及校内所有学生活动的角落，会出现监视死角，无法实时掌握学生状况（图 5-3）。

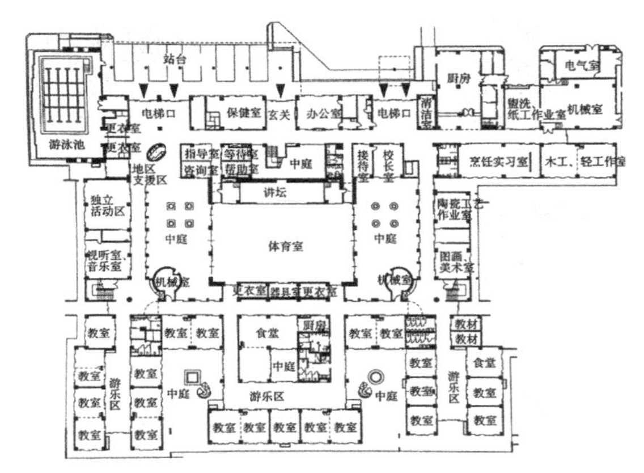

首层平面图

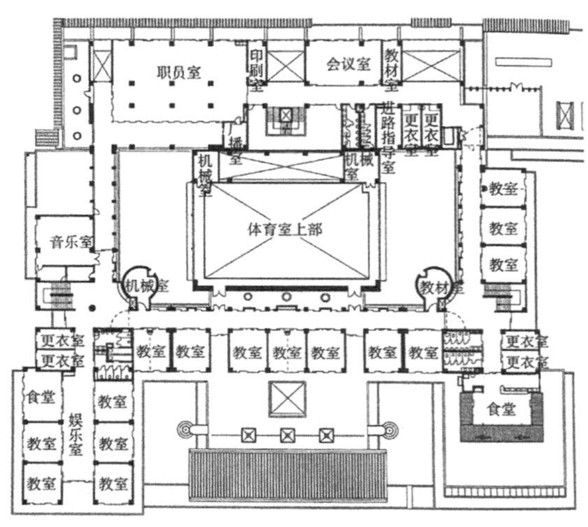

二层平面图

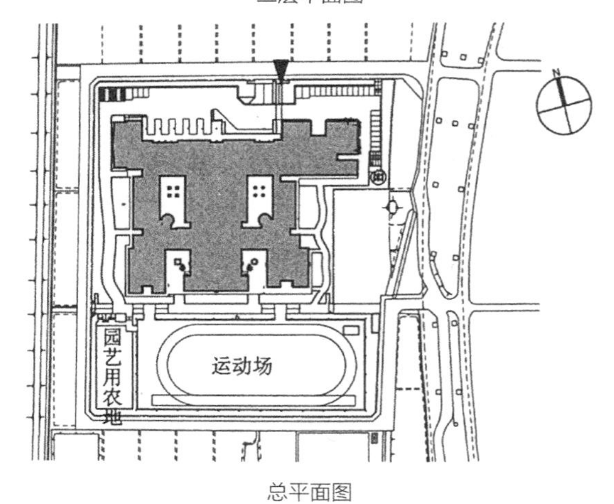

总平面图

图 5-2 日本茅崎护养学校

（资料来源：日本建筑学会. 建筑设计资料集成 教育·图书篇［M］. 天津：天津大学出版社，2007.）

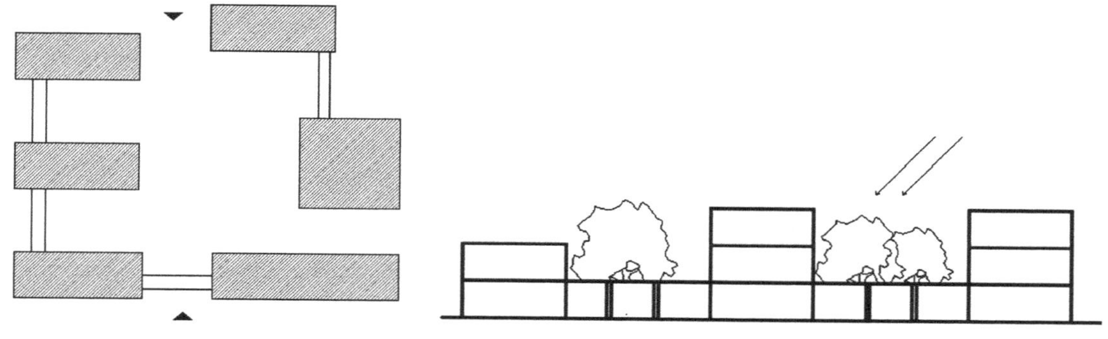

图 5-3 分散式布局模式示意

上海市盲童学校是分散式布局的代表。学校校园在漫长的历史发展过程中经历过数次扩建，校内建筑多为独栋低层建筑，互相之间通过连廊连接。建筑群围绕一片中心绿地展开各种功能用房。因建筑多为历史保护建筑，不得随意拆建，仅校园西侧的宿舍、食堂等生活用房通过连廊连接，其他建筑均需由室外道路穿行，学生活动略有不便。但校园整体规模不大，且道路体系环绕中心绿地展开，空间认知相对容易，对视障生学习生活并无障碍（图 5-4）。

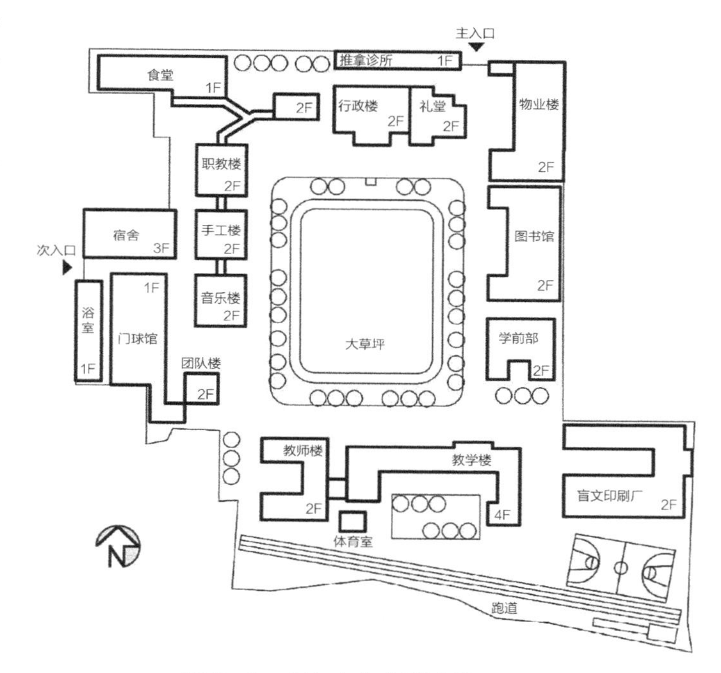

图 5-4 上海市盲童学校总平面图

杭州市杨凌子学校因用地较为狭长，建筑需展开布置，可算作分散式布局的代表。学校由三栋主体建筑构成，分别是教学楼、综合楼和体育馆，三栋建筑呈“品”字形展开，借由主入口处的门厅和连廊连接在一起。其中北侧为一字形布局的普通班级教室，南侧为行政办公和康复等综合楼，体育馆在南侧，紧邻室外体育活动场地。校园建筑功能分区明确，整体流线清晰。学生平时集中在教学楼内进行综合性课程教学，当需要进行康复教学时，通过两栋建筑中间的连廊到南侧的综合楼康复教室中进行训练。但学生日常交通距离较远，且教师办公全部在综合楼，缺少对教学楼的及时照看。

5.2.4 室外场地布局

特殊教育学校室外环境设施用地包括室外场地和绿化用地两类。

室外场地包括室外运动场地、室外游戏场地和康复训练场地三类，是特殊教育学校校园重要的组成部分，既是学校活动、交通的主要承担者，也是学生教学、康复、训练等多项任务的重要活动场所，是室内活动空间的有机延伸。适当的室外活动对障碍学生具有重要的作用。首先有助于提高身体素质，足够的日照和户外空气可以增加学生的身体抵抗力；其次自然环境中的活动可以起到调节情绪、改善心情的作用，尤其是对经常有过激反应和情绪焦躁的学生；最后，室外环境所提供的环境刺激比室内环境更加丰富多样，如绿植、风吹、阳光等，更多的感官刺激有助于发展性障碍学生的康复。

室外场地布局首先要保证校内各个建筑功能和校园内交通的完整畅通；其次要着重考虑障碍学生的障碍特征，遵照缺陷补偿及无障碍设计原则，保证学生活动的安全有效；最后场地本身应具有足够的教育、康复、游戏的功能性，与建筑一起为障碍学生的学习生活提供有效支持。室外场地包括室外运动场地、室外游戏场地和康复训练场地三类。

绿化用地是指不属于其他室外场地的集中绿地、水面和动植物园地。绿化用地有利于改善校园内环境气候，为学生休闲提供优美环境。

5.2.4.1 室外运动场地

室外运动场地是指单独划分进行特定体育活动如体育课、课间操、课外活动等的田径活动场地。我国特殊教育学校建设标准中对体育活动场地有明确的面积指标要求（表 5-11）。

特殊教育学校体育活动用地面积指标　　表 5-11

	班别	9 班	18 班	27 班
盲校	200m 环形跑道	1	1	1
	篮球场	—	—	—
	总占地面积	4628	4628	4628
聋校	250m 环形跑道	1	1	1
	篮球场	1	2	3
	总占地面积	5186	5744	6302
培智学校	200m 环形跑道	1	1	1
	篮球场	1	2	3
	总占地面积	5186	5744	6302

课间操的活动面积应满足全校所有师生同时活动的需求。我国普通中小学为满足学生课间活动及课间操需要，规定小学每生的平均课间操活动场地面积为 2.88m^2，中学为 3.88m^2。

不同障碍类型的障碍学生，行为特征略有差异。视障学生在行走过程中肢体活动范围较大，按照上一章的结果推算，人均活动面积不宜小于 4m^2。听障学生在肢体活动方面并无特殊障碍，因此活动面积与普通学生相近。考虑到聋校内其他多重障碍学生，以及未来发展需要，总的活动场地面积不宜过小。发展性障碍学生大动作和精细动作都存在一定问题，人均活动面积不宜小于 4m^2。综上考虑，按照最常见的 9 班特殊教育学校 108 生计算，盲校、聋校用于课间操活动的室外场地最小面积不应小于 400m²。培智学校面积可适当缩小，但为满足多种情况需要，最好也能保证 400m² 的课间操场地面积。

田径场地的设置，不同学校也略有差异。

（1）盲校中的田径场地包括环形跑道和直跑道两种。由于视障学生的视力缺陷，对动态物体的移动方向和速度预判有较大困难，学生在运动的过程中更是难以注意到体积小、色差不明显的物体，对方向的准确把握也会有较大问题。因此盲校的环形跑道不宜过长，以 200～300m 为适宜（图 5-5）。视障学生更适合在直线跑道运动，跑道的颜色与周围道路有明显区分，并做好跑道之间的标识，有助于视障学生确认跑动的方向。环形跑道在环形转弯处，应设凸出于地面的无障碍触感圆点，提示学生所在的位置（图 5-6）。环形跑道附近应设 4～6 股 100m 直跑道。环形跑道和直跑道的长轴方向以南北向为主，避免一早一晚活动时东西向阳光对视线的直射，使学生无法观察环境。

盲校田径场地应分别设置，不应合并使用。环形跑道内的空地不宜再做其他专门活动，避免活动时与跑道上的人发生碰撞。视障学生对于快速运动物体的分辨能力有限，因此校内可不设篮球活动场地。分设的各个田径场地之间应用低矮的绿化带隔开，并设专门的盲道引导学生到达田径场地。严禁有道路直接穿过场地。田径场地的地面应平整防水，并具有一定

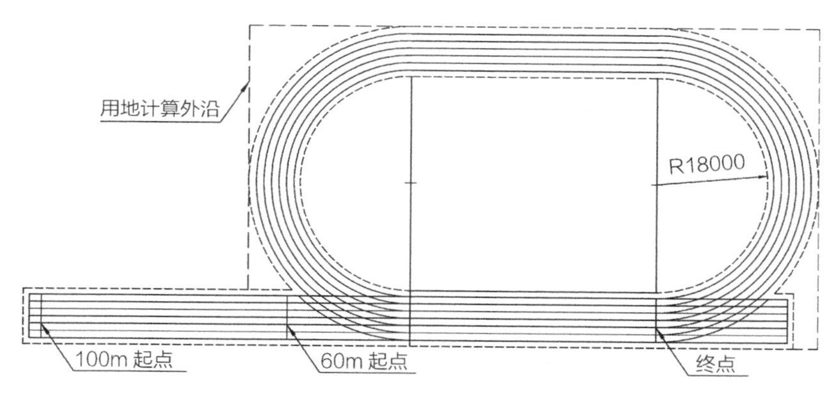

图 5-5　200m 环形跑道

（资料来源：中华人民共和国住房和城乡建设部．中国建筑标准设计研究院．《中小学校设计规范》图示［S］．北京：中国计划出版社，2017.）

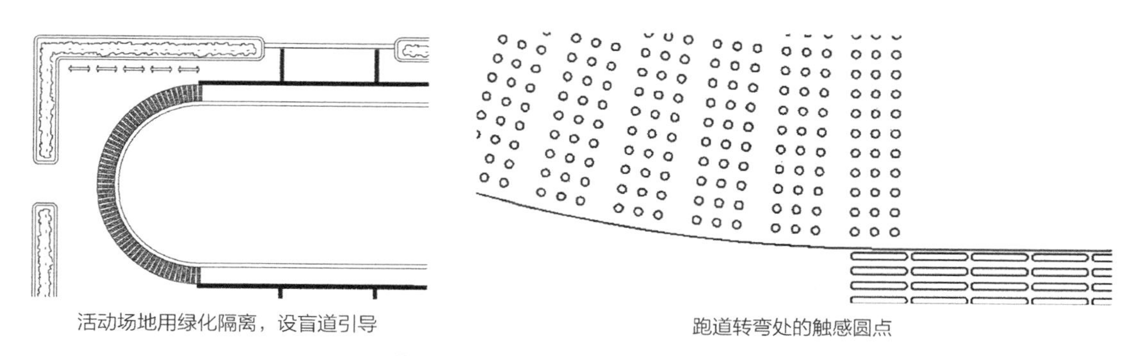

图 5-6　环形跑道盲道触点的设置

的弹性，当视障学生跑动摔倒时，不至于产生严重的摔伤。跑道的宽度可适当加宽，避免学生跑动过程中对身体控制不足，与旁边的人发生碰撞。田径场地附近的安全位置应设洗手池和直饮水，方便学生保持个人卫生。

（2）听障学生的体育活动类型和项目都比较多，对场地要求高，田径场地应同时设有环形跑道与直跑道。其中环形跑道不小于250m，直跑道应为4～6股100m。聋校学生年龄段相差较大，为照顾高年龄段学生的使用要求，有条件的学校可按照普通中小学标准设置标准400m环形跑道与相应的直跑道。并适当考虑足球场及跳高、跳远等田赛活动场地。田径场地可以合并设置，如在环形跑道中央设置田赛场地或课间操活动场地，提高校内场地利用率。

（3）培智学校中的田径场地应同时包括环形跑道和直跑道。低年级学生主要使用直跑道，长度大于60m，设4～6股。高年级学生体育活动较多，环形跑道应不小于200m。场地与周边用地应有明显的颜色区分，以提醒学生跑道的范围，跑道之间也应做好明确的标识。除径赛跑道外，学校还应设置一定的田赛场地，如篮球场、羽毛球场等，加强学生户外体育活动，有助于改善学生身体状况。各个田径场地之间应使用低矮的绿化或颜色标识区分开来，并严禁有道路交通直接穿过场地。田径场地地面应平整防水，并有一定弹性，防止学生不慎摔伤。场地附近的安全位置应设洗手池和直饮水。场地周边应设洗手间，洗手间可设在场地附近的教学建筑内，但卫生间应专门为体育活动场地服务，不能通过卫生间回到建筑内，避免学生迷失方向。

5.2.4.2 室外游戏场地

室外游戏场地主要是为低年级学生进行户外活动和游戏所设，通过游戏活动促进低年龄段学生各种能力的互相协调，改善运动能力和认知能力。游戏教学是特殊教育学校中重要的教学手段之一，通过将教学内容融入游戏中，使学生对教学过程具有新鲜感并能够保持足够的注意。游戏教学不仅限于室内教学，在条件允许时室外游戏对学生身体和心理发展都更有好处，学生需保证每天一定的户外活动时间。由于盲校、聋校普遍采用九年一贯制，以及高中、职业教育全阶段，这两类校内的学生年龄跨越幅度较大，能力差异也大。为更好地保障低年级学生的安全，游戏场地仅需面向低年级有游戏教学需要的班级或年级开放。

游戏场地应邻近有游戏教学需要的教室设置，可以由室内方便快捷地直接到达每班或年级专属的场地，场地通过隔离绿化带等方式表明专属性。场地面积应保证一个班8名学生在教师或志愿者帮助下同时进行游戏活动。有条件的学校可在游戏场地附近设置单独的器械游乐区，帮助学生进行感觉统合、体育训练等。游戏场地的地面应设明显标识，可通过材质、色彩等方式区分。地面材料应有良好的弹性，防滑、不积水。场地应有良好的日照和通风条件。

5.2.4.3 康复训练场地

康复训练场地是特殊教育学校特有的，针对学生障碍特点，促进学生社会适应和生活适应能力，进行康复教育和训练的场地。其功能与室内康复用房互为补充，提供更广阔的活动范围和更多样的环境条件。康复训练的主要内容为针对学生体能缺陷以及障碍特点进行缺陷补偿训练。盲校中康复训练场地主要有定向行走训练场地和情景模拟训练场地等。聋校中康复训练场地主要是感觉统合训练场地、情景模拟训练场地、综合实践活动场地等。培智学校康复训练的主要内容为针对发展性障碍学生的体能缺陷以及认知障碍、大动作和精细动作障碍进行缺陷补偿训练，以及日常生活行为训练。培智学校中的康复训练场地主要是感觉统合训练场地、情景模拟训练场等。

定向行走训练场地是室内定向行走训练教室的补充。视障学生需要训练多种情况和条件下的行走，室外行走是重要的情况之一。训练场地应选在人流较少的地方，避免训练过程中的互相干扰。训练场地邻近建筑物时，最好在建筑物阳面，能够直接接受阳光照射，有助于训练视障学生通过阳光定位的能力。训练场地应有专门的用地，并铺设盲道引导，场地周边1.5m 范围内通过灌木或栏杆作明显边界标识。定向行走的训练不仅是固定场地内的，在建筑物附近的行走也属于重要技能之一，所以训练场地应与行走条件丰富的建筑物保持联系，可以训练扶墙行走、沿花坛行走等，但不应紧邻建筑，避免多层建筑有物体从窗口坠落砸到训练学生。

感觉统合训练场地可分为多个区域，包括平衡及球类训练区、攀爬训练区、综合训练区等，情景模拟训练可以根据社会常见场景和教学需要设置路口穿行、集体活动等场景。对于器材较多的训练区，附近应设专门的存储区域，放置训练器材。

培智学校康复训练场地并无面积规定，考虑到发展性障碍学生活动能力有限，尤其脑性瘫痪学生需要借助轮椅等辅助行走设施，因此人均活动面积应比普通中小学面积稍大，不宜小于 $4m^2$/人。按照标准的 9 班培智学校 72 人计算，即不小于 $288m^2$。考虑到学校统一活动的需要，康复训练场地应有最小标准，不宜小于 $400m^2$。在实际调研中，多数学校由于用地范围有限，室外活动场地非常紧张，一块平整场地同时兼作课间操、康复训练等多种用途。考虑到学生认知和行为的障碍特点，原则上不建议同一场地兼用多种功能，但用地有限时可考虑不同场地合并设置，这需要校方认真管理，避免学生使用中发生碰撞。

康复训练场地应就近设置休息区，休息区应方便学生和家长等候、休息、排队。训练区域应有较明显的分区，通过地面颜色、矮墙、绿篱等方式进行空间划分，保证训练活动的完整。不同训练区域之间应保持足够的联系，可通过专门的道路或广场组织交通，严禁交通道路直接穿越场地。具体方式如图 5-7。

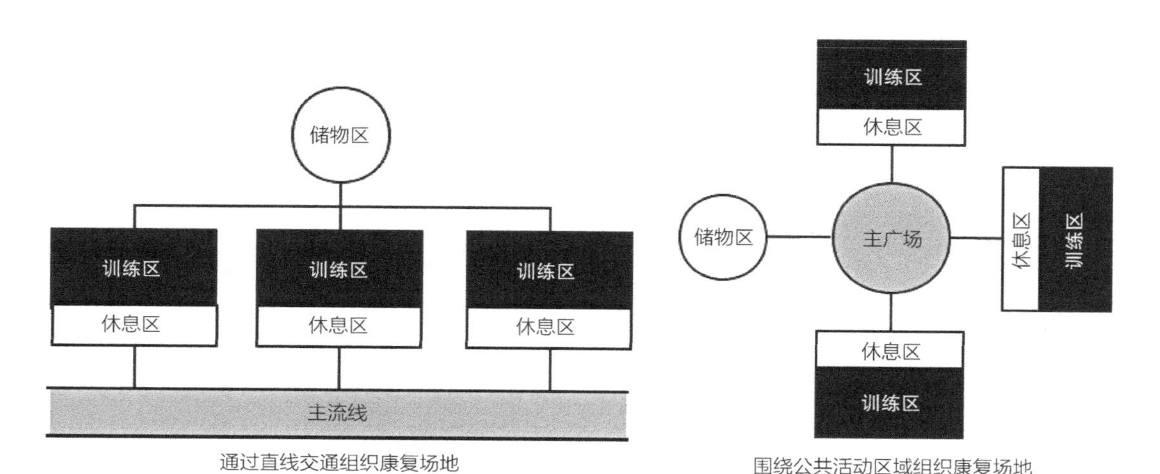

图 5-7 康复场地的组织方式

5.3 本章小结

本章主要阐述了特殊教育学校的选址与平面布局设计。首先明确了特殊教育学校的选址受到特殊教育发展趋势的影响，并要考虑附近普通中小学、医疗康复资源等覆盖范围，在此基础上提出三大类特殊教育学校的选址要点和规模。然后提出校园布局需要基于学生的障碍特征，有利于教学、康复活动的组织，能够适应校园的职能开放，以及预留适当的发展用地。在此基础上提出学校总体规划的布局要点、建筑布局模式、室外场地布局等设计要点。

第 6 章 特殊教育学校的功能用房设计

6.1 功能用房的构成

6.1.1 功能用房的分类

建筑功能用房是特殊教育学校最主要的组成部分，承担了绝大多数的使用功能。功能用房的构成是指校园内完成师生学习、康复、生活等一系列功能的具体用房组成。三大类特殊教育学校的用房构成基本相似，大致分为教学用房、康复训练用房、公共活动用房、生活服务及行政用房几大类。不同类型的学校其具体用房数量和功能根据障碍学生的教学康复需求略有差异。

1. 教学用房

教学用房包括普通教学用房和专用教学用房两类。

普通教学用房是指学生进行文化类学科课程的教室，即普通教室。每个班级的学生有一个专门的班级教室，除需要到专门教室和康复教室进行的课程外，其他课程均在自己的班级教室内进行。

视障学生和听障学生因年龄段差异大，身体发育情况差异也大，应按照活动能力强弱安排普通教室的楼层。一般来说低年级，具有多重障碍，尤其是肢体障碍的学生安排在首层和低层，高年级学生在较高楼层。但学生活动用房总体不应超过 3 层。发展性障碍学生原则上应根据智力障碍学生、脑性瘫痪学生与自闭症学生这三类学生的障碍特点进行分班教学，同时考虑到不同年龄段的学生生活适应和学习适应能力都不同，一般将低年级、行为能力差且具有多重障碍的学生安排在首层，中高年级学生可适当安排在二层，学生活动的其他相关用房都不宜超过 2 层。

专用教学用房是指除普通教室外进行专门课程教学的教室，学生上课时需到专用教室中学习。盲校的专用教学用房包括语言教室、计算机教室、直观教室、音乐教室、美工教室、生活训练教室、地理教室、实验室等；聋校的专用教学用房包括语训小教室、律动教室、计算机教室、美工教室、生活与劳动教室、劳技教室、地理教室、实验室等；培智学校专用教学用房包括唱游教室、语言教室、计算机教室、律动教室、美工教室、家政训练教室等。学校根据自身校本教学需要还可安排更多种类的专用教室。专用教室内多设置专用的学科教学设备和器材，因此应多设置相关储物空间或者专门的准备用房。

2. 康复训练教室

盲校的康复训练教室包括体育康复训练室、心理咨询室、视功能训练室、定向行走训练室等；聋校的康复训练教室包括体育康复训练室、心理咨询室、听力检测室、语训教室等；培智学校的康复训练教室包括体育康复训练室、心理咨询室、感觉统合训练室、多感官训练室、语训教室、水疗室等。康复训练的种类多样且随着医疗康复的发展也在逐渐引进新的康复训练方式，不同障碍类型的发展性障碍学生其康复训练也有所区别，视障学生以视功能训练、行走训练为主，听障学生以语言训练为主，智力障碍学生以认知康复、语言康复、协调统合康复为主，脑性瘫痪学生以肢体和精细动作康复为主，自闭症学生以社会适应康复和语言康复为主。因此康复训练用房应考虑功能调整的灵活性以及学生康复的综合性。康复训练需用到较多器材，所以用房规模一般较大。

3. 公共活动用房

公共活动用房主要指教学活动之外，学生、教师以及校内人员均可以使用的功能用房，主要包括阅览室、资源中心等公共教学用房。除面向本校学生之外，还为学生家长、志愿者，以及周边普通学校随班就读的教师提供特殊教育的辅导。在此基础上，趋向开放的学校还可以向所在社区的残疾人群提供继续教育、康复评估、康复训练等服务。

4. 生活服务及行政用房

生活服务用房主要是指学生和教师的宿舍、食堂、公共卫生间以及相关管理用房等。行政用房主要指教师集中办公、备课的办公用房。在空间设计策略一章中本书提到教师办公空间的三个层级，教师办公用房就是教师集中办公的用房。

6.1.2 功能用房的组成

特殊教育学校具体的功能用房及面积使用要求，在我国《特殊教育学校建设标准》中给出了较明确的要求。根据建设标准中对盲校建设的二级指标要求，结合实际调研和理论分析整理出三大类特殊教育学校所必需的功能用房分类如表 6-1 ~ 表 6-3。

盲校功能用房二级指标设置标准　　表 6-1

教室类别	教室名称	面积指标（m^2）			备注
		9 班	18 班	27 班	
普通教室	普通教室	54×9	54×18	54×27	
专用教学教室	语言教室	61×1	61×2	×2	
	计算机教室	61×1	61×2	61×2	
	直观教室	122	183	183	与普通教室配套设置
	音乐教室	61×1	61×2	61×2	兼唱游教室
	乐器室	40	40	40	与音乐教室配套设置
	美工教室及教具室	61×2	61×2	61×2	
	生活训练教室	122	122	122	

续表

教室类别	教室名称	面积指标（m²）			备注
		9班	18班	27班	
专用教学教室	地理教室	61×1	61×1	61×1	
	实验室及准备室	61×2	61×2	61×2	
康复训练教室	体育康复训练室	122	183	183	
	心理咨询室	30	30	30	
	视功能训练室	122	122	122	
	定向行走训练室	122	183	183	与康复场地结合
公共与生活服务用房	阅览室	180	300	400	
	学生宿舍	72×9	72×18	72×27	
	学生食堂	216	389	518	
	教师办公用房	186	372	558	

资料来源：特殊教育学校建设标准：建标 156—2011 [S]. 北京，2011.

聋校功能用房二级指标设置标准 **表 6-2**

教室类别	教室名称	面积指标（m²）			备注
		9班	18班	27班	
普通教室	普通教室	54×9	54×18	54×27	
专用学科教室	语训小教室	30	60	90	随普通教室设置
	计算机教室	61×1	61×1	61×2	
	律动教室	100	100	200	设辅助用房
	美工教室及教具室	80×1	80×1	80×2	
	生活劳动教室	122	122	122	
	劳技教室	61×1	61×1	61×1	
	实验室	61×2	61×3	61×2	
康复训练教室	体育康复训练室	61	122	122	
	心理咨询室	30	30	30	
	听力检测室	30	30	60	
	言语与语言评估训练室	30	30	60	
公共与生活服务用房	阅览室	150	270	370	
	风雨操场	280	560	840	
	学生宿舍	48×9	48×18	48×27	
	学生食堂	216	389	518	
	教师办公用房	186	372	558	

资料来源：特殊教育学校建设标准：建标 156—2011 [S]. 北京，2011.

培智学校建筑功能用房二级指标标准　　表 6-3

教室类别	教室名称	面积指标（m²）			备注
		9 班	18 班	27 班	
普通教室	普通教室	54×9	54×18	54×27	
专用学科教室	唱游教室	61×1	61×1	61×2	
	计算机教室	61×1	61×2	61×2	
	美工教室及教具室	61×1	61×2	61×2	
	家政训练教室	61×1	61×1	61×2	
	语训教室	61×1	61×1	61×2	
	劳技教室	61×1	61×2	61×2	
	律动教室	100	100	200	
	情景教室	61×1	61×2	61×2	
康复训练教室	体育康复训练室	61×1	61×2	61×2	
	心理咨询室	30	30	30	带沙盘治疗室
	感觉统合训练室	122	122	122	
公共与生活服务用房	图书阅览室	180	300	400	
	多功能活动室	180	240	240	
	学生宿舍	48×9	48×18	48×27	
	学生食堂	144	259	346	
	教师办公用房	186	372	558	

资料来源：特殊教育学校建设标准：建标 156—2011 [S]. 北京，2011.

6.1.3　功能用房的设计模式

影响教室构成的主要因素包括教学模式的特点和方式、教室使用人数、学生障碍特点及身体情况等多种因素。在明确影响因素的基础上，从空间功能分区、空间构成模式、空间指标、相关设计要点等几个因素来归纳总结出功能空间的设计模式，并在最后给出空间的示意图作为参考。

6.2　教学用房

教学用房包括普通教室和专用学科教室两大类。特殊教育学校的教学活动基于普通中小学以学科为主的课程设置体系，辅以障碍学生康复和社会适应所必需的课程。因此特殊教育学校的课程设置对学校教学及康复等各项活动用房的设置具有决定性影响。

盲校课程经过几次改革，总的发展趋势是逐渐走向课程的综合化和开放化，容纳更多有助于学生社会适应和生活适应的课程。根据 2016 年发布的《盲校义务教育课程标准》的要求，视障生的课程如表 6-4。

盲校义务教育课程设置实验方案（单位：课时/周）　　表6-4

课程/年级			一	二	三	四	五	六	七	八	九
课程门类	品德与生活		2	2							
	品德与社会				2	2	2	2			
	思想品德								2	2	2
	历史与社会 *	历史							2	2	2
		地理							2	2	
	科学 *	科学			2	2	2	2			
		生物							2	2	
		物理								3	3
		化学									4
	语文		7	7	6	6	6	5	5	5	5
	数学		5	5	5	5	5	5	6	6	6
	外语				2	2	2	4	4	4	4
	体育与健康		2	2	2	2	2	2	2	2	2
	艺术	美工	2	2	2	2	2	2	1	1	1
		音乐	2	2	2	2	2	2	1	1	1
	康复	综合康复	3	2	1						
		定向行走	1	1	1	2	2	2			
		社会适应				1	1	1	1	1	1
	信息技术应用		1	1	1	1	1	1	1	1	1
	综合实践活动		1	2	2	3	3	3	2	1	1
	学校课程		2	2	2	2	2	2	2	1	1

注：1. 带 * 的课程为积极倡导选择的综合课程，条件不足的也可选择分科课程；

2. 资料来源：盲校义务教育课程设置实验方案 [J]. 现代特殊教育，2007（3）：7-10.

在课程内容的设置中，一个重要的教学原则是综合课程与分科课程相结合，在中低年级中以综合课程为主，高年级逐渐增加分科课程，与综合课程相结合。重视学科知识与社会生活和学生经验的整合。教学中将生活指导、社会适应、行为矫正等康复和生活教学与学科的知识教学统合在一起，调动学生多感官的参与①。因此教师与学生在课堂上的活动不是单向的讲述和规范，而是丰富多样的。综合课程的教学主要以班级普通教室为主，有利于保持学生注意力的一致性，除专门的康复性课程如感统训练等会到专用教室进行，其余活动基本在普通教室或公共教学空间进行，因此需设置相应的使用空间以容纳多样的教学、康复及生活活动。

聋校课程强调均衡性与特殊性相结合，注重发展听障学生的语言和交往能力。聋校的课

① 盲校义务教育课程设置实验方案 [J]. 现代特殊教育，2007（3）：7-10.

程设置强调综合课程与分科课程相结合，小学阶段以综合课程为主，初中阶段分科与综合课程相结合。根据 2016 年发布的《聋校义务教育课程标准》的要求，听障学生的课程如表 6-5。

聋校义务教育课程标准（单位：课时 / 周）　　表 6-5

年级			一	二	三	四	五	六	七	八	九
课程门类	品德与生活		2	2	2						
	品德与社会					2	2	2			
	思想品德								2	2	2
	历史与社会 *	历史							2	2	2
		地理							2	2	
	科学 *	科学			2	2	2	2			
		生物							2	2	
		物理								3	3
		化学									4
	语文		8	8	8	7	7	7	7	7	7
	数学		5	5	5	5	5	5	5	5	5
	外语								2	2	2
	沟通与交往		3	3	3	3	3	3			
	体育与健康		3	3	3	3	3	3	2	2	
	艺术 *	美工	2	2	2	2	2	2	2	2	2
		律动	2	2	2						
	劳动	生活指导	1	1	1						
		劳动技术				1	1	2			
		职业技术							2 ~ 4	2 ~ 4	2 ~ 4
	综合实践活动					2	2	2	2	2	2
	学校课程		2	2	2	2	2	2	1	1	1

注：1. 带 * 的课程为积极倡导选择的综合课程，条件不足的也可选择分科课程；
2. 资料来源：盲校义务教育课程设置实验方案 [J]. 现代特殊教育，2007（3）：7-10.

培智学校根据 2016 年的《培智学校义务教育课程标准》的要求，发展性障碍学生的课程设置须遵循一般性与选择性相结合、分科课程与综合课程相结合、生活适应与潜能开发相结合、教育与康复相结合等多项原则。这其中，综合课程与生活适应教学是发展性障碍学生教学的主要发展趋势。综合课程是指从学生的兴趣、经验和实际需求出发，将教学逻辑与价值相关联的课程内容统合在一起，打破传统分科知识的界限，帮助学生形成对世界的整体认识和观念的教学方法。

《培智学校义务教育课程标准》中对于各门课程的设置并不如盲校和聋校那样，严格限定到具体的分科课时，而是从综合课程和生活化教学的角度出发（表6-6）。因此培智学校功能用房的设置都要围绕综合型课程的需要展开，普通教室的构成应满足发展性障碍学生活动和学习需求，形成一体化组团，便于各种活动就近展开。康复、生活等用房的设置也应适当考虑配合和促进综合型教学的需求。

培智学校义务教育课程设置（单位：课时/周） 表6-6

	一般性课程							选择性课程				
	生活语文	生活数学	生活适应	劳动技能	唱游律动	绘画手工	运动保健	信息技术	康复训练	第二语言	艺术休闲	校本课程
低年级	3～4	2	3～4	1	3～4	3～4	3～4	6～9				
中年级	3～4	2～3	2～3	2	3～4	3～4	3～4	6～9				
高年级	4～5	4～5	1	3～4	2	2	2～3	6～10				

资料来源：陈姣姣.《培智学校义务教育课程设置实验方案》与《上海市辅读学校九年义务教育课程方案》比较[J]. 绥化学院学报，2017，37（7）：142-145.

由课程设置方案可知，普通教室是学校中数量最多、学生使用率最高的教室，与普通学校的教室相似，每个班级一个固定的普通教室，是特殊教育学校内最主要的功能用房。一般情况下，盲校、聋校每个年级设一个班，按义务教育9个年龄段计算，则需9个普通教室。实际上绝大多数特殊教育学校为满足教育向两端延伸，设置了学前康复教育班、高中班和高职教育班等。普通教室的数量应与学校总的班级数量相等，满足所有年级的教学需求。培智学校情况稍微特殊一些，由于发展性障碍学生的障碍特点各不相同，为避免不同障碍学生的行为对其他学生的影响，如智力障碍学生的粗大动作可能会引发自闭症学生的过激反应，脑性瘫痪学生无法跟随智力障碍学生的活动节奏等，原则上鼓励分类教学，即智力障碍学生、脑性瘫痪学生、自闭症候群学生分别安置在不同班级，有利于教师根据学生特点有针对性地组织教学活动。按照这种方式，培智学校每个年级需要设置3个班，义务教育9年制则有27个班。实际上培智学校中各类学生的比例相差很多，一般以智力障碍学生最多，自闭症谱系学生次之，脑性瘫痪学生最少，且多具有智力障碍等多重障碍。多数培智学校的编班仍以智力障碍学生为主，同时开设混编年龄段的1～2个脑性瘫痪或自闭症星星班级，班级内为相近年龄段的学生。加上学前康复班及职业教育班等，每个年级设一个智力障碍班级的培智学校，其一般总的班级数在12～14个。规模较大的学校则每个年级酌情增加智力障碍班级的数量。

三大类特殊教育学校的专用学科教室种类多样，前文表格仅为国家规定的基本课程，各个学校还可根据自己教学特色适当增加和调整课程内容。因此一些特定功能教室可能同时出现在两类或三类学校中，如计算机教室和心理咨询室在三大类特殊教育学校中都有设置。严格来讲，虽然教室的教学功能是一样的，但考虑到学生的障碍特点，教学方式会略有区别，由此会导致教室内空间构成的一些区别。本书对于这类功能相同、区别明显的教室会根据学生特点分别阐述；对于区别并不明显的教室，如感觉统合训练教室、教师办公用房等，则不再分学校类型逐一赘述。

特殊教育学校的普通教室基本构成虽然与普通学校的教室相近，但考虑到学生障碍特点带来的教学需求不同，三大类特殊教育学校的普通教室功能组成、建设标准、家具配置都与普通学校教室有所区别，且互相之间也有较大不同。下面分别对三大类学校的普通教室构成进行说明。

6.2.1 盲校普通教室

6.2.1.1 盲校教学方式对普通教室的需求

由于低视力学生与盲生的感知能力有较大差别，因此低视力生与盲生应分开教学。实际上，约 80% 以上的盲校学生都具有一定的视力，因此条件较好的学校多能够实现分别教学，如上海市盲童学校、北京市盲校等，但条件有限的学校还依旧实行混合教学。低视力学生有一定的视力，所以其教学方式、教学器材，乃至学生所需的家具都与全盲生有所区别。

1. 全盲生的教学方式

常规方式包括讲授、讨论、谈话和演示等，这些属于集中教学方式，教学过程由教师主导，是盲校主要的教学方式之一。同时，全盲生由于无法通过视觉感知，因此需要其他器官的感知补偿，所以在常规教学方式外，还有一些特殊的教学方法。

首先是直观教学方法。直观教学是指充分利用听觉、触觉等非视觉感知方式认识事物，补偿视觉感知的缺失，完成教学任务的方法。直观教学是盲校最常用的教学方法。直观教学分为两种。一是实物直观教学，让视障学生直接接触、触摸真实的物体，从而获得直观的大小、形状、材质等属性。具体的实物教具包括实体模型（如河流、山川、人体器官、著名建筑等在真实尺度无法把握的东西）、实物标本（如植物、动物标本，但标本在长时间高频率触碰下，容易损坏，因此应易于维修）、凸线图（通过特殊加工的模板，使得学生可以掌握较为抽象的概念，如直线、平面、三角形等，改善抽象思维不足，促进对空间表征的建立）。二是动作直观教学，是指教师做示范性动作，学生通过触摸教师的姿势与动作，掌握要领的教学方式。如体育课基本动作的模仿，音乐课吹拉弹唱的模仿，日常生活点头肯定、挥手再见等动作。

直观教学在盲校的教学过程中占有重要的地位，尤其在中低年级，是学生认识和了解事物的基本方式，且在低视力班级也有较好的教学效果，所以盲校对于直观教学的需求较大，且不仅仅局限在普通课堂的教学，如地理、音乐、体育等课程都需要用到直观教学的方法。

实物直观教学需要较大的储存空间，才能够放下数目众多、分类繁杂的直观教具，教学过程中也需有足够的空间让学生进入教室，有序地接触教具，并由教师进行讲解。因此盲校需要设置专门的直观教室，且在教室附近设置相应面积的存储用房，存放教具。除专门的直观教室外，学生日常的教学中也有些经常需要用到的直观教具，或一段时间内需要学生反复接触、掌握的教具，一般放置在学生的班级教室中，所以普通教室内可考虑设置进行实物直观教学的空间，空间内包括实物教具展示空间、学生触摸的停留空间、教具的存储空间等。动作直观教学需要学生通过触摸教师的身体或手势来了解基本要领，因此其教学空间需有较大的活动范围，保证教师示范的同时，一名或多名同学可以触摸学习。

2. 低视力学生的教学方式

首先，讲述、讨论、谈话等集中教学方式仍是低视力学生主要的教学方式之一；其次，低视力学生教学主要原则之一是重视对学生残余视力的使用和保护，并辅以听力、触觉等其他感官的补偿。每个学生残余视力水平不同，需要教师在集中教学之余对学生个别指导。个别指导的主要方式是远近教学结合，即教师在黑板书写板书，讲述教学要点后，再到学生座位上，逐一辅导学生对教学要点的掌握。如语文课，在黑板书写文字后，由于学生视力水平不同，对字的结构掌握有差异，教师再到座位上，个别指导学生对字形的认识。

低视力学生需要通过视力掌握教师的板书、屏幕情况，因此室内座位排布应尽量靠近教室前侧；教师对学生的个别辅导，需要在学生座位间停留，因此座椅间通道需保持足够间距。

6.2.1.2 盲校普通教室的功能分区

普通教室根据教学活动的内容，大致分为四个区域。

（1）教室前侧的教师教学区。包括授课用的黑板、多媒体电子教具（如投影仪、电视机等）。考虑到低视力学生的残余视力，黑板上方应设黑板灯提高黑板照度。可设置为左右推拉黑板，靠窗一侧拉开后可作投影仪的投影面。黑板应采用黑色或白色，并用相反颜色的白粉笔或黑墨水笔书写，提高文字与背景的对比度，方便学生观察。在低年级教室，还应设置教师角，供教师休息办公。教师角可与教室内多媒体控制台一起封闭设置，防止学生误操作、触电等危险，控制台应考虑高度与角度问题，不应遮挡学生观察视线。考虑到视觉感知障碍，教室内不宜设置局部抬高的讲台。

（2）学生学习区。主要是摆放学生听课所用的桌椅。全盲生的教学，尤其低年级教学，点字教学占有相当大的比重，学生需掌握《汉语双拼盲文方案》中的盲文摸读、拼读和书写等技能，常用的学习用品有盲文（大字）课本、盲板、盲纸、盲尺，以及盲文打字机等。盲文图书采用点位印刷的方式，成书的尺寸、重量都远高于相同内容的纸质书籍，平面尺寸一般在 25cm × 30cm，厚度是同等信息量油墨印刷书籍的 7 ~ 8 倍，因此全盲生的桌面要比普通课桌大，一般采用 L 形的“一头沉”单人课桌，主要桌面不小于 800mm × 600mm，并设有书籍和工具储物柜。课桌三边都要设高起的挡条，防止学习用具跌落。低视力生在学习过程中需多利用残余视力，其使用的教材是由普通课本放大所得，一般为 A3 大小，需经常近距离阅读和书写，所以低视力生用的桌面应可翻起，并根据需要的角度进行固定，同时桌面要有可调节遮光的单独照明设备以及助视设备，如悬臂台灯、LED 显示器、助视器等，也可以考虑为低视力学生设置带有储物柜的单人课桌（图 6-1）。课桌的桌面不应过于光滑，桌面颜色以柔和的单色为主，在上面配备一种或多种颜色反差明显的衬垫，便于低视生明确桌面的范围。由于需要用到助视灯及助视器等电子设备，每个座位还需配备电源插座，电线必须暗铺。

（3）储物区。包括学生个人储物、图书存放及教具储物区。个人储物区为每个学生提供单独的储物格。由于盲校招生范围广，学生行动不便，一般采用寄宿制，学生有较多的个人物品存放在宿舍及教室，所以储物格的尺寸至少应能放下盲文图书，存放平时不用的盲文书籍。教具储物主要是直观教具，包括教师制作的校本教具，以及一段时间内常用的直观教具。储物区前应设足够的缓冲面积，便于学生取放物品。储物区的柜格可做开放或封闭的，如柜门向外平开，开启后不应占用学生主要的通行通道，避免忘记关门后，其他学生无法感知门的位置发生碰撞。

图 6-1 可翻起桌面课桌

（4）活动区。由于盲校在中低年级的课程以综合课程为主，教室内除普通教学外，还需进行游戏、康复等活动，因此室内需设置一定面积的开敞空间，满足活动需求。同时，因为视障学生以触觉代替视觉，经常用手接触环境和物品，为保证卫生，室内应设置洗手池。

6.2.1.3 盲校普通教室设计要点

（1）所有的视障生使用的教室室内不应设置讲台，因学生对教师视线的注视能力有限，讲台并无太大意义，反而会因为在教室前端突然高起，学生稍不留意容易撞伤。因此室内不设凸起的讲台。

（2）全盲生的教学以集中教学为主，较少分组讨论，同时所用“一头沉”桌椅重量和体积都很大，所以全盲生教室内的桌椅一经摆放，在教学过程中较少移动。动作直观教学、储物柜前的缓冲以及游戏综合教学等所需的空间都应提前预留好。桌椅间距应保持足够的宽度。

（3）低视力学生除集中教学外，也经常用到分组和个别教学，课桌不必采用“一头沉”，可根据需要决定采用固定桌椅或可移动桌椅。固定桌椅的好处是可以比较安全隐蔽地设置电源插座，为学生在桌面使用助视器、台灯等电子设备提供方便，并有宽裕的个人物品存放空间。移动桌椅的好处是教学形式灵活，空间可变性强，教室面积可以控制在合理范围内。

（4）教室的采光应注意避免直接和反射眩光对学生的影响，当自然光线不足时，人工照明对学生桌面和黑板的补光应能达到国家相关规范的标准。

（5）学生读盲文的过程需要用手指触摸书籍，所以室内温度应控制在合理的温度范围内，避免太冷手指敏感度低无法感知触点，或温度太高出汗损坏书籍。室内应设专门的洗手池供学生随时清洗手部。

平面图示如图 6-2、图 6-3。

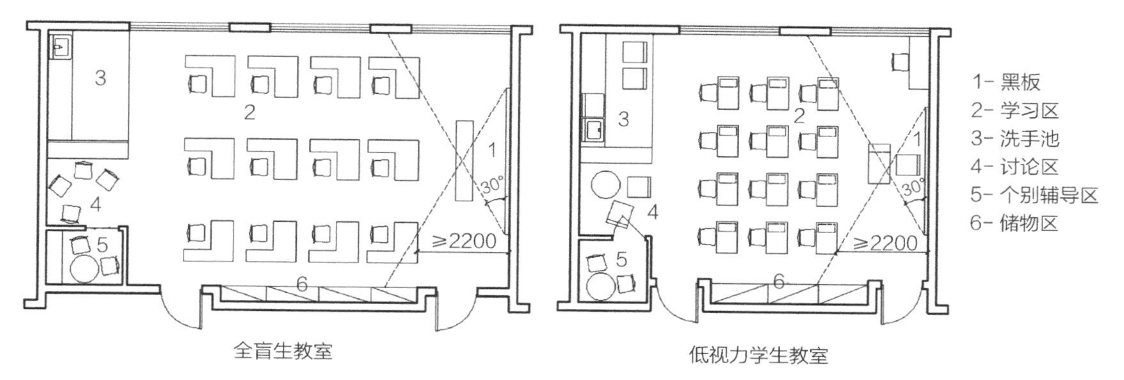

图 6-2　盲校普通教室平面图示

北京市盲校低视力学生教室

南京市盲校全盲生教室

南京市特殊教育学校盲生班

图 6-3　盲校普通教室实例

6.2.2　聋校普通教室

6.2.2.1　聋校教学方式对普通教室的需求

聋校的教学大体分为两部分，一是语言学习，二是分科知识学习。其中语言学习是分科知识学习的基础，没有语言交流，也就无法沟通，无法掌握知识。所以听障学生的教育强调语言的沟通与交往教学。语言教学有两种方式，一是手语教学，二是口语教学。手语教学一直以来被认为是听障学生的母语，是听障学生与其他听障学生和普通人进行沟通的基础，能够使听障学生自由地参与到社会活动中去。口语教学是指以口语发音、书写语言和口语为主要形式的教学，口语教学为听障学生融入正常社会提供了更大的空间，有助于改善学生的社会适应能力和心理状况，但对于全聋学生来说，掌握口语和语言文字是相当困难的一件事。1992 年，我国开始尝试开展聋校分类教学，将学生按照听力、语言和其他方面的差异，分为听力班、全聋班、混合班等，分别采取相应的教学方式。随着口语教学的不断进步，1996 年南京市聋校引进了双语双文化教学，强调手语和书面语言的共同作用，在学前和小学阶段尽快使学生掌握手语，等到熟悉手语之后，在此基础上进行书写语言的教学，并对有一定听力的学生进行口语教学。随着听力障碍早期干预的明显成效，全聋生越来越少，多数学生都具有一定的听力。为更好地促进学生的社会适应性，聋校教学更倾向于在双语双文化的基础上，向口语听力教学发展，即通过残余听力和口语、唇语教学，使学生掌握自然语言。

无论是手语教学还是口语教学，都强调个别化教育，因为每个学生的听力状况都不同，对事物的接受能力也不相同。听力较差或者接近全聋的学生，无法通过听力获得信息，需要通过手语教学。有一定听力的学生，对信息反馈程度不同，有些学生反馈信息好，教学重点就在于语言训练，而听力弱一些的，则需要加入听力注意和分辨的训练，并兼顾语言训练。所以需要根据学生的不同特点，分阶段定期进行听力和语言能力的评估，并制定相应的教学计划。当学生通过助听器或耳蜗植入后具有相当的口语能力后，转向普通学校随班就读，实现听障学生融入正常社会。

手语和口语教学都需要听障学生对教师的手部和嘴部动作保持足够的注意，因此教室座位的排布应避免可能产生的互相遮挡，教师所在的位置也应有足够的照明条件，保证学生在室内对教师细节动作的观察。

6.2.2.2 聋校普通教室的功能分区

普通教室根据教学活动的内容，大致分为三个区域。

首先是教室前侧的教师教学区，包括授课用的黑板、多媒体电子教具（如投影仪、电视机等）。教师采用双语教学，手语是重要的交流方式，因此教师身前应有足够的亮度，方便学生看清教师的手势，当自然采光不足时，应有人工照明补充。低年级学生以及有多重障碍学生的班级，可考虑设置教师的办公角。

其次是学生学习区，主要是摆放学生听课所用的桌椅。理想状态中，为方便学生观察教师的脸部表情与手势，同时避免学生之间的互相遮挡，学生的座位宜布置成弧形，开口面向教师。但在实际调研的过程中发现，聋校的座椅排布方式不仅限于这一种，还包括 U 形、行列式等几种。影响排布方式的主要因素包括教学方式的需求、学生教学适应能力不同，以及桌椅教具的尺寸等。下面以《特殊教育学校建设标准》（建标 156-2011）二级标准的 54m^2 普通教室面积、12 名学生为例，设教室开间和进深为 6900mm × 8100mm，简单说明桌椅排布的情况（表 6-7）。

聋校普通教室教学区排布示例　　表 6-7

	情景 A	情景 B	情景 C	情景 D
图示				
适用年级	中低年级	中高年级	中高年级	高年级及职教班

情景 A。学生所用桌椅根据弧形排列的需要，一侧尺寸由 600mm 变为 500mm，如图 A。首先，学生所用的桌椅需特殊定制，不是普通标准的方桌，学校设备采购时，为与现有桌

椅匹配，需购置相当数量的备用桌椅，以防损坏。同时，课桌面向教师一侧的桌面变小，使学生的桌面活动受到一定限制。其次，弧形排列最端部的两个课桌桌椅后面的通行宽度仅有400mm 左右，学生通过时容易发生擦碰。最后，弧形最中间的学生距离黑板的距离较远，不利于学生观察教师。因此这种弧形排布方式适合学习用具不多、学习方式灵活、桌椅经常移动的低年级教学。

情景 B。在实际调研中，也有聋校教室内桌椅排成两排弧形。这种方式使教室两侧有较大的通行空间，满足教师和学生在生活教学过程中对空间转换的需求，同时学生距离黑板的距离也更近。不足之处在于后排学生的视线会受到一定程度的遮挡，需要挪动身体来寻找注视教师的最好角度。因此这种方式适合对教师教学情况有一定了解的中高年级学生。

情景 C。学校采用普通中小学所使用的标准课桌，保证了学生对桌面面积的使用要求，因为这种方式较难以弧形拼接，因此采用 U 形排布方式。好处在于保证了所有学生对于教师的注视，不足在于 U 形凹口位较深，远处的学生观察黑板不利。因此这种方式适合学习工具较多、对桌面面积有较高要求的中高年级，多用于讨论课程，方便学生之间互相注视交流。

情形 D。采用标准课桌，排布方式为标准行列式，室内留有足够的交通和停留空间。这种方式对桌面面积要求较大，用于放置个人学习物品。但后排学生视线遮挡较严重，需要学生对学校的学习模式熟悉，能够有较高的注意力持续关注讲台上教师的动作，不需要教师提醒。因此这种方式多用于高年级或职教班级。

最后是个别训练区。个别训练区有两个作用，一是对学生不良情绪的安抚。听力障碍学生，尤其是低年级学生在掌握语言交流能力之前，由于无法与他人顺畅沟通，经常会产生激怒、易攻击等不良情绪。当学生情绪过激时，可由教师在个别训练区对学生进行疏导，避免学生过激情绪对自己和他人的影响。二是对学生学习情况的针对性评估和了解。每个听障学生的听力特点不同，尤其是低年级学生在听力重建后，对于外界信息接收的分辨和吸收，会影响学生语言的学习能力，教师需要及时了解学生的状况，以便针对性地进行教学辅导，这需要一个安静的环境。个别训练区比专门的语训小教室更加方便，熟悉的环境能够减少学生的抵触心理，方便教师随时了解学生情况。

6.2.2.3 聋校普通教室设计要点

（1）黑板前应有足够的照明，在照度不足的情况下，对教师的手势和面部进行加强照明，使得学生能够看清教师动作。教师所在位置应设讲台，提高教师所在位置的高度，便于学生在学习区对教师进行观察。

（2）高低年级对室内辅助空间的需求不同，低年级需根据学生的行为特点设置游戏区、卫生角等。游戏区应满足全班学生共同活动的要求，可参考盲校要求。卫生角应设洗手池、饮水机等。为便于室内清洁，卫生角可单独设置在教室一侧，两班合用。卫生角应注意地面防滑排水，具体设计要点参见盲校普通教室。高年级学生班级无游戏区设置要求，不必紧邻教室设置卫生角，可通过楼层或区域卫生间来解决。高年级班级内应设置图书角等阅读空间。

（3）为防止班级之间教师在教学过程中声音的互相干扰，提高学生助听器的信噪比，班级教室内一般设置 FM 发射机与接收机，通过特定的射频装置将教师信号发送到指定频道的学生助听器中，提高了信噪比，学生可以更加清晰地听到教师的声音，避免了扩音器教学低频重、语义不清、互相干扰的缺点。发射装置应设在教师较容易控制的位置，有单独的电源和信号源。一般在每个听障学生教室的门口设置刷频机，其作用是将每个从刷频机前经过的孩子的接收机刷到所在班级的频道，避免了学生和老师手动调频的操作。刷频机的技术也在不断进步，目前 IP 网络技术也在广泛应用（图 6-4）。

平面图示如图 6-5、图 6-6。

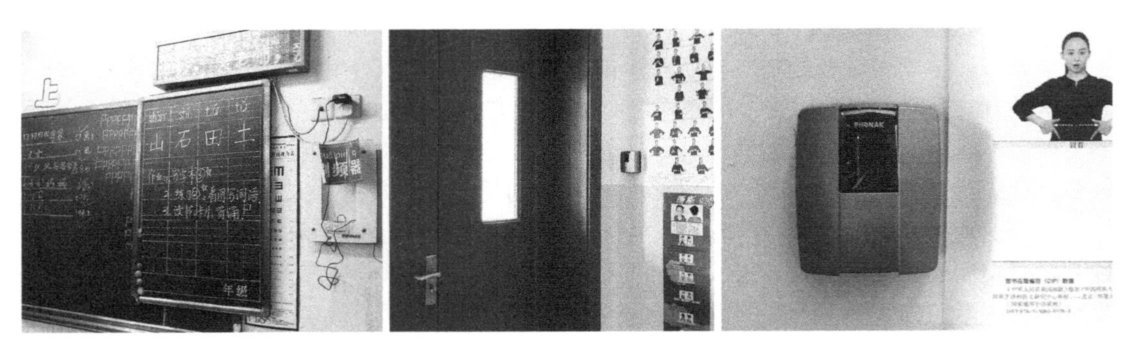

图 6-4　聋校普通教室入口处 FM 刷频装置

（资料来源：左，作者拍摄；中、右，由深圳市金澄建筑设计顾问有限公司提供）

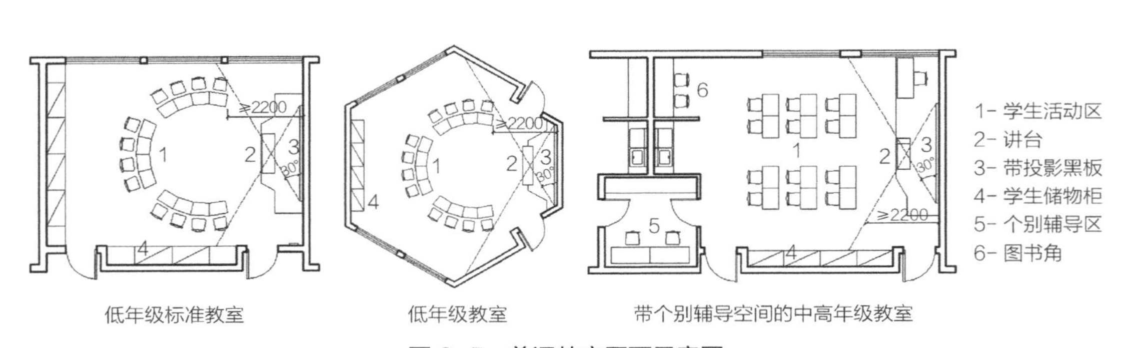

低年级标准教室　　低年级教室　　带个别辅导空间的中高年级教室

图 6-5　普通教室平面示意图

杭州市聋人学校普通教室前侧及后侧　　广州市聋人学校普通教室前侧

图 6-6　聋校普通教室情景

6.2.3 培智学校普通教室

6.2.3.1 培智学校教学方式对普通教室的需求

发展性障碍学生普通教室内的教学方式不仅是教师讲授，学生排座学习的方式。针对障碍学生的特点，教学活动多种多样，为容纳这些多样的活动，需要普通教室有多种空间提供服务，因此室内空间的组成直接取决于教学活动的方式和内容。为明确发展性障碍学生的普通教室空间组成，以下简单说明三类学生的具体教学方式。

（1）智力障碍学生的教学特点与形式。

智力障碍学生与普通学生具有基本相同的学习顺序、学习特点和学习方式，因此普通学校一些基本的教学方法同样适用于智力障碍学生，如教师讲授、小组讨论等形式。考虑到智力障碍学生的认知障碍和学习适应等问题，教学过程中还需要通过其他方式有效地引导智力障碍学生的学习兴趣，促进对学习内容的理解。常用的教学方法有任务分析法、谈话法、演示法、模仿法、参观法、情景教学法、个别指导法、游戏教学法等多种。其中与普通教学方式差异较大、对教学空间有需求的主要是模仿法、情景教学法、游戏教学法等几类。

模仿法是通过让学生模仿教师的语言和动作，调整学生的行为，从而促进学习适应能力的方法。类似于盲校直观教学的方式，教师通过重复的示范、讲解和纠正让学生在模仿过程中逐步掌握行为要领，形成技能。模仿法在语文课可以矫正学生的语言组织、发音清晰度，在数学课提供范例计算等，同时在体育、音乐、美术、劳技课等都有广泛的应用。模仿法需要学生和教师同时进行动作操作，因此需要一定的开敞空间。为了让学生更好地模仿教师，同时也观察自己，需要在教室内设置一面等身高镜，用于学生观察自己的行为，从而进行矫正。镜子应做好防撞措施，并采用防爆玻璃，镜子前应有足够两人活动的空间。

情景教学法是指根据教学内容设置近似于实际生活的场景，组织学生在场景中完成具体任务，让学生掌握特定知识和技能的方法。情景教学既可以在学校专门设置的情景教室中解决，如邮局、超市、居家等室内场景，也可以在普通教室中临时借用简单道具组织学生进行扮演角色朗读、轮唱等，对于智力障碍学生理解语言、理解生活、规范用语具有明显的作用。普通教室中的角色朗读和轮唱需要能够吸引其他同学的注意，大家共同完成教学任务。因此要在教室前部教师讲课的位置有足够的活动空间。

游戏教学法是指利用游戏的方式将授课内容、技能培训、缺陷矫正等融入游戏过程的方法。游戏教学法能够积极调动学生兴趣，维持智力障碍学生的注意力。教学过程中需要借助一定的游戏道具，如羊角球、泡沫积木等，由于学生活动范围较大，且与地面接触较多，地面需铺设软垫保护学生安全，所以游戏教学需要相对固定的区域，但不限于教室中的具体位置。

（2）脑性瘫痪学生的教学特点与形式。

培智学校中的脑性瘫痪学生多为具有一定程度智力障碍的多重障碍学生。教学过程除注意智力障碍学生教学方式和特点外，还要考虑到脑性瘫痪学生行为特点。早期对于脑性瘫痪学生的教育以普通学科教学和医疗康复交替的方式进行，20 世纪 80 年代后我国开始试点引进针对脑性瘫痪学生的引导式教育，在康复机构取得了较好的效果，并于 2010 年后开始在特殊教育学校中逐渐推广开来。引导式训练是通过由特殊教育教师、物理治疗师、言语治疗师、社会工作者等组成的团队，为脑性瘫痪学生进行个体评估，并制定全面整合的教育计划，包括认知、大运动、精细运动、心理、社会适应等方面，改变了脑性瘫痪学生康复与教育脱节的状况。严格来讲引导式训练属于康复训练的内容，考虑到脑性瘫痪学生行动不便以及对引导式教室的使用频率，可将引导式教室与普通教室结合设置。普通培智学校中一般设置 1 ~ 2 个专门的脑性瘫痪学生班级，并设相应普通教室，普通教室旁设一间引导式教室。专门收治脑性瘫痪学生的学校，可为每个班级设置一间相应的引导式教室。以康复为主的机构，引导式教室作为主要使用空间，普通教室可设可不设（图 6-7）。

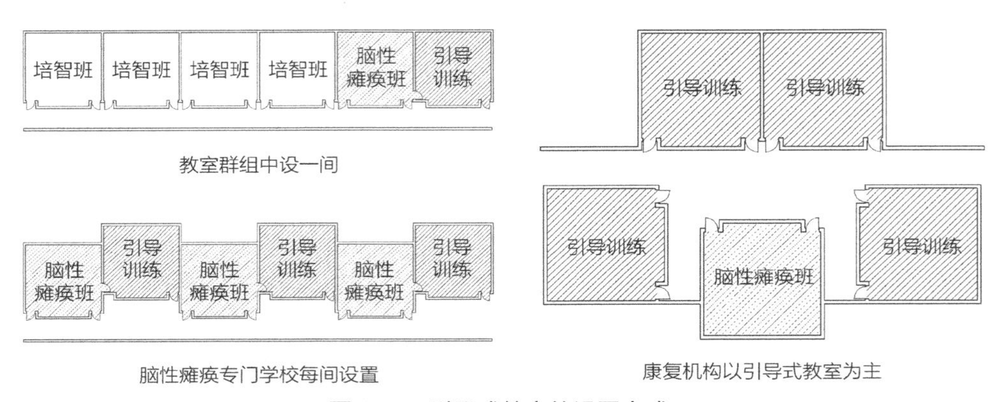

图 6-7　引导式教室的设置方式

（3）自闭症学生教学特点与形式。

对于自闭症谱系学生的教育国内目前还没有明确的安置指导和教学指导。国内自闭症多是由民间机构承担教育与康复工作。北京某教育机构采用结构化教育模式，基于行为主义和多元智能的理论基础，采用了行为分析法和结构化教育的教学方式。行为分析法通过“刺激—反应—强化”过程，对学生根据老师刺激所表现出来的正确反应予以鼓励强化，错误反应予以忽视或惩罚，以此消除问题行为，塑造社会适应行为。结构化教育强调自闭症谱系学生对教育和训练内容的理解和服从，为了避免儿童因为感知觉对变化的敏感产生不适应，而将教学环境、教学顺序、生活组织等结构化，使环境和活动规律化的做法。其中教学环境的结构化是指将教学环境分为明确的学习区、游戏区和生活区等，每个区域利用铺地材质或色带作明显区分，相应的设施设备也按规律摆放，使得整个环境规整明确。少作偶然性改变，让学生明确每个区域的功能。行为分析和结构化教育有较高的回馈率，学生改善情况比较明显，家长也能接受，并在家中也同样进行分区划分，加强学生的反馈。但也应注意，结构化环境是为了让儿童更好地形成适应行为，建立良性沟通，而不是将儿童限制在一定范围内。

以上三类学生教学方式对空间的需求主要还是围绕普通教室展开，或在普通教室旁增设其他训练空间，或对室内空间形态有特殊要求，而室内的空间构成和功能分区基本相同，个别功能分区和设计要点略有不同。因此不对这三类学生的普通教室分别说明，而基于共同点建立一个培智学校普通教室的功能设置框架，在框架体系下，普通教室的设置可满足三类学生的教学要求，并根据具体使用要求不同适当进行针对性的调整。

6.2.3.2 培智学校普通教室功能分区

普通教室根据教学活动的内容，大致分为两个区域。

（1）教师工作区。每个班级的普通教室内一般同时安排两名教师，一名是任课教师，负责学生的学科教学，一名是生活教师，负责学生的日常行为教学。两名教师的教学内容和教学时间互相补充，可大大减少照顾学生的日常压力，因此普通教室内需设置专门的教师工作区。教师工作区可分为两部分。一是教师授课区，用于教师统一讲课，设在教室前部，包括板书和投影用的黑板、白板、多媒体电子教具（投影仪、电视机等），以及用于演示操作的电脑等。为提高发展性障碍学生的注意力和弥补感知不足，黑板上方应设置专门的灯具提高黑板照度，固定黑板下沿不设突出的粉笔槽，以防学生磕碰。黑板下方的墙面也可以作涂黑处理，方便低年级学生在自己身高能接触到的范围内涂画游戏。除特殊需要外，黑板前不应设置讲台，防止学生跑跳时不注意跌倒撞伤。教室前部也是班级各类信息汇总的地方，将班级所在同学的信息、课程表、评比表等以图示的方式标识出来，帮助学生记忆，因此黑板旁边应有部分完整的墙面用于张贴各类图片表格。二是教师办公区。发展性障碍学生自理能力差，无人看护容易出现问题，因此只要教室内有学生活动时，必须有至少一名教师在场看护。为便于教师休息、备课、制作简易教具，需要在教室内设教师办公的专门区域。办公区应能容纳两名老师同时办公，为保持工作环境的完整，避免学生取拿剪刀、订书机等用具，办公区域应保持一定的独立，与学生活动区分开，可采用矮柜等方式进行分区，同时能够保证教师对室内情况的监护。教师办公区也可兼作个别辅导空间（图 6-8）。

（2）学生活动区。为满足各种不同的教学方式，学生活动区的空间类型较多。首先是主活动区，然后是游戏活动区，最后是个别活动区。其中学生学习区为主活动区，应满足全班学生同时上课活动的需要，桌椅不固定，可根据需要灵活搬动，地面应防滑、防摔。游戏区是指学生进行游戏教学的区域，必须每班单独设置，不可利用教学区兼用。游戏区面积要能够容纳全班同学手牵手围成一圈进行集体活动，同时还要保证借助教具完成情景活动的情况，

图 6-8 启智班教师办公区域示例

因此核心区域应有 2.1m × 2.1m 大小，再加上周边缓冲空间，总计应不小于 2.7m × 4m。游戏区作为与学生学习区重要性相当的空间，可设在班级教室内，形成一个大的普通教室，也可紧邻班级教室单独设置，形成独立空间，减少游戏教学过程中声音和视线的干扰。教室内应设足够数量的储物柜，分别存储学生个人物品、教学教具、游戏器材等。低年级学生因为生活自理能力差，间或需要家长陪读，陪读情况分为三种：一是家长在教室教学区内与学生坐在一起，共同完成课程；二是家长统一在教室内后排监护，有学生需要时再上前帮助；三是家长在教室外等候，通过观察窗观察学生状况，如授课教师需要家长协助时，才进入教室。前两者都需要在教室内为家长提供专门的陪护空间，并设置相应的座椅。第三种方式对教学活动产生的影响最小，不必为家长在教室内设专门的陪伴空间，可在教室外紧邻出入口设置，或将家长集中到专门的休息空间内休息（图 6-9）。个别活动区是为少数学生单独活动预留的小空间，多利用教室边角空间，或用矮隔断围合而成，形式灵活。需注意，个别活动区必须处在教师对学生活动的直接视线监护下，不能出现教师无法观察到的死角。

（3）辅助区。教室后部为辅助区，包括放置学生个人物品的储物空间、学生生活适应训练的空间和卫生间三部分。

个人物品的储物空间包括放置教具的公共柜和学生个人用品的专属柜。其中教具的收纳最好围绕教师授课区展开，方便老师统一制作、管理教具；学生个人用品，包括学生的文具、生活用品、换洗衣物等。在没有专门宿舍和寝室、午休需在教室内解决的学校，储物柜应可放下学生午休时的被褥，或在教室内设专门的柜子集中收纳。

生活适应训练空间是指因培智学生生活自理能力有限，尤其是有脑瘫儿童的班级，会出现学生大小便难以控制的情况，因此应在教室内设置洗手池和面镜。洗手池有利于教师和学生随时清洁教室内杂物并保持学生个人卫生；面镜方便对学生进行生活教学，由教师在镜前示范智力障碍学生如何整理个人仪表，教学生如何系鞋带、系扣子等基本生活技能。等身镜高度应与教师身高相近，底边贴地面，并在学生能触摸到的地方设防撞设施，镜面本身应防爆。

考虑到中重度学生身体控制力有限，需及时解决个人卫生问题，并在出现大小便失禁后及时处理，每个班级需附设卫生间。考虑到使用频率和异味问题，卫生间可相邻两班之间设单独空间，也可在室内一角设置。卫生间内设洗手池、大小便器、拖布池、晾晒换洗衣物的

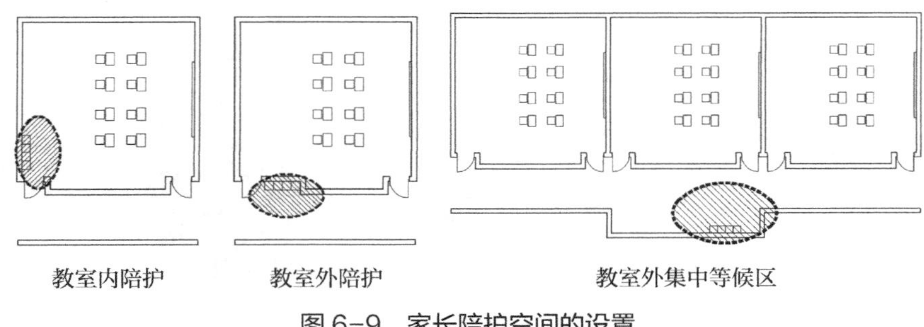

图 6-9 家长陪护空间的设置

空间，并考虑设置洗身台，并作无障碍设计。洗手池使用频率高，除蹲位旁设洗手池外，班级入口附近应另设一个单独的洗手池。因为发展性障碍学生的行动非常缓慢，设置卫生间可减少学生在教学楼内为去卫生间而产生的穿行，节省时间，提高上课效率，保证安全。卫生间应对外采光通风，最大程度地减少气味对教室正常教学的干扰，同时应尽量少占用教室采光面，保证室内足够的日照（图 6-10）。

考虑到学生身体条件不佳，容易疲劳，在教学区附近可设一定面积的休息区，设 2～4 张单人床，能够容纳本班学生轮流休息。休息区与教学生活一体化单元的住宿间略有不同，不必容纳全班同时休息睡眠，而是临时性休息。休息区与教学区之间应设观察窗，方便教师掌握室内学生的情况。

6.2.3.3 培智学校普通教室面积

因为发展性障碍学生个体障碍差异大，教学方式和过程应针对学生特点趋向个别化教学。在师资力量有限的情况下，每个班级的学生数量越少，教师对学生的关注度越高，因此培智学校普通教室有小班化发展趋势。日本护养学校普通教室一般不超过 6 人，教室面积为 55m^2，分为操作区、学习区、活动区和个别辅导区等（图 6-11）。我国培智学校多为 8～10 人，在小班化趋势下，建议以 6～8 人为主，也较容易形成 2～4 人的小组进行分组教学。

按照普通中小学建设标准，我国生均普通教室使用面积为 1.36m^2，虽然远小于美国和我国台湾地区标准，但按照集中授课的模式，将座位行列式摆放，并预留教学和储物空间等，50m^2 教室已能满足基本使用需求。按照普通中小学这种行列式座位摆放，并适当考虑发展性障碍学生的活动幅度增加，放大座位间的通道宽度，可得出培智学校普通教室的使用面积为 33.6m^2，生均面积 4.2m^2。在此基础上，加上每个教师 3m^2 的办公备课区以及与学生学习区面积相近的游戏活动区，计算普通教室的使用面积在 54.6m^2 即人均 6.8m^2 应能够满足培智学校基本教学要求。54m^2 与实际调研过程中所得数据和我国特殊教育学校建设标准中的规定基本相符（图 6-12，表 6-8）。

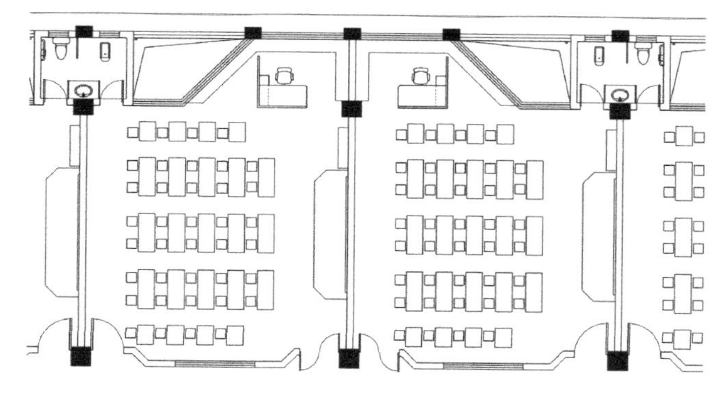

图 6-10　成都市青羊特教中心普通教室合用卫生间

（资料来源：四川省建筑设计研究院提供）

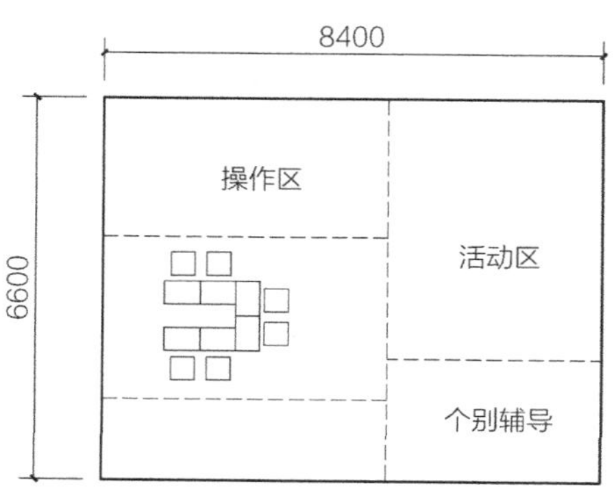

图 6-11　日本护养学校普通教室布局模式

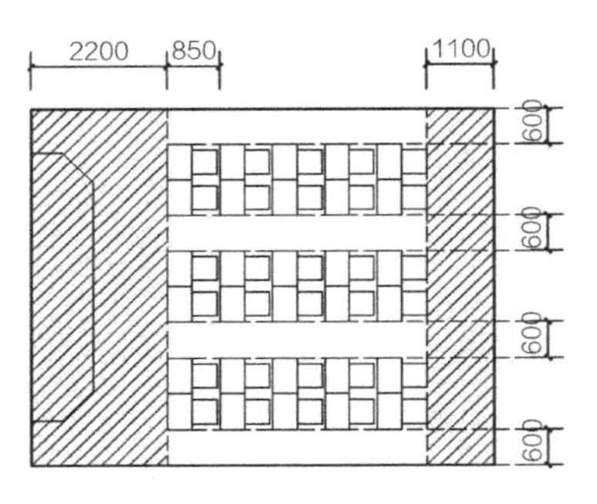

普通完全小学教室面积需求

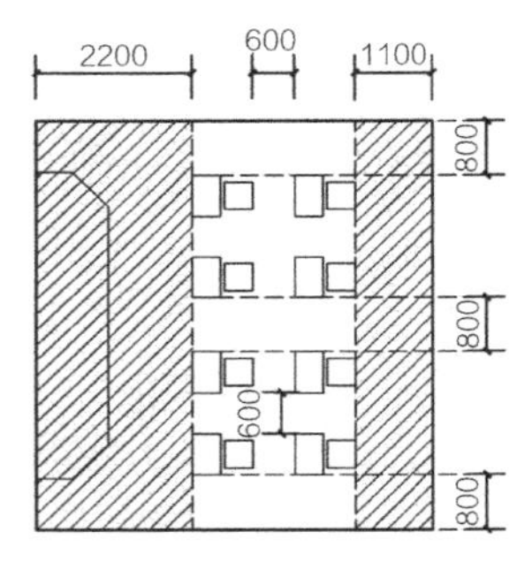

培智学校教室行列式面积需求

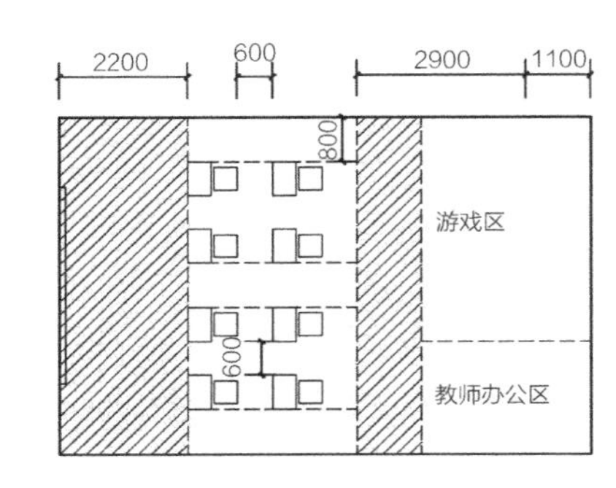

培智学校普通教室基本面积需求

图 6-12　普通教室面积需求

部分培智学校普通教室面积举例　　表 6-8

学校名称	使用面积（m^2）	学生人数	人均面积（m^2）
北京市海淀区培智中心学校	70.2	9	7.8
成都市青羊区特教中心	72.4	10	7.2
西安市启智学校	76.9	11	7.0
新疆石河子特殊教育学校	55.9	8	7.0
鄂尔多斯市东胜区特教	55.0	10	5.5
北京市东城区特殊教育学校	29.9	6	5.0
广州市海珠区启能学校	49.0	12	4.0

在满足目前培智学校教学需求的前提下，面向培智学校教学生活化、教学个别化的开放式教学需求，班级教室内还应布置相应的情景教学空间、个别教学空间、多功能开发空间等。其中个别教学空间按 4～6m^2，多功能开放空间与学生学习区的面积比控制在（0.5～0.8）：1，情景教学空间结合多功能开放空间设置，可得出普通教师的使用面积在 70～80m^2，生均面积为 9～10m^2，与日本护养学校小规模教学班级标准相似。因此对于有开放式教学需求的学校，普通教室的生均面积不小于 9m^2，使用面积不小于 72m^2（图 6-13）。

6.2.3.4　培智学校普通教室设计要点

（1）为了给学生提供多种不同的学习经验和环境，教室内可设置不同大小、氛围的学习角落和兴趣空间，如提供自由取阅的阅读角、种有盆栽的植物角、日常家庭用品的生活角等，空间内设置学生熟悉的日常生活环境和事物，为学生提供领域感和安全感，鼓励学生在自己专属的空间里表达自己。

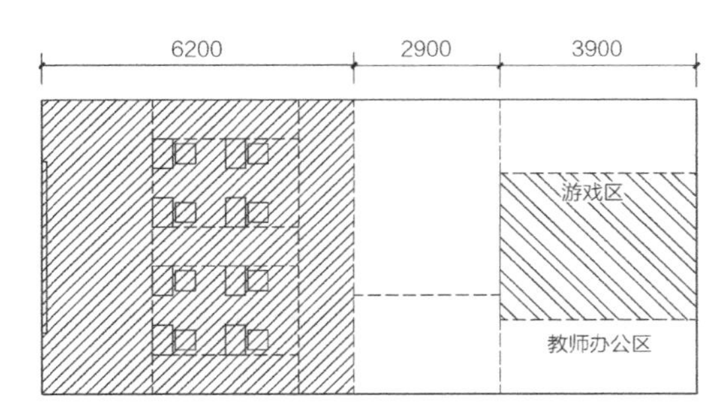

图 6-13　满足开放式教学需求的普通教室面积

（2）教室内的装饰应有助于学生的缺陷补

偿，能够提供多种感官接触，包括触觉、视觉等。虽然有专门通过多媒体设施建构的多感官训练室作为感觉康复训练，但普通教室的训练更加常态化，让学生随时随地接受感觉刺激，有助于感官障碍的康复。如在教室末端设一人宽的等身镜，并作防爆防碎处理，方便学生对照镜子观察自己的行为，学习生活常用动作。在学生视线高度处做可触摸的玩具，如算盘、移动拼图等。

（3）室内应考虑完善的无障碍设计，疏散门宽度应满足轮椅出入要求，室内入口处应留有部分空间放置轮椅。室内墙面宜作软包处理，地面选用易清洁、带有弹性的地板。由于学生注意力不集中，容易被突然出现的事物吸引，教室临走廊一侧的开窗应高于学生的视线高度，并采用单向透光玻璃，方便教师在走廊对室内情况观测，而不影响室内学生的学习。

平面图示如图 6-14 所示。

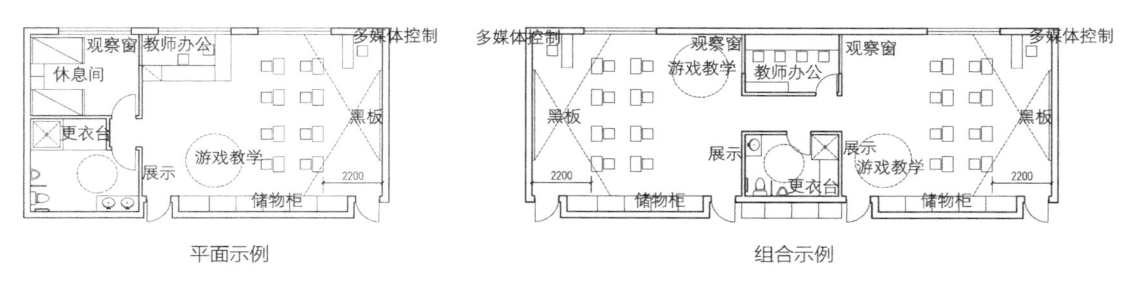

图 6-14　普通教室平面示意图

6.2.3.5　培智学校普通教学单元的建构

由于我国特殊教育资源配置不平衡，特殊教育学校的布局和招生也有差异。师资力量多，硬件配置完善的学校更受家长青睐，学校在无法全部接纳的情况下，只得有选择地接收学生。因此培智学校的普通教室功能应具有一定的灵活性，以适应每年生源数量和类型的变化。可根据需要对教室班级进行简单调整，面向不同障碍类型的学生提供针对性的教学组织。这正是开放式教学空间产生的动力之一。在教学空间的开放化策略一节中本书讨论了开放式教学单元的设置，并提出小班化、灵活化的教学趋势。这种小班化、教学空间灵活化的需求非常适合普通教室＋开放空间的教学单元建构模式。基于培智学校普通教室内容的多样化，可将普通教室继续拆分，分为满足基本教学功能的班级教室空间与游戏教学、个别教育、图书阅览、卫生间等的扩充空间两部分。（图 6-15）教学空间和扩充空间根据需要有两种组合形式：一种是以完整的普通教室为核心，教室之间关系较弱，教师专注于对本班学生的教学与管理，多见于行为、认知能力差的

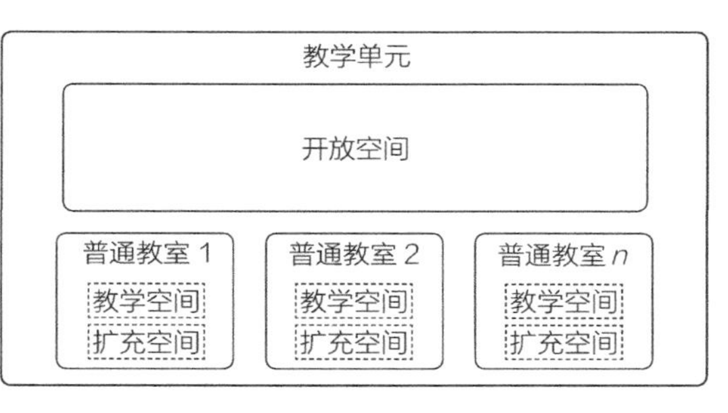

图 6-15　培智学校普通教学单元的组成

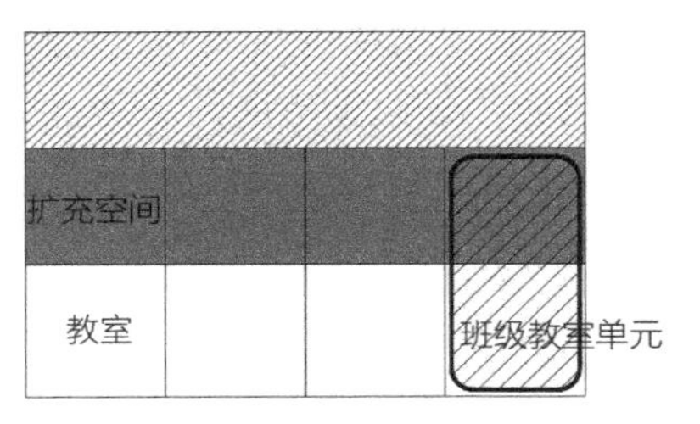

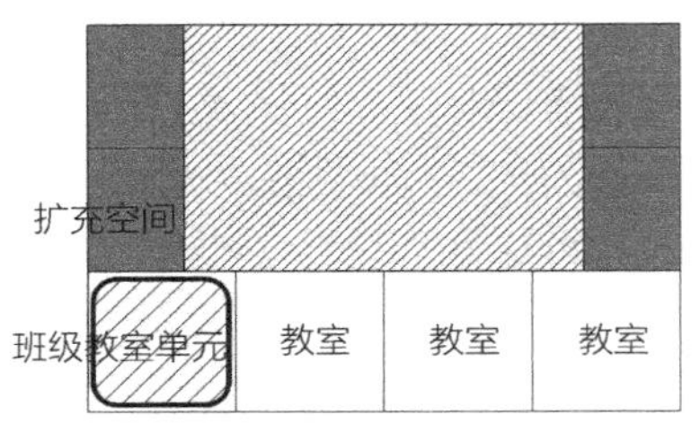

图 6-16 培智学校普通教学单元的组成

中低年级班级；另一种是将扩充空间放在开放空间内组织，除教学空间相对独立外，其他活动多在公共空间进行，削弱了普通教室的概念，突出开放空间的重要性，班级之间教学内容流通性强，多见于高年级和职业教育班级（图 6-16）。

6.2.4 计算机教室

1. 概述

三大类特殊教育学校均设有计算机教室，是学生进行计算机技能培训和信息技术教学的教室（表 6-9）。计算机教学的主要任务是让学生掌握计算机操作基础和个别计算机专业应用，在高年级中计算机应用更倾向于职业教育方向。随着计算机的小型化和功能多样化，计算机已经广泛深入到特殊教育学校教学的方方面面。过去学校中所设置的多媒体教室，实际就是对计算机教学的应用，如今的计算机教学在很大程度上已经替代了多媒体教室。

计算机教室设置概况 表 6-9

	盲校	聋校	培智学校
是否设置	●	●	●
教室使用人数	12	12	8

视障学生对计算机的使用需求很高，计算机辅助教学有助于弥补学生视力上的缺陷，更好地获得信息，是学生扩大感知能力的一种手段。熟练地掌握计算机应用有助于各个年龄段的视障学生学习、生活以及与外界交流。计算机的使用也已经普及到普通教室中，如上海市盲童学校在中高年级的低视生教室中为方便学生阅读学习，为每个学生在座位上设置了带有显示器的助视器。教学组团的开放空间中也可放置计算机方便学生学习。

听障学生和发展性障碍学生视力较好，更容易使用计算机，因此计算机的应用更加广泛，除基本操作外，还可以通过互联网，实现视频电话、远程控制、远程教学等多种功能。对于有一定基础的听障学生、发展性障碍学生，可以依靠计算机自学掌握很多知识，所以在更广泛的意义上，计算机教学既包括教师指导下的学生计算机应用，也包括学生利用计算机进行自主查询、阅读的应用，对计算机的使用不仅限于计算机教室，还包括普通教室、高年级的开放空间、阅览室等。计算机教室的功能定位在聋校、培智学校内也不仅是提供计算机教学，同时还为聋校师生提供各种计算机相关及多媒体服务，如视频电话、计算机远程教学、复印、打印等服务。

2. 平面及功能分区

计算机教室应保证同一个班上课的学生每人一台可以独立操作的计算机，盲校、聋校按12人班额计算，室内应有12台计算机，培智学校不少于8台计算机。根据教学班级的多少，总计可设置2～3间计算机教室。

按照功能，室内分为四个部分。

（1）教师授课区。包括教师控制台，用作教学演示和控制其他电脑；可左右移动的2块或3块黑板，其中一块黑板内配大屏幕显示器。

（2）学生操作区。学生单独操作电脑实践的中心教学区。考虑到学生对显示器信息的注视以及放置其他辅助器材的需要，教室内的座位应有利于学生之间的互相观察和教师对学生操作的指导。学生排位有两种方式，一是沿长向墙面布置电脑桌椅，二是在教室中央分组布置。教室中间留有足够的空间供教师随时观察室内所有学生的情况。电脑在桌面的摆放应特别考虑听障学生对视觉注意的需要，电脑之间应错位摆放。采用矩形桌面时，显示器交错排列；采用三角形桌面时，桌面每边不超过2台显示器。盲校的排位方式以分组式、沿墙面布置等几种方式为主，可及时给予指导（图6-17）。

（3）多媒体应用区。主要指聋校、培智学校有一定计算机操作基础的高年级学生单独使用，学生可以借助计算机和多媒体设备与异地的教师或学生远程学习、讨论问题，或进行电话会议、视频交谈的区域。多媒体应用区应单独设置，当有人在多媒体区学习时，不影响计算机教室的正常授课。多媒体应用区包括多人会议间和单人学习间两种，满足集体学习和个体学习的需要。视障学生单独使用远程教学系统有一定难度，因此盲校计算机教室较少同时配备多媒体应用区，一般在教师工作范围内单独配置。

（4）储物及服务区。储物区是指用于存放计算机教学相应配件以及教学资料的区域，也可兼作服务器机房、电源安置等。储物用房宜单独封闭设置，防止不常用的电子配件受潮故障。服务区指为计算机教学和多媒体学习时提供复印、打印等服务的地方，需设置可联网工作的打印机、扫描仪、复印机等常用办公设备。服务区还应有专门的服务器用房，存放学校电脑服务器以及网络服务设备。服务区应有相应的储物间，用于存放常用办公纸张等。每间

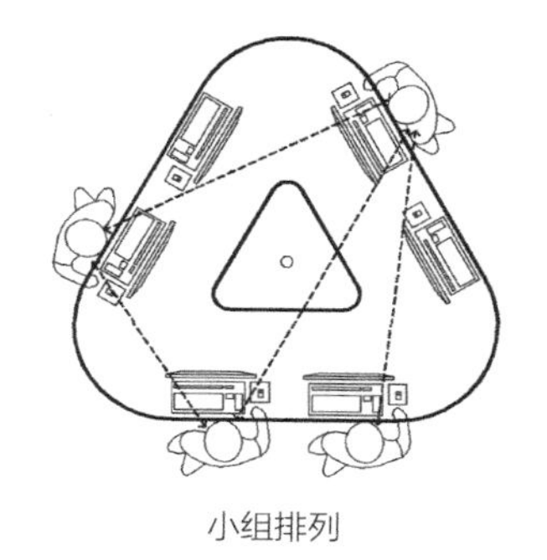

小组排列

矩形桌面布置

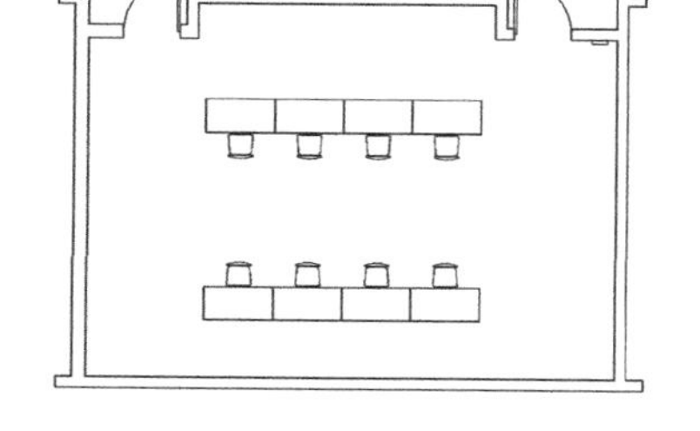

沿墙两侧布置

图6-17　电脑桌椅排列方式

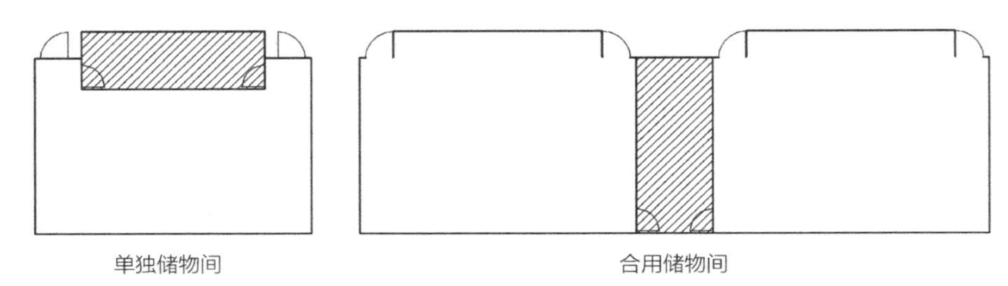

图 6-18 储物间做法

教室可设一间专门的储物间，也可多间计算机教室可共用同一间储物间（图 6-18）。

3. 设计要点

（1）室内应有完善的多媒体设备，包括扩音器、电视、投影仪等。教师操作台与学生电脑应组成局域网，教师可统一控制各个学生电脑的显示桌面。

（2）教室前侧的黑板应为可左右开合的双层黑板，其中一扇黑板内应设置教师可操作的大屏幕显示器，用作演示使用。

（3）室内地面作架空处理，所有的电源线和数据线等在下方暗装，避免影响学生行走。架空地面与室外走廊交接处不应出现明显高差，可平级处理，或做坡道（图 6-19）。

4. 平面图示（图 6-20～图 6-22）

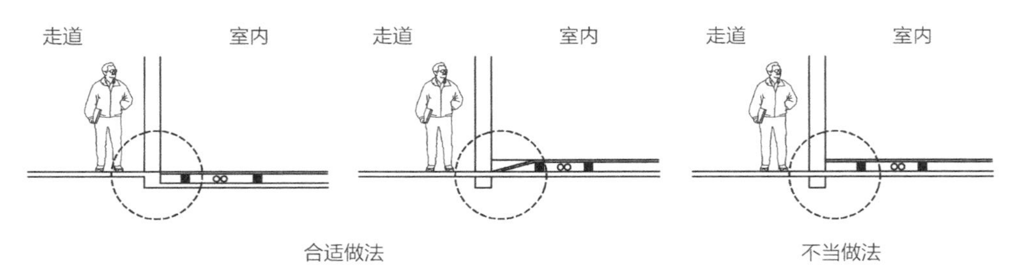

图 6-19 入口高差做法

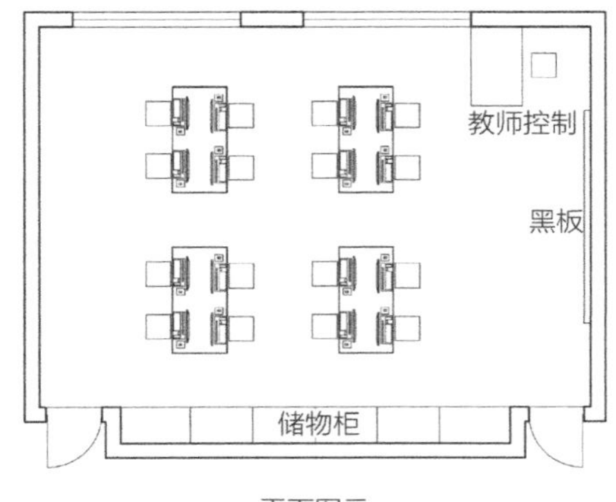

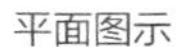
平面图示

室内场景（南京市盲人学校）

图 6-20 盲校计算机教室平面示意图

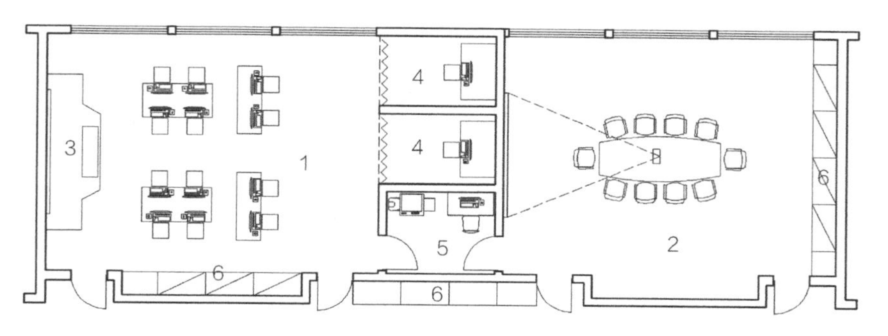

1- 学生操作区
2- 多媒体会议室
3- 教师控制台
4- 远程授课间
5- 复印打印间
6- 储物柜

图 6-21　聋校计算机教室平面示意

学生活动区

个别授课区

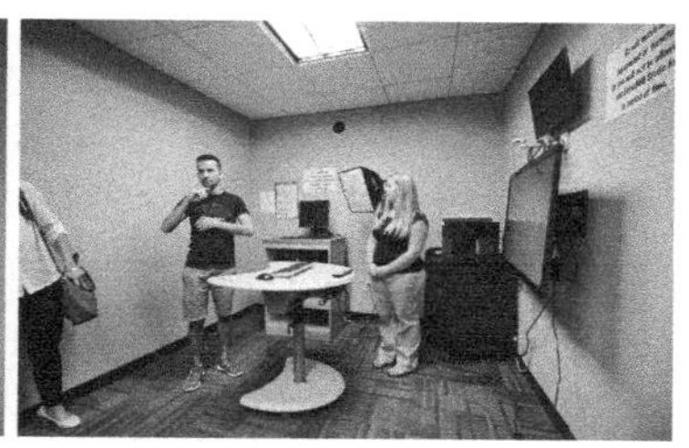

远程授课间

图 6-22　美国加劳德特大学计算机教室情景

6.2.5　美工教室

1. 概述

美工教室在三大类特殊教育学校中均有设置，是为美工课程教学设置的专门教室（表 6-10）。美工课程主要包括美术和书法教学、手工艺教学及陶艺教学三类课程。每类课程宜设置单独的使用教室及辅助用房。部分学校的职业教育方向为美术教学或陶艺设计，则教室的设置可适当扩大规模，与职业教室保持一定联系，培养低年级学生的参与兴趣。考虑到视障学生的特点，盲校的美工课程以学生近距离观察和操作的内容为主，如手工艺制作、书法、陶艺等。聋校的美工课程则无明显限制，与普通学校相似，在盲校基础上还包括美术写生及有明显地区特色的工艺制作课程。培智学校的美工课强调学生动手能力，有意锻炼、促进学生的精细动作发展，以手工制作为主。

美工教室设置概况　　表 6-10

	盲校	聋校	培智学校
是否设置	●	●	●
教室使用人数	12	12	8

因此美工教室可分为三大类：美术和书法教室、手工艺教室、陶艺教室。

2. 平面及功能分区

（1）美术和书法教室。美术与书法教室主要供学生进行美术写生和美术书画教学使用，室内应能容纳一个班的学生同时进行教学。教室内根据教学内容分为前后两个部分。教室前侧为书画教学区，分为教师授课的多媒体教学区和学生练习书画的条案摆放区。教室后侧为写生教学安排，主要为分为临墙面的静物模型摆放台和中央的学生画凳两部分。因为写生与书画所用的教具和学生桌椅不相同，普通中小学的写生和书画教学应按功能分别设置教室。但盲校、聋校每班学生为 12 人，写生与书画所需的画凳、条案不多，因此可将写生与书画教室合并设置为美术和书法教室，这样也有利于美术教师组织教学。

盲校的美术和书法教室都以书写桌为主，桌面应有足够的面积，单人桌面不宜小于 600mm × 1000mm，双人不宜小于 600mm × 1200mm，可根据教学需要拼合为小组工作台。较大面积的书写桌可同时兼作手工艺课桌，便于摆放课程用到的剪刀、刻刀等工具。视障生感知范围有限，因此桌椅之间应保持足够的距离，避免拿工具时不小心误伤他人。学生桌面四边应设防止小物品滚落的挡板。教师操作的桌面需考虑视障生通过触摸直观感知教师的示范作品和教具，台面应有足够面积，并设专门人工光源照明。教室墙面可作容易粘贴图画纸的可绘墙面处理，如可扎按钉的软木或带磁力贴的铁皮墙面。室内应设水池和洗手盆。

聋校的美术和书法教室可合用，合用的美术和书法教室两部分分区应相对明确，教室中央为学生活动区，两侧分别为静物模型和教师演示区。每间教室面积不小于 80m^2，其中包括 20m^2 的准备间，用于装裱、涂装工作。写生课应以静物台为核心布置，使用画架写生时，每生占用面积按 2.5m^2 计算，画凳写生时按 2.15m^2 计算。有条件的学校也可以单独设置两间完整的美术教室和手工艺教室。当美术和书法教室兼作学校的职业教育教室时，则必须分功能独立设置。

（2）手工艺教室。主要让学生通过纸工、泥工、金工、木工等多种工艺进行手工、艺术品加工制作，有助于听障学生感受美术、锻炼精细动作。手工艺教室采用单人单桌的授课方式，课桌摆放相对灵活，可以呈行列式排布，也可以围绕中心环形排布，或者拼合成大桌面共同完成一件规模较大的工艺品。出于学生听力障碍交流不及时的原因，学生工作区宜布置在教室中央，教室长边两侧可适当布置金工、木工及泥工等操作台。每间教室面积不小于 80m^2，其中包括 20m^2 的准备间，用于存放教学所需的各种材料，并提供教师对材料进行粗加工的操作平台。手工艺课程的物品较多，为防止学生跑跳发生碰撞，准备区和储物区应单独封闭设置，统一由教师管理。

（3）陶艺教室。盲校、聋校陶艺教室布局相似。学生工作区为方便学生视线交流，宜布置成小组围合的方式，学生有比较直接的视线交流。学生视线范围内设置开放式柜格或玻璃柜门的可展示学生作品的展示柜。教室角落还需设置专门的水池及洗手盆。水池用于教学过程中取水需要，可分设高低水池，与学生洗手盆分开设置。陶艺教室面积不小于 80m^2，其中包括 20m^2 的准备间，30m^2 配置陶瓷烧烤的电窑炉烧烤间。出于安全考虑，电窑炉应单独设置，可远离学生日常活动区域。由于电窑炉和泥池等准备工作所需设备重量大，陶艺教室可以放置在一楼，并有出口直通室外。

3. 设计要点

（1）美工类教室全部要求有较好的自然采光。盲校、培智学校的美术教室主要为满足低视生和发展性障碍学生伏案绘画的需要，较少采用远距离观察静物的教学方式，无素描光线要求，所以不必特意设置在无直射阳光的朝向。聋校美术教室则应按照普通学校美术写生教室的设置要求设置天窗采光或北向采光，避免阳光对静物光线的影响。学生书写、绘画、操作的桌面应有单独的人工照明灯具，保证桌面照明达到国家规定标准。考虑到桌椅的日常移动，可采用吊灯的方式加强照明。教师示范台、黑板、展示柜等也应设置单独的照明。

（2）手工课程会使用水，陶艺课程会使用泥土、金属等其他材料。学生操作过程中不可避免会有材料泼溅到地面，出于安全考虑，地面、桌面应采用防水、防滑、耐磨、易清洁的材料。

4. 平面图示（图 6-23、图 6-24）

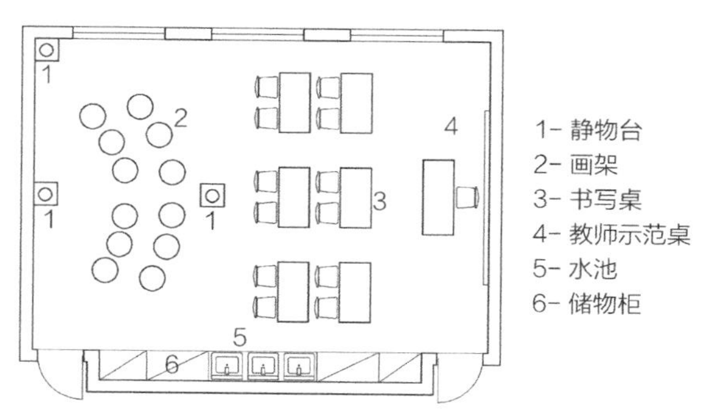

图 6-23 美工书法绘画教室平面示意图

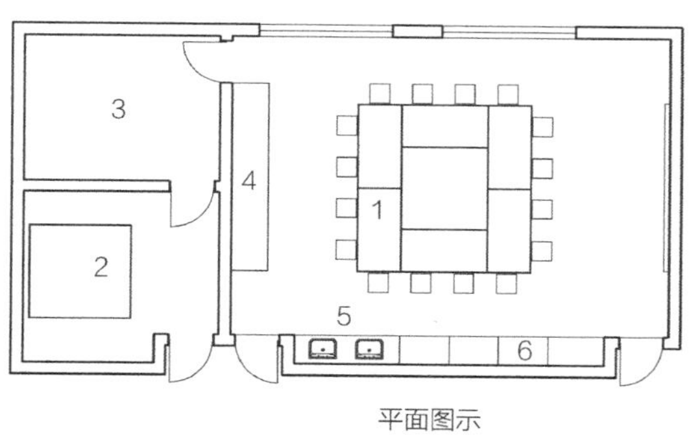

平面图示

室内场景（南京市盲人学校）

图 6-24 美工陶艺教室平面示意图

6.2.6 实验室

1. 概述

我国特殊教育学校的建设标准中要求盲校与聋校设置实验室，对于培智学校并无要求（表 6-11）。根据实际调研情况以及视障学生和发展性障碍学生的感知和认知特点，本书认为盲校与培智学校都不适宜进行较多的实验教学，而应该结合学生障碍特点以教具和多媒体等其他形式进行直观教学，效果会更好。聋校可适当地进行科学和物理、化学实验。因此本书实验室的设置仅讨论在聋校的设置。

实验室设置概况　　表 6-11

	盲校	聋校	培智学校
是否设置	●	●	—
教室使用人数	12	12	—

实验室是普通中小学中必须配置的教室，有助于培养学生理论联系实际、动手操作的能力，对抽象的知识点形成直观印象。实验室包括两类，一是面向中低年级的自然科学实验室，二是面向高年级的物理和化学实验室。物理与化学实验需要较高的注意力和操作能力，精细动作要求高。对特殊学生来说，虽然分科文化知识是课程教学的重要组成部分，但由于感知能力的缺陷，视觉和听觉等对外界反应不敏感，注意水平不高，物理与化学实验操作所得的直观印象并不明显，而且部分实验在缺少足够感知能力时具有一定的危险性，难以进行。因此特殊教育学校中较少进行物理或化学实验，尤其是盲校和培智学校。在实地调研过程中，虽然多数学校按照建设标准的要求，设置了完备的物理和化学实验室，但实际使用率非常低。

根据聋校对于听障学生的培养目标和教学课程安排，三到六年级的小学生设置科学课，初中阶段的七年级开始设生物课，八年级开始设物理课，九年级开始设化学课。科学课的课时要大大高于生物、物理、化学等课程。化学课仅在初中最后一年设置。所以在 9 班和 18 班的学校里，应分别设置一间科学实验室和一间物理化学实验室。在 27 班或高年级学生数较多的聋校内，可将物理实验室与化学实验室分别单独设置。

2. 平面及功能分区

（1）科学实验室。科学课是培养学生热爱科学，了解基础知识，掌握基本方法，树立科学概念的课程。科学课内容广泛，教学环节多，教学过程中用到的教具、模型、标本等也较多。因此科学课需到专门的科学实验室进行。

科学实验室根据使用功能要求分为三个部分。首先是教师演示区。包括教师讲台、黑板、多媒体教学设施等，用于教师做演示使用。其次是学生学习区。因为小学阶段的科学实验教学以观察和简单操作为主，所以学生的座位形式应以小组排布为主，可设 3 人组、4 人组等。学习区的座位排布应灵活多样，便于满足教学需要。最后是展示和储物区。设不同高度的储物柜、植物培养柜、植物架等，用于展示植物、动物标本等。可在教室临窗一侧的窗台上设固定桌面，放置盆栽植物，保证植物的充足日照。

科学实验室要满足一个班的学生同时上课的需要，按照聋校班额 12 人 / 班来计算，科学实验室使用面积不应小于 $60m^2$。实验室应设准备室用于存放各类仪器，以及教师的课前准备。

（2）物理化学实验室。聋校内高年级学生数不多，在接受听力重建并经过语言和言语康复后，多数高年级学生可转至普通学校随班就读，融入社会。语言和交流障碍依旧明显的听障学生更多倾向于向职业技术方向发展，所以物理、化学实验等基础实验课程比例较少，可将物理实验室与化学实验室合并设置。

物理化学实验室内与科学实验室一样，分为三个部分，教师演示区应留有足够的空间，用于摆放教师演示基本的物理、化学实验的操作台，并设有上下水、通风排风管道、水槽、仪表台等设施。学习区桌椅为满足不同实验类型的通用使用，不必设固定的电学实验桌、气垫导轨实验桌等。采用单边固定试验台、中央和其他两边灵活布局的方式，根据课程需要选择实验桌的布局模式。在教室固定试验台设置 1.2m × 0.6m 的带排气扇、水槽及电源插座的综合实验桌，综合管道和电源线可通过软管连接到其他实验桌，满足简单化学和物理实验要求；在教室中央和其他位置设可移动的 1.2m × 0.6m 的普通双人单侧桌或 1.5m × 0.9m 的四人双侧桌。实验桌短边之间应留有 0.9m 的通行宽度，如一侧安放座椅，则应至少增加 0.3m 的座椅宽度（图 6-25、图 6-26）。

物理化学实验室要满足一个班的学生同时上课的需要，且为安全考虑，应仅供一个班学生同时使用。室内使用面积不小于 $60m^2$，考虑到室内桌椅的灵活排布，在条件允许的情况下，室内面积可适当加大。在主要的实验室两侧附设相应的实验员室、准备间、仪器室、药品室等，具体流程如图 6-27。

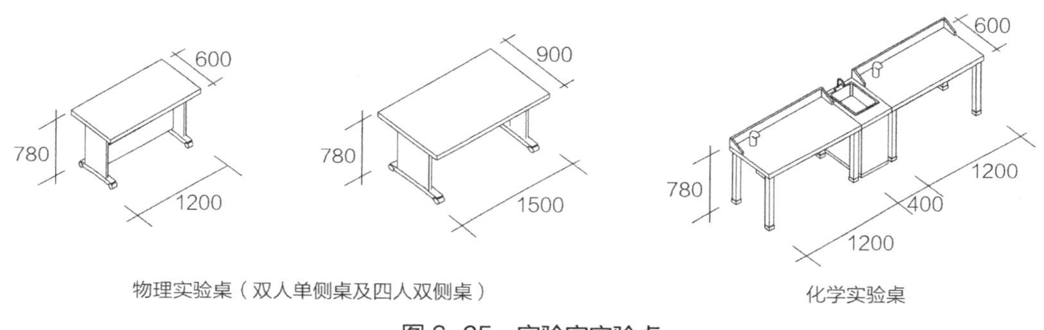

物理实验桌（双人单侧桌及四人双侧桌）　化学实验桌

图 6-25　实验室实验桌

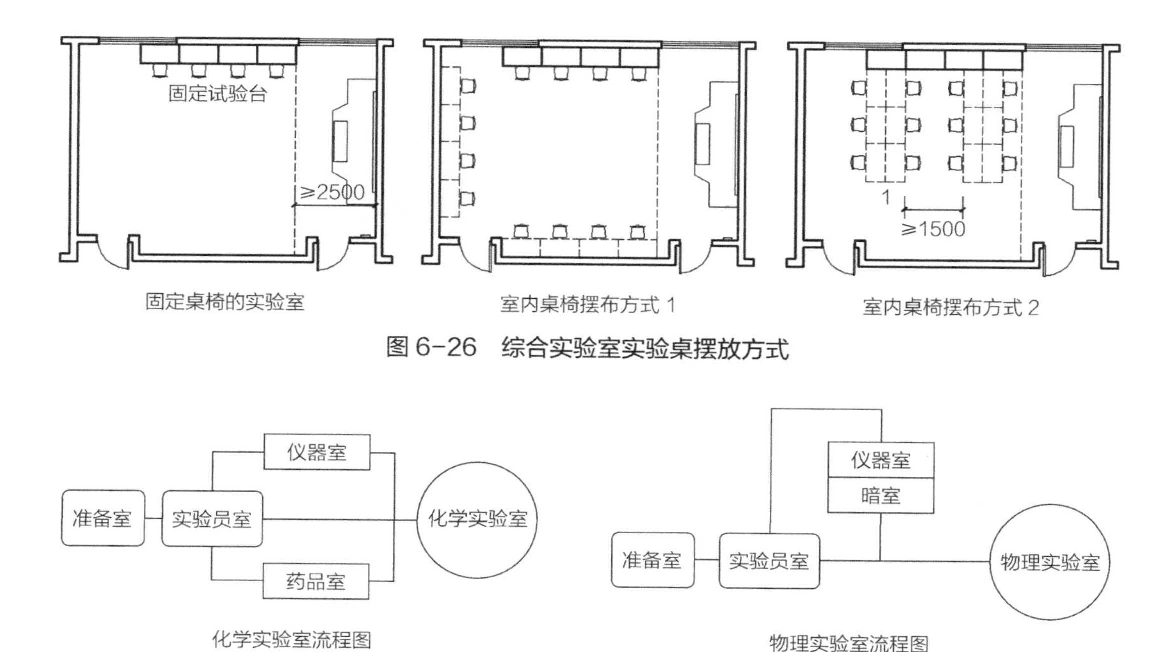

固定桌椅的实验室　室内桌椅摆布方式 1　室内桌椅摆布方式 2

图 6-26　综合实验室实验桌摆放方式

化学实验室流程图　物理实验室流程图

图 6-27　实验室流程图

3. 设计要点

（1）科学实验室宜南向布置，尽量使教室在冬季能保证一段时间的直接日照，有利于教室内各类盆栽植物的存活。科学实验室附近可设植物培养室，在校园常年风向的下风口附设学生种植园和小动物饲养园，为学生亲近自然提供场所。

（2）物理化学实验室宜设置在建筑物首层，便于化学实验桌下设置排风、排水设施。实验室和准备室不宜朝西或西南，避免强烈日晒。

（3）固定综合实验桌上应设给排水、热源、电源插座及排风管，电源插座要高于水池0.5m并远离出水口。上述管线通过软管与移动试验桌相连。

（4）实验室的室内排气、急救冲洗装置等与普通学校实验室做法相同。实验室地面应易冲洗、耐酸碱、耐腐蚀，并设密闭地漏。

4. 平面图示（图6-28、图6-29）

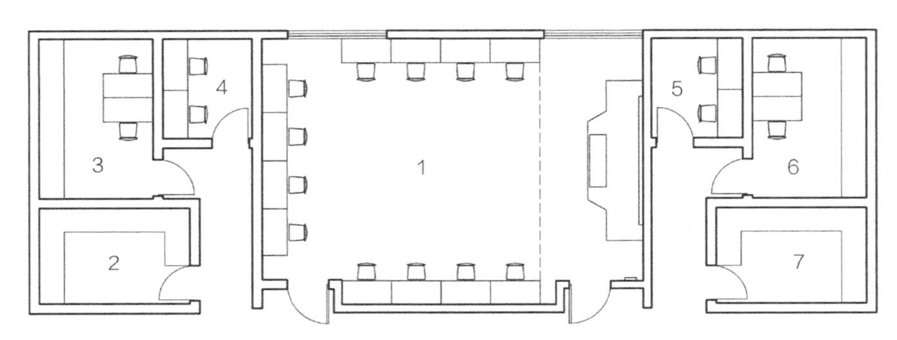

1- 综合实验室
2- 药品室
3- 化学准备室
4- 实验员室
5- 生物准备室
6- 物理准备室
7- 仪器室

图6-28　实验室平面示意图

化学实验室　　物理实验室

图6-29　杭州市聋人学校实验室情景

6.2.7　律动教室

1. 概述

律动教学是将身体运动与音乐结合起来，通过有节奏的律动使学生感受和理解音乐要素。律动教室是为学生进行音乐、舞蹈、体操等律动教学活动以及相关艺术活动排练的用房。律动教学是针对听力障碍学生开展的，期望通过对律动动作的学习，使学生掌握基本的律动知识和能力，提高身体协调能力，同时培养和强化听障学生的视觉、触觉、振动觉、空间感觉能力。律动教室内的活动多属于大范围的身体活动，需要综合调动身体内的多种感官，具有一定程度的感觉统合作用。有研究表明，音乐律动教学通过对知觉、动作、情绪三方面互相作用，对于发展性障碍学生的心理康复和肢体康复有良好的效果，能够改善障碍学生各方面智力因素，对操作行为影响很大①。随着律动教学成果的推广，律动教室在培智学校和聋校中也逐渐得到了普及，用于改善和提高学生日常身体活动和感官统合活动能力（表 6-12）。本书对律动教室的讨论以聋校为例。

律动教室设置概况 表 6-12

	盲校	聋校	培智学校
是否设置	—	●	●
教室使用人数	—	12	8

2. 平面及功能分区

律动教室包括主活动室和准备室两部分，两者宜分开设置，但条件有限时，也可集中设置，应保证明确的分区。活动室因为要满足整个班级，甚至更多学生同时训练，因此教室形状应该规则，以接近正方形的矩形最佳，如果是新建校园建筑，律动教室可以放在教学楼的边角位置，既避免活动时产生的噪声对其他功能用房的干扰，又有利于局部建筑结构调整，使律动教室不受普通教室的开间限制，实现规整的矩形。

活动室内的主要活动为舞蹈、音乐、游戏等，应满足阵型排列和个体活动的需求。每个学生的使用面积不宜小于 $6m^2$，按照聋校每班班额 12 人计算，律动教室的活动室面积不宜小于 $72m^2$，为保证充足的活动空间，包括教师辅导、设备控制等，活动室的使用面积最少应为 $72m^2$ 的 1.5 倍，即 $110m^2$ 左右；辅助用房包括橱柜、鞋柜、电源开关控制等，并兼作储物间，用于存放训练过程中所用到的乐器、衣物等，准备间的使用面积应大于 $20m^2$，便于存放大型舞蹈道具等。所以律动教室总共的使用面积总计至少应为 $100m^2$，有条件的学校可放宽建设条件至 $150m^2$，明确的功能分区有利于学生训练和准备（图 6-30）。

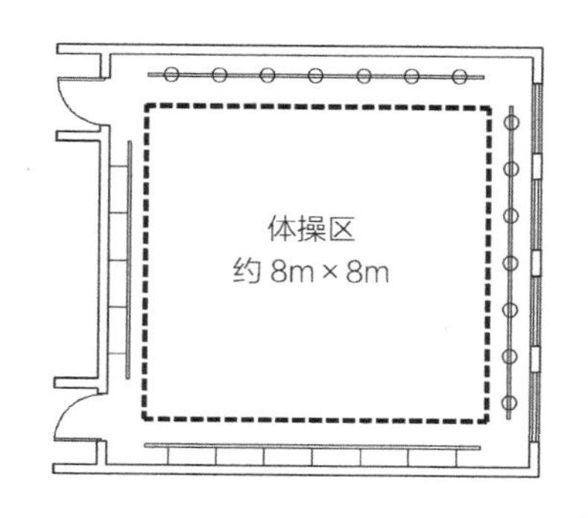

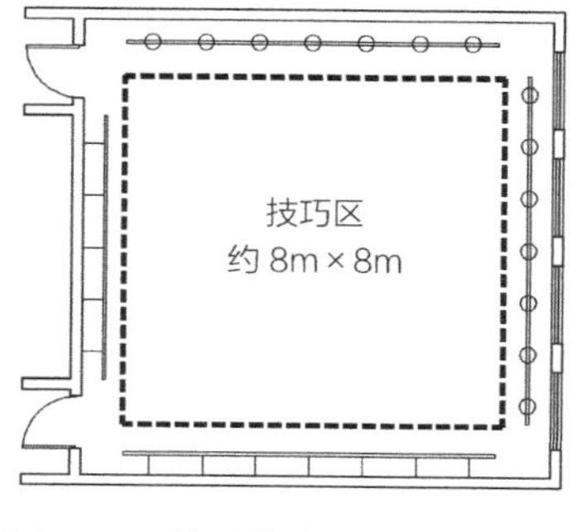

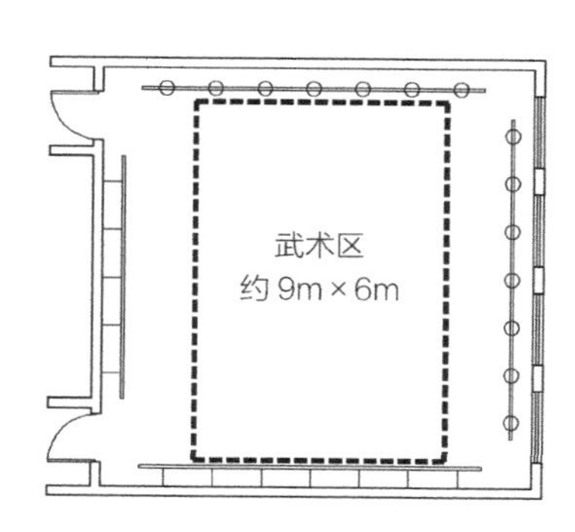

图 6-30 律动教室使用面积示意图

① 崔云霞. 律动训练对幼儿智力影响的实验研究［J］. 体育与科学：2010（03）：81-87.

活动室与准备室分开设置的律动教室，活动室基本为完整的活动空间。合并设置的律动教室，则应有明确的功能分区。大体分为活动区、设备区、休息衣帽区三个部分。其中活动区必须设置复合弹性木地板，地板下通过龙骨抬高架空，通过地板的振动传递信息，为聋生提供律动动作提示。现在地板的振动多采用更加主动的振动方法，在地板下预埋可由电脑控制的激励源，由教师根据教学需要控制激励源发出的振动频率和功率，达到明确的提示效果。激励源振动效果明显，根据使用要求，激励源振动区的面积约为活动区面积的 1/3 ~ 1/2，一般为 30 ~ 50m²，而不必将整个教室铺满激励源，可将振动源效率最大化（图 6-31）。

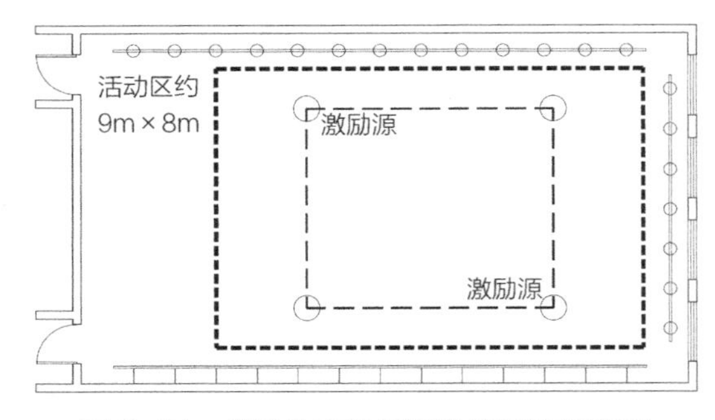

图 6-31　律动教室地板下激励源设置范围

激励源根据设置的位置和数量不同，分为点振、面振以及网振等不同的方式，其中以网振效果最佳，地面抬起高度小，对原有空间改造小，但造价高；点振造价低、易施工但效果并不理想。律动教室硬件配置较多，学校需根据自己的实际情况选择相应的建设标准（表 6-13）。

不同振动系统对比　　表 6-13

系统名称	激励源高度	振源	振动效率	地板高度	振动面积	龙骨结构	均匀度效果
点振	21 ~ 23cm	2 个	≥ 80%	23 ~ 25cm	≤ 60m²	上下支撑	一般
面振	16 ~ 18cm	4-8 个	≥ 90%	18 ~ 20cm	60 ~ 100m²	十字交叉	较好
网振	14 ~ 16cm	多个	95 ~ 100%	16 ~ 18cm	≥ 100m²	单一十字	非常好

3. 设计要点

（1）律动教室内的振动地台区至少要有一面连续的等身镜，镜子高度从地面 300mm 处起，高度不小于 2100mm，镜面设置的位置最好与教室的临窗面垂直，避免镜面对窗口造成直接反光影响训练。镜身宜与墙面固定，并在 450mm 高范围内设针对低年级学生的防撞保护。

（2）活动室内四面要设把杆，镜前一侧可设固定式双层把杆，同时照顾高年级和低年级学生使用，低层把杆高度在 650 ~ 750mm 高，高层把杆在 800 ~ 900mm 高；镜面两侧的墙和后墙，应装可升降式把杆，升高后最高高度不超过 900mm；把杆与墙面和镜面之间的间距应大于 400mm。

（3）因隔声需要，如果在连续走廊或者教学用房附近设置律动教室，则教室的外门应作隔声处理，防止噪声干扰。为避免室内眩光对学生训练造成干扰，律动教室应设高窗，与走廊相邻的墙面不设观察窗或高侧窗。

（4）随着科技的发展，律动教室内大量的声、光电子器材已经开始向系统化发展，将传统律动教室中孤立的器材和设备整合与系统化，提高学生的感知能力和协调能力。如上文提到传统律动教室的复合地板架空处理，是为了让学生被动地感受老师或其他同学活动时在地板上产生的振动，以此协调自己的动作韵律。现在的律动教室则通过埋设在地板下面与控制台同步的激励源，产生主动振动信号，使得地板可以产生有规律的、有方向的振动，放大架空木地板的振动效果，通过身体感觉弥补听觉器官障碍的缺陷，提高了学生对身体和音乐的感知能力。这种系统化的律动教室器材，多交给专门的生产厂家，经实地测量后，针对性地对建筑空间做整体二次设计，并负责生产、安装和培训一整套服务。其中的装修材料仅占一小部分，大部分是声、光、激励源等电子设备及相关控制台（表 6-14）。因此从建筑功能空间设计的角度来说，室内细节问题可以不必考虑过多。

4. 平面图示（图 6-32、图 6-33）

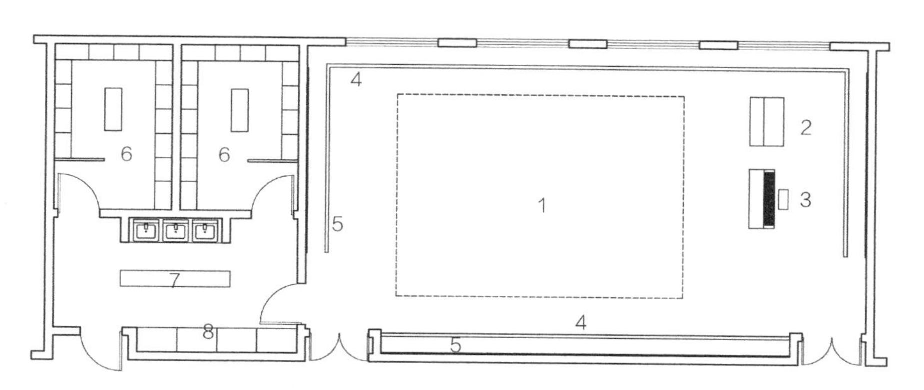

1- 振动区
2- 控制台
3- 钢琴
4- 通长扶手
5- 等身镜
6- 更衣
7- 长凳
8- 储物柜

图 6-32　律动教室平面示意图

杭州市聋人学校律动教室

厦门市特殊教育学校律动教室及准备室

图 6-33　律动教室情景

某律动教室装修厂家为聋校出具的安装材料清单　　表 6-14

分类	名称	内容	数量
室内装修	实木舞蹈把杆	振动地台区域两侧各安装 7 m 长把杆一套	2 套
	镜面墙	根据律动教室具体墙壁尺寸安装一组，尺寸约为 7m × 1.8m	10m²
	弹性振动地板	建造双层木龙骨；建筑振动层；装饰复合木地板；配备通风设施等电器辅材及系统集成	100m²
	吸声吊顶处理	天花板做吸声岩棉板吊顶处理，安装照明灯光与节奏灯光	100m²
	装修装饰及其他	吸声绒布窗帘，休息区衣帽鞋柜 1 组，道具器械柜、工作台 1 组，休息区座椅 1 组，线路及控制开关安装等附件	1 套
振动源	振动激励源	振动激励源；频率：20～200Hz，功率：50W，规格：135mm × 43mm	1 套
	振动激励磁场输出控制台	集成控制地板振动的输出转换和激励及磁场控制输出 电压：220V，频率：20～300Hz，阻抗 40HM，功率 225W	1 台
灯光系统	智能自控式镜前律动节奏光灯及控制器	节奏灯光控制器：自控式三色节奏频闪灯，安装于镜面墙上方或两侧；功率：10W，尺寸 :25m × 25m × 35cm，LED 颜色：红绿蓝；声控功能	4 盏
	顶置自控式单三色律动频率光灯及控制器	频率灯光控制器：自控式或 DMX 控制台；光源：5mm—62pcs LED，功耗：8W；控制信号：可调声控模式；效果描述：频闪可调声感应临界值。红蓝黄三色各 10 盏	30 盏
	智能自控式律动频谱灯片（彩虹墙）	用于频谱显示声音信号的强弱及节奏；冷光频谱灯片：2 组，含控制器、排线、超薄 LED 灯片，功耗 1MW，厚度 2mm	1 组
调音系统	律动调音台	用于输入教室专用设备或其他辅助设备的中心控制	1 台
	律动调音台	颜色：红色、蓝色；电压：DC12V；性能：使用长达 30000～50000 小时，材质：双层双面玻纤板及软胶灯珠；配置：含声音拾取控制器	1 套
	律动主机功放设备	用于声音功率的放大与输出，与灯光组合使用；频率响应：20Hz～20kHz；输出功率：300W+300W；总谐波失真：2；信噪比：>7.5dB；输也灵敏度：150MV<500MV	1 台
	横向气导振动音箱	200W 用于开放声场的音频功率输出和横向气导振动	1 套
	踢踏拾音传感器	用于拾取舞蹈步伐的信号传感；频率范围：20～20kHz；输出阻抗：1000 欧姆；信噪比：动态时 80dB，降噪电路；MIC 咪头：进口大振膜降噪抗干扰全向麦克风	1 套
	教学电子琴及支架	卡西欧 CT-529，考级专用 61 键标准钢琴式电子琴，含琴包、琴架等	1 台
计算机控制	控制机柜或操作台	用于安装设备、教室操作台；16U 防振两门带支架机箱；600mm × 690mm × 825mm，材料：9mm；全镀络五金配件	1 套
	商用计算机	不低于商用电脑 Vostro 270s-R526 台式电脑	1 台
话筒	调频无线话筒传声器	UR-6 8 B 一拖二领夹式无线话筒 1 组	1 套
	有线采访话筒及支架	6m 线长话筒 2 支 + 落地式话筒支架 1 个	1 套

6.2.8 声乐及乐器教室

1. 概述

视障学生基于缺陷补偿，对声音、触觉等注意力较高。声乐和乐器训练有助于帮助视障学生提高对听觉的注意和敏感，开发声乐潜能，培养学生对音乐的兴趣，为职业教育铺路。因此声乐和乐器课程是盲校中小学重要的专业课程，声乐和乐器教室也应配置完善（表 6-15）。

声乐及乐器教室设置概况　　表 6-15

	盲校	聋校	培智学校
是否设置	●	—	—
教室使用人数	12	—	—

2. 平面及功能分区

声乐和乐器教室应互相紧邻，分别设置，满足学生对音乐课的要求。两个教室都要能至少同时容纳一个班的学生活动。当学校学生数较多时，可考虑设置 1 间以上的声乐教室，其中一间应能容纳 2 个班级同时进行合唱活动，即最少 24 座。按每座平均使用面积 $2.5m^2$ 计算，声乐教室使用面积不少于 $60m^2$。

声乐教室分两部分。一是教师授课区，设五线谱黑板和教师讲台，讲台上设教师演奏乐器所用的位置，如钢琴、手风琴等，讲台做多媒体设施。二是学生学习区，除普通座椅之外，应在教室最后设 2～3 排台阶式合唱台，每级踏步高度 0.2m，踏步宽度 0.6m。踏步面做无障碍标识，每两人宽度，应间隔设置纵向扶手，确保学生在踏步上的安全。

乐器教室为小间隔声教室，与声乐教室相邻，中间设隔声走廊，防止声音互相干扰。每间隔声教室为 $5～8m^2$，教室形态按普通琴房设计。

乐器教室附近需设置集中的乐器存放室，便于学生按需取用。存放室面积应接近所有乐器室的面积总和，且不小于 $30m^2$。

3. 设计要点

（1）声乐和乐器教室应与其他教室分开设置，避免上课时的声音干扰其他教室教学，如实在难以分离，可采用本书在建筑隔声设计策略里的相应措施，如物理隔声和空间隔声。物理隔声是在声乐和乐器教室内墙贴吸声材料，门窗作隔声处理，一方面防止声音对其他教室造成干扰，另一方面可以有效改善室内混响效果，提供良好的室内声环境。

（2）声乐教室与乐器教室都要考虑足够的用电需求，满足音响和电子乐器的需要。电源开关及电源插座应做明显的标识，防止学生误碰。

4. 平面图示（图 6-34）

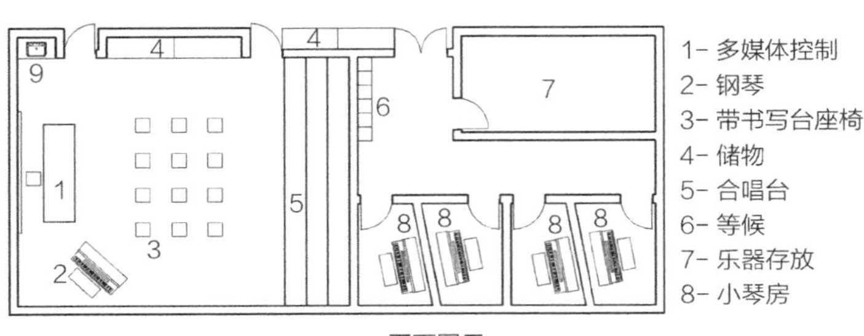

平面图示

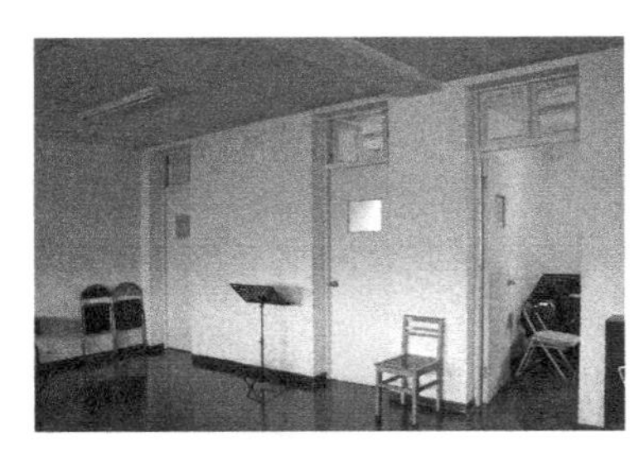
室内场景（南京市盲人学校）

图 6-34　声乐及乐器教室平面示意图

6.2.9　劳动教室

1. 概述

劳动教室是为小学高年级和初中学生进行总合劳动实践技能训练，培养障碍学生劳动动手能力，能够进行简单的水、电、木工加工和维修而设立的专门教室，为学生独立生活和将来职业培训奠定基础。三大类特殊教育学校均设有劳动教室，其中培智学校劳动教室不涉及复杂的水电加工，以简单的家政、餐饮劳动技能为主（表 6-16）。

劳动教室设置概况　　表 6-16

	盲校	聋校	培智学校
是否设置	●	●	●
教室使用人数	12	12	8

2. 平面及功能分区

劳动教室内根据劳动技能需要，设置相应的加工平台，室内需较大面积，劳动教室面积不宜小于 $90m^2$，并应设约 $20m^2$ 的准备空间。

根据使用功能分为三个区域。一是教师授课区，教师通过实践操作、多媒体演示等多种手段将技能的基本要点教授给学生。二是学生操作区，每个学生有独立的操作台，操作台面积应能放置小型加工设备，并留有足够的操作空间。操作台之间应留有足够的通行宽度，避免使用工具时误伤他人。三是材料、工具存放区。除此之外，应为教师管理贵重材料设单独的准备间存放，面积不小于 $30m^2$。准备间应有教师预切割加工材料的空间。

3. 设计要点

（1）劳动教室教学过程中会用到各种机械和电子加工设备、机床，会产生较大的噪声，所以教室应远离普通教室等教学区，避免产生干扰。

（2）金属、木材等加工过程会产生废弃边角材料和粉尘等，室内地面应防滑、防水、易清洁。

（3）劳动课所用桌子包括手工桌和缝纫桌等，手工桌为双人桌，尺寸为1800mm（长）×900mm（宽）×800mm（高），缝纫桌为1500mm×700mm×800mm，全盲生不适合缝纫课程，低视力学生可适当考虑缝纫课程。

（4）各个不同分区之间应相互独立，并设明显的标识。操作区内和存放区内有大量工具和材料，需提醒学生注意安全。大型器械周围可铺设不同颜色的地面标识或设立栏杆等保障学生安全。

4. 平面图示（图6-35）

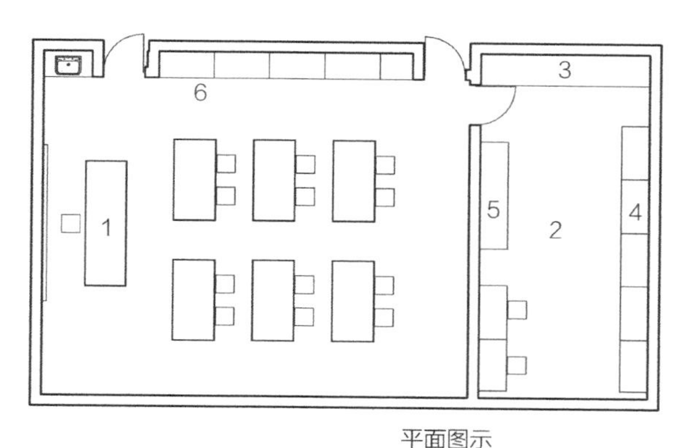

平面图示

室内场景（南京市盲人学校）

图6-35 劳动教室平面示意图

6.2.10 生活技能训练教室

1. 概述

生活技能训练是障碍学生生活适应和社会适应的重要的训练课程之一，是综合化课程的重要体现。在综合化课程指导下，生活技能训练融入学生日常的课程学习和康复教育中。对生活技能的训练也趋向于综合化，不再分单项一个个训练，而是融入综合性的场景中，对学生在生活场景中遇到的实际问题进行指导。根据生活场景的不同，分为公共生活场景和日常生活场景两类。盲校和聋校的生活技能训练以家庭日常生活场景训练为主，培智学校的生活技能训练教室在家庭生活训练的基础上，还包括日常生活中可能遇到的其他公共场景，如快餐店、公交车站等情形，是扩大范围的家政训练室，也可称为情景教室。公共生活场景种类多样，学校根据所在地区的实际情况和学生特点进行针对性的设置，部分公共场景可以结合康复训练场地一起设置（表6-17）。

特殊教育学校中低年级的障碍学生身体机能略落后于普通学生，在家生活时父母更注重照顾，忽视了应有的教育。学校对生活技能的重视，就是为了让障碍学生具有足够的自理能力，走出校园，走向社会。三大类特殊教育学校都需设置生活技能训练教室。其中因为生活技能训练的范畴小于情景教室，因此将这两类教室分开讨论，本小节讨论盲校与聋校的生活技能训练教室，下一小节讨论培智学校情景教室。

生活技能训练教室设置概况　表 6-17

	盲校	聋校	培智学校
是否设置	●	●	●
教室使用人数	12	12	8

2. 平面及功能分区

起居生活场景通过将整间教室按照普通住宅房间的情况设置，室内没有专门的学习和授课区域，一般设有起居室、卧室、餐厅、卫生间、厨房等基本生活用房。训练教室的面积不小于 $60m^2$。

3. 设计要点

（1）通常住宅的卫生间和厨房面积满足一人使用即可，生活训练教室为方便教师指导视障学生使用，房间面积需适当扩大，满足两人停留使用。卫生间因为使用频率高，教学内容多，可设置两个卫生间教室。其他各个房间也应在床边、窗边、书桌前等位置预留足够的活动空间，以便训练学生叠被、开关门窗等。

（2）室内家具和电器应合理设置，常用的家庭设施都应有所顾及，电器选用市面常见型号，锻炼学生对设备的熟悉程度。

4. 平面图示（图 6-36）

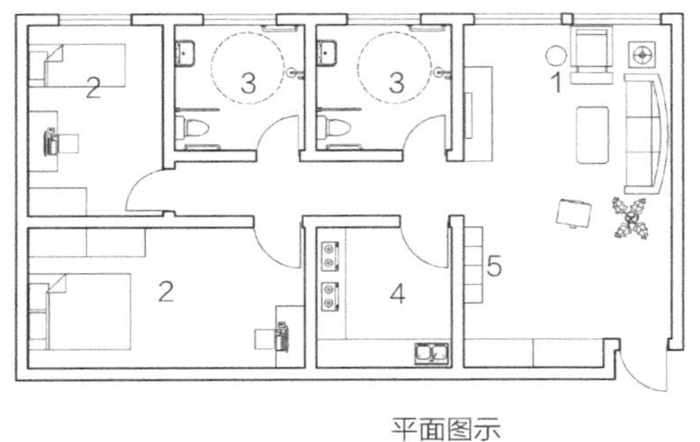

平面图示

室内场景（南京市盲人学校）

图 6-36　生活训练教室平面示意图

6.2.11　情景教室

1. 概述

发展性障碍学生的培养目标之一是能够适应社会生活，除基本的学科教学需要外，要引导学生适应真实的社会环境，能够实现生活自理，融入社会。最有效的教学方法就是情景教学，即带学生到学校所在社区周边真实的场景如超市、商店、餐厅、客运站等地方中活动、参观，熟悉环境，掌握相关生活技能。培智学校中非常重视情景教学，但由于发展性障碍学生的认知和行为障碍特点，经常性的外出活动在组织上有一定难度和安全隐患。因此学校在教学区内模拟社会场景的办法，为学生的生活适应训练提供了便利，进行社会场景模拟的场地就是情景教室（表 6-18）。

情景教室设置概况　　表 6-18

	盲校	聋校	培智学校
是否设置	—	—	●
教室使用人数	—	—	4～12

情景训练是一个开放性的概念，在培智学校中常见的咖啡角、便利店等都属于情景教学的一部分，既为学校师生提供基本服务，也属于教学活动的一部分，因此情景教室本身是一个开放性的概念，能够进行情景训练的地方都可以作为情景教室。如北京市西城区培智中心学校的情景教室包括海洋主题教室、农家院主题教室、西餐主题教室、快餐主题教室、超市主题教室、家具主题教室、交通主题教室、中国文化主题教室、节日主题教室、社区医院主题教室、银行主题教室等多种，平时很多日常课程都可以在情景教室中进行（图 6-37）。

2. 平面及功能分区

情景教室因开放化设置，并无特定的面积规定。按照情景规模的设置，可分为几种情况（图 6-38）。

（1）开放空间内的情景教室。情景的设置不仅局限在固定的封闭空间内，可结合普通教室群组的开放空间，模拟大场景，如人行横道、公园休息座椅等。在开放空间旁边也可设小型的情景空间，如书店、咖啡、自助饮水、摄影间等。

（2）教室内设置带主题的多个小空间。如家政训练教室也属于情景教室的一种，在盲校一章中已经介绍过。家政教室内包含了家庭生活常用的卧室、客厅、卫生间、厨房等一系列用房，有助于培养发展性障碍学生在家生活的自理能力。

（3）教室内设置单个主题的场景。有些场景所需空间较大，在开放空间内设置会影响教学效果，就可在单独的封闭教室内设置，如公交车站及站前交通流线的场景。调研中有培智学校为尽量真实地模拟场景，在教室内放置了一辆改装过的废弃公交车车身，车内包括司机位、售票员位、乘客位，并在车辆外设置红绿灯、斑马线等，实现了对公交车站的全面模仿，学生在教学过程中也非常有兴趣。

快餐店情景

公交车站情景

医院及银行情景

图 6-37　情景教室的场景举例（上海浦东新区特殊教育学校、北京西城区培智中心学校）

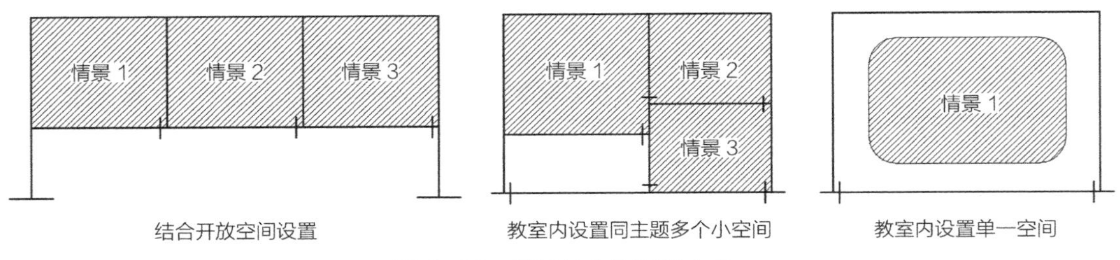

图 6-38　情景教室的设置方式

3. 设计要点

（1）场景的安全性。儿童对于新鲜事物都有明显的好奇心，在游戏、体验过程中应注意室内可移动家具和道具的设置，满足无障碍设计要求，出入口及室内停留空间应满足轮椅通过、转身的尺度要求。必要的墙面转角需做软包处理。场景地面应有明确的标识，指明场景的出入位置和名称。在场景外预留适当的休息位置。

（2）场景更新。培智学校游戏化教学，需经常组织学生在情景教室内熟悉各种场景，除设置完不宜经常变动的场景之外，对于超市、餐厅等空间设置差异较大的场景，应每隔一段时间进行适当的更新，包括桌椅摆放位置、桌布颜色等。新鲜的场景一方面有助于提高学生的学习兴趣，另外一方面也有助于学生接触到更多的就餐、购物模式。场景教室内应有用于储物的柜子或专门的储物空间等，放置更换的教具。

（3）场景的流线。一是多个场景时，不同场景之间的流线组织应顺畅，避免流线交叉，情景教室内不应有交通流线穿行。二是单个场景的进出流线组织。当场景规模较大时，为方便组织教学及教给学生使用流程，场景内也应有适当的流线组织，可呈环形或直线形。环形流线是指学生由入口进入，完成教学体验后，回到入口等候区，待其他学生完成教学后，再统一进行下一步活动。环形流线适合需要教师反复讲解，学生重复体验的场景。直线形流线是指学生由指定入口进入，完成教学体验后，由另一侧出口出去并等待，避免干扰其他同学，有利于教学组织（表 6-19）。

情景教室的流线组织　　表 6-19

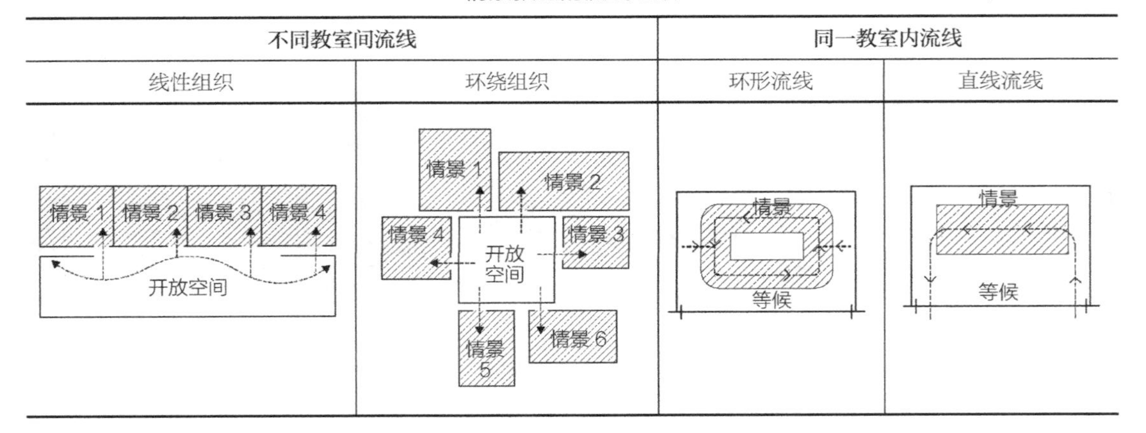

不同教室间流线		同一教室内流线	
线性组织	环绕组织	环形流线	直线流线

因为情景教室的具体平面布置与学校对学生训练的目标和形式有直接关系，情景教室并无特定的平面要求，本节不提出具体的平面示意。

6.2.12 直观教室

1. 概述

直观教室是设置在盲校，为视障学生进行直观教学的教室（表6-20）。在日常语文、数学等课程中，需要用到大量的直观教具。这些教具都存放在普通教室中，占用大量的空间且无法流通，所以设置专门的直观教室，用于存放直观教具，教学需要时，组织学生到直观教室学习。直观教学与分科教学结合紧密，是分科教学的重要补充，所以直观教室应与普通教室保持紧密的联系。当单独的普通教室为一个教学单元时，每2～3个班级宜设一间直观教室，当多个普通教室作为一个教学单元时，每个教学单元应有一间直观教室。

直观教室设置概况　　表6-20

	盲校	聋校	培智学校
是否设置	●	—	—
教室使用人数	12	—	—

2. 平面及功能分区

教具需让视障学生通过触摸方式感知，所以需分别摆放，并留有学生停留通行的空间，所以直观教室面积较大。盲校班级不超过9班，直观教室不小于122m^2，超过9班时，应适当放大直观教室面积。

直观教室内分四个部分：一是存放区，用陈列架存放小型的直观教具；二是学生学习区，设足够面积的桌面，由教师将小型直观教具拿到桌面，供学生感知学习，教师在一旁进行语言讲解；三是大型教具存放区，大型教具如大尺度模型等无法经常移动，因此安置在较固定的位置，四周留有供学生通行的通道；四是教师工作台，用于教具管理和临时性的教具修复。

3. 设计要点

（1）直观教室不宜远离普通教室，方便教学过程中教师从直观教室取放教具或者组织学生去直观教室学习。

（2）直观教室应妥善组织学生通行流线，避免学生在停留触摸教具时，室内发生拥堵。室内通行流线应确保2人同时通行，当一人围绕桌面停留时，其他人可以正常通过。

（3）直观教具使用频繁，容易损坏，应避免直接的日照造成老化，所以存放区的教具柜应设置柜门，并分类存放，设标签标识。

（4）直观教室内应设洗手池，方便学生触摸完一件教具后及时保持个人卫生。

4. 平面图示（图 6-39）

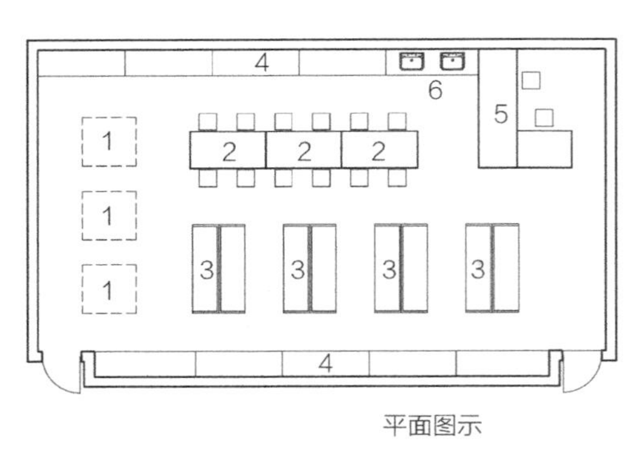

平面图示

室内场景

图 6-39 直观教室平面示意图

6.2.13 教具制作室

1. 概述

盲校、培智学校教学过程中需要用到多种教具，包括直观教具、演示教具等，教师需要根据学生学习的具体情况调整教具的形态。目前市场有多种特殊教育学校教具销售，盲校、聋校、培智学校的成品教具多种多样。聋校教具相对简单，而盲校和培智学校的教学过程变化细微，规模化生产的教具不可能完全符合教学需要。如数学课讲述长度单位，教师给学生通过直尺教具演示了 10cm、20cm 的长度概念，希望学生自己找出 11cm、12cm 长度的尺子，这些教具很难每次上课都准备完整的一套，随时供教师和学生使用，因此教师需要根据自己的教学习惯、教学进度，结合学生的接受能力制作简易合适的教具。

教具制作室就是用来为盲校、培智学校教师和教辅人员制作、加工和存放自制教具的场所。这其中盲校的教具制作室还可承担一部分直观教具的制作功能，因此教具制作室是盲校必不可少的功能教室（表 6-21）。

直观教室设置概况 表 6-21

	盲校	聋校	培智学校
是否设置	●	—	●
教室使用人数	2～4	—	2～4

2. 平面及功能分区

教具制作室包括三个单独的房间，即教具制作间、教具陈列间和附设的材料存放间。其中教具制作间是教师和教辅人员最主要的工作场所，需要容纳多样的加工器材，因此使用面积应适当加大，建议不小于 $90m^2$。陈列间是用于存放加工完成或准备再加工的教具的房间，应紧邻制作室，使用面积大于 $60m^2$。材料间为存放加工所需的常用材料的房间，可采用搁板、柜格等方式放置材料，使用面积不少于 $30m^2$。

制作室内用到的材料包括金属、木头、有机玻璃、塑料、纸张等多种材质，因此需要配备相应的金工、电工、木工等加工设备及小型机床，工具涉及台钻、手钻、砂轮机、打磨器、弯管机、电锯、粘接台等多种工具，且根据加工需要会增加所需工具，因此室内需设专人看管，并有明确的功能分区避免混乱。根据加工过程的精细度，可将制作室分为粗加工区和精细加工区两部分，并设置相应的工具存放区。粗加工区用于对大块材料的预处理，以及放置落地式设备如各种机床、铣床、刨床等，工作台就以这些设备展开。精细加工区用于对预加工好的材料进行细致加工，如粘接、上色、安装零件等，区域内设置大面积工作台。工作台附近设搁物架，用于放置半成品。

3. 设计要点

（1）教具制作室需经常使用各种加工设备和机床加工材料，会产生明显噪声，因此制作室的位置应远离学生经常活动的教学用房，以免影响教学。制作室的门窗作隔声处理。

（2）加工过程中会产生多种废弃材料，因此地面和操作台面应采用防水、耐火、防滑、防切割、耐腐蚀、易清洁的材料。室内应有单独的换气系统，保持室内干燥通风。

（3）制作室内的部分电器功率较大，应为这些电器设置分离电路，独立控制。室内电线应暗装，并预留足够的插座，为用电工具的使用提供方便。

4. 平面图示（图 6-40）

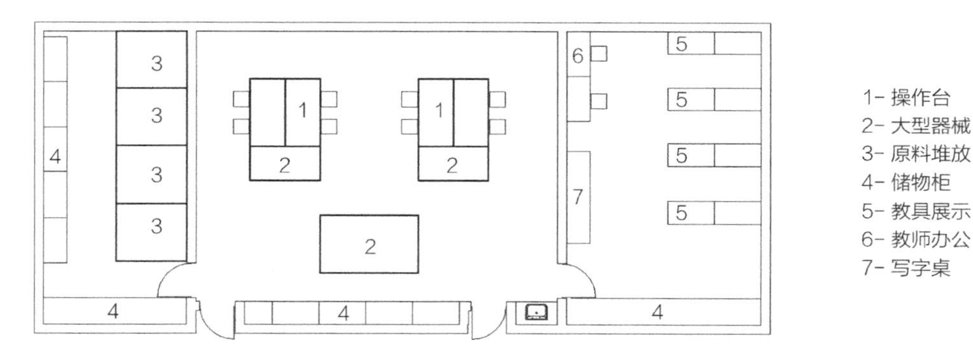

图 6-40 教具制作室平面示意图

6.2.14 盲文制作室

1. 概述

盲文制作室一般仅在盲校设置（表 6-22）。视障学生日常使用的阅读材料除普通的印刷文字外，主要以盲文和大字资料为主。目前我国盲校认可的盲文（大字）教材和教辅资料印刷厂仅有中国盲文出版社和上海盲文印刷厂两家，其生产能力要满足各个阶层和单位的使用要求，如设有盲人阅读的各地图书馆、各省市残联单位等，对特殊教育教材的加工量远不能满足众多盲校的需要，使得我国多数盲校普遍出现盲文（大字）教材和学习资料紧缺的情况。因此有条件的学校为满足校内学生尤其是全盲学生的需要，建立了自己的盲文制作室，用于对日常学习资料、考试资料、练习资料的印刷和制作。

盲文制作室设置概况　　表 6-22

	盲校	聋校	培智学校
是否设置	●	—	—
教室使用人数	12	—	—

盲文的批量快速制作有两种方式，一是刻印机，二是热塑机。大字教材的制作主要使用普通打印机。刻印机能够对单页纸和连续纸进行盲点的刻印，刻印出的点字饱满清晰效果好，但耗时较长，刻印成本高。刻印机在刻印过程中会产生较大的噪声，要作消声处理。热塑机是在已有刻印文本的基础上，通过覆盖塑性材料，材料加热变软后，形成与原有文本凹凸相同的轮廓，冷却后塑性材料硬化，可供学生使用，近似于复印机的功能。热塑机加工速度快，耗材便宜，操作简单，是盲校大量文本复制的常用设备。热塑机加热过程中，材料会产生热熔气体，要作排气处理。热塑机有固定的工作温度，连续工作后，机器温度上升会对制作效果产生影响，并影响机器的使用寿命，所以热塑机还要作通风降温处理。

2. 平面及功能分区

根据设备的使用特点，制作室分为四个区域。一是盲文编辑室，是指教师用来编辑盲文和图形的工作间，主要使用台式电脑工作，应满足 3～4 名教师同时工作的需要，使用面积不少于 $30m^2$；二是大字复印、打印工作区，使用普通的打印机和复印机工作，使用面积至少要安放一台打印机及两台复印机，并设置相应的纸张存放柜；三是刻印机工作区，因为刻印过程会产生较大的粉尘和噪声，通常会将刻印机隔离处理，为刻印机加装隔声玻璃罩，有条件的学校可以为刻印机设置隔间，进行封闭隔声处理；四是热塑机工作区，因为热塑材料加热过程中会产生有害气体，以及热塑机本身需要保持稳定的工作温度，也应单独隔离处理。

3. 设计要点

（1）因为盲文点字资料体积大、重量大，加工的原材料数量大，所以每个工作间均需要设置材料存放的空间，以及一定面积的操作台。

（2）室内应注意排风通气处理，及时将加工的粉尘和气体排出室外。同时考虑到加工时的噪声，盲文制作室应远离学生日常活动的教学和生活区，并作隔声处理。

（3）盲文印刷设备发展较快，已有盲文印刷机等设备出现，其价格较高，目前并不适合盲校的普遍使用，但硬件设备的价格随着技术发展会逐渐接近学校所能承受的范围，出于学生使用方便、安全的考虑，学校一般愿意接受更有效率的印刷机，所以应为将来设备更新作空间预留。对刻印机和热塑机等设备隔间的设置每间不宜小于 $20m^2$，以便可能的新设备安装使用。

4. 平面图示（图 6-41）

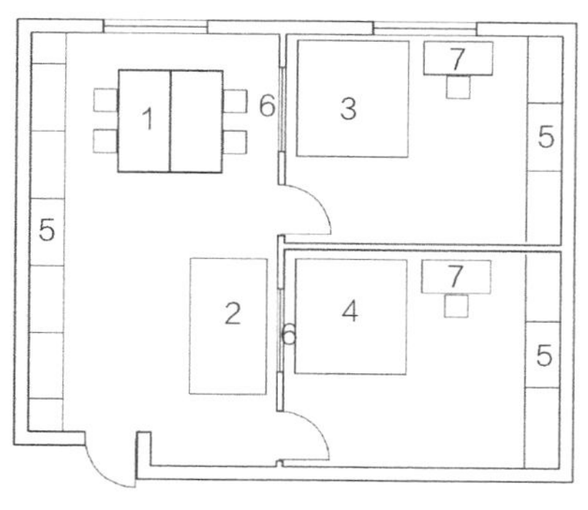

1- 编辑工作
2- 复印工作
3- 刻印机工作
4- 热塑机工作
5- 储物柜
6- 观察窗
7- 操作台

平面图示

室内场景（南京市盲人学校）

图 6-41 盲文制作室平面示意图

5. 主要设施设备（图 6-42）

高速盲文刻印机

双面单张盲文刻印机

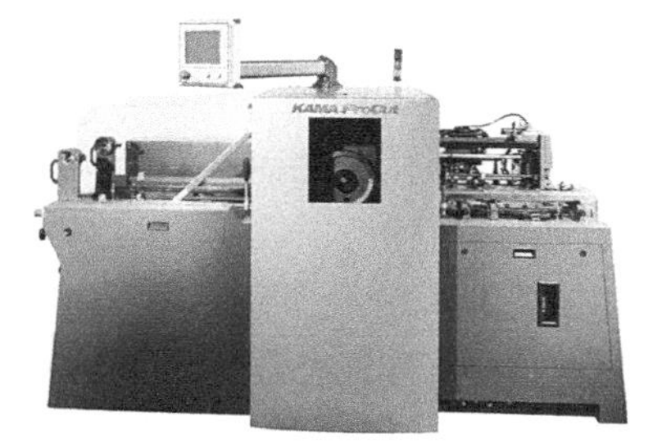

马尔堡平压盲文印刷机

图 6-42 主要盲文打印、复印设备

（资料来源：设备厂家提供资料）

6.2.15 唱游教室

1. 概述

唱游教学是音乐教学形式之一，是普通中小学低年级中常见课程。通过将有节奏动感的音乐与学生好动好玩的特点结合，采用多种教学方式和有趣味的教学手段，让学生在唱唱跳跳中感受音乐，培养活泼乐观的情绪。在培智学校中，发展性障碍学生通过唱游教学，提高学习兴趣，并在唱游运动过程中能够训练感知能力和调整感觉统合失调，补偿生理、心理上的缺陷，因此唱游教学对发展性障碍学生，尤其是中低年级学生也非常重要。唱游教学的内容包括律动教学、音乐游戏、歌唱表演等，具体形式包括感受和熟悉音乐、跟随老师完成简单动作、发挥想象力和表现力完成表演等（表 6-23）。

唱游教室设置概况　　表 6-23

	盲校	聋校	培智学校
是否设置	—	—	●
教室使用人数	—	—	8

2. 平面及功能分区

唱游教室的平面布局与盲校声乐教室相似，只是不需要设置专门的乐器教室。唱游教室需要满足一个班的学生同时活动，当班级数较多的时候，需考虑 2 个班 16 名学生同时进行合唱的需要，考虑到发展性障碍学生活动范围较大，按照每生 $4m^2$ 使用面积计算，唱游教室面积不宜小于 $60m^2$。

唱游教室分为两部分。一是教师授课演示区，墙面设教师书写用的黑板，黑板旁设多媒体控制台，并摆放教师演奏所用乐器如钢琴、手风琴等。为方便发展性障碍学生活动，授课区不设讲台。二是学生学习区，学习区在教室中央，不设座椅，为开敞大空间，便于教师带领学生进行各种活动，活动区与黑板相对一侧可设学生活动座椅，座椅应摆成一排，并留有足够的间距。教室临走廊一侧，可设一定的储物柜，方便发展性障碍学生上课过程中更换衣服、放置个人物品。

3. 设计要点

（1）室内应考虑完善的无障碍设施。为方便肢体障碍学生参与唱游教学，室内宜在教室入口处设有轮椅摆放空间。

（2）唱游教室通过学生蹦跳实现动作教学，地面可铺设有弹性的木地板，实现一定程度的振动传导，对振动传导有特殊要求的律动教学可到律动教室中进行。教室四周的墙面为防止学生不慎碰撞，需作软包处理。

（3）唱游教室的采光窗口应有可完全遮光的窗帘，便于教师组织游戏活动时对室内光线的控制。

4. 平面图示（图 6-43）

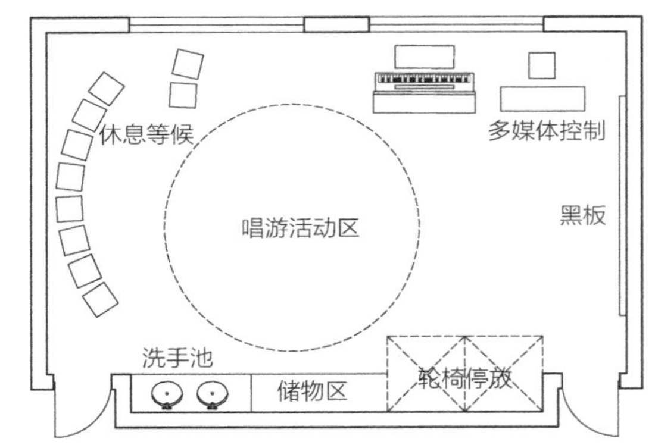

图 6-43　唱游教室平面示意图

6.3　康复用房

6.3.1　康复课程的设置

6.3.1.1　盲校康复课程的设置

《盲校义务教育课程标准》（2016 年版）在课程设置中提到的课程有思想品德、语文、数学、外语、体育与健康、艺术、科学、历史与社会、康复、信息技术应用、综合实践活动等多门课程。其中康复课程分年级设置。低年级设综合康复课程，中低年级设置定向行走课程，中高年级开设社会适应课程。高年级可以继续进行定向行走训练，并且定向行走训练应结合盲校寄宿制的特点，安排在学校集体教学之外的时间进行，在时间上应给予课外训练足够的保证，将课堂与课余相结合，集中指导与个别矫正相结合。

低年级的综合康复是指以开发儿童潜能，补偿视觉缺陷，缩小视力残疾给儿童带来的特殊性，培养儿童的自理能力、继续学习能力为目标的活动型综合课程①。综合康复是盲校低年级特有的康复课程，需要针对不同学生的不同康复需求，有针对性地提出教学方法，并给予个别指导。传统的固定班级的授课方式，教师只能采用统一进度、统一方式授课，虽然每个学生都能接受一些，但成效有限。而综合康复多采取分组教学的方式，经过评估，将康复需求相近的学生分为 1～4 人的小组，上课时间灵活，教师比较方便针对学生特点进行教学。社会适应包括适应学校生活、适应学校学习、适应社会生活和预防不测等方面。

6.3.1.2 聋校康复课程的设置

根据 2016 年《聋校义务教育课程标准》要求，康复课程以交往和综合实践活动为主，主要内容包括感觉训练、口语训练、手语训练、书面语训练及其他沟通方式。

根据以上要求，康复空间的设置要遵循以下原则。①满足课程设置中对于康复训练的基本要求，提供完善、独立的训练空间。医疗康复与教育康复都是特殊学生所需要的，聋校学生更关注听力重建后的语言康复，因此课程设置中对语言实践训练有着较高要求。②在医教结合理念下，结合医疗康复技术的发展，适当预留康复用房，为将来可能进入校园的康复方式提供训练空间。聋校逐步开始接收多重障碍儿童，对康复的需求更加专业、更加精细化。传统聋校对医疗康复空间需求不高，在新形势下需要重视医疗康复的介入。③顺应康复教育的趋势，降低康复的课程导向，提高康复训练的针对性，制定个别教育计划，利用一切可能的条件和时间进行康复。在校园环境中，以社会化和生活化为导向，与日常生活息息相关的场所都是训练的场地，语言和言语训练在生活场景中的展开提高了学生的学习兴趣和动力。因此聋校康复空间的比例和重要程度不断在提升，康复空间的建设也要根据实际需要，满足当下需求，适当超前建设，以学生个体的康复为服务目的。

6.3.1.3 培智学校康复课程的设置

根据 2016 年《培智学校义务教育课程标准》要求，康复课程的设置需要针对学生智力残疾的成因，以及运动技能障碍、精细动作能力缺陷、语言和言语障碍、注意力缺陷和情绪障碍，吸收现代医学和康复技术的新成果，融入物理治疗、言语治疗、心理咨询和辅导、职业康复和社会康复等相关专业的知识，促进学生健康发展。

根据以上要求，康复空间的设置要遵循以下原则。①满足课程设置中对于康复训练的基本要求，提供完善、独立的训练空间。发展性障碍学生对大动作、精细动作、语言康复、感觉统合等都有直接需求，这些训练需要相对独立的空间完成训练。②结合医教结合趋势，适当预留可扩展的康复用房。发展性障碍学生的康复治疗方式多样，部分治疗的有效性还在验

① 张佳. 浅议新课程标准背景下盲校综合康复课新模式 [J]. 教育界：基础教育研究，2015 (20)：99.

证中，如对自闭症谱系学生的康复治疗，目前并无定论，基本采用与智力障碍学生相同的方式，随着医疗康复的进步，在医疗机构中，越来越多的康复手段已经开始介入自闭症谱系的治疗，培智学校对新的康复手段的引入持谨慎态度，但也非常积极，因此康复空间的设置应留有余地，为新技术手段的引入提供空间。③提高综合化课程比例，制定个别教育计划。目前康复训练仍以课程方式为主，在特定时间内进行特定的训练，这样有助于教师统一掌握学生的康复进度，便于组织学生。但康复本身是一个综合性、连续性的过程，以社会化和生活化为导向，利用一切可能的条件和时间进行康复，包括医疗康复和教育康复，对障碍学生的社会适应有重要的意义，因此康复空间的范畴不应仅仅局限在特定的康复教室中，而应将校园内学生活动的空间都进行通用性设计，基于缺陷补偿的原则满足基本教育康复训练的要求。

综上，培智学校康复空间的数量和重要程度在不断提升，康复空间的建设也要根据实际需要，满足当下，适当超前，以个体学生的康复为服务目的。

6.3.2 康复用房的种类

6.3.2.1 盲校康复用房的种类

根据课程设置的要求，盲校的康复训练内容包括综合康复、生活指导、社会适应、感知觉训练、定向行走、行为矫正、言语矫正、文字读写等多个方面。这些康复训练，有些是在普通班级教室内进行，如综合康复、生活指导等；有些需要在专门的训练用房内进行，如感觉统合训练、定向行走、视功能训练等；有些则可以结合校园建筑环境，甚至学校所在社区环境等展开。

根据训练内容的不同，康复空间用房可以分为三大类（表6-24）。一是根据学生障碍类型制定的针对性康复训练用房，针对学生的视力缺陷设置定向行走、视觉康复等课程，并设置相应的康复用房。二是评估与检测用房，用于确认学生的障碍程度，并根据具体情况决定学生的下一步康复和教学计划，如盲校的视力检测室。三是学生日常需要的大运动或心理康复用房，如体育康复训练室、心理咨询室、感觉统合训练室、多感官统合训练室等。这类康复用房并不针对学生的障碍特点，而是特殊儿童普遍具有的、普通学生也需要的日常干预和训练，三大类特殊教育学校中普遍都有设置。其中盲校必须设置的为体育康复训练室和心理咨询室。感觉统合训练室和多感官训练在培智学校中更加重要，因此放在后面章节说明。

盲校康复训练课程及相应用房　　表6-24

康复训练内容	康复用房	房间数	必配	选配	备注
听障及语言康复	定向行走训练室	若干	●		
	视功能训练室	若干	●		可兼用视力检测室
评估与检测	视力检测室	1	●		
运动与心理康复	体育康复训练室	1	●		
	感觉统合训练室	1		●	
	多感官统合训练	1		●	
	心理咨询室	1	●		

6.3.2.2 聋校康复用房的种类

一是根据学生障碍类型制定的针对性康复训练用房，聋校课程方案没有针对听障学生的康复训练课程做出明确说明，只是在原则中提到需设置沟通与交往课程。具体内容包括感觉训练、口语训练、手语训练、书面语训等沟通方式和技巧的学习，将康复与教育结合起来。听力障碍学生普遍具有听力、语言、言语、学习能力等方面的问题，基于“医教结合”和“缺陷补偿”理论，听力障碍学生的康复主要包括听觉康复、言语矫正和语言康复三部分（图6-44）。“医”就是指听觉康复和言语矫正，而“教”则主要是指语言教育。因此，对听力障碍学生的康复和教育，主要从学生的康复、教育和心理三大方面入手，涵盖听力检测、听力重建、听觉康复、言语矫正、语言教育、认知训练、心理与行为干预等方面，并设置所需的专用康复教室，包括语言评估和训练室、言语评估和训练室、认知评估和训练室以及心理咨询室等。

二是评估与检测用房，用于确认学生的障碍程度，并根据具体情况决定学生的下一步康复和教学计划。评估和检测需要阶段性进行，如每个学期，每个月对学生情况进行评估了解。聋校的听力检测室、语言和言语评估训练室、认知能力评估训练室等，都是在评估了解情况的基础上进行针对训练。

三是学生日常需要的大运动或心理康复用房，如体育康复训练室、心理咨询室等。这类

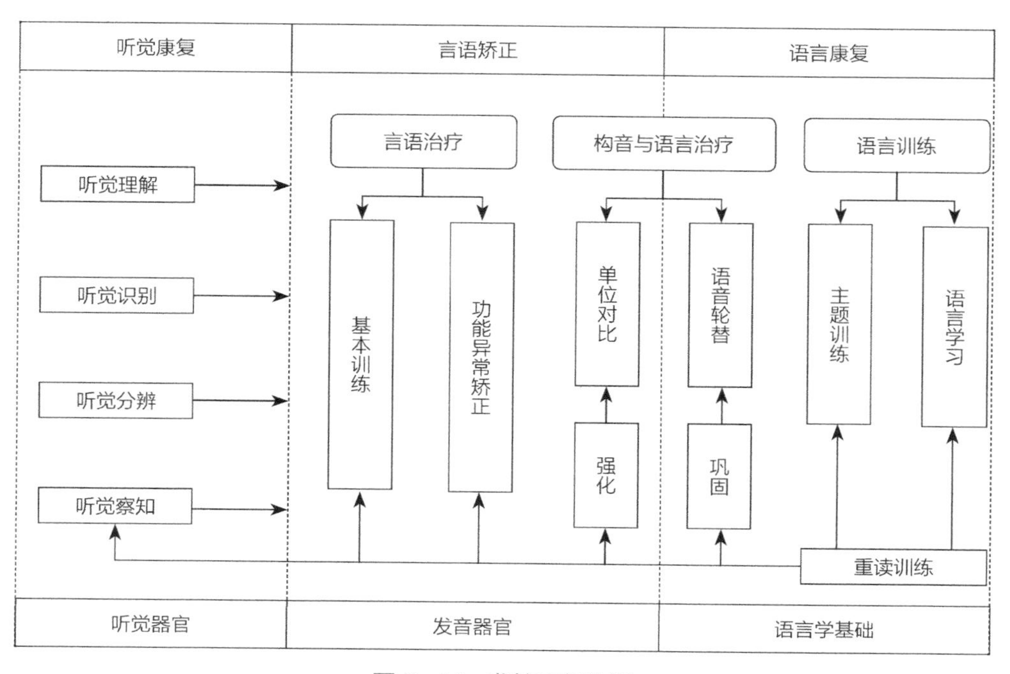

图6-44 聋校康复体系

（资料来源：黄昭鸣，卢红云，周红省. 聋校教学康复专用仪器设备配置标准解读——聋校教学康复专用仪器设备配置原则及内容［J］. 现代特殊教育，2010（4）：34-36.）

康复用房并不针对学生的障碍特点，而是特殊儿童普遍具有的、普通学生也需要的日常干预和训练，三大类特殊教育学校中普遍都有设置（表 6-25）。

聋校康复训练课程及相应用房　　表 6-25

康复训练内容	康复用房	房间数	必配	选配	备注
听障及语言康复	语言训练室	若干	●		
	言语训练室	若干	●		与言语训练室相同，可兼用
	认知训练室	若干		●	与言语训练室相同，可兼用
评估与检测	听力检测室	1	●		
	耳模制作室	1		●	与听力检测室合并设置
运动与心理康复	体育康复训练室	1	●		
	感觉统合训练室	1		●	
	多感官统合训练	1		●	
	心理咨询室	若干	●		

6.3.2.3 培智学校康复用房的种类

根据训练内容的不同，康复空间用房可分为三类。

一是根据学生障碍类型制定的针对性康复训练用房。培智学校课程设置实验方案中，针对康复课程提出了如下原则："针对学生智力残疾的成因，以及运动技能障碍、精细动作能力缺陷、言语和语言障碍、注意力缺陷和情绪障碍，课程注意吸收现代医学和康复技术的新成果，融入物理治疗、言语治疗、心理咨询和辅导、职业康复和社会康复等相关专业的知识，促进学生健康发展。[①]"其中针对发展性障碍学生障碍特点的就是语言治疗所用的语言训练室和言语训练室，以及心理咨询中特殊的沙盘疗法等。其他康复治疗都是特殊学生所普遍需要的，属于下面两点。

二是评估与检测用房，用于确认学生的障碍程度，并根据具体情况决定学生的下一步康复和教学计划。智力检测室用于检测智力障碍学生的智力情况，并确定下一步康复计划。

三是学生日常需要的大运动或心理康复用房，如体育康复训练室、心理咨询室等。这类康复用房并不针对学生的障碍特点，而是特殊儿童普遍具有的、普通学生也需要的日常干预和训练，三大类特殊教育学校中普遍都有设置，只是器材配置上略有区别。

因此，培智学校康复用房在建设标准必备指标的基础上，还应设置的其他康复用房应包括以下几项（表 6-26）。

① 牛红丹. 对培智学校课程设置实验方案的解读［J］. 考试周刊，2008（12）：233-234.

培智学校康复训练课程及相应用房　　表 6-26

康复训练内容	康复用房	房间数	配置		适用学生			备注
			必配	选配	智力障碍	脑性瘫痪	自闭症谱系	
认知与语言康复	语言训练室	若干	●		√		√	
	言语训练室	若干	●		√		√	可与语言训练室合用
行为康复	引导式训练室			●		√		
评估与检测	智力检测室	1	●		√		√	
运动与心理康复	体育康复训练室	1	●		√	√	√	
	感觉统合训练室	1	●		√	√	√	
	多感官训练室	1		●	√	√	√	
	水疗室			●	√	√	√	
	情景教室			●	√		√	
	心理咨询室	若干	●		√	√	√	沙盘治疗

6.3.3　体育康复训练室

1. 概述

体育康复训练室可以认为是体能训练室、运动康复训练室及 PT（Physical Therapy）类教室的统称。这三类教室有一定共性，都在于通过身体运动的方式达到训练目的，但又略有区别。其中运动体能训练室偏重体育运动的训练，与普通中小学校的体育训练室相类似，也普遍存在于普通中小学中；运动康复室则偏向康复功能，也是指借助康复器材与器械，或徒手帮助身体机能存在不足的学生进行运动康复，调整肌肉力量、关节活动程度、身体平衡、姿态控制、步态矫正等，在三类特殊教育学校中均有设置；物理治疗室，也称 PT 室，是指在运动疗法的基础上增加物理理疗要素。本书所指的体育康复训练室，主要指运动康复室。其他两类训练室在特殊教育学校中设置不多，因为其主要功能都可以在运动康复教室中实现。

体育康复训练室在三大类特殊教育学校中都有重要的地位，是承担学生日常运动康复的用房（表 6-27）。未经过康复训练的视障学生普遍存在盲态，如弯腰、碎步、抠眼等不良姿态。通过运动训练可以有效纠正这些身体状态。同时，盲校开始接收多重障碍学生，对于肢体存在障碍的学生，如视障为主的脑性瘫痪学生、视障为主的肢体障碍学生等，运动训练对他们肢体康复有明显效果。

盲校与聋校的体育康复训练无须对学生的认知、感觉等方面进行训练，专注于对学生大肌肉力量的训练即可，因此体育训练室内的器材选配与室内功能分区与普通中小学体育康复

体育康复训练室设置概况 表6-27

	盲校	聋校	培智学校
是否设置	●	●	●
教室使用人数	12	12	8

训练室相似，只是根据学生障碍特点增加相应的无障碍设计即可，如盲校地面利用颜色划分做明显标识，器材之间保持足够间距等。培智学校的运动康复训练除了大肌肉训练外，还需要针对学生的上肢和手部作针对性的作业康复（Occupational Therapy），通过游戏、运动等训练上肢和手部的精细协调性，以便适应日常生活中对细微动作的把握。因此培智学校的体育康复训练室可单独划分一片区域设置作业康复区或作业训练室，训练室内的器材以手指训练为主。

2. 平面及功能分区

训练室需容纳一个班的学生同时活动，因此使用面积需考虑到器材的分区摆放和学生活动范围，9 班盲校面积不宜小于 $122m^2$，18 班盲校可按 $183m^2$ 考虑。

训练室内分为三个区域。一是教师工作休息区，用于教师对学生情况的了解和评估，有利于个别训练计划的展开，教师工作区旁边可设学生等候区，方便学生与教师的交流。二是学生训练区。训练区按照训练的内容不同进行分区，有利于教师组织训练的展开。按照训练的方式，可分为坐位训练、站位训练、卧位训练和步行训练。按照器械的尺寸，分为大型器械区、中型器械区和小型器械区。分类方式由学校根据器材的购置情况和学生所需康复的要点进行调整。三是储物区。康复训练室内的器材不是一成不变的，需要根据学生的情况进行调整。尤其在特殊教育走向开放、更注重个体差异、强调个别训练的趋势下，康复计划需要针对学生具体情况阶段性地进行评估并调整。康复所用的方法和器材也不尽相同，因此需设专门的储物空间放置训练器材。

3. 设计要点

（1）训练室内的环境要符合学生心理特点，以生活化和游戏化为主，房间内色彩宜明亮鲜艳，可适当加以装饰。

（2）室内地面应根据训练内容进行分区，不同区域之间应有明显的界限标识，提示学生注意活动范围。铺地材料应防滑、防水、易清洗，以木质铺地最适合。根据活动项目的不同，地面局部作软铺处理以及增加软垫，保护学生安全。室内空间应完整规则，没有凸出物，内墙 1.2m 以下作软包处理，防止学生不慎磕碰。

（3）训练器材之间应保持足够的距离。根据器材具体的使用方式，在前后和两侧预留足够的缓冲空间。室内主要的通行通道不应占用器材的缓冲空间。

（4）学生入口等候区域应设置衣物存放空间。运动训练会耗用极大的体力，学生容易产生发热、出汗等情况，要及时加减衣物，保证舒适温度。

4. 平面图示（图 6-45）

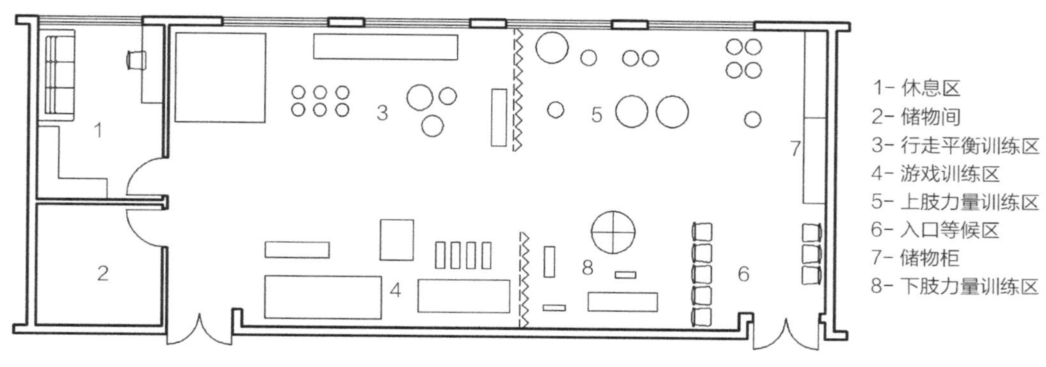

图 6-45　体育康复训练室平面示意图

5. 主要设施设备（表 6-28）

体育康复训练室仪器设备配备　　表 6-28

名称	备注说明	数量
关节训练器	上肢训练器、下肢训练器等	1/ 校
肌力及耐力训练器械	系列哑铃等	1/ 校
姿势矫正器械	坐姿矫正器等	1/ 校
步态训练器械	助行器等	1/ 校
平衡训练器械		1/ 校
综合训练设备		1/ 校
物理治疗床		1/ 校
上肢协调功能练习器		1/ 校
橡筋手指练习器	锻炼手指等精细动作	1/ 校
插板训练器		1/ 校
螺丝、螺母训练器	手部动作的协调与配合	1/ 校
作业训练器	水龙头、插销、挂钩、合页、电插头等常用开关	1/ 校
模拟作业工具	锤子、斧子、钳子、螺丝刀、扳手、锯子等常用工具	1/ 校
分指板		1/ 校
手功能组合训练器		1/ 校

6.3.4 心理咨询室

1. 概述

心理咨询室是心理咨询教师对需要进行心理干预的障碍学生进行评估和实施心理干预，促进心理健康的场所。障碍学生很容易产生心理问题，因此心理咨询室普遍设置在三大类特殊教育学校中，起到重要的调节和疏导心理的作用（表6-29）。

心理咨询室设置概况　　表6-29

	盲校	聋校	培智学校
是否设置	●	●	●
教室使用人数	1～2	1～2	1～2

心理健康包括两层含义：一是心理与活动过程协调一致，也就是没有心理疾病；二是积极健康的心理状态，能够主动对个体心理进行调节，以适应周边环境。随着素质教育在我国的推广，学生心理素质建设成为素质教育重要的组成部分，得到了教育界的普遍重视。学生心理健康的培养和教育覆盖了学前到高等教育的阶段。而特殊学生因为特定的生理与心理缺陷，妨碍了个体正常的学习、生活和交往，心理发展过程中会面临比普通学生更多、更严重的问题，包括在社会适应、情绪控制等方面出现异常，这些异常行为和情绪得不到良好控制和治疗，会慢慢转变为心理疾病，如多动症、强迫症等，具体表现为情绪暴躁、对他人有严重的敌对情绪、对自己有自残行为；睡眠质量差，因失眠、梦魇等引起身体器官疾病；以及自卑心理造成的交流障碍，不参加社会活动等诸多问题。

视力障碍学生因为缺少了最重要的视觉感知通道，对一些事物的认识不够全面，心理较为敏感，容易受到外界环境影响，产生心理波动，容易导致偏激和固执，并出现自责，导致行为、情绪上的不良反馈；听障学生与普通学生沟通能力不足，容易产生自卑、易怒、不愿交流的情绪；发展性障碍学生的心理问题更加普遍，需要在日常教学中随时给予注意。除学生本身障碍特点外，学校教育的不足、忽视儿童心理健康问题、采用封闭式教学管理、限制儿童社会交往与实践，都会引发心理问题。如特殊儿童因为表达能力不善，当出现身体疼痛、发慌等情况时，无法将内心焦虑和抑郁状态描述出来，只能借助于身体异常反应来表达自己，如此形成条件反射，导致焦虑心理，引发心理问题。

障碍学生的心理波动较大，出现概率高，不及时处理会对其社会适应生理的发展产生很大影响，因此特殊教育学校非常有必要建立专门的心理咨询教室，通过各种方式缓解障碍学生的心理问题，正确引导行为趋向。

心理治疗的方式多种多样。广义上的心理治疗包括音乐治疗、舞蹈治疗、游戏治疗、美术治疗等多种方式，这些治疗方式属于集体教学，以促进学生参与集体活动、提高人际交往能力、培养独立性和进取心，可在已有的教学和训练空间如律动教室、音乐教室、美术教室等结合日常学科教学进行，并不需要设置专门的活动空间。狭义的心理治疗是指专门以对谈、测验、评估等方式，并借助相关工具进行心理平复、疏导、指引和辅导等活动的治疗。

因此，心理治疗与辅导活动并不仅仅局限于特定的心理咨询教室和个训室等房间，在不同场所、不同课程内都可将心理健康知识传达给有需要的障碍学生，使他们在潜移默化中意识到自己的行为是由哪些原因导致的，并努力去改正与调整行为和心态。即心理健康治疗与辅导活动是开放的，包括教学的开放、学生接受辅导的开放。

由此，本书认为能够进行心理健康活动的场所分为三个层次。

首先是公共的教学和康复教室，如音乐教室、舞蹈教室、律动教室等，虽然并不是专门进行心理健康辅导的教室，但相应的集体教学活动有利于学生积极面对问题、尝试合作、努力向上，这是最低层面的心理健康治疗，功能教室承担心理治疗的作用最少。

其次是学生所在的班级教室。视障学生的心理健康是普遍性问题，学校应当给予足够的重视，其举措之一就是设立心理健康课程。作为独立的课程，教师授课以班级为单位，同时面向班级内的所有学生，上课的地点可以在自己的班级教室，也可以在专门的团体咨询室。考虑到中低年级学生的行动能力有限，应更倾向于教师到学生所在班级教室上课的方式。所以班级教室要满足班级授课的心理健康课程需要，并适当提供心理疏导个训室，以利于应对特殊学生突发的心理状况。

最后是专门进行心理咨询和辅导的专用教室。这类教室面向单独的学生，为有辅导需要的学生提供单独咨询、疏导服务。根据对障碍学生心理问题成因的分析，教师需要在学生放松的状态下，与学生对话、测验，这需要单独的心理咨询室。以心理咨询室为核心功能，有条件的学校还设置了多种缓解学生不良情绪的功能用房，如发泄室、音乐治疗室等。目前，国内对于宣泄室的设置还有争议①，认为宣泄室容易导致学生的暴力倾向，但对于宣泄室的干预作用基本都持肯定态度。即宣泄室不应成为单独的、进行暴力宣泄的地方，其作用应该是在心理咨询之前，个体情绪难以控制时，利用宣泄室的设备和环境，将个体负面情绪宣泄出去，然后能够以正常心态平和地接受心理咨询。发泄不是目的，而是干预和转移，帮助学生达到心理的相对平衡。同理，音乐治疗室通过打击音乐、轻音乐等方式转移特殊学生的注意力，能够有效地缓解决学生的固执倾向。这些用房并不是独立的心理治疗用房，但是可用来消除学生的负面情绪，使学生能够以相对平和、稳定的心态进入心理咨询室，与心理教师进行交流，属于心理咨询室的辅助用房。

在对心理问题成因的分析过程中，沙盘游戏治疗因为方式独特，对发展性障碍学生心理问题的确定和治疗成效明显，尤其是对于自闭症谱系学生具有重要意义，逐渐被学校和康复机构用来治疗特殊儿童的心理和行为问题。

沙盘治疗是通过沙盘游戏的方式，受训者在游戏过程中不自觉地通过一系列有象征意义的游戏过程表现内心个性，进而在治疗师的指导下逐步调整人格状态的过程②。沙盘游戏为受训学生提供了一个自我治疗和自我成长的环境，通过游戏的体验和经历达到心理干预和重塑的目的。沙盘治疗不是一次性的，而是一个往复的过程，受训学生通过5～6次游戏，在治疗师的指导下逐步达到治疗目的。治疗包括两方面：一是学生的自主游戏过程，需要受训学生

---

① 白漠男. 心理发泄室折射大学心理教育缺陷[N]. 中国改革报，2005.12.24.

② 钟向阳. 沙盘游戏疗法及其在幼儿心理教育中的实效研究[D]. 广州：华南师范大学，2002.

能够全身心地融入游戏过程，如此才能将内心潜意识的形态表达出来，因此治疗室需要避免一切可能的干扰，如环境噪声、使用不便等；二是治疗师的干预治疗，一般在学生游戏结束后，治疗师通过记录学生的游戏过程，从中解读学生的心理状况，必要时也可以在游戏结束后直接与学生交谈，因此需要有专门的教师用房。

目前我国特殊教育学校心理健康教育总体水平不高，咨询教室建设不足，主要体现在两方面，一是学校缺少功能空间的设置。因为对障碍学生心理健康教育方式的不明确和不重视，学校内少有专门用于心理健康工作的专属空间，一般都利用普通班级教室或教师办公角开展与学生的对谈工作，但这类空间属于开放性空间，往来人员较多，学生很难静下心来与教师进行深入交谈，多浮于形式，咨询效果有限。二是功能空间设置不当。部分学校建设了专门的心理咨询室与相关配套用房，但设在与学生日常活动用的普通教室较远的地方。如浙江省盲人学校将心理咨询室统一设置在康复楼内，虽然室内布置很完善，但远离学生日常活动的教学楼，学生需要从教学楼下到一层，再走一段距离，进入康复楼。视障学生在不熟悉校园环境或无人帮助的情况下，长距离行动的难度使得学生对于心理咨询有抵触感，不愿意特意前往心理咨询教室；还有些学校参照一些心理咨询机构设置了发泄室和沙盘室，但设置方式不对。成人心理治疗中的发泄室作为一个缓解压抑、发泄情绪的地方，通过打、宣泄等暴力方式发泄压力，而障碍学生的心理多数是敏感倾向、恐惧倾向、孤独倾向和身体症状倾向等，虽然也有学生在情绪激动时候难以控制，但所需发泄的情绪与成人不同，对于暴力宣泄所需不多，以平绪宣泄为主。

综合以上分析，特殊教育学校的心理咨询室可分为两类：一是对谈咨询用的心理咨询室及配套用于平复情绪、以便顺利进行心理咨询的宁绪室；二是利用器材进行治疗的沙盘室。

2. 心理咨询室、宁绪室的平面及功能分区

心理咨询室以一对一咨询为主，房间使用面积不宜过小而造成压抑，也不宜太大，产生空旷的疏离感。单个咨询室面积控制在 $15\sim20m^2$。

心理咨询室室内分为三个区域。一是谈话区，用于教师与学生谈话，设两个舒适的单人沙发，两个沙发呈 90° 摆放，避免面对面直视对儿童造成心理压力，座椅之间距离相近，便于教师对学生的安抚。沙发旁配一个小茶几，用于放置小玩具。谈话区不宜直接正对房间门口，可用屏风等作视线遮挡。二是游戏区，当学生情绪不够稳定，对咨询室有抵抗心理时，可以先在游戏区做些简单的游戏，放松情绪，以便接下来的治疗。游戏区可设地垫和软垫。三是教师工作区，摆设教师工作所需的桌椅、电脑等，用于教师办公、记录、评估等文档工作，也用于对来访的其他人进行接待。

宁绪室分为两部分。一是准备区，学生在活动过程中无法随身携带的物品如水杯、衣物等，可以放在准备区，准备区内提供饮水、休息座椅等。二是学生活动区，活动区内的活动以绘画、跑跳和欣赏音乐为主。宁绪室的一面墙可漆成连续的绿色或蓝色等，作为有助于安抚情绪的涂鸦板，可用绘笔在上面擦绘涂写，墙面可涂绘的部分应从地面起，高度在一人高。室内地面和其他墙面设软垫和软包，供学生跳跃玩耍，防止受伤。室内高处设可外放的喇叭，地面设若干可靠坐休息的软垫。

3. 沙盘治疗室的平面及功能分区

沙盘治疗室包括主要的沙盘室和教师休息、记录的辅助办公两部分。

沙盘室的使用面积应适当。面积不宜过大，保证教师能够随时注意到房间内学生的活动情况，也不宜太小，要保证学生在沙盘附近的活动自由，并不产生心理压抑感。室内可分两个功能区。首先是沙盘操作区，其位于房间中心区，摆放至少 1～2 个沙盘。其中一个为干沙盘，学生在沙面上摆放各种玩具和玩偶，另外再配 1～2 个湿沙盘。沙盘的柜格一般为 570mm×720mm×70mm，统一放在桌面或牢固的支架上，沙盘的操作面高度可根据学生的身体发育情况，进行调整。沙盘的内底面涂成防水的蓝色，象征天空、海水等意向。沙盘内的砂子为白色，并有足够的细度，应事先洗涤过，避免学生游戏过程中揉入眼睛造成感染。操作过程中学生可注水到沙盘里。沙盘之间距离应大于 900mm，保证两人通行。其次是沙盘玩具摆放区。沙盘玩具是受训学生表达内心的形象物体，学生通过玩具的样式和摆放表达内心感受，玩具是沙盘治疗的重要用具。沙盘玩具的种类和数量要足够丰富，大概包括人物类、动物类、植物类、建筑类、家具和生活用品类、交通工具类、食物类、石头类及其他可能代表具体形象的物品如红色的布条、棉花等，使得学生能够找到足以表达心理的确切形象。玩具的大小不一，高度为 5～20mm，统一摆放在符合学生身高的柜架上，便于学生取放。玩具柜应环绕沙盘展开，与沙盘的距离在 1～2m 之间。避免学生过于兴奋碰倒柜子，也不会因距离太远使学生失去取放玩具的兴趣。治疗室不摆放玩具的一侧应设 2～3 个舒适的固定座椅和茶几，为观察学生游戏过程的教师和家长休息，也为学生游戏后教师与学生的交谈干预使用。辅助办公部分包括教师办公记录的桌椅，以及保存每次治疗的档案柜。可与心理咨询室的其他教师办公合用。

沙盘治疗室属于心理咨询室的一部分，都是对学生心理健康的一种监控和干预治疗，主要采用一对一的方式。因此沙盘治疗室可单独设置，也可与其他心理教室共同设置（图 6-46）。

4. 设计要点

（1）心理咨询室与宁绪室在教学楼中的位置应易于学生来访，但出入相对隐蔽，照顾学生隐私。咨询室所在位置周边应足够安静，避开体育活动场地、音乐用房、食堂、宿舍、主干道等；位置应离教学区较近，方便学生从教室、宿舍到达，比如图书馆、阅览室附近。宁绪室应与心理咨询室保持一定距离，避免跑跳音乐对心理咨询室的干扰，但应保持方便的联

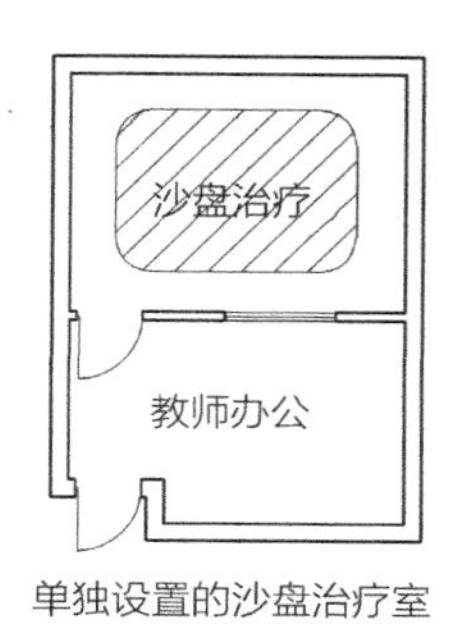

单独设置的沙盘治疗室　　与其他心理咨询室共同设置的沙盘治疗室

图 6-46　沙盘治疗室设置模式

系，当学生情绪宁静后，可回到心理咨询室进行下一步治疗。

沙盘治疗过程中要避免其他外界因素对学生的干扰，因此教室需要设置在较安静的位置，远离感觉统合训练室及音乐教室等有活动噪声的房间。

（2）心理咨询室根据使用人数多少可设一间或多间，也可扩大设置，在谈话区外设置讨论桌。地面铺设地毯，消除行走声音，避免地面反光。室内设洗手池。

（3）宁绪室室内颜色应以冷色为主，不能有引起伤害的物品和易碎品。室内光线亮度应可调整。空调温度在 21～26℃。

为避免过强的光线对学生注意的影响，沙盘室内的开窗应设遮光帘，并设置可控制亮度的人工照明。

（4）两个教室均应有良好的采光和通风，具有开阔的视野，心理咨询室可设小阳台，使儿童直接接触室外。两类教室都应设监控系统，便于学生掌握室内情况。

（5）室内地面应采用防潮、易于清洁的地面材料。在沙盘治疗室学生游戏过后，方便教师对室内散落的砂子等进行清扫。

5. 平面图示（图 6-47、图 6-48）

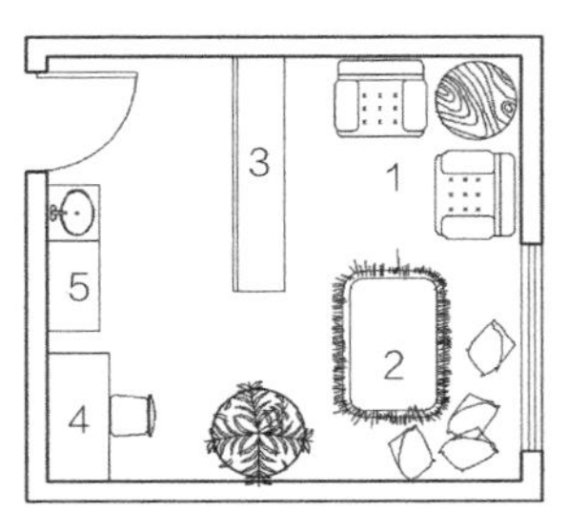

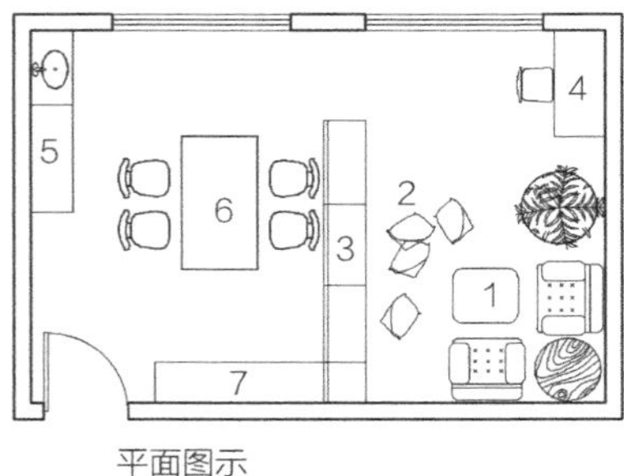

1- 交谈区
2- 游戏放松
3- 书架隔断
4- 教师记录
5- 洗手池
6- 讨论桌
7- 储物柜

平面图示

室内场景（南京市盲人学校）

图 6-47 心理咨询室平面示意图

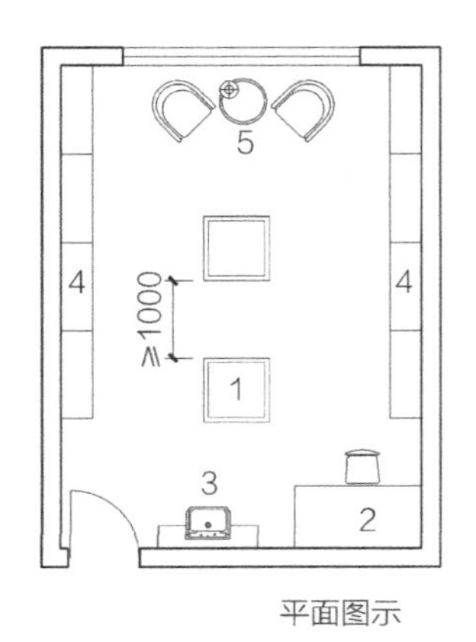

1- 沙盘
2- 工作台
3- 洗手池
4- 玩具架
5- 交谈区

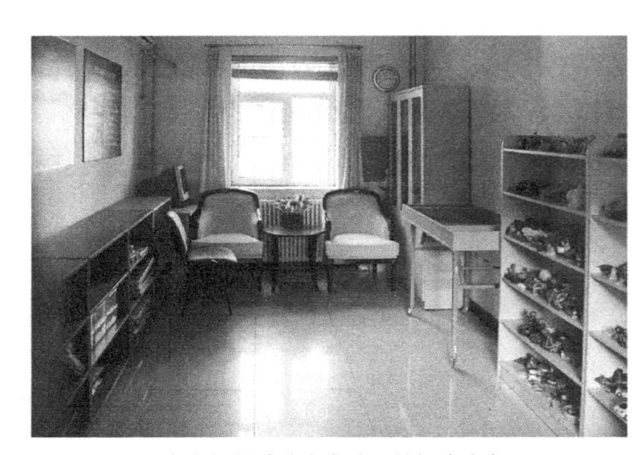

平面图示

室内场景（北京海淀区培智中心）

图 6-48 沙盘治疗室平面示意图

6. 主要设备器材（表 6-30）

心理咨询室设备仪器配置　　表 6-30

名称	功能规格	数量
心理测量（评估）与训练系统	具有档案管理、量表测量等功能，且能提供咨询辅导、训练调节、综合报告、统计分析等网络服务	1/ 校
心理咨询与康复训练设备	必要家具、书架等	1/ 校
心理健康教育设备	安抚性游戏道具等	1/ 校
心理健康教育书籍		若干

资料来源：根据厂家提供的资料绘制。

6.3.5 感觉统合训练室

1. 概述

当人们感受周围的世界、完成各种活动时，并不是凭借身体中某个单一的感觉系统或运动系统就可以实现，而是需要通过中枢神经协调相关的多个感觉系统，进行统一调控。感觉统合指的就是大脑对个体从视、听、触、嗅、前庭等不同感觉通路输入的感觉信息进行选择、解释、联系和统一的神经心理过程。

感觉统合失调（Sensory Intergration Dysfunction，简称SID）是指个体的某一感觉系统、感觉系统与运动系统之间的信息组合与整合不协调，导致新系统和过程发生异常，出现对刺激的不敏感或过分敏感，行为顾此失彼等现象。

感觉统合训练指的是针对特殊学生各种程度的感觉统合失调问题，在专业人士、家长帮助下，通过专门的活动器械，按计划展开的训练和治疗活动。感觉统合训练一般在康复机构和特殊教育学校中的感觉统合教室或户外安全环境中进行。

感觉统合训练主要是针对感觉统合失调的儿童，实际上，智力障碍儿童、脑瘫儿童、自闭症儿童、发育迟缓儿童等多数都存在感觉统合失调问题，是感觉统合训练的主要康复对象。同时感觉统合训练对于视力障碍学生和听力障碍学生的神经系统、感官补偿都具有一定的积极促进作用，因此培智学校中必须设置感觉统合教室，盲校、聋校根据教学需要和多重障碍学生的特点酌情考虑。

我国不少地区的特殊教育学校、儿童康复机构，甚至基础设施较好的幼儿园都建设有感觉统合训练室，总的来说，感觉统合训练室的建设比较早，为特殊儿童的感觉统合训练提供了充足的保障，在康复训练中发挥了不可替代的作用。感觉统合训练室建设的比率相对其他康复训练室来说要高很多。

以北京市为例，约76%的学校都建设了感觉统合训练室，而且使用率很高[①]。感觉统合教室数量上的优势并未直接反映出教室的质量，调研的几所培智学校因投入资金不同，导致感

① 郭瑞华. 北京市特殊教育学校体育教育现状研究［D］. 北京：北京体育大学，2011.

图 6-49　感觉统合训练教室室内

觉统合教室的空间形态、装修水平、室内器材数量、种类的差距较大（图 6-49，表 6-31）。首先，大部分感觉统合教室的建设模式都很简单，基本是“普通教室（或大教室）+ 设备”的模式。大教室的选择定位比较随意，室内设施规划不明确，存在设施过多、难以保证足够的训练活动空间，或者设施过少、难以保证基本的训练需求的情况。其次，部分改扩建形成的感觉统合教室，室内空间不完整，有立柱、不规则空间存在，造成使用不便、难于管理，使用率不高。最后，有些感觉统合教室规划面积有限，室内器材多、空间局促，难以保证足够的训练活动。

感统教室面积调研表　　表 6-31

学校名称	教室面积（m^2）	教室间数	所在楼层
新疆石河子特殊教育学校	136.6	1	3
克拉玛依特殊教育学校	64.8	1	3
德阳市特殊教育学校	118.3	1	

资料来源：根据特殊教育学校建筑设计规范调研组数据绘制。

2. 平面及功能分区

《特殊教育学校建设标准》中规定，培智学校感觉统合教室使用面积为 122m^2。实际调研发现，120m^2 左右既能容纳一定班额学生日常的训练活动，也可以保证教师或家长对学生的监护，是一个较为合适的面积。有条件的学校或机构，使用面积可适当扩大，如医疗机构康复中心的感统训练室，同时容纳的活动人数较多，使用面积一般在 200m^2 以上。感统教室训练种类繁多，需根据器材特点进行分区设置，并保证足够的学生活动空间。当面积在 120m^2 以上时，可将其分为主要训练空间和辅助用房两部分。辅助用房的面积为 20～40m^2，主要用途包括以下几个方面。①储存间，储存与本次训练无关的小型器材，增加训练的安全性和活动组织的有效性，减少学生注意力的分散，避免学生脱离训练项目，操作其他器材。②无干扰训练观摩。可在辅房内设监控设备，老师和相关人员可以随时观摩、了解训练的活动情况。③教师休息和文件管理。感统训练应设立专门的管理和使用制度，避免出现空房和无人使用的情况，提高使用和管理效率；因此可设置专门人员的休息和管理空间，提高训练室的使用效率。④必要的盥洗及饮水设备。学生活动量大，需要及时补充水分，并保持个人清洁，可在辅助空间内设洗手池及饮用水（图 6-50）。

主要训练空间平面应以矩形为主，并保证一定长度的连续墙面用以放置训练器材。器材根据需要沿墙分区布置，中间部分空出做无器材训练或综合性器材训练。器材的整体布局最好呈环形，并预留足够缓冲空间（图 6-51）。

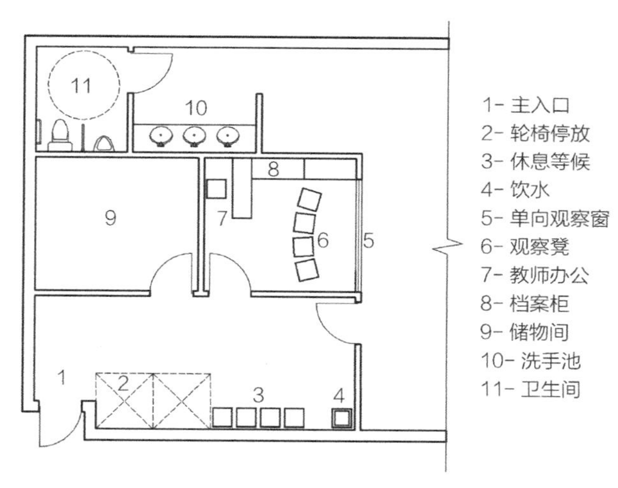

图 6-50 感觉统合训练教室辅助空间

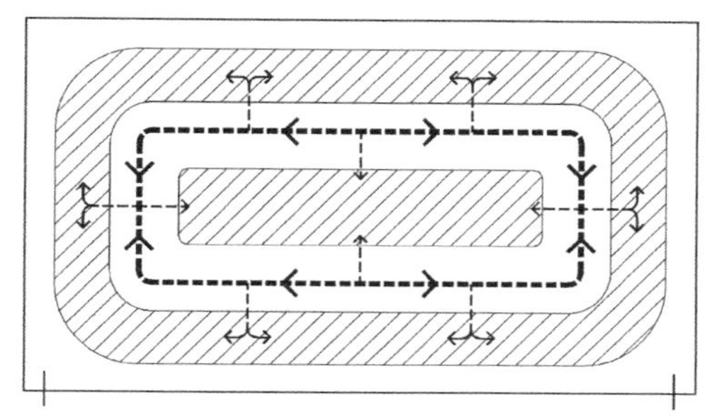

图 6-51 感觉统合训练室内流线

不同器材的布置位置如下（表 6-32）。

（1）海洋球池区。设备体积较大，不便于移动，应固定设置在室内一角。球池可同时供多人使用，且低年级学生会四处丢球，球池下方及周边 2m 范围内应设地毯或地垫等防滑、防弹铺地作为缓冲。球池附近可安排蹦床、平衡木等单人训练器材。

（2）平衡木区。器材多呈长条形，可靠墙设置，便于训练过程中扶靠墙体取得平衡。器材前后及两侧应有不小于 1m 的缓冲区。为满足综合训练，设备也可以临时移动至空间较大的教室中央。

（3）浪桥区。浪桥主要是由 A 字形铁架、吊台、秋千等旋转、悠荡器材组成，器材占地面积大，位置固定。因训练过程中活动幅度大，附近不宜安排其他固定器材，避免干扰。位置不应临窗，可靠近疏散门所在一侧墙面。器材前后应留有足够的缓冲空间用于学生跳跃躲避，器材运动的前后方向地面应设专门的体操垫作为保护。

（4）滑梯区。滑梯占地面积大，位置固定。宜邻墙布置，左右留有足够的缓冲。滑梯滑道出口应有放大的缓冲区，不小于 2m × 2m，设软垫保护。滑梯附近不应设其他固定设备。

（5）综合活动区。学生进行徒手训练及小型器材训练的区域，如各种球类活动、滚筒及平衡台等。活动的类型多，使用频率高，器材不固定，使用完后即收到储藏室保存。训练室内应尽量增加综合活动区，用于组织各种形式的个别和集体训练。

因为感觉统合训练的理念和技术在不断更新，新的训练器材不断出现，在建设完成后的一定周期内，学校要对已有的器材进行补充和更新，所以规划设计时，在尊重国家和地区建设标准的前提下，应充分考虑未来发展，预设部分发展空间。

感觉统合训练器材布置区域 表 6-32

	海洋球池区	平衡木区	浪桥区	滑梯区	综合活动区
室内位置					
器材图示					

3. 设计要点

（1）作为训练室内最主要的训练空间，应综合考虑训练器材的特点和使用要求，合理排布，提高空间使用效率，减少各种器材在使用过程中的互相干扰。充分利用训练室边角空间。房间内训练器材种类较多，如蛇形平衡木、滑梯、高低桥等器材较长，宜沿墙布置。

（2）训练室需避免阳光直射或采光过暗，应保证充足的日照，光线柔和，并保持良好的通风和换气。首先，感觉统合训练器材中包括大量的塑料制品和橡胶制品，如球类、滑梯和海洋球池等，强烈的直射阳光会加速设备的老化；其次，感觉统合训练为大运动量活动，尤其在夏热冬冷、夏热冬暖地区，直射阳光会导致学生出汗增多，加快疲劳出现；最后，强烈的直射光会干扰学生的视觉感知，影响训练过程，因此室内顶棚采光不宜用裸露的日光灯源。儿童活动时会有小球等可抛起物品，容易与灯具接触，造成灯具损坏，因此灯具应采用适当的保护，如采用格栅吊顶，将灯具安置在格栅上方，或采用固定吊顶，将光源隐藏在灯槽内，既保护灯具，又防止光源直接照射儿童眼睛产生不适。

（3）因为学生在活动时动作较大，墙地面要做好安全保护措施，活动区域用软垫作满铺防滑防摔处理，尤其应做好器材附近小范围的保护。保护的作用不仅是保护身体安全，更多地是降低个体训练中心理恐惧感，使儿童无负担地配合指导教师开展活动。训练中学生容易接触到的墙面也应作软包处理。

4. 平面图示及室内场景（图 6-52）

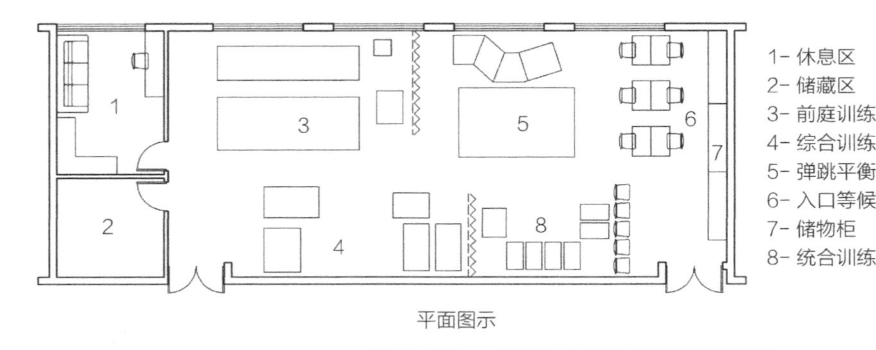

平面图示

室内场景

图 6-52 感觉统合训练室平面示意图

（资料来源：照片由深圳市金澄建筑设计顾问有限公司提供）

5. 设施设备

感觉统合训练的专业器材非常多，且随着技术的发展和训练形式的调整，不断有新器材投入使用，这里仅对常用的器材作简单的分类介绍。首先，器材要能承受足够的荷载，保证参与训练的学生、指导教师的安全，并确保训练有效性。具体荷载多少，根据使用人数、使用对象决定。其次，同类器材需要配备多个型号，满足不同身体发育条件的学生使用。如高年级的球类、滑板、平衡台等尺寸选择要大于低年级。同时多样的器材型号也提供不同的训练强度，如平衡木在离地高度、行走面的形状、表面光滑度等方面都有变化。再次，训练器材颜色要鲜艳，质地均匀。鲜艳的颜色有助于提高学生注意，并刺激学生的视觉感知，提高训练效果。质地均匀是为保证使用中不出现突然的随机变化，一切行为和效果可控。最后，器材的工艺要细致，成品的边角、接缝、光滑度、均匀度等细节应符合训练要求，既确保学生安全，又能提高训练效果。感统训练器材种类繁多，厂家和相关机构也在根据研发成果不断推出新品，有些属于感觉统合训练的基本设备，如大球、滑梯等，有些是基于新材料、新设计的新产品。常见部分训练器材如表 6-33。

感觉统合训练器材表　　表 6-33

器材名称	训练功能	基本功能	数量
滑梯、滑道	前庭、平衡能力	特定体位自主滑行，或完成指定动作	1
滑板车	视、触、本体统合	与滑梯结合，或趴卧、仰卧板上	4
平衡台	平衡能力、控制身体	站、坐等姿势完成接球、跳跃等动作	1
平衡板	平衡能力、注意力	站、坐等姿势多向度晃动，站姿运球	1
跳布袋	腰、腿力量强化	站在袋子里，手提边缘向指定方向跳跃	4
蹦床	前庭、肢体力量加强	跳上、跳下蹦床，跳跃转体	2
脚步器	本体、前庭，动作增强	屈体行走、蹲步走、象步走	2
触觉球	触觉压力、本体觉	抓握、脚踢、抛接、揉搓皮肤	1
羊角球	下肢协调、前庭觉	坐在球体上，跳动、扭转和跨越障碍物	5
大笼球	平衡能力、反射调节	坐、卧、俯于球体，上下震荡或滚动	2
柱体球	触觉、平衡、空间感知	骑球上下振动、俯滚、背滚等	2
大陀螺	前庭训练	坐在陀螺里，身体带动陀螺转动	2
海洋球池	触觉、视觉、平衡能力	在其中攀爬、翻滚、阻力行走、抓握等	1
滚筒	运动、平衡、认知统合	双手推、低重心平衡训练	2
浪桥	前庭	坐、卧多向度摆荡、旋转	1
平衡步道	触觉、本体觉	自主爬行、走、跑、跳	1
平衡木	前庭、本体、空间感知	前进、后退、侧行	1

资料来源：根据厂家提供的资料绘制。

6.3.6 视功能训练室

1. 概述

视功能训练是视觉康复训练的重要手段之一，在特定的视觉光环境中，对低视力视障儿童的功能性视力通过各种光学和非光学设施进行训练，发挥视觉潜能，提高运用视觉的能力和技巧[①]。

我国低视力的康复训练起步较晚，20世纪80年代后期开始在上海市盲童学校等机构实验性地开展，到2000年后才开始推广。当时的主要康复框架是鼓励使用残余视力，通过教授、训练用眼行为，重建光环境以鼓励视觉使用和利用视觉技巧完成特定任务。在这个框架基础上，训练的主要内容有两类：一是视觉能力训练，包括基础的亮度分辨、空间分辨、颜色分辨、眼球运动训练等，以及稍微复杂的图像识别、空间知觉识别等训练；二是视觉技能训练，指与视觉操作有关的技能，如定向、注视、搜寻、手眼协调等技能实现视觉逻辑和视觉记忆等认知能力。训练主要是通过不同亮度、不同形状的光源所产生的亮度变化，引起学生的视觉注意并协调身体同步。视功能训练注重生活化、游戏化和综合化，以游戏的方式将枯燥的训练趣味化，吸引学生参与，并将视觉训练的技巧训练与感觉统合等其他训练结合起来，达到综合训练的目的。因此视功能训练的方式也是多种多样的，既可以在室内通过专门的教具展开，也可以在室外结合感统训练器材展开，如在足球场里，让学生充当守门员的角色，教师将球踢向球门，学生需要捕捉到球的前进方向，并指挥身体做出协调的拦球动作，一个活动实现了空间辨知、定向、注视、手眼协调等多项训练目的。以下主要针对室内视功能训练室讨论。

2. 平面及功能分区

训练室内训练器材较多，需进行分区活动，场地需求大，室内使用面积不应小于60m^2。

根据使用要求，室内分为以下几个区域：首先是评估与检测区域，由教师负责，通过近视力表和远视力表等工具确定视障儿童的视功能情况，基本承担了过去视力检测室的功能。其次是学生康复活动区。活动区域分三部分，一是游戏康复区，区域内不设桌椅，地面设地垫软铺等，方便学生进行大幅度的身体活动，让儿童以游戏方式通过识别、追逐墙面或地面灯具产生的投影，训练儿童对光和物体的感知定位、追踪、识别和区分等能力，如光线和球类跟踪训练。因为儿童活动范围大，区域面积也应满足游戏教学需要，不少于6m×6m。二是安静训练区，设学生桌椅，用于进行桌面训练和小幅度活动，通过拼图游戏、积木、书本等各种颜色鲜艳的道具对学生的空间关系、手眼协调能力，以及视觉信息的收集、归类识别能力进行训练。三是综合训练区，通过光箱、点字器等发光教具和助视设备，训练学生的手眼协调和视功能能力。空间以训练器材为主，根据学校训练所需的器材种类和数量，周边预留足够的缓冲空间即可。

3. 设计要点

（1）训练室内要保证足够的采光和完全的遮光，以实现对光环境的绝对控制。充足的采光既包括自然照明，也包括人工照明。所以训练室首先要有足够的窗地面积比，保证自然采

① 佚名. 特殊儿童功能性视力训练[M]. 南京：南京师范大学出版社，2014.

光充足。其次在采光口要设置窗帘，能够完全遮挡自然光线。窗帘的设置应有 3 层，从里向外依次为彩色布帘、白纱窗和不透明遮光帘。彩色布帘的宽度每片 1m 左右，多片纯色布帘拼接在一起，形成具有明显色相对比的色彩氛围。白纱窗是为了在自然光条件下训练时，防止过强的光线直接投射到室内产生强眩光；不透明遮光帘是为了营造室内暗室效果时，能完全遮光。在室内所有的窗口都应设置窗帘，包括入口门和临走廊侧的高窗也应有遮光窗帘。

（2）室内要有足够的连续墙面。其中一段连续墙面用于安置各种不同的发光灯具，灯具按大小、颜色交错布置，墙面最好是白色，有利于突出灯光的色彩。灯具的开关应能单独控制每一盏灯或同种作用的一组灯，灯具开关应靠近训练室的入口，并预留相当数量的开关，为灯具更换和调整准备。另一段连续墙面也最好是白色用于投影，并配备可收起的幕布和白板，幕布和白板的展开高度应以低年级学生伸手可触及为标准，方便学生与投影互动游戏。

（3）安置灯具的墙面，电线应暗铺，并预留足够的插座和开关。墙面带状灯具可根据儿童心理设置成生活常见的图案，如房子、树木等。室内靠近踢脚线的位置也可以设置一圈带状灯具，有助于感知空间大小（图 6-53）。

带状灯具墙面

彩色窗帘

图 6-53　视功能训练室墙地面设置示例

（资料来源：黄冬．特殊儿童功能性视力训练［M］．南京：南京师范大学出版社，2014.）

（4）室内地面应以深色亚光防滑材料为主，以便跟浅色墙面形成明度对比。在学生游戏康复区地面宜作可拆卸的软铺装处理，软铺材料应以大面积的纯色易清洗材料为主，当进行球类活动等需要硬质地面时，可将软铺材料临时拆卸下来。

4．平面图示（图 6-54、图 6-55）

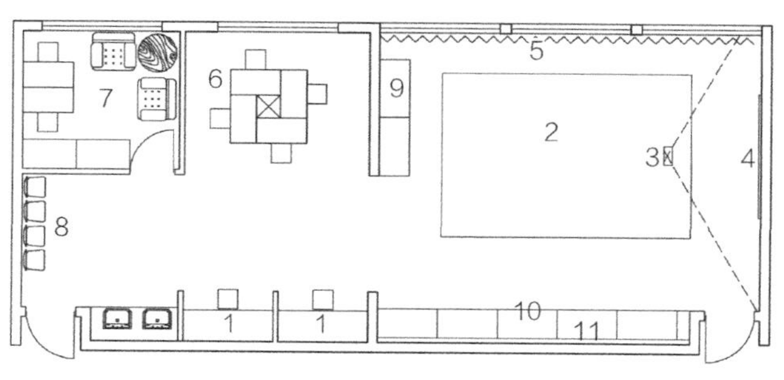

1- 助视综合训练
2- 地垫
3- 投影仪
4- 投影幕布
5- 遮光窗帘
6- 安静区
7- 评估室
8- 休息等候
9- 矮柜隔断
10- 储物柜
11- 灯具墙

图 6-54　视功能训练室平面示意图

图 6-55　浙江省盲人学校视功能训练室情景

5. 主要设施设备（表 6-34）

低视力康复仪器设备配置　　表 6-34

名称	功能规格	数量
光学助视器材	不同倍数的单筒望远镜、双筒望远镜、眼镜式助视器、手持式放大镜、立式放大镜、镇纸式放大镜等	1/ 校
屏幕助视器	放大倍数 4 ~ 30，带滑轨	适量
保健台灯	冷光源	6 ~ 12
视力测试评估设备	远视力测试表、近视力测试表、低视力测试表、反差视力测试表、放大倍数需求测试表、低视力测试柜、低视力助视器配镜箱等	1

6.3.7　听力检测室

1. 概述

听力检测室是对听障学生的听力状况进行评估的房间。聋校中听障学生的听力情况是下一步语言和言语训练、日常教学计划制定的重要依据，每个学生的听力损失情况都不同，及时对学生听力状况进行评估，有助于了解每个学生的情况并制定个别教学计划。因此听力检测室是聋校重要的康复教室之一。

2. 平面及功能分区

听力检测室分为隔声室、控制室和耳模制作室三个部分，每个部分使用面积不小于 15m²，当三个房间同时设置时，总面积不小于 60m²。隔声室是专用的隔声用房，听力检测时，学生在隔声室内接受听力检测。室内设有扬声器、桌椅、必要的监控设备。控制室是紧邻隔声室的操作间，用于教师观察隔声室内学生的状态和控制隔声室内声源的发声，控制室需设置听力检测仪及其他测音常用设备。当聋校有多间隔声室时，可分别设置封闭的控制室，也可将控制室连通起来设置。耳模制作室是制作耳模的用房。耳模是连接耳朵与助听器的声学耦合器，是助听系统的一部分。耳模的作用首先是固定助听器，是学生听力重建的重要手段之一。助听器的佩带舒适度以及相应频率对于学生听音有较大影响。耳模可根据学生自己的耳廓和耳道形状专门定做，有利于将助听器佩带稳固，同时将耳模外的声音隔离，保证助听器到耳模声音的完整反馈。学生由于身体发育以及运动磨损，耳模需要经常进行调整和更换。制作好的耳模需要及时地调校相关声音指标，因此耳模制作室应紧邻听力检测室设置。

3. 设计要点

（1）隔声室的设置方式有几种。普通的隔声室采用普通教室铺设吸声材料，并使用密闭门窗，价格相对便宜且装修方便，隔声效果可达到 20～30dB，已经能够满足聋校听力测试的需求。进行详细装修的隔声室一般设置隔音地台，避免建筑结构传声的影响。室内墙面铺设中空吸声隔声板，并在框架上装设吸声尖劈，吸声效果较好，室内本底噪声可达到 16dB。除此之外还有生产厂家专门制作的隔声箱、隔声房，采用整体式处理。一般聋校听力检测室隔声效果低于 25dB 即可，若有更高要求，可对室内作隔声地台处理并设置一定形态和数量的吸声尖劈。

听力检测过程中需要检测学生在距声源不同距离对声音的敏感程度，因此隔声室内应有一个长边的使用长度不小于 6m。室内墙地面采用吸声材料，并考虑学生经常使用，地面易清洁。

（2）隔声室与控制室之间应设单向可视玻璃窗，教师在控制室可以较好地观察学生对于声音的反馈。玻璃窗应满足隔声需要，可设双层玻璃窗。

（3）耳模制作过程需要取耳模、切样、铸模、修整等步骤，加工过程中会产生一定的声音，对听力检测室产生影响。因此当学生较多，检测室使用频繁时，宜将耳模制作室单独设置，但应与听力检测室保持紧密联系。

4. 平面图示及室内场景（图 6-56）

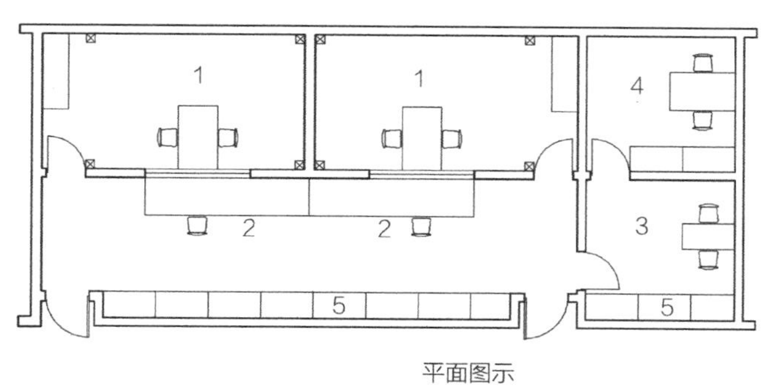

平面图示

室内场景（厦门市特殊教育学校）

图 6-56 听力检测室平面示意图

5. 设施设备（表 6-35）

听力检测室的设备主要以有线和无线助听系统以及纯音听力检测设备为主，设备使用过程中需注意与其他无线信号之间的干扰屏蔽。

听力检测室设备说明　　表 6-35

名称	规格	数量	备注
纯音听力计	气导、骨导、纯音、啭音、脉冲音、窄带噪声、声场，言语测听功能	1 台 / 校	与隔声室配合使用
有线助听系统	一对十以上，麦克风对主机无线传输，主机对分机有线连接。双声道，可调频，最大声输出 130dB	1 套 / 班	选配

续表

名称		规格	数量	备注
无线助听系统	发射器	一对十以上，单耳/双耳，全数字无线音频传输	1台/班	
	接收器	体配或非体配式，全数字无线音频传输，直接音频输入，验配范围120dB，并配相应数量音频靴	1个/人	
特大功率助听器		适用于无助听器设备者，全数字，最大声输出不小于136dB(SPL)，适合于平均听力损失大于110dB者	2只/人	选配
听觉评估设备		用于纯音、啭音、窄带噪声、滤波复合音等评估，自然环境声，听觉定向，语音、词语、词组、短句选择性听取等功能评估，听觉分辨练习，言语主频分析和助听效果模拟	1套/班	

资料来源：根据聋校医疗康复设备标准（091221）统计。

6.3.8 智力检测室

1. 概述

智力检测室用于阶段性检测学生智力情况，以便安排具体教学计划。我国对发展性障碍学生的智力鉴定包括智力水平和适应能力水平两方面，并根据儿童年龄段不同有所区别。对于义务教育适龄学生来说，主要是通过观察、智力测验和适应行为量表评估，所以智力检测主要以谈话、填表、测验等方式进行。发展性障碍学生在入学前一般都经过医疗机构的鉴定，培智学校不必再做大规模筛查工作，所以智力检测室主要以一对一个别鉴定为主，确认学生的障碍程度有无变化等。

因此智力检测室的空间需求与谈话性质的心理咨询室相似，当学生数量不多时，可利用心理咨询室兼做，不另设单独的智力检测室。

2. 平面及功能分区

智力检测室分为两部分。一是教师工作及档案存档区，设置2名教师同时工作的电脑及桌椅，并提供通高的档案柜用于存放学生评估和测验档案。办公区和工作区应独立，仅限教师使用。按照每位教师3m^2工作面积，加上适当储物空间，教师工作区面积不小于10m^2。二是检测评估区，用于教师对学生的观察、评测问卷等智力检测工作。室内设置可参考心理咨询室布局，并提供一个可书写桌面，用于学生填写问卷。室内以一对一工作方式为主，使用面积在8～10m^2。智力检测室总计面积不低于20m^2。

3. 设计要点

（1）为缓解智力障碍学生注意力不集中、情绪不稳定的特点，智力检测室的检测评估区应以轻松、愉快的氛围为主，地面采用弹性木地板并局部软铺地垫或地毯等供学生游戏放松。

（2）智力检测室可以和心理咨询室兼用。培智学校的心理咨询室还需另外设置沙盘治疗室，可将这些功能统一设置。

4. 平面图示（图 6-57）

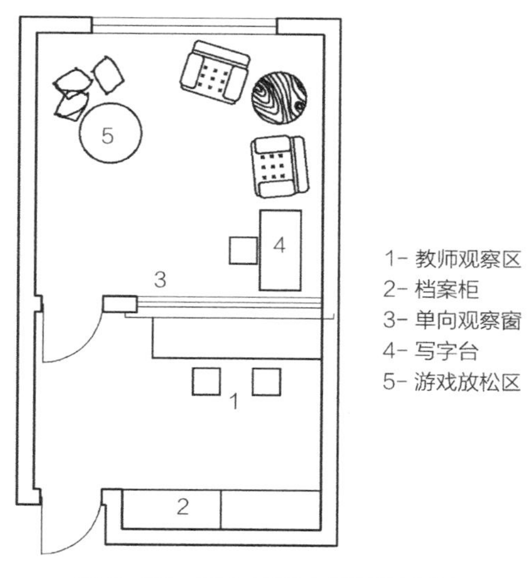

图 6-57 智力检测室平面示意图

6.3.9 多感官训练室

1. 概述

多感官训练室是借助各种声、光、感应设备和多媒体设施，应用视听互动训练系统、动感彩轮、互动嗅觉等一系列设备，营造出能够对感官失调学生的触觉、前庭觉、本体觉、视觉、听觉等各种感知觉进行足够刺激，并促使学生做出相应反应行为，通过交互式的反馈引导学生主动探索环境、尝试适应周边环境变化的训练教室。学生通过在多感官训练室内的训练学习，能够习惯各种感知刺激，减少过激反应、焦虑情绪的出现，有助于提高学生的社会适应能力并改善学生的注意能力，提高感觉统合能力。因此多感官训练对于培智学校内的智力障碍学生、自闭症谱系学生有明显的作用，是学生训练的重要教室。

多感官训练室内有多种康复训练方式，训练过程以学生自主活动和教师组织安排为主，其训练过程和训练目的与感觉统合训练和体育训练有一定的连续性和相似性，且这三种训练都会产生较大的活动噪声，因此一般将多感官训练室、感觉统合训练室和体育训练室成组设置，与普通教室及需要安静的教室保持一定距离。

2. 平面及功能分区

多感官训练室有两种设置方式，一是设置一个大的综合型房间，将各种不同的训练方式分区设置，二是根据不同的训练方式，为每种方式设置一个单独的小空间。培智学校内的感官训练室训练项目与训练人数都不比康复机构专业，因此多数为一个综合性训练用房，房间面积要求能够容纳一个班级 8 名同学同时进行训练，使用面积不小于 60m^2。

训练室内主要分为两部分，一是主要的学生训练空间，二是教师控制室。学生训练空间为各类学生训练项目，包括多感官知觉辨别训练、多感官知觉机能训练和多感官综合统合训练三部分，每部分又由听觉、视觉、触觉、平衡觉、味觉等多种具体项目组成。训练项目排布并无特定顺序要求，因多数训练都以固定的训练器材为主，因此室内需组织好训练流线，避免训练项目之间的互相干扰。教室控制室是教师集中控制各类器材开关和运作情况的房间，同时具有对学生能力评估的功能，室内应设集中的电脑控制台及相应的桌椅，并有档案柜。控制房应封闭，避免学生擅自闯入操作造成危险。控制室应有长度 1m 以上的观察窗，能同时观察到室内各个训练器材的运作情况，掌握学生状态。

3. 设计要点

（1）多感官训练首要目标是感官和环境的协调，让学生在室内环境中接受不同感官刺激，因此室内各项器材的设置应互相协调，有序组织。应合理安排各个器材的训练空间，并严格遵循器材的设计要求，避免出现灯光过强、影响其他器材或活动空间不足的情况。

（2）室内应组织好交通流线，当室内空间较大时，可参考感觉统合训练的环形流线模式，当室内空间不大时，可采用树形流线，在中间预留一定的自由活动空间（图 6-58）。

4. 平面图示及室内场景（图 6-59）

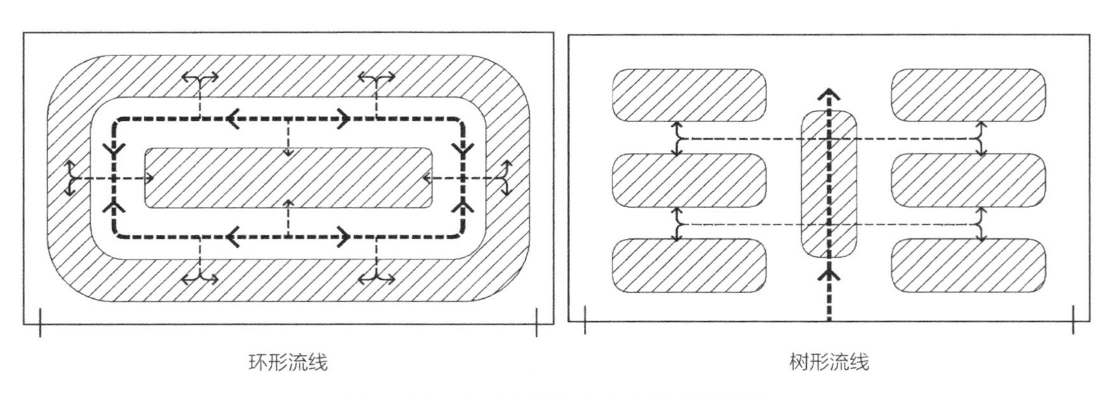

环形流线　　树形流线

图 6-58　多感官训练室室内流线示意图

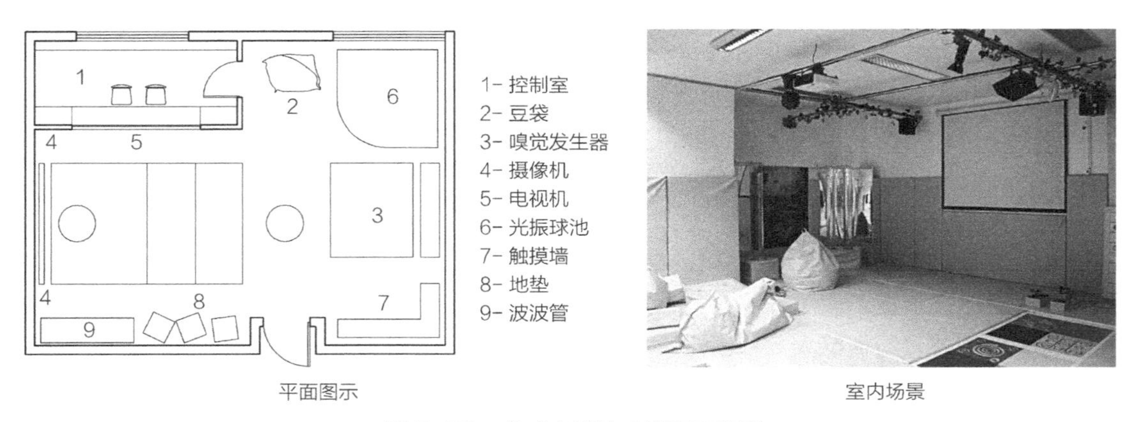

平面图示　　室内场景

图 6-59　多感官训练室平面示意图

5. 设施设备

训练室内的器材功能不应重复，如泡泡管附近不应有强光照射，声控闪灯附近不应有发生喇叭等。训练器材应强调多感官的结合，而不是一味刺激某一感觉。如泡泡球可结合声音播放，触摸墙的开洞除教师控制外，应与学生有一定的互动等（表 6-36）。

感觉统合训练器材表　　表 6-36

器材名称	训练功能	基本功能	数量
泡泡管	视觉、注意力	透明管道内有水泡上浮，最下方有各色灯光照射	1
动感彩轮	视觉、注意力	转盘上有透明玻璃孔洞，各色灯光由洞中照出	若干
波球池	触觉、放松	学生站在波球池里，用身体接触小球	1
彩像投射机	视觉、身体互动	投影机在地面上投影，学生可以与投影内容互动	1
声控闪灯	手、眼、声音的协调	声音大小控制灯的闪亮数量	若干
触摸墙	嗅觉、视觉、触觉	墙体上面开洞，孔洞内各种可触摸、可闻的材质、气味	1

资料来源：根据聋校医疗康复设备标准（091221）统计。

6.3.10 语言训练室

1. 概述

听障学生由于听力障碍导致语言和言语能力不足，聋校康复教学的重要内容之一就是语言矫正和言语矫正。语言矫正是指在听觉重建和言语矫正的基础上，通过对语言的学习，提高听障学生掌握和表达语言的能力，实现与人正常沟通，是听障学生在校阶段学习的重要内容，是学生融入社会的重要基础。语言康复的形式很多，包括语文课程、主题学习等多个方面。语言问题是由于听障学生在听觉功能上的限制，导致在语音、语义、语法等方面的障碍。言语问题是由于听力障碍学生长期听力障碍导致大脑听说系统之间缺少必要的联系，从而导致呼吸、发声、构音和语音功能等的退化，具体表现为呼吸障碍的说话有气无力，发声障碍的音调异常，共鸣障碍的鼻音缺失，构音障碍的吐字不清等。言语矫正是指针对以上问题通过实时言语测量仪、发声诱导仪等设备对学生的呼吸功能、吐字情况等进行评估和训练的过程。语言训练和言语训练并不是完全分开的，虽然两者的目的不同，但共同目标都是为了帮助学生恢复构音和语言能力，训练的具体方式有所交叉。同时两者的训练所需的设备也基本相同，都是以个人电脑终端为主要数据收集和处理分析端，通过附加在电脑上的其他设备实现相应功能。因此语言训练室与言语训练室既可根据学生的使用需求分别设置，以提高学生训练效率，也可在学生不多的前提下，布置在相同教室进行训练。以下以语言训练室为主进行说明。

语言训练室分为两种，一为集体语训教室，可同时满足 4～6 人进行语言训练，同时可在教室内设置个别辅导区域；二为个别语训室，教师针对有一定听力或进行过听力重建的学生进行一对一训练，避免过程中其他声音对学生的影响。

2. 平面及功能分区

集体语训教室主要分为三个区域，个别训练区、教学区与学习等候区。其中个别训练区是学生在教师指导后，通过语言障碍训练仪等进行单独训练或在教师指导下进行评估的区域；

教学区是学生集体语训空间，学生排列或围坐在教师前，通过观察教师口型等训练获得矫正；学习等候区是教师为个别学生或小组辅导时，其他学生等候、学习的区域，这部分区域可以设置得大一些，允许学生通过游戏等方式进行语言训练。

日本盛冈聋校的语训教室内除教学区和学习等候区外，还设有专门的准备室，可以用来修理助听器、音响设备等。东大阪养护学校的个别语训教室为了满足多重障碍儿童的轮椅通行需求，除一侧设置固定的小语训空间外，另一侧采用了可以灵活合并为大空间的软隔断，方便轮椅通行（图 6-60）。

集体语训教室的面积要大于 $30m^2$，语训区与聋校普通教室上课方式相类似，要求学生能够清晰地看到教师的嘴型，因此，教室内的排布方式除传统的行列式排布外，还可以设置为半圆形，面向教师，教师桌设有主控台，可与学生耳机通过有线或 FM 等无线方式连接，教师可以根据学生个体听力损伤情况调整学生接收端的频率与声音大小。室内可配备专用的语言障碍训练仪，以便进行个别训练。室内应设置儿童身体高度的防撞镜子，用于矫正口型。同时室内应设一定的橱柜，放置其他教学设备。

个体语训教室面积不应小于 $6m^2$，室内设满足一名教师和一名学生训练用的桌椅，室内设矫正用壁镜（图 6-61）。可设在集体语训室内单独划分的空间，方便教师组织教学，也可

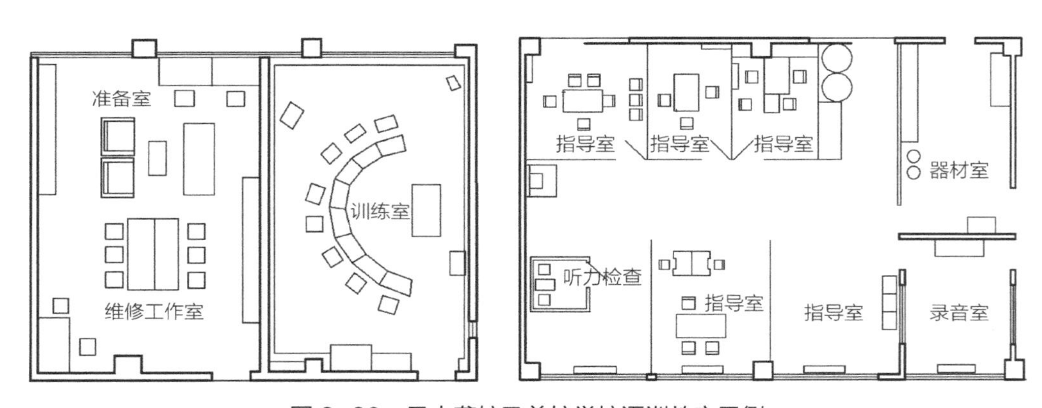

图 6-60　日本聋校及养护学校语训教室示例

（资料来源：张宗尧，赵秀兰. 托幼、中小学校建筑设计手册 [M]. 北京：中国建筑工业出版社，1999.）

语训室言语障碍评估测量机

个别语训室内场景

图 6-61　个别语训教室实例（杭州市聋人学校）

以设置在集体语训室旁。聋校对个体语训室需求较多，调研中，建筑设计较少考虑对这类小教室的处理，很多学校采用将原有教室大空间直接划分成小空间的方法，不可避免地造成导向性差和黑房间的情况，如图 6-62（a）模式。个体语训室同样需要良好的采光和通风，因此不宜布置过密。有两种处理方式，一是确实需要较多小语训室，则每间面积 $6\sim10m^2$，临走廊侧设置开放空间，作为游戏活动和观察使用，如图 6-62（b）；二是扩大个体语训室面积，每间 $12m^2$ 以上，将器材准备等都放置到个体语训室内，形成个体语训室内足够的活动空间，如图 6-62（c）。

3. 设计要点

语训室需要安静的环境，因此教室的位置应远离产生噪声的感统训练室、律动教室等用房，必要时可以作隔声处理，室内墙面可作简单的消声处理，地面采用软性材质，如木地板、塑胶地面等降低混响时间。室内应保证充足的采光和照明，方便学生观察教师口型，进行训练。

4. 平面图示（图 6-63）

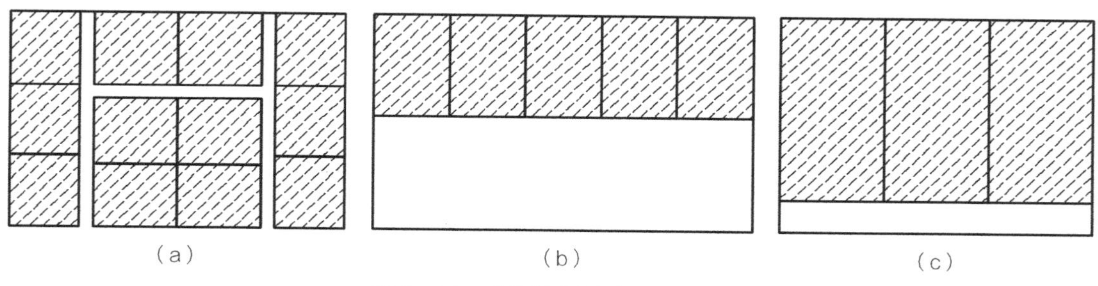

图 6-62　个别语训教室布局示意

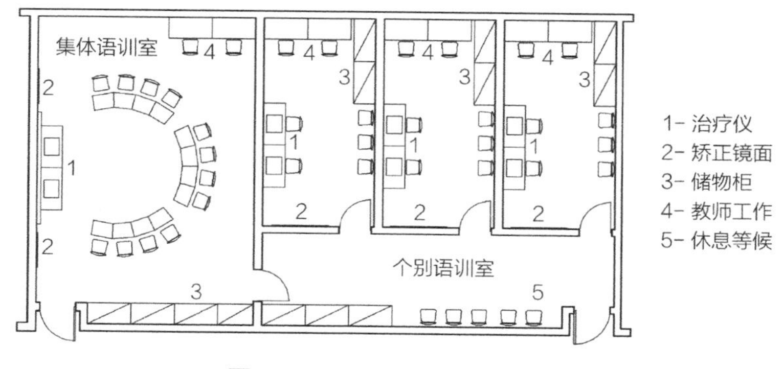

图 6-63　语训教室平面示意图

5. 设施设备

语训教室中的训练设备包括电子设备、训练组件以及相关配套书籍等（表 6-37）。电子设备以台式电脑为主要操作终端，配以其他所需的各种设备实现评估和训练功能。电脑与配件宜一一对应，避免经常更换配件，导致电脑故障。

语言训练室设施设备　　表 6-37

名称	功能	数量
言语障碍测量（评估）设备	具有呼吸、发声、共鸣、构音功能的实时测量与评估，汉语语音功能的实时测量与评估，声门波动态显示与测量，声带动态显示及振动功能测量	1 套 / 校
言语障碍矫治（训练）设备	具有实时声音、音调、响度、起音、清浊音的感知及发音教育功能，呼吸、发声、共鸣、构音、汉语语音功能的视听反馈训练，电声门图显示及发声训练，能根据汉语的言语功能评估标准提供个别化康复建议	1 套 / 班
言语重读治疗（训练）设备	具有词、句、段重读的实时反馈训练功能	1 套 / 班
积木式语音训练器	具有言语韵律训练功能和辅助言语沟通功能	1 套 / 班
口部构音运动训练组件	咀嚼器、唇运动训练器、舌尖运动训练器、舌前位运动训练器、舌后位运动训练器、下颌运动训练器、唇肌刺激器、舌肌刺激器、指套型乳牙刷、压舌板等	1 套 / 人
言语功能评估与训练用具	能进行呼吸、发声、共鸣障碍的促进治疗，语音功能的简单评估与训练，口部、构音运动能力的简单训练	1 套 / 班
语言障碍康复设备	语言能力评估与学习，言语—语言综合训练，言语韵律训练，构音功能评估与训练，语音功能评估与训练	1 套 / 班
语言能力评估与训练用具	语言理解能力评估，词、句、段等的简单训练	1 套 / 班

资料来源：根据聋校医疗康复设备标准（091221）统计。

6.3.11　引导式训练室

1. 概述

引导式教育强调脑性瘫痪学生在身体、感知、认知和社会适应的相互关联及完整体系，不认可单独分开的元素式治疗模式。认为学生在校接受的课程应以适应环境和日常生活为基础，全面融入现实生活的每天、每时、每刻，生活本身就是教育和康复的过程。在专业康复团队的指导下，通过对脑性瘫痪学生能力和障碍程度的评估，制定针对学生个体的教学计划。在教学过程中鼓励和引导学生形成学习兴趣，引导学生自主学习，在学习中充满兴趣和动力，提高自主意识，减少负面心理的影响，以此逐步使身体功能得到改善，形成坚强自立的性格，并融入现实社会。

2. 平面及功能分区

引导式训练室是脑性瘫痪学生康复的重要教室，应方便学生使用。训练时通过特定的康复器材进行康复，每个学生配置专有的梯背架、训练桌、步行器等。根据培智学校内脑性瘫痪学生数量的多少，引导式训练室可设置为随班配置的训练室或集中的大型训练空间。学校内脑性瘫痪班级数量较多时，应随班配置引导式训练室，教室要能够容纳所在班级学生同时进行训练，至少能够容纳 8 人，训练室面积不应小于 60m^2。脑性瘫痪学生总数不多时，可设置集中的大型引导式训练室，学生可根据课程安排，集中到训练室进行训练，教室应能容纳 12 人同时训练，训练室的面积根据使用人数和康复器材决定，不小于 100m^2。

引导式训练室内大体分为三个功能区。一是学生训练区，在教室的最中央位置，为方便摆设地垫、梯背凳等设备，教室中央应保持足够的开敞空间。学生活动过程中有时会躺在地面上，因此地面需铺设保温的木地板，并铺设地垫。二是教师工作区，室内训练过程中应有教师看护，类似于普通教室中的教师办公角。三是辅助空间，包括卫生间、洗手池及储物空间。引导式训练要求学生能够主动完成各项生活基本行为，如厕是重要环节之一。每个训练室应配一个卫生间便于学生使用。当两个引导式训练室相邻时，可共用一间卫生间。卫生间内应设洗手池、蹲厕及坐厕、淋浴、更衣台等。洗手池应设感应式水龙头，但为训练学生对日常用品的使用，可设 3～4 个生活中常见的水龙头类型，如抬起式、旋转式等。厕位应男女分开设置，设独立厕位，厕位之间用矮墙隔开，不设门，方便教师看护。厕位地面不应抬高，保持与地面平齐。学生使用时，脸应面向隔间开放方向，在地面和两侧设把手，方便学生持握。卫生间应有足够的面积。当两间或多间引导式训练室共用一间卫生间时，为方便学生放置背架及教师在室内指导，卫生间面积不应小于 30m²，且洗手池和厕位前应有足够的活动空间。卫生间入口宽度不小于 2m，便于轮椅及辅助人员同时通行，入口一侧应有临时置物空间，用于学生轮椅和背架等临时停放。卫生间内还应设置更衣台，用于学生大小便失禁后更换衣物。更衣台应有可拉合的布帘遮挡，适当考虑衣物晾晒（表 6-38）。训练室内还需要相当面积的储物空间，用于存放训练器材。因为学生的训练器材都是专属个人使用的，不使用时，这些无法折叠的器材就要占用室内较多的空间，因此应划分出一定区域放置，避免影响训练区的面积。除地面储物区域外，还应有储物柜，用于存放学生个人物品。储物柜不宜到顶，保证学生和教师取放方便，同时顶部可用于堆放地垫、体操垫等平整易收纳的器材。四是家长休息空间。脑性瘫痪学生因行动困难，康复过程非常消耗体力和精力，单靠班级的教学教师和生活教师很难完成教学任务，因此脑性瘫痪班级多要求家长和志愿者的帮助。在训练室外，应设专门的家长休息空间，摆设长凳、桌椅、储物柜及微波炉、冰箱等用餐必需电器。因教学需求，家长休息空间不必与教室一一对应，可与其他培智班级空间结合设置，如设在开放空间中。

引导式训练室卫生间　　表 6-38

卫生间厕位			卫生间入口	
图示		说明	图示	说明
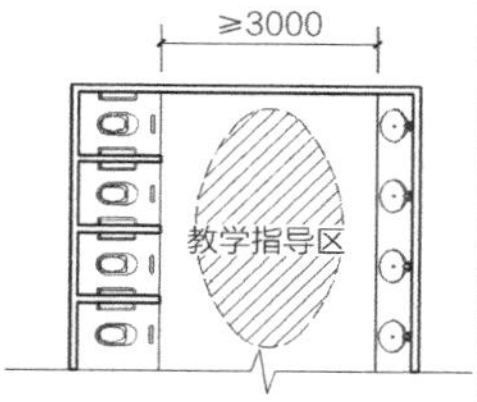 ≥3000 教学指导区		厕位前及两侧应有扶手；厕位外侧应有足够的空间用于教师指导	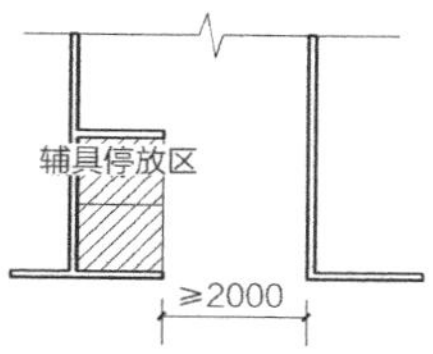 辅具停放区 ≥2000	卫生间入口应不小于 2m，入口处有临时放置轮椅等器材的空间

3. 设计要点

（1）考虑到脑性瘫痪学生对轮椅、梯背架、步行器等训练器材的使用，以及陪护人员同时通过的需要，教室疏散门的宽度应大于 1.5m，并在门口设置物空间，临时停放轮椅。引导式训练室所在的走廊宽度应满足两组人员同时通过，宽度不小于 2.2m。走廊地面应防滑、平坦。两侧设有高低扶手。地面可贴有颜色鲜艳的贴纸，引导学生直线行走。

（2）为方便悬挂装饰物，训练学生对物体的注意力，教室天花可设置肋木网架，通过挂钩悬吊物品。教室窗户应设足够厚度的遮光帘，根据需要控制室内光照亮度。

（3）室内可不设固定黑板，教室后侧墙面可设置落地的粘贴板，用于粘贴学生的涂画、训练计划、学生进度等，也可供学生涂画使用。

4. 平面图示及室内场景（图 6-64）

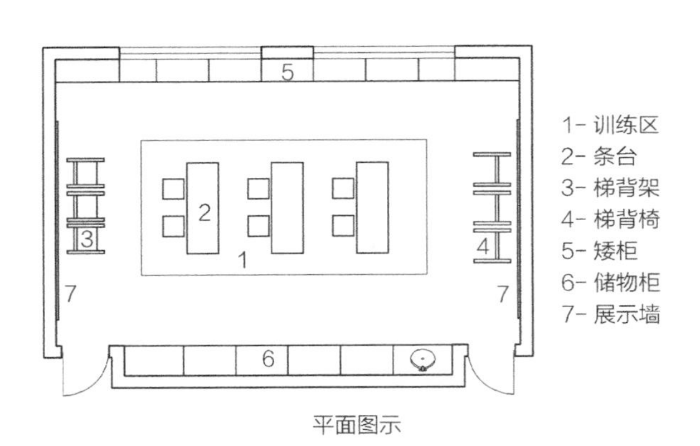

平面图示

室内场景（广东省残联康复中心）

图 6-64　引导式训练室平面示意图

5. 设施设备

引导式训练器材大概分为用具和教具两种。用具是指引导学生动作和行为的特制康复器材，包括梯背架、站立架等，具体设置需求如表 6-39 所示。教具是指用于主题教育，提高学生学习兴趣的教学用教具，如玩具、书本等。

引导式训练用具　　表 6-39

名称	梯背架	条台	木箱凳	手掌板	站立架
说明	步行、站立、坐立训练姿态，规格多样，满足不同身高学生需要	俯卧、爬行练习，供学生抓握，高度根据身高用高台脚调节	坐姿训练。两侧有条形槽洞供抓握，高度可根据身高调节	学生抓握动作困难时，通过手掌板扶握条台和梯背架	辅助无法站立的学生站立训练
数量	每生一个	每生一个	每生一个	多个	多个
图示					

6.3.12 水疗室

1. 概述

水疗属于物理疗法的一种，是通过控制水池内不同的水温、水压和水的成分，将水以不同形式作用于全身或局部，以此进行预防和治疗的方法。水疗按规模分为两类：大的水疗池和小的水疗设备[①]。因此水疗室主要面向大动作障碍、精细动作障碍的学生，即以培智学校学生为主（表6-40）。

水疗室设置概况　　表6-40

	盲校	聋校	培智学校
是否设置	—	—	●
教室使用人数	—	—	1～4

培智学校内应根据具体情况设置小型单人的水疗设备，不建议设置大规模水疗池，原因如下。首先，非专门招收脑性瘫痪学生的培智学校中以智力障碍学生为主，虽然智力障碍学生也适合进行水疗，但水疗总体需求有限；再者，大型水疗池的建设与运行维护成本非常高，我国虽然加大了特殊教育学校的建设投资，但总体资金依然有限，需要将有限的资金用在能最大化提高教育效率的地方；最后，确实有相当部分的脑瘫及多重障碍的学生有大型水池水疗康复的需要，这部分康复治疗应交由专业的医疗康复部门去实施，所以本书在特殊教育学校的选址布局中即提出，培智学校的选址应与当地医疗、残联康复部门相邻，或有直接的交通联系，统筹考虑康复资源的最大化利用。

2. 平面及功能分区

水疗分为大型水疗池与小型水疗设备两种。

因为水疗需要一定的器械和教师辅导，因此室外泳池不可兼作水疗用途。室内游泳池改善使用者的入水方式后，可以兼作大水疗池。大水疗池尺寸可参考游泳池标准，最短边不小于12m，便于安放入水设备。水池深1.2～1.5m，设带有坡度的入水坡道，可让学生在轮椅或辅助移动设备的帮助下逐渐进入水池。水池四周还需设置步入式台阶。池底可设固定的步行或辅助训练器械。如四川省八一康复中心水疗池有完善的入水坡道，并设相关辅助设备。除大型水疗池外，学校多建设小型水疗池，容纳2～3人同时康复治疗（图6-65）。

水疗池设置需要做好上下水、水质过滤及加热处理等，并要定期维护。使用和维修成本很高，且设备建成后较难更新。因此培智学校逐步放弃水疗池，而转用在有上下水的房间内摆放水疗设备实现水疗康复。

水疗设备一般为单人使用，设备尺寸长边不超过4m。室内2～4件设备可以基本满足使用要求，因此水疗室面积主要根据学生需求情况及设备的采购情况决定，一般可采用普通教室用房尺寸，使用面积不小于60m²（图6-66）。水疗室由教师管理区、治疗区、辅助区三部

① 罗晓霞，齐德男. 康复医疗区空间设计技巧[J]. 中国医院建筑与装备，2012（2）：37-40.

四川省八一康复中心水疗池

上海浦东新区特殊教育学校

图 6-65　大型及小型水疗池

分组成。治疗区摆放各类水疗康复器材，设备多种多样，主要包括两类。一是为重度运动障碍儿童，如中重度脑瘫、多重障碍儿童准备的气泡和气流浴槽。浴槽有蝶形和长方形等多种，提供不同强度的气泡和气流。借助水流和气泡的运动，对学生身体、肌肉和神经进行刺激，达到康复效果。因为重度脑性瘫痪学生行动困难，所以这类浴槽旁边多需要辅以移动装置，帮助将受训学生从地面转移到水槽内。二是为训练运动障碍儿童的运动能力，利用水的浮力，减轻其行走负担，达到提高训练时间和训练强度的步行浴槽，浴槽内可进行水平、阶梯、攀爬训练等。进行这类训练的儿童具有一定的行动能力，因此浴槽边可设置步行梯。治疗区内设备不宜过多，设备应单独放置，四边留有足够的通行宽度，两个设备之间应保持 2m 以上的间距，便于受训学生乘坐轮椅通过。辅助区包括更衣和淋浴间。淋浴间分男女设置，每间一个淋浴头即可，淋浴间要考虑完善的无障碍设计。

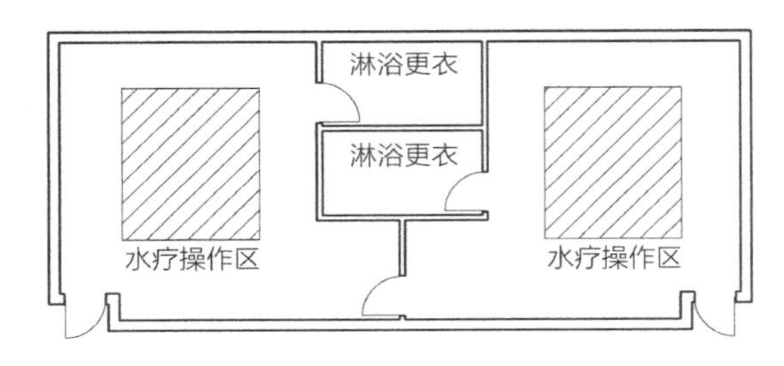

图 6-66　相邻设置的水疗室

水疗室内设备应注意避免互相干扰，如辅助移动设备的使用和操作需要一定的空间。有条件的学校可将步行水槽和气泡水槽两类康复器材分两间单独用房设置，设各自独立的出入口，并在相邻墙面开门，方便学生在教师指导下选择康复内容。小面积的水疗用房既有助于通过其他设备维持一个稳定舒适的温湿度物理环境，同时也可在一定程度上维护学生的隐私。

3. 设计要点

（1）为方便设备安装和调试，以及考虑到楼板承重等影响因素，水疗室宜设置在首层。水疗室对室内温度要求较高，同时，水疗康复多采用音乐疗法和声光疗法同时配合治疗，因此水疗室不宜设在人流密集的地段，避免噪声和人流干扰。

（2）水疗室内应有足够的采光，开窗形式应考虑到室内高温时产生的水蒸气对通风和采光的影响，并避免水蒸气对电路开关、插座的影响。窗洞下沿应高于地面 1.5m，并设遮光窗帘，为有声光等其他感觉刺激的水疗器材提供使用环境。

（3）治疗室内对温度控制要求高，有学生治疗时，室温应保持在 22～25℃之间，北方寒冷地区可考虑在入口处设置门斗，南方可设拉帘分隔操作区和等候区，减少室内温度突然变化引起的感冒。因多数水疗器材都有加热功能，水疗室供水系统可只提供冷水源。

（4）水疗室内墙壁和顶棚都应作防潮处理，因特殊学生在身体素质上发育迟缓，并多数伴有各种疾病，因此室内湿度宜控制在 75% 以下，保证空气流通。地面应防滑易清洁，并在治疗区有排水沟并设计好排水坡度，及时清洁治疗过程中溅出的余水。墙面可贴瓷砖等，作防潮处理。

4. 平面图示（图 6-67）

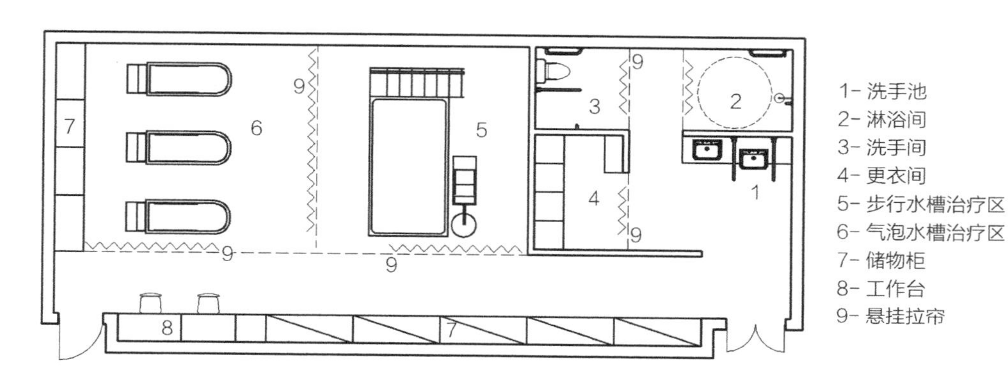

图 6-67 水疗室平面示意图

5. 设施设备

培智学校中的器材根据水疗训练的目的和规模选择，要便于安装（表 6-41）。设备应单独摆放，四周留有一定的活动和检修空间。水疗设备价格较高且发展较快，水疗室内可根据器材的使用要求适当进行二次装修。

水疗设备示意　　表 6-41

名称	步行水槽	水下步行设备	气泡水槽及移动设备	蝶形气泡浴槽
说明	为有一定活动能力的学生使用。学生由外面台阶自行走到水疗池中，在行走带上按照一定的速度步行	一般放在大型水疗池中。学生由水池进入设备中完成行走训练	为无法自己行走、身体活动能力弱的重度脑瘫和多重障碍学生使用。通过水槽发泡，刺激皮肤和身体	与气泡水槽相同，只是因为水槽形状灵活，所发出的气泡比长方形水槽更加灵活，容易控制
图示				

6.3.13 定向行走训练室

1. 概述

定向行走是视障学生重要的生活技能，是视障学生自立生活的基础，是视障学生走出学校、走向社会的重要前提。只有盲校设置定向行走训练室（表6-42）。定向行走包括定向和行走两部分。定向是指视障学生对自己所在位置和所要到达目标位置的定位；行走是指从一个地点移动到另外一个地点的过程。定向是行走的前提条件，无法定位就谈不到有效的行走。行走是定位的目的，只有保证真正的行走，才能实现生活适应、社会适应，融入社会生活中去。

定向行走室设置概况　　表6-42

	盲校	聋校	培智学校
是否设置	●	—	—
教室使用人数	6～12	—	—

定向行走训练难度不大，主要在小学阶段展开，到初中以上基本已经可以做到有效行走。行走可能会遇到各种情况，如上下坡道楼梯、遇到障碍物躲避、开关门、上下车等不同行为和夜晚、雨雪天气等不同时间和气候。为实现视障学生的自主独立行走，训练中会对上述各种可能的情况进行训练。所以定向行走不应仅仅局限在固定的空间中，还要面向各种可能的环境情况。因此，定向行走训练的场所大致分为两类：室外训练场地和室内训练场地。室外训练场地包括校园内各种室外环境，如道路、绿化、广场、操场等；室内环境包括专门的室内定向行走训练室和室内其他场地，如楼梯、走道、中庭等。

定向训练是通过声音、光线、触摸等其他感知方式，在视障学生心理建立起自己位置及行走目标的心理地图，通过标志性节点的辨识，了解个体所处空间的关系、环境特点等。行走训练包括：行走前的训练，如站姿调整、步伐调整等；独立行走训练，即直线行走，沿边线行走；行走技巧训练，即躲避临时障碍、寻找掉落的物品等。视障学生辅助行走的方法包括明眼人导行、盲杖导行和导盲犬导行等几种方式。目前我国导盲犬的相关立法还不完善，公众对导盲犬在公共区域的活动有较大争议，而且导盲犬的训练和饲养成本也非常高，所以导盲犬导行方式很少出现。在盲校的定向行走训练中，最主要的是明眼人导行和盲杖导行方式。

根据上述分析，定向行走的训练实际上融入在盲校的方方面面，盲校的各个活动场地都有可能成为定向行走的训练场所，如楼梯、各个出入口、室外康复训练场地等。本书对于日常活动场地不作说明，本章节主要对室内专门的定向行走训练室进行讨论。

2. 平面及功能分区

训练室的面积要求至少能容纳一个教学班12人，训练室内应能够包含视障学生行走所能遇到的基本情况，包括直线行走、转弯行走、沿边行走、盲道行走、通行台阶、通过门扇等。训练室内的功能分区包括以下几种：①休息准备区。②训练场地。首先要能进行行走训练，包括中间直线行走、转弯、沿边线行走；其次，进行特殊情况训练，如上下台阶、开关门、寻找座椅实现坐立。很多情况在盲校普通教学单元的综合性教学中就解决了，定向行走训练室主要解决普通教学单元较少遇到但常有的情形，如上下楼梯。③行走评估区，教师针对学生的行走情况，建立定向行走训练服务档案。④储物区，放置盲杖等辅助行走设备。

3. 设计要点

（1）定向行走的定向是行走前提。定向依靠阳光，多数盲校为节省用地将定向行走教室放在负一层，没有阳光，缺少了重要的定位依据，不合理。所以，定向行走训练教室还应放在地面层，通过室外阳光的相对位置，定位自己在教室的位置。最好有直通室外的出入口，与室外康复训练场地结合。门扇应有对开门扇，方便明眼人导行通过。室内行走区应按国家无障碍标准设置盲道，盲道两侧应各有 1m 的缓冲空间。

（2）定向除视觉定向外，声音定向也是重要因素，不同声源发出不同的声音，其指向性可供学生作为定向的重要参考依据。如开门时发出的声音可以辅助确定门的位置和距离；人说话时的声音有助于确定谈话人的方向，可以使学生正视说话的人，减少盲态。因此定向训练时要严格控制所在环境的混响时间，如果在室内较空旷、容易产生回声的场地，要作必要的吸声处理。

（3）定向行走是为将来学生走向社会做准备的，因此需要模拟将来学生可能遇到的多种情况，不仅包括室内、室外的区别，还可能包括室内不同空间高度、不同空间大小、不同地面材质的区别，这些都会影响学生对方向的确定和行走的方式，因此教室内的地面可设置多种不同的材质，为学生训练提供帮助。

（4）根据康复空间的规模化设置策略，定向行走训练室可小间设置，着重训练刚入学无行走基础的低年级学生，也可在学生数量多时，合并为一个大空间，训练学生在人多的环境中避免碰撞，有效行走。

（5）定向行走是所有视障人士的基本生活技能，考虑到特殊教育学校的开放式发展趋势，定向行走训练室作为视障人士的重要训练用房，可考虑对外开放，服务社区人群。因此训练室在校园中的位置应适当靠近学校操场、社会人员出入口，方便校外人员直接、就近到达，减少对校内日常教学的干扰。

4. 平面图示及室内场景（图 6-68）

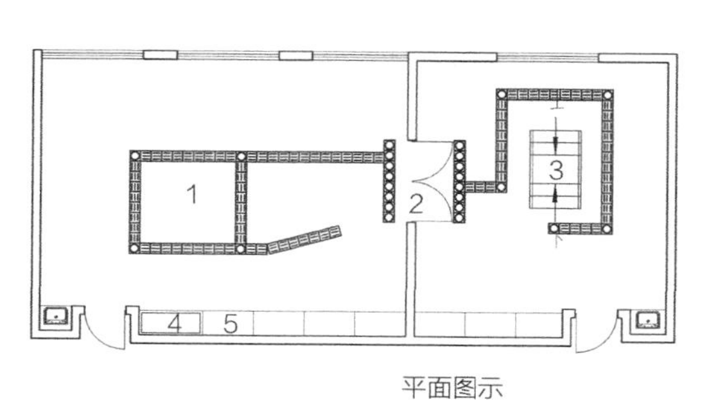

1- 盲道
2- 双扇训练门
3- 台阶训练
4- 盲杖存放
5- 储物柜

平面图示

室内场景（南京市盲校）

图 6-68　定向行走训练室平面示意图

5. 仪器设备（表 6-43）

定向行走训练室仪器设备要求　表 6-43

仪器名称	规格功能	单位	数量
语音指南针	各种规格	个	适量
盲杖	各种规格	支	适量
盲聋杖	各种规格	支	适量
手杖技能训练金属架	各种规格	付	2
眼罩	各种规格	付	40

资料来源：根据盲校医疗康复设备标准（091221）统计。

6.4 公共活动与生活服务用房

特殊教育学校的公共活动用房是指非教学专用教室类，为全体师生提供公共性服务功能的教室。生活服务用房是指学生日常在校生活所需的吃、住功能用房。公共活动用房包括图书阅览室、多功能活动室、风雨操场以及教师办公等，生活服务用房主要指学生及教工的宿舍和食堂。

其中，阅览室因学生阅读行为特点的差别，不同学校的阅览室其承载的功能、空间构成都与普通学校有所不同，是下文讨论的重点。风雨操场涉及特殊学生专用场地的设计，因此也重点阐述。食堂在使用功能上，因其空间较大，在校园整体建设量有限的情况下，承担了部分学生活动要求，在设计细节上，在充分考虑无障碍设计的基础上，空间构成与普通中小学校相近，本书不作详细讨论。考虑到学生住宿需求不同、生活习惯不同，学生宿舍的设置也作详细讨论。教师办公室中，教师多为普通人，残障教师较少，其教学生活特点在前文设计策略一章中已讨论过，本节不作详细说明。

6.4.1 阅览室

1. 概述

阅览室是为障碍学生与教师提供图书阅读与资料检索的功能用房。盲校与聋校学生在对阅览室的使用上与普通人相同，只是视障学生获取信息的途径有所不同。培智学校的阅览室则主要面向有一定阅读能力的发展性障碍学生。由于学生的认知障碍问题，面向学生的阅读并不以获得知识为主要目的，而是通过阅读的过程缓解学生紧张情绪，培养阅读兴趣，改善阅读障碍和学习障碍学生的学习能力。阅览室的资料检索面向有特殊教育学习需要的学生、教师和家长等，提供必要的特殊教育知识。因此培智学校的阅览室具有较强的康复学习目的和服务功能。

特殊教育学校的阅览室除阅读、查阅资料外，也向资源服务型转变，提供部分资源中心的服务内容，包括对校内学生提供辅导材料、练习资料等阅读资料，提供文化聚会、课题讨论空间；对学生家长和志愿者提供特殊教育资料，如盲文阅读、盲文辅导等服务；对校外残障人士提供开放的特殊教育资料阅读、校内文化课程辅导等多种功能。尤其是对于盲校、聋校来说，阅览室因空间宽敞、座位多，承担了相当一部分对外活动、集体活动。而培智学校由于本身学校规模有限，学生数少，在学校小型化、班级规模小型化的趋势下，本书不建议培智学校建设大而全的阅览室，而是在校园选址过程中就提前规划，临近普通中小学校选址，以便实现与普通学校的资源共享。阅览室的定位与普通学校阅览室形成互补，对学科知识的阅读集中在普通学校，关于特殊教育方面的阅读集中在培智学校。

校园内的阅读空间是多层次的，不仅限于集中的特定阅览室，其他学生停留和活动的场所，能够提供安静、独立阅读环境的地方都可以作为阅读区域，因此，阅览室的范畴包括狭义和广义两类。狭义的阅览室特指上文所述的集中阅览室，广义的阅览室指阅读空间，主要包括各类提供阅读服务的公共场所和班级教室等专属空间。因此阅览室至少可分为三个层次：一是校级阅览室，即本小节所讨论的集中阅览空间，使用面积大，服务对象包括教师和学生等；二是普通教室群对应开放空间中的开放阅览空间，面向所在教室群服务，包括教师指导下的阅读、学生的团体阅读等，服务对象包括教师和所在班级群的学生；三是班级教室内的阅读角，为所在班级的学生提供就近阅读，面积最小，可容纳 1～2 人使用，结合教室内角落空间开放设置，学生在课余、课间随时阅读，培养阅读习惯（图 6-69）。

2. 平面及功能分区

因为盲校、聋校、培智学校在阅览室的定位和使用目的上有一定区分，其室内平面布局也有不同，下面分别说明。

（1）盲校阅览室。根据阅览室的服务功能，阅览室大致分为五个区域。首先是书库区。盲校由于相当一部分资料是盲文图书，图书的开本和重量都很大，信息量较少，因此这类书籍一般与明文图书分区放置，开架取放，或集中存放于专门的阅览室中，按需阅读。为存储更多的盲文书籍，盲文书架应采用密集书架，保证足够的通行宽度。其次是学生阅读区，包括低年级阅读区和高年级阅读区两部分。低年级阅读区满足低年级学生对阅读的基本需要，在教师的指导下进行阅读，用不超过 1m 的低矮书架放置图书，可利用书架围合成限定空间，学生可在空间内进行游戏等活动。高年级阅读区主要满足有自主阅读能力的学生对明文图书的阅读。再次是教师阅读区，主要是教师进行杂志、图书、教辅材料的学习和阅读。之后是电子阅读区，提供各种电子视频和音频材料的阅听，通过电脑观看、欣赏网络流媒体、

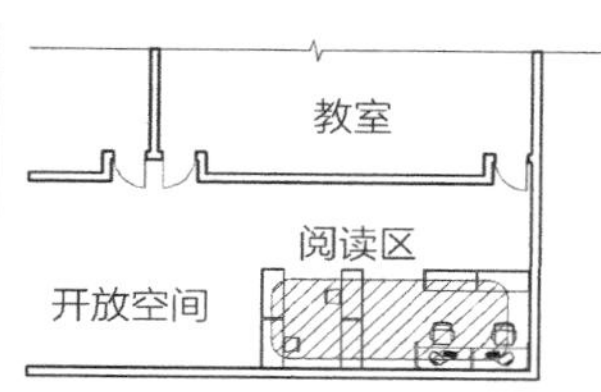

教室群空间阅读区域

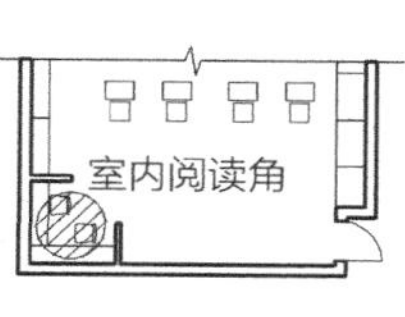

教室内阅读角

图 6-69　阅览空间示意

（资料来源：长泽悟，中村勉. 国外建筑设计详图图集（10）教育设施［M］. 北京：中国建筑工业出版社，2004.）

CD 音乐等。最后是教师管理区，负责阅览室书籍的管理和人员登记，并提供复印打印等服务。

（2）培智学校阅览室。根据阅览方式可分为三个功能区。一是老师和有基本文字阅读、图画阅读能力的学生自主阅读的区域。以开架阅览形式为主，包括收纳图书的开放式书架以及阅读所用的桌椅，这是阅览室内最主要的区域，面积不小于 60m^2。二是电子阅读区，包括电子查询和多媒体阅读等方式。显示器之间的距离保持 500mm 以上，以方便电脑查询过程中使用纸笔记录。有多重障碍学生的学校还需设置电子助视设备等。三是游戏阅读区，为中低年级学生进行游戏阅读和教师、志愿者指导下阅读使用。阅读区设 1～1.2m 高书架，利用书架将阅读区分为多个半围合的阅读空间，提供不同的主题阅读，学生活动区域地面应软铺，书架作防撞软包处理。为防止游戏过程中产生的噪声对其他人的影响，游戏阅读区应与前两个区域保持一定距离，或单独设置。

（3）聋校阅览室。因为听障学生的阅读行为与普通学生相似，因此其基本构成与普通学校阅览室相近，考虑到聋校学生年龄跨度大，也可参考培智学校阅览室设置专门的游戏阅读区，有条件的学校还可设置电子阅读区，并设置相关射频装置，方便学生通过助听器参与阅览室内的集体活动。

3. 设计要点

（1）为方便多重障碍的学生，以及家长和校外人员对阅览室资源中心功能的使用，阅览室应靠近学校主要交通流线。同时因为盲文图书体积大、重量大，为方便图书的运输和管理，盲校阅览室应设置在建筑首层或者较低的楼层。

（2）盲校阅览室的书架采用开架方式时，应便于低视力学生和多重障碍学生查找和取放。首先，书架上应有明显的盲文、文字或字母等标识；其次，书架之间的通道应保持足够宽度，方便轮椅通行，便于有乘坐轮椅需要的学生查阅。

（3）盲校、培智学校阅读区域的桌椅应高度可调、桌面倾斜角度可调。多数特殊教育学校设置职业教育，校内学生年龄跨度较大，从 6 岁到 18 岁都有，学生身体发育情况有较大差异，所以，阅读桌椅应高低可调，方便学校根据学生具体情况调整桌椅高度，并满足使用轮椅的学生阅读需要。此外，盲校阅读桌也应可调，并配有阅读灯及电子助视器，以同时满足全盲生和低视力学生对盲文图书和明文图书的阅读。

（4）盲校电子阅读区主要通过电脑、录音机、视频播放器等提供影像资料，同时也提供明文书籍的电子化阅读。因为盲文书籍出版周期长，内容有限，远不如普通纸质图书和杂志受学生欢迎。电子阅读区可通过扫描仪将新近书籍刊物电子化，学生通过点显器和盲文读书机进行阅读。所以电子阅读区桌面的设备之间应保持一定的宽度，用于放置书籍等必要物品。

（5）聋校、培智学校游戏阅读、康复性阅读会产生一定的声音，在建筑中应远离需要安静的功能用房，如普通教室、心理咨询室等。考虑到阅览室的服务对象广泛，位置应靠近建筑内的主流线，方便使用者到达。

4. 平面图示及室内场景（图 6-70～图 6-72）

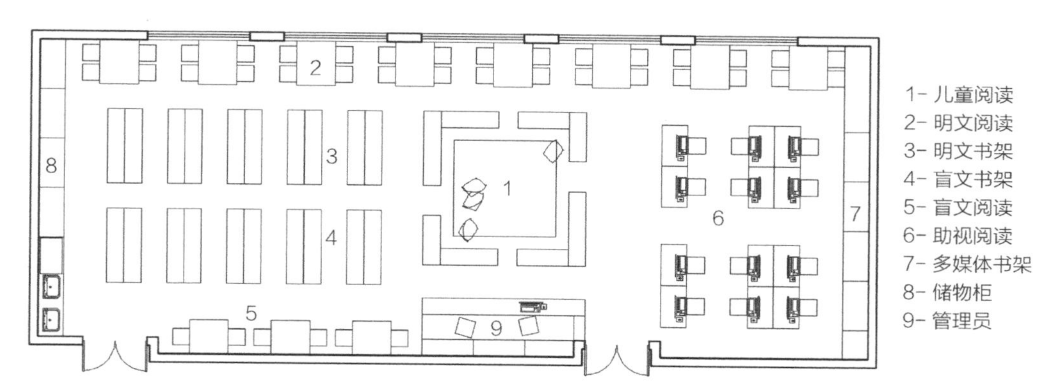

图 6-70　盲校阅览室平面示意图

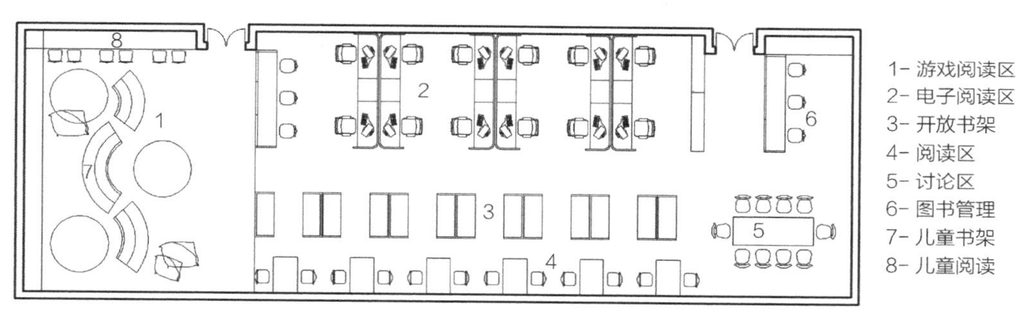

图 6-71　培智学校阅览室平面示意图

图 6-72　浙江省盲人学校阅览室情景

5. 主要助视设备

阅览室中的助视设备丰富多样，可根据学生的使用要求提供。

助视设备根据作用的原理，分为光学助视设备和电子助视设备。光学助视设备的基本原理是通过带曲率的放大镜片，将阅读对象放大，方便学生阅读，如常见的手持放大镜、带光源的放大设备等。电子助视设备是借助电子处理技术，将要阅读的文字通过 OCR（Optical

Character Recognition，光学字符识别）或光学放大等方式，将其中的信息通过语音、盲文或放大的图像直接呈现出来。电子助视设备效率高，更省力，在视障学生中非常普及。根据尺寸大小分为台式和便携式两种。台式设备一次性处理信息多，效率高；便携式设备方便携带，可处理临时出现的零碎信息如发票、车票等。除这些专门设备外，随着无障碍理念的普及，手机、平板电脑、读书机、电脑等普通人常用设备已经深入视障人群的生活，大大方便了视障学生的学习效率。视障专用设备由于价格高、产量少、质量不稳定等问题，已经逐渐被日常的电子设备所代替。表 6-44 是目前常见的一些电子助视设备。

低视力及盲文电子阅读设备　　表 6-44

	名称	图示	功能规格
低视力助视电子设备	电子助视器		将明文图书放在操作台上，通过摄像头将书籍资料电子图像化到电脑中，再将放大的图像信号经电子屏幕投射出来
	便携助视器		助视器集成小尺寸电子屏幕，可将阅读材料直接放大到屏幕上。屏幕可以手持，也可以外接显示器。因方便携带而受到学生喜欢
盲文阅读电子设备	盲用读书机		将纸质文件扫描并识别，然后通过语音朗读出来。既可以为全盲学生阅读提供方便，也可以为低视力学生减少用眼压力
	自动语音笔		手持语音笔扫描要阅读的刊物或书籍，能够将扫描的文字信息变为语音信息，从而使视障学生获得印刷文字的内容
	点字显示器		将电脑、笔记本、平板电脑等上面的信息通过触点盲文的方式表现在机器上，使得视障学生通过触摸获得信息

资料来源：厂家提供的资料。

6.4.2　宿舍

我国特殊教育学校服务覆盖范围广，无法按照服务半径来考虑学生安置，如盲校以省为单位招生，聋校面向所在市镇招生，在规模较大的地区，学生就读距离普遍较远。同时考虑到障碍学生行动能力有限，每日由校外通勤至学校，受城市无障碍设施建设影响，通勤时间和安全都较难保障。所以盲校与聋校统一安排学生住校，尤其是就读2年及以上生活自理能力较强的学生，便于集中安排学生活动。培智学校服务覆盖范围相对小一些，以区县为标准，在有家长接送的情况下，家校距离属于可接受范围。而且，从康复教育的角度来讲，发展性障碍学生生活的每一部分、每个时刻都属于康复教育的过程，即学校教育是学生教育的重要组成部分，但家庭教育和社会生活也是学生接受教育、融入社会的重要组成部分。因此培智学校鼓励学生走读，宿舍并非必须设置。考虑到有行为障碍不方便且需要每日往返通勤的学生，以及家庭住址与学校距离过远无法实现每日走读的学生，可适当考虑设置部分宿舍。

特殊教育学校有住宿需求的学生主要包括以下三类。一是中低年级学生，乃至学前生，年龄小，行为能力有限，但有基本的生活自理能力，能够在生活教师的指导和辅助下进行起居生活。我国对于学龄前特殊儿童尚无明确的安置模式，目前教育部门、残联部门、医疗部门、民办机构等多级组织都在尝试承担学前特殊儿童的安置功能。特殊教育学校作为主要教育部门之一，对于学前特殊教育的推广具有义不容辞的责任，所以在已经提供学前特殊教育的学校内，需设置儿童午休的住宿用房，以满足儿童午休需要；统筹考虑相应的住宿用房。有些学校将活动能力较弱的低年级学生与学前生放置在一起，将生活用房与日常活动用房结合设置，形成了高效的教学与生活一体化单元。具体方式在设计策略一章中已讨论过。二是中高年级学生，具有一定程度的自理能力，在他人监督和简单辅助下可以实现起居生活，但由于家庭较远，无法每日走读。主要是指盲校和聋校的中高年级学生，这类学生可以安置在学生多人宿舍，宿舍多为4～6人/间。三是重度障碍、多重障碍学生，尤其是肢体障碍、脑性瘫痪学生，难以实现生活自理，必须要求有家长或志愿者监护的学生。学生由于行动困难，起居需要其他人照顾，因此必须住校，且住宿时需要监护人陪同。这类学生也安置在专门的学生宿舍，且宿舍应采用能容纳陪护人员的单人间或双人间。

1. 平面及功能分区

（1）盲校宿舍，每间设4～6个床位，根据《特殊教育学校建设标准》要求，新建的盲校每生最低使用面积为6m^2，改建盲校最低为4.8m^2。按6人间计算，每个宿舍单元的使用面积在30～36m^{2}之间。盲校宿舍根据学生年龄不同，室内布局略有不同。低年级学生主要是生活自理能力的训练和把握，高年级学生自理能力较强，部分学生对私密性较为重视，希望有个人学习空间。因此，低年级学生可以6人间为主，室内设6张单层床，每床设床头柜，同时室内统一设置专用储物空间；高年级学生以4人间为主，室内设4张单层床，每床设写字桌和座椅一套，并设专门储物空间。每间宿舍应有阳台，用于晾晒换洗衣物，阳台应设盥洗间。

（2）聋校宿舍，原则上应按年龄高低安排，方便生活教师对学生的管理。宿舍面积按照每人3m^{2}计算。低年级及有多重障碍学生就寝的宿舍，可适当考虑设置一定数量的教学生活一体化单元，具体设置参考建筑策略章节相关说明。中低年级宿舍每间不超过6人，以单层床为主，每间宿舍面积不小于18m^2；高年级宿舍不宜超过4人，应考虑学生在宿舍自习的需要，除床位外，还应设置学习桌，床位可设上床下桌，也可做双层床，另设学习桌，每间宿舍面积不小于18m^2。听障学生具有一定的生活自理能力，有学校为方便管理，安排高低年级混住，宿舍内设 6 人，上下铺，高年级住上铺，低年级住下铺，高年级学生平时可适当照顾低年级学生的生活。

（3）培智学校宿舍，多人宿舍每间不超过 4 个床位，考虑到学生认知与行为障碍特点，学生宿舍不应超过 2 层，人均使用面积不小于 $6m^2$。宿舍必须设单层床，每间面积不小于 $24m^2$。陪护宿舍是为方便监护人对缺乏生活自理能力的学生，尤其是脑性瘫痪学生，全天候陪护而设的套间。为照顾学生和监护人的个人隐私，每间应只设 1 名学生及其监护人居住。宿舍按 2 人使用考虑，面积不小于 $12m^2$。陪护宿舍房间的数量根据学校招收重度和脑性瘫痪学生的比例来决定。

2. 设计要点

（1）学生宿舍应男女分区。障碍学生行动能力有限，宿舍应以低层为主，如需分层设置，则能力差的低年级在低楼层，高年级在低年级楼上。设单层床的房间净高不低于 2.6m，双层床的净高不低于 3.4m。

（2）宿舍应与教学、康复、办公、食堂等功能用房保持适当的距离，既不影响教学，也便于行动障碍的学生往来。为便于学生在雨雪天气使用，不同建筑间应设带顶盖的连廊，并作无障碍处理。

（3）考虑到学生自理能力差，盲校一般不在每个宿舍单元内设单独的洗浴设备，学生洗浴集中到宿舍楼的公共浴室，由生活教师统一管理。公共浴室按照每 12 人 2 个浴位、1 个更衣间设置，男女分设。考虑到多重障碍学生无法自理，站立淋浴困难，有条件的学校可在浴室内设坐浴和盆浴。浴室淋浴间内需设无障碍扶手。聋校可在宿舍内设淋浴间。培智学校宿舍应设公共起居室、储藏间、盥洗室等。公共起居室为行动不便的学生提供了活动的可能。按每 4～6 间宿舍设 1 个公共起居室，场地内有简单的感统和体育康复器材，供学生日常康复、活动、交谈使用。考虑到脑性瘫痪学生行动不便，宿舍楼内宜设集中式公共淋浴，淋浴室面积按每班 8 人 1 个淋浴位，每个淋浴位包括淋浴和更衣面积，共 $3m^2$，浴室总面积根据宿舍床位男女分开统一计算。

（4）宿舍楼内应考虑完善的无障碍措施，临近宿舍楼出入口位置设值班室和医务室，并设观察窗。宿舍楼主入口和主要交通流线应设监控措施。

（5）宿舍内电器插座及开关应设在统一高度，并集中设置。可通过颜色标识将设有插座和开关的位置与墙面区分开，便于视障学生及发展性障碍学生注意。

（6）听障学生在休息时，无法通过视觉等其他感官接收外界消息，当有突发情况时，可能会无法及时获知。因此宿舍需统一设置安防系统（图 6-73）。安防系统由宿舍管理员在值班室统一监控，在每个宿舍的入口门上设可高频嗡鸣闪动的聋机，并与宿舍床下安放的强振器联动。宿舍管理员需提醒学生注意时，可控制聋机与强振器联动，提醒学生注意。宿舍门外设门铃。

（7）当视线不能注意时，听障学生无法知道宿舍内其他人员的活动状况，经常出现同宿舍人外出，将其他在卫生间洗漱的学生锁在寝室内的情况。因此聋校宿舍的门应设置成可从室内开启的固定锁，当有学生留在室内时，可以自行从室内打开门锁出行。宿舍出入的门扇上应留有一定面积的观察窗，方便宿舍管理人员观察室内情况，在必要时进行有效关注。为保护学生隐私，观察窗面积不宜过大，高度应以成年管理人员身高为准，在离地 1.4～1.5m 的位置。

（8）培智学校宿舍房间内设单层床，每个床位设床头柜，高年级学生宿舍应考虑设学习桌。每个床位设 2～3m^3 的储物空间。宿舍门口预留搁放轮椅的空间。宿舍地板应采用防滑、防水的材料。电源插座集中设置，防止意外触电。

（9）培智学校陪护宿舍房间内设 2 个床位，以及茶几、学习桌、休息用的桌椅等。面积紧张时，可设抽拉式的子母床。宿舍内设单独的淋浴和盥洗间，有条件的学校可按照普通住宅模式设计，提供单独的起居室和厨房。房间内宜设阳台，方便晾晒换洗衣物。

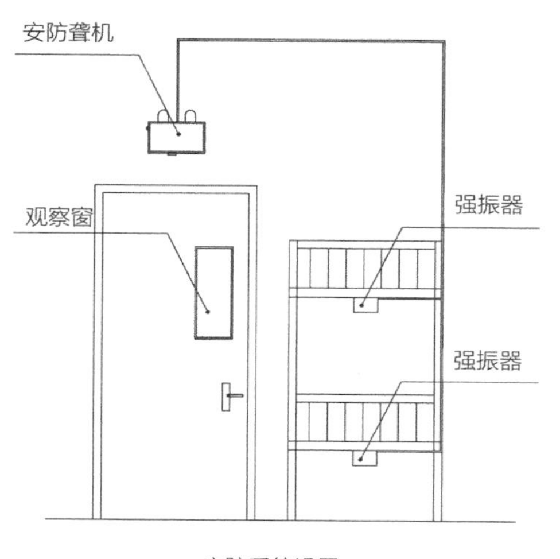

安防系统设置

聋机

图 6-73　聋校宿舍安防系统设置

3. 平面图示及室内场景（图 6-74～图 6-76）

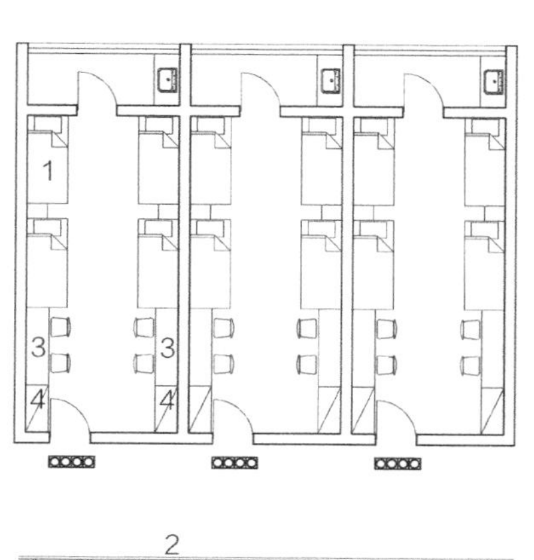

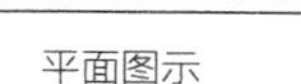

1- 单人床位
2- 走道扶手
3- 学习桌
4- 储物柜

平面图示

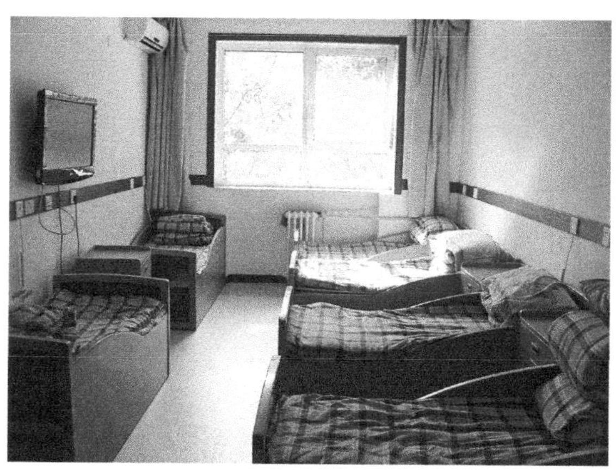

室内场景（北京市盲人学校）

图 6-74　盲校宿舍平面示意图

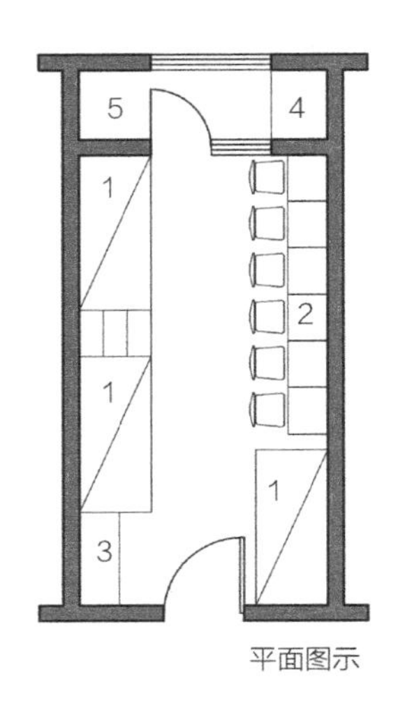

平面图示

室内场景（杭州市聋人学校宿舍学习桌）

图 6-75　聋校宿舍平面示意图

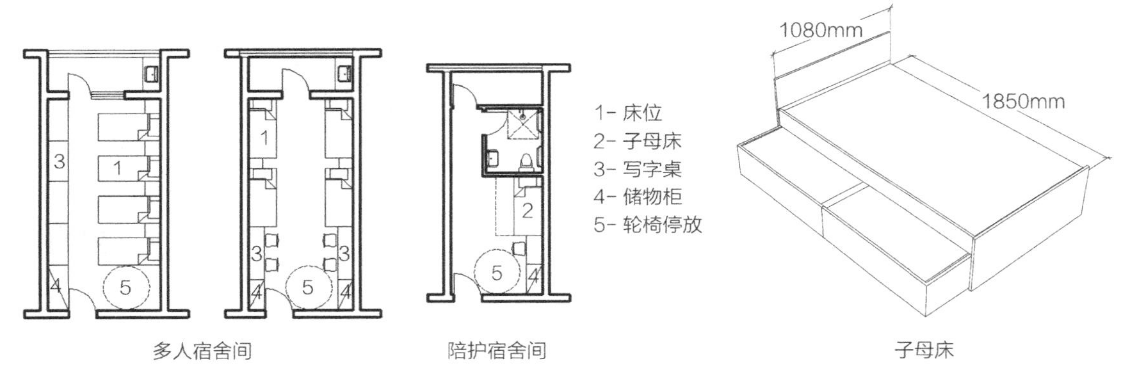

图 6-76　培智学校宿舍房间平面示意图

6.5　体育场馆

特殊教育学校的体育课是障碍学生教学的重要组成部分，对于障碍学生的身体成长、感觉统合等都有重要意义。体育课教学根据学生年龄、身体情况等有较大的差别，教学形式也有所区别，主要分为室内教学和室外教学两种。室外教学以田径运动为主，并适当结合游戏教学。具体所需场地在规划设计一章中已经讨论。室内教学是指因天气限制无法进行室外活动，或者对活动场地有专门要求的活动，如羽毛球、舞蹈教学等。室内教学场地主要以专门的风雨操场为主，并结合障碍学生的特点，设置专门的特殊活动场地，如盲人门球、盲人足球等。

盲校体育活动种类较多，尤其以视障学生专门的比赛项目为主，如游泳、盲人乒乓球、盲人门球、盲人足球等，因此盲校体育场馆中需要建设风雨操场，风雨操场内容纳上述项目，无条件时，可将游泳池露天设置。

聋校体育活动种类较盲校更多，但较少专门的项目场地，学生所参与的多为普通学生常参与的项目如羽毛球、乒乓球、游泳等，本书不再赘述。

培智学校体育活动少，考虑到学生的体能和认知程度，多以教师容易控制的活动为主，如田径、简单的体操等。目前，特殊教育学校内脑性瘫痪学生、智力障碍学生的感觉统合训练与体育课程的结合是一大重点，因此有条件的培智学校可设置风雨操场。考虑到培智学校普遍规模小、人数少、投资有限，本书并不建议在培智学校内设置过多专门的体育场地，可就近使用附近中小学校场地或市政活动场地，本校内保持足够面积的平整运动场地和直跑道即可。因此下文场馆的介绍以盲校为主。

我国对于特殊人群的体育运动相当重视，相当多的特殊教育学校都承担了国家和省市的残疾人运动会比赛项目。盲校自建的室内体育运动场地，除用于日常体育课教学外，还包括了学生各项比赛项目的训练，乃至承担省、市级别的比赛项目。这都属于特殊教育学校开放教学资源的一种形式。

6.5.1 风雨操场

1. 概述

风雨操场是特殊教育学校为保证全天候进行体育项目运动而建设的专用场馆，是特殊教育学校重要的体育活动场所。为节省用地，风雨操场内多同时设置多个运动项目，不同项目可兼用同一块场地，也可分场地设置。风雨操场内可设置的场地包括两类，一是普通运动项目，如体操场地、篮球场地、排球场地、羽毛球场地及其他运动项目场地等；二是障碍学生专属运动场地，如盲人门球、盲人乒乓球等。因盲人门球需要绝对安静，所以平时训练时需要保证风雨操场没有其他人进行活动。当风雨操场使用率不高时，可以定期清场专门进行盲人门球训练；当风雨操场使用频率高，难以清场进行专门训练时，应另设室内训练场地，风雨操场仅作比赛用途。风雨操场的地分别设置时，不同场地之间应有安全防护措施。表6-45是不同规模的风雨操场面积及训练项目一览。

风雨操场场地项目　　表6-45

类型	面积（m^2）	训练项目
Ⅰ	204	自由体操场地（小规模学校，可兼作舞蹈教室）
Ⅱ	900	篮球场地（1个）
Ⅲ	1000	篮球场地（1个）、器械体操场地（1个）
Ⅳ	1118	篮球场地（1个）、羽毛球场（2个）

资料来源：张宗尧，赵秀兰．托幼、中小学校建筑设计手册［M］．北京：中国建筑工业出版社，1999.

风雨操场规模大，体量大，因此可适当与其他大规模空间结合设置。如兼作会场、大型活动训练场，乃至分区设置食堂等大型功能用房。北京市盲人学校的风雨操场主要项目为1片篮球场地，可同时划分为多片羽毛球场。主要运动场地设在二楼，一楼兼作学校食堂和报告厅（图6-77、图6-78）。

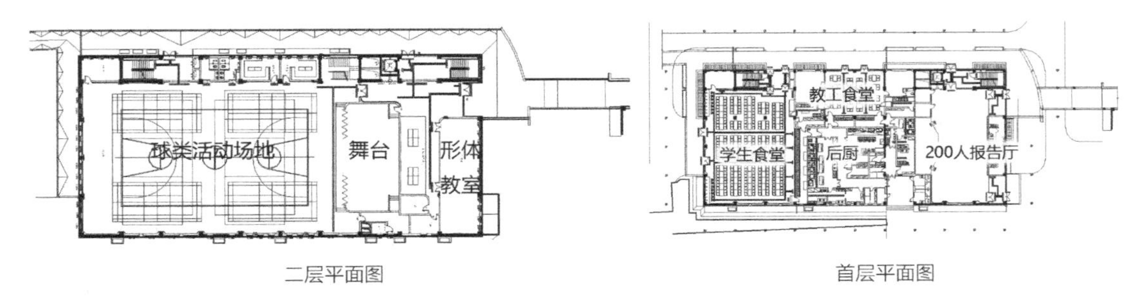

图 6-77　北京市盲人学校风雨操场平面图

（资料来源：北京市建筑设计研究院有限公司提供）

图 6-78　北京市盲人学校风雨操场室内

2. 设计要点

（1）风雨操场附设的器材室应靠近室外体育场地，并设专门的搬运器材的门和通道，方便学生取借运动器材。

（2）风雨操场内应设卫生间、更衣室、淋浴间等辅助用房，以及各类机房和广播用房。卫生间的面积和更衣柜的数量应根据盲校全体学生总人数计算。

（3）风雨操场宜采用天然采光和自然通风。围护结构在近地面处可做遮光通风口。注意开窗产生的眩光对视力障碍学生的直射影响，宜采用高窗及顶棚采光的方式。学生活动的视线高度处尽量少做透光的玻璃围护。

（4）场地内地面应根据活动项目的具体需求设置，以带弹性的木地板为主，不宜采用水泥地板等刚性面层。凸出于围护结构的柱、柜等应作软包防撞处理。

（5）视力障碍学生的缺陷补偿方式之一是听力补偿，而大型空间由于层高较高，混响时间较长，对听力判断产生很大影响，因此可在顶棚和四周墙壁作吸声处理。南方地区的吸声材料应注意防潮。

6.5.2 专项场地

1. 游泳馆

盲人游泳一直是各类残疾人运动会的比赛项目，也是视障学生较好的锻炼项目，尤其受到低视力学生喜欢。有条件的学校可设置游泳池。视障学生游泳过程中无法通过视力感知自己在泳道中的位置和距离泳池边的距离，需要依靠泳池边教练的盲杖和哨声提醒，因此视障学生对于非泳道内的信息提示要格外敏感，因此条件允许时，盲校泳池最好为带围护的室内泳池，不要设在露天场地。

盲校泳池宜为 4～6 泳道，泳道长为 25m 或 50m。泳池内不设跳水池，也不设置深水区。泳池入口处应设置强制通过式的浸脚池，长度不小于 2m，宽度与通道相同，深度大于 200mm，保证没过脚面。浸脚池应有明显的色彩和标识提醒。

泳池的四周应留有足够的活动场地，尤其入水和出水端，地面材料应防滑，并在泳池边界四周 0.6m 处，设地面标识提醒和防护装置，防止学生不慎跌落。泳池出入水池壁水面下部位可设信息提示灯，用于提示学生泳池边界的位置，可适当做软包，防止学生头部或手臂直接碰撞。

考虑到泳池服务于社区，包括多重障碍学生使用的情况，泳池应在出发端浅水区分别做一个阶梯式入水口和一个坡道式入水口，方便行动不便的障碍人士也能进行亲水活动。坡道式入水口在起始两端都应设有足够宽度的缓冲平台，坡道宽度在 700～900mm 之间，坡度不大于 15%，面层作防滑处理。坡道两侧应有扶手（图 6-79）。

2. 盲人门球

盲人门球是根据视障人群的障碍特点设计的一项集体体育项目，在我国盲校中具有较高的普及度，也是残疾人运动会的主要项目之一。因为占用场地并不大，多数盲校都设置了专门的门球场地。比赛过程中运动员需要根据触觉感知自己的方位，并根据听觉确认带有响铃的门球的滚动，判断球的前进方向。比赛过程中必须保持绝对安静，因此门球场地必须设在室内，避免干扰。

门球场地不应置于地下室等容易受到建筑结构传声影响的地方。最好设在单层建筑或低层建筑的顶层。同时也要考虑门球运动过程中产生的声音干扰对其他功能用房的影响。如果

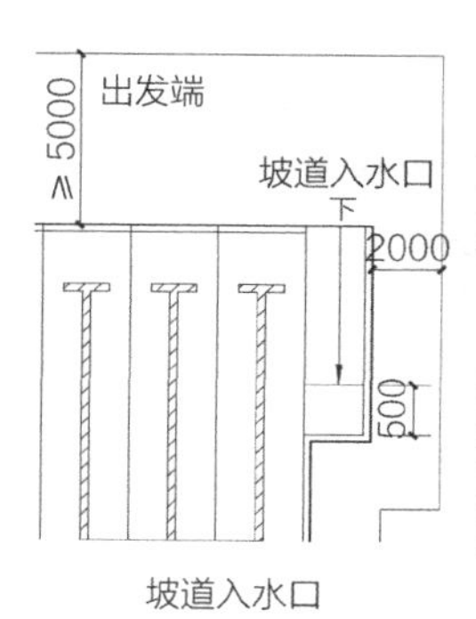

坡道入水口

浙江省盲人学校泳池

泳池攀梯

图 6-79 盲校泳池示例

单独设置门球场地，则与如风雨操场一样，需设置配套的男女运动员休息室、更衣间等辅助用房，用房面积和规模应满足一场比赛的总人数要求。

门球场地为 18m × 9m 的长方形场地，地面为有弹性的硬质木地板，球门分别设在场地的两个短边，门宽 9m，与运动场底线宽度相同。球门立柱与横梁为软包处理的圆柱形，球门高 1.3m。场地周围要预留 2 ~ 3m 的缓冲区域，并考虑观众观赏区域。全封闭的训练房间内应考虑吸声处理，避免混响时间过长。

为避免直接眩光对比赛的影响，室内宜设高窗或顶棚采光，当开窗在运动员视线高度处时，需设能够完全遮光的窗帘。场地顶棚应作密格栅吊顶处理。场地附近设教师办公、器材存放等辅助用房。条件允许时，还可设专门的广播用房，并设专门的播音器材和电子记分牌（图 6-80）。

3. 盲人足球

盲人足球也是残奥会指定项目之一，项目普及度较高。盲人足球比赛为五人制，其中场上比赛的四人为 B1 级视力障碍，即完全无光感的全盲，守门员无视力要求。比赛过程中主要通过足球上的发声装置确定球的位置，同时守门员可以用语言指挥球员在己方场地的活动，在对方球门后，另有己方教练一名，用于指引球员进攻。

盲人足球场地的长边为 32 ~ 42m，短边为 18 ~ 22m，设在室外无盖顶的场地中。球门高 2m，宽 3m，设在短边的中央。场地为硬质地面或草皮，场地边界设有 1m 高的围栏，用于提示运动员场地界限和确认自己方位，并防止足球滚离场地。

4. 盲人乒乓球

盲人乒乓球也是盲校中常见的一种体育项目。乒乓球桌与普通乒乓球桌大小相同，长 2.74m，宽 1.52m，台高 0.76m，在台面两端运动员方向三面有 1cm 高的边沿。盲人乒乓球为普通的乒乓球中加入三颗 0.6 ~ 0.8g 的铅粒，在运动过程中与乒乓球碰撞发出声音，用来确定乒乓球的运动方向。乒乓球拍为无胶面的木板拍，打球过程中会发出明显声音，帮助运动员确认方向。

乒乓球场地要求不高，与普通乒乓球场地相似，四周设防止球滚落的边界围栏。由于运动员主要依靠球拍击球时的声音和球内铅粒的声音确认乒乓球的方向，所以多个乒乓球桌不宜距离过近，应保持足够的间距。

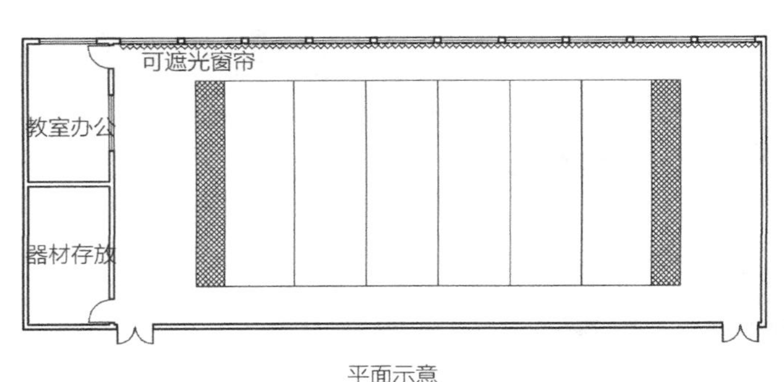

平面示意

浙江省盲人学校门球训练场

图 6-80　门球场地示例

盲人体育运动项目较多，除上述几个，还有盲人柔道、盲人保龄球等多个项目。在残疾人运动会上，盲人项目占有很大的比例。我国对残疾人运动相当重视，多数运动员都从盲校中选拔培训。因此多数盲校都有自己的体育特长项目和专攻项目，并配套建设了相关的运动场地，大大提高了视障学生参与运动的概率，改善了视障学生的心理健康水平。

盲人体育场地由于多依靠声音和触觉对缺失的视觉进行缺陷补偿，以此进行运动，所以体育场地的设置过程中需注意几个通用的设计要点。首先，多数运动依靠听觉补偿，所以场地内需要处理好混响时间，墙壁和顶棚考虑用吸声材料。其次多个运动场地并列时，要防止互相之间的干扰。当用地宽松时，可保持足够的距离，用地紧张需在不同楼层设置时，对声音要求低的如游泳场地可放在门球等对声音要求高的项目下面。再次，项目场地要做完善的无障碍标识系统，包括由校内其他建筑用房到运动场地内的引导和运动场地内不同区域之间的划分。最后，运动场地需考虑运动员的休息、更衣及盥洗要求，需配置相应的辅助用房，并设储物空间。

6.6 本章小结

本章主要阐述了特殊教育学校的功能用房设计要点。首先明确了特殊教育学校功能用房的种类，三大类特殊教育学校的功能用房具体组成如何。在此基础上，分别对教学用房、康复用房、公共活动及生活服务用房、体育场馆进行讨论。每一类用房的研究框架是——首先提出用房的使用概况，包括学生类型、学生人数、使用方式等；然后提出用房的平面及功能分区；最后给出相应的平面图示意，包括室内布局、家具布置等作为设计参考；对于设备类型较多的用房，给出了相关设备列表。

第7章 特殊教育学校的人性化细节设计

人性化设计是指在满足建筑使用的基本功能要求之上，以人的根本需要为出发点，满足对舒适、美观、愉悦等心理、情绪的需求。

特殊教育学校的设计以普通中小学校园为基础，关注特殊儿童的障碍特点，这正是以障碍学生的特殊需要为出发点，因此人性化设计是特殊教育学校设计的重要方法之一。对于障碍学生来说，由于身体及认知能力的缺陷，对周围环境的感觉和认知非常有限，与人交流困难，这些都容易导致自卑、孤单等心理，形成缺陷人格。这需要充分考虑学生的障碍特点和心理需求，在建筑细部、空间节点等处理上更加完整、专注地进行设计，避免产生安全和心理问题，减少学生由于障碍导致的心理落差。因此特殊教育学校内的人性化设计不仅是普通人和设计师对于障碍学生的一种关怀，实际上更有利于障碍学生心理和行为的康复，有利于积极改善其社会适应能力，从而实现回归社会。

人性化设计是建立在完善的建筑功能、流线等基本设计要素基础之上的，因此其关注点多为提高学生使用的心理体验，提高使用的便利性和心理接受程度等细部和节点设计。本书在建筑设计策略一章中，已详细分析了学生障碍特点对空间的需求，既包括校园功能空间的设置，也包括建筑细部的设计，其主要关注点在于无障碍设计和人性化的室内环境。上述分析是横向展开的，在此将以纵向角度，对上述两点进行简单梳理。

7.1 无障碍设计

无障碍设计最初是针对残疾人的障碍所提出的，其目的是保障残疾人充分参与社会生活的各个方面，消除在日常环境中因为生理缺陷导致的种种障碍，使残疾人能够像普通人一样完整而不受限制地参与社会活动，享受各种基本权利。

20世纪80年代，罗纳德·梅斯（Ronald L. Mace）提出“通用设计”的说法，认为面向市场的产品，应该在最大程度上被每个人所使用。不仅使残疾人能够正常使用，而且当普通人在特殊情况下，也应能顺利使用产品，并提升使用体验[①]。这一说法逐渐从产品推广到建筑，大大扩展了建筑无障碍设计的理念。认为建筑的通用设计范畴要大于无障碍设计，目标

① 陈柏泉. 从无障碍设计走向通用设计［D］. 北京：中国建筑设计研究院，2004.

人群不仅是有特殊需要的残疾人，还包括所有建筑的使用者，即有严重障碍的人、在适当辅具帮助下可以参与社会活动的人和改善使用体验的普通人。

在特殊教育学校中，通用设计具有更广的应用范畴。盲校中的学生以视力障碍为主，之前的盲校对入学的学生进行严格测验，必须满足相当的入学标准才能够入学，学生的障碍特点也比较相近，学校建筑的针对性无障碍设计也相对简单。随着特殊教育的发展，盲校学生的障碍类型也在逐渐增加，目前已经包括以视力障碍为主的智力障碍和自闭症谱系的多重障碍学生在盲校就读。盲校无障碍设计的对象就不应仅针对视力障碍学生，而应面向盲校各种类型的障碍学生。

7.1.1 无障碍设计的范畴

无障碍设计的内容主要包括三个方面。一是无障碍通行，也是无障碍最早的内容，主要是针对肢体残疾的移动困难以及视力残疾无法感知环境导致的通行障碍，我国无障碍相关法规的主要内容就是针对通行无障碍所设。二是无障碍操作，是指建筑中很多与人体尺度相关的操作，如开门、开窗等。多数操作困难是由于肢体障碍及认知障碍所导致的。三是无障碍认知，主要是有认知障碍的人群由于无法理解抽象的符号所代表的信息，导致对必要信息的忽略，进而无法顺利使用建筑的情况，如对广播信息、紧急疏散信息、楼层提示等无法理解。相应的设计内容包括无障碍标识及无障碍导向设计等。

特殊教育学校的无障碍涉及以上三方面的大部分内容。这三个内容并不是独立的，而是互相联系、互相交错的。有时一个设计可能同时解决几个问题，也可能在解决一个问题的同时带来了另外一个问题。因此无障碍设计是一个系统工程，需要整体考虑。但为阐述方便，以下对上述三个无障碍设计内容简单进行分类论述。

7.1.2 通行无障碍设计

通行无障碍有三个面向。一是面向学生无法借视觉感知环境，导致无法规避行进路线上出现的障碍；二是面向学生视力缺陷导致无法进行目标方向和自身位置确定的行走障碍；三是面向学生行走过程中交流时对环境细节的忽略所导致的行走不畅障碍。这几类障碍可以通过缺陷补偿、扩大感知范围来进行补偿，主要目的是帮助障碍学生实现空间定位、感知行进路线上的障碍，从而实现有效通行。具体方法如下。

1. 设置盲道（表 7-1）

盲道是面向视力障碍人群设置的重要的无障碍设施。2001 年起我国强制推行的无障碍设计主要成果就是在大中型城市的主要节点建设了成体系的盲道。在给视障人群带来便利的同时，也由于公共环境的不可控导致盲道出现了很多问题，出现了盲道不导盲的情况。特殊教育学校作为一个相对封闭有管理的环境，盲道的建设和使用都有较高的效率。我国《城市道路和建筑物无障碍设计规范》中对盲道的设置和标准提出了明确要求，这里不再赘述。特殊教育学校中一般只在盲校铺设盲道，这里针对盲校学生的使用特点，总结出设计中应注意的几点。

（1）盲道的连续性。公共环境中的盲道要保持连续，因为大空间中视障人群定位有相当大的困难。相比之下，盲校的空间环境比较小，建筑物之间的间距固定且学生经常活动，加上触感地图等的设置，学生在校内实现空间定位相对容易。因此盲道的作用不在于时时刻刻进行方向引导，而在于关键节点的提示。因此盲道的设置主要集中在空间走向发生变化、空间属性发生变化，以及行进路途中高差发生变化的位置，提前进行提示，如走廊尽端、房间出入口、楼梯起步等。

减少连续性盲道设置，一方面是为学生将来进入社会在盲道不完善的情况下行走提前做准备，另外，盲道本身触感圆点的设置使得地面的摩擦触感、道路平整性有所降低，容易带来安全问题。

（2）盲道的颜色。盲道主要是为了提示视力障碍人群，低视力人群可以不借助盲杖对触感圆点的碰撞感，而借由盲道砖材质的亮度、色彩对比了解盲道的大致情况，从而实现有效行走。在公共环境中，鲜艳亮丽的盲道有助于低视力人群的辨识，但对于大部分正常视力的人群来说，亮丽的盲道是一种视觉干扰。为取得平衡，在对视觉环境有要求的地方，盲道多采用与地面颜色相近的材料铺设。

在盲校中，学生的安全行走是第一位的，但为使学生接触更多情况的盲道，校内盲道应在关键空间设置明显的盲道，在次一级环境中，可考虑设置颜色与地面相近的盲道。

盲道设置概况 表 7-1

	盲校	聋校	培智学校
是否设置	●	—	—

2. 设置扶手（表 7-2）

在不使用盲杖的时候，触觉导向主要依靠学生伸展双臂，触摸感知道路一侧的边界实现定向。为提高触摸导向的效率，盲校需设置扶手引导并支撑身体。扶手的设置应遵循以下要点。

（1）扶手应连续、平整。如走廊的扶手应与楼梯的扶手相连，提供连续指引。如不能连续，末端应与地面平行 450mm 长度，并直角弯没入地面或墙面。末端可设触感铭牌，刻有提示信息的盲文。

（2）扶手的颜色应鲜艳明亮，方便低视力学生通过视觉感知。扶手的材质应温和，不宜采用导热系数高的金属材料。

（3）扶手应便于持握，与墙面保持 40mm 以上的距离，防止摩擦手背。因为扶手的作用主要是通过颜色和材料进行导向，为减少设置扶手导致走廊宽度变窄从而影响通行效率的情况，可在较多学生经常活动并有一定空间认知能力的地方，将扶手设置为导盲带。导盲带的作用与持握式的扶手相同，因此其高度、材质、颜色等也与持握式扶手相同，宽度在 300mm 左右，便于不同身高的学生触摸（图 7-1）。

盲道设置概况 表 7-2

	盲校	聋校	培智学校
是否设置	●	—	●

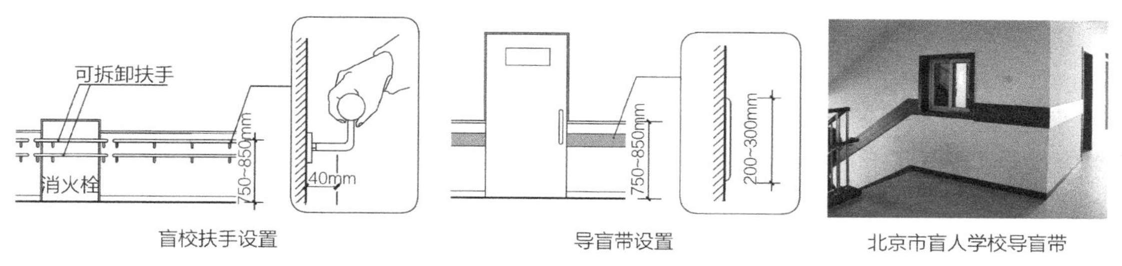

图 7-1 盲校扶手及导盲带设置

（4）扶手宜设双层，便于身体发育条件不同的学生持握。除盲校外，培智学校行动困难的学生对扶手的依赖性也很大，日常行走训练中可借助扶手进行康复教学。

3. 设置坡道（表 7-3）

坡道主要保证有肢体障碍需要乘坐轮椅的学生通行，包括盲校的多重障碍学生、培智学校脑性瘫痪学生以及大动作协调有问题的智力障碍学生。建筑内外有高差的地方都应设置坡道，如教学楼、宿舍楼、食堂等主入口处；室内有高差的地方一律设置坡道，而不应设置台阶。坡道的宽度至少应保证一个轮椅与一个人侧身通过，即 1.2m。坡道的坡度按规范规定不大于 1/12，主要是考虑到轮椅独行时，过大的坡度会使轮椅上的人产生前倾和后仰的不适感，而特殊教育学校内的轮椅通行基本需要教师或志愿者陪同，较少有学生自己乘轮椅通行的情况，因此在室内条件紧张的情况下，坡度可适当加大至 1/8 ~ 1/6。较短的坡道也有利于其他行动不便的学生行走。

为防止轮椅打滑，坡道的地面要坚硬、平整、粗糙，为减少轮椅颠簸，坡道上下起坡点不能设防滑条或凸起的防滑点，设颜色标识即可。坡道前后 2m 内的地面材质不宜在摩擦力上有太大变化，防止轮椅滑落时，因骤停导致学生摔出。

盲道设置概况 表 7-3

	盲校	聋校	培智学校
是否设置	●	—	●

4. 防撞、防跌落设计

多数障碍学生身体控制能力有限，活动时容易失去平衡，当情绪激动时，会有过激行为，包括乱丢物品，不受控制跑跳等行为。因此在学生经常活动的场所，必须做必要的防撞以及防跌落设计（表 7-4）。

防撞防跌落设置概况 表 7-4

	盲校	聋校	培智学校
是否设置	●	●	●

防撞包括两方面，一是活动激烈，与墙角、地面以及凸出物发生磕碰。对于这种情况，

墙面应做软包或贴壁板。壁板材料应有良好的保温性能，易清洁，可吸声，并具有一定的弹性。为防止轮椅和拐杖通行时对壁板材料产生摩擦、碰撞而损坏，软包和壁板的设置高度应在离地300～1500mm位置。走廊和教室中出现的各个墙角，应作软包处理，新施工的校园建筑，则可视情况作圆角处理。二是学生活动范围内，提示信息不够，如培智学校内不应设置全玻璃门，防止学生对透明玻璃的忽视，直接撞到门上。如必须设置玻璃门窗，则需在学生视线高度1000～1500mm处每隔100mm贴不透光标识，提醒学生注意，防止不慎误撞。

防跌落也包括两方面，一是防止学生活动不受控从存在高差的地方跌落，二是防止学生乱丢物品。对于第一种情况，在学生日常活动的范围内，应尽量避免设置楼梯和临空走道等。可用教师用房、辅助用房、卫生间等作为缓冲，加大学生活动与楼梯走道的距离，减少学生不受控的跑跳范围。当必须设置时，邻近的楼梯不应设置梯井，楼梯坡度不应大于30°，防止滚落，楼梯踏面做明显的颜色提醒，楼梯两侧必须做栏杆及扶手，栏杆要求参照幼儿园及普通中小学设计要点。二层及以上楼层的临空走道栏杆也必须满足上述要求。对于第二种情况，为保证室内学生的安全，培智学校内的开窗高度要大于800mm，且可根据需要设置下部固定窗扇，并做栏杆保护。窗扇可做推拉窗，二层以上向外开启的窗户在外侧可以做凸出的窗台，防止学生乱丢物品（图7-2）。

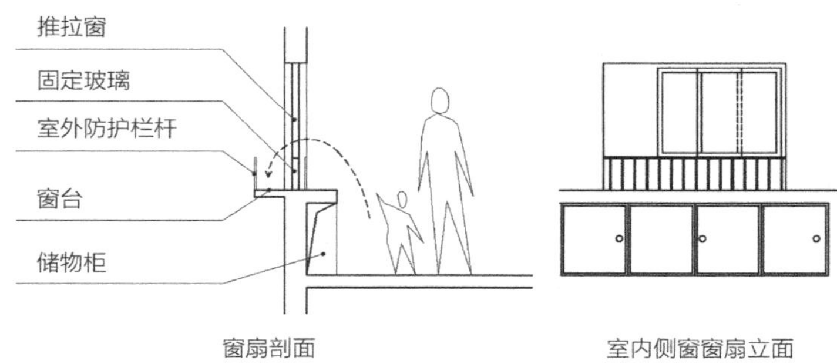

窗扇剖面　　室内侧窗窗扇立面

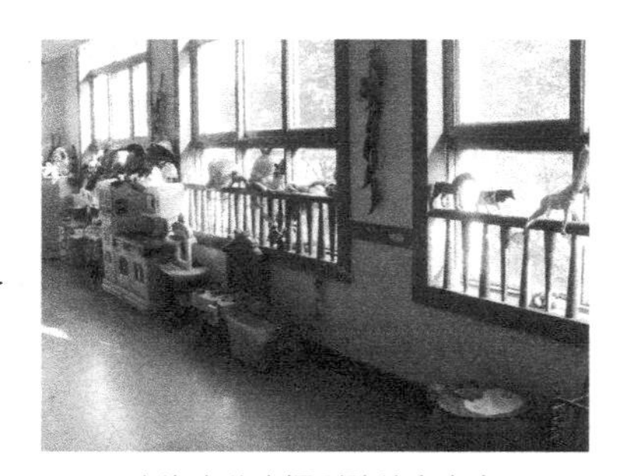
上海市儿童福利院教室窗扇

图7-2　二层以上教室外窗示意图

（资料来源：郭小叶. 基于残疾儿童行为的特殊教育学校教学空间设计研究［D］. 广州：华南理工大学，2009.）

5. 提高注意范围

注意范围是指学生在交流过程中对环境细节的忽略所导致的交流不畅，以及安全问题，普遍存在于聋校与培智学校学生中（表7-5）。当听障学生在互相使用手语交流时，需要将绝大部分的视觉注意集中在对方的脸部和手部，尤其是在一边行走一边交流的过程中，容易忽视外部环境的变化，造成不便。因此聋校的无障碍，主要是指学生视觉过于集中，无暇顾及周边环境变化而需要的通行无障碍。针对这种通行无障碍，主要解决方式是扩大交流个体交流的可视范围和提供方便的手语交流空间。

提高注意范围设置概况　　表7-5

	盲校	聋校	培智学校
是否设置	—	●	●

扩大交流过程中的可视范围是指听力障碍学生在互相交流时，虽然目光的主要注意力在对方身上，但仍有少部分视觉注意在外界环境上，因此可以通过扩大余光的视觉范围，减少转角部位、身后或身侧的视觉遮挡，扩大主视觉方向的可视范围，提高交流的安全和顺畅。具体措施包括减少建筑转角处的墙体遮挡，通过镜子反射提示道路通行状况等（图 7-3）。

手语交流空间是指为提高交流的安全性，尽量避免学生在行走通道中间的停留沟通，避免占用正常通行宽度。主要措施是在可能的情况下，为学生提供容易发现的、专门的交流场地，场地的大小和形式可以比较灵活，能够容纳至少两人停留的空间即可，包括加宽校园中人行通道的宽度、加宽走廊的宽度、在单外廊的走道一侧每隔一段距离加设不小于 1.2m × 0.6m 的休息空间等（图 7-4）。

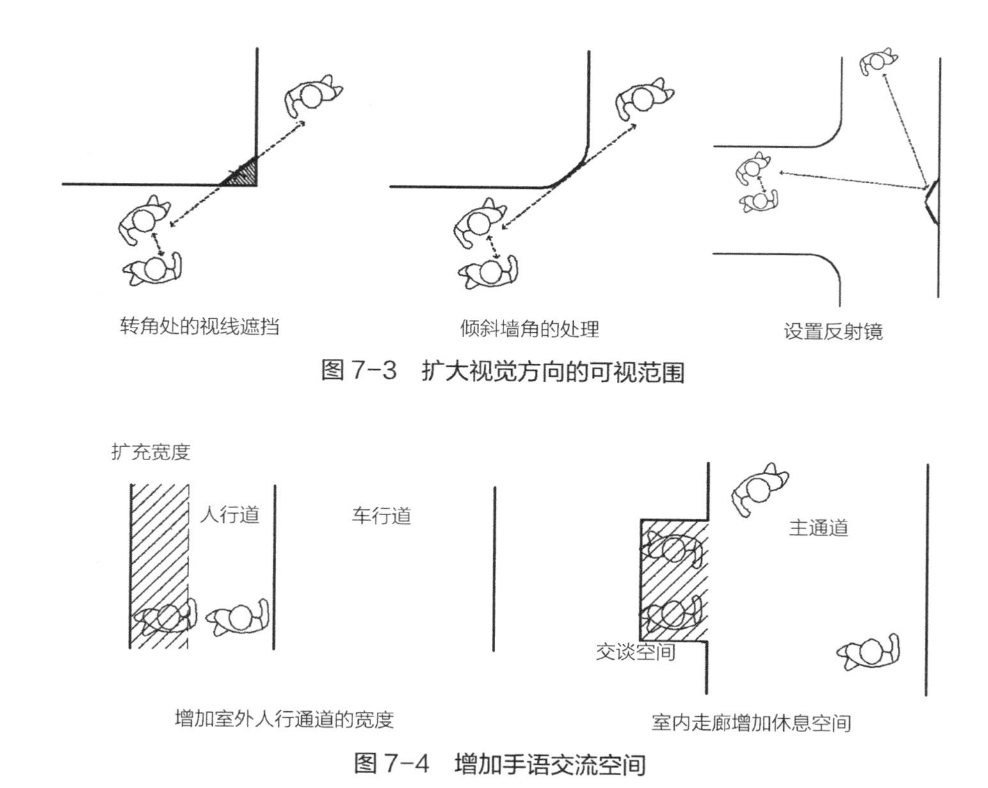

图 7-3　扩大视觉方向的可视范围

图 7-4　增加手语交流空间

7.1.3　操作无障碍设计

操作无障碍主要是针对学生无法感知细小的开关等，导致无法顺利使用设施设备的问题。这在特殊教育学校中普遍存在，尤其是盲校与培智学校（表 7-6）。具体解决方式有两种。

操作无障碍设置概况　　表 7-6

	盲校	聋校	培智学校
是否设置	●	—	●

一是提高需要操作部位的感知能力，包括视觉感知和触觉感知。如电梯的按钮选择带有背光模式的，同时按钮上刻有盲文符号或卡通符号，使视障学生、智力障碍学生清楚地知道按钮的用途。

盲校教室内由于教学需要，尤其是对多媒体电脑、台灯等电子设备的使用需求，需设置大量的插座和开关。所有相关电线都应合理规划，统一铺设，避免临时拉结导致安全问题。邻墙插座可靠墙设置，教室中间则应预留管线，结合学生课桌设置。避免地面设置地插，因其使用时抬起易导致行走障碍。开关应集中设置，面板颜色应与墙面有明显反差，便于学生操作。

二是减少学生操作。开关水龙头等日常操作对于普通学生来说司空见惯，但对于认知障碍学生来说则有一定困难。如学生卫生间的蹲厕及淋浴，其冷热水调节、水流量大小等需要学生自己控制的情况下，培智学校学生会因不知如何操作而放弃，或者用后忘记关闭等。因此这些位置的开关可采用减少操作步骤的感应式开关，提升使用便捷度。

7.1.4 认知无障碍设计

认知障碍主要是针对学生因视力缺陷及注意力缺陷导致无法看到和看清目标，进而导致行动障碍的问题（表 7-7）。具体解决方法主要是加强和放大目标信息，并通过其他感知方式补偿。首先是对文字类信息放大、加粗、提高对比度，如对教室班牌上的文字，应作放大加粗处理，有条件时可将文字立体突出，形成明显阴影；其次是在必要的场所提供视觉标志，如必须设置玻璃门的情况下，应在视线高度贴有不透明的标志，提醒学生注意；再次是设置必要的引导音响装置，通过扩音器、铃声、钟声等指示引导学生明确位置（图 7-5）。

认知无障碍设置概况　　表 7-7

	盲校	聋校	培智学校
是否设置	●	—	●

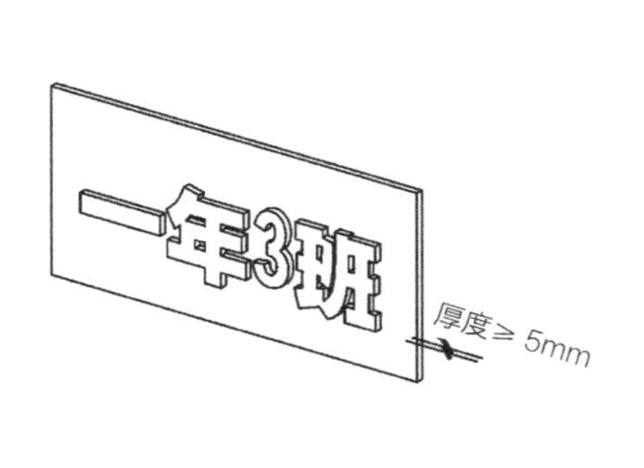

立体文字设置

紧急出口
闪烁灯光信号

带灯光信号的音响引导装置

图 7-5　提高对信息认知的方式

7.2　室内环境设计

学生对于室内环境的认知是通过多种感觉器官同时作用，综合形成的，而且这份认知中，除视觉能力外，多种感觉器官持续而微弱的综合刺激，才能使学生对环境有良好的反馈。这些环境刺激包括背景声音的刺激；触觉对于空气温度、湿度的感知；嗅觉与味觉对于室内微气候的感知，等等。因此，对于障碍学生来说，最重要的是光环境、声环境以及必要的安全设计。

7.2.1　照明设计

光环境设计包括自然采光和人工照明两部分。自然采光可以通过窗地面积比及适当的遮光措施给予有效控制。人工照明是为弥补自然采光的不足而必须设置的（表 7-8）。占学生人数大部分的低视力学生对照明标准的要求比普通人要高，主要体现在：①提高照度，有助于改善视觉效果；②照度可控，满足不同视力障碍学生对光环境要求；③色彩设计。

照明设计概况　　表 7-8

	盲校	聋校	培智学校
是否设置	●	●	●

1. 提高照度

提高照度首先是保证学生学习和活动的照度达到一定标准，盲校首先要满足普通中小学校的照度要求，普通教室、阅览室等主要功能教室课桌面照度在 300lx 以上。再考虑到视障学生观察物体时需提高照度的需求，盲校普通教室的课桌面照度应不小于 500lx。

提高照度的另一个标准是照度的均匀性。学生在学习过程中需要不断地在黑板和桌面之间转换视线，即从一个亮度区域转到另外一个亮度区域，不同区域的亮度差异较大时，眼睛需要时间来调整、适应当前情况，频繁的转换容易造成视觉疲劳，影响学习效率，对低视力学生来说更加严重。因此不同区域的亮度应接近，通过亮度均匀系数来控制。就普通教室来说，灯具高度越高，照度越均匀，但照度值会随之降低。为平衡课桌面的照度值和均匀系数，室内宜采用荧光灯，总数量在 8～9 支，灯管长轴垂直于黑板，灯具高度距离桌面应大于 1.7m，在学生观察黑板的方向上照度统一。为保证黑板的垂直照度也达到 500lx，需要在黑板上方设置单独的照明灯具（图 7-6）。

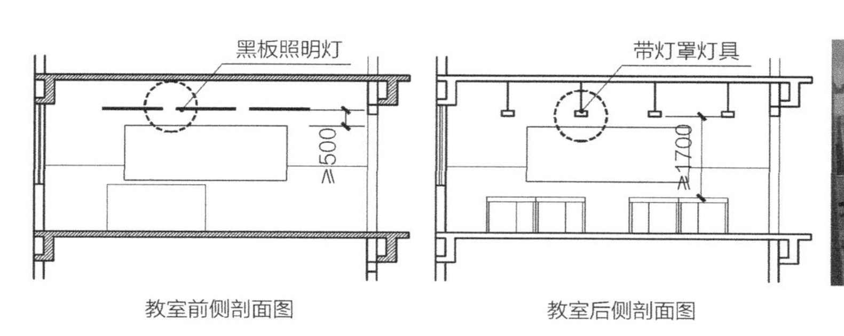

教室前侧剖面图　　教室后侧剖面图　　南京市盲人学校教室实景

图 7-6　普通教室灯具设置

2. 照度控制

照度控制是指对过强或不足照明的调整，包括避免眩光和设置单独灯具。

（1）眩光是指一定视野范围内光照亮度分布不均，导致眼睛不适，可见度降低的极端情况。眩光包括直接眩光和反射眩光。直接眩光是指视野范围内的亮光源对眼睛的直接照射，包括窗口的太阳以及教室内的灯具等。控制直接眩光要避免亮光源在学生视线范围的直射，可在学生视线高度处的开窗设置遮光窗帘、半透明玻璃、窗外遮阳板，不采用裸露的灯具，加装可形成漫反射的灯罩，提高黑板单独照明灯具的高度，改善灯具与学生视线高度的夹角。反射眩光是指过于光滑的表面反射亮光源造成的光线射入，室内墙地面采用漫反射材质，桌面、黑板等也尽量避免过于光滑的高反射等都可以有效避免反射眩光。

（2）单独设置灯具是考虑到学生因视力差异对照度的需求不同。在盲校并非所有的视障学生都需要较高照度，部分学生眼睛有疾病时，不能接受过强的照度。因此需要为每个学生在课桌面配备单独的台灯照明。台灯应选用照明范围大、照度稳定、低发热灯具，且光源距桌面的距离应可以调整。在聋校，人工照明主要集中在有教师进行手语或口语教学时，对教师的面部和手部需进行单独的人工照明，以保证学生在自然光线不足的情况下能够看清教师的动作和口型。聋校教学不需配备每生专用的台灯。

3. 色彩设计

色彩是空间属性之一，对人有较直接的心理影响，可起到传达信息和营造氛围的作用。传达信息是指色彩具有不同的性格特征，容易使人产生与经验相近的联想；营造氛围是指不同色彩的冷暖会给人以相应的心理感受，刺激神经兴奋度。《儿童保育中心设计指南》[①]一书中曾对色彩的性格和用途进行过详细说明，如红色令人兴奋和热情，有助于提高积极性和身体的直接反应，极少用在大空间内，尤其是需要安静的场所。加入白色变成粉色后，由于其热情温暖的特性，常用在低年级智力障碍学生的活动训练室中。根据颜色的性格及其作用，培智学校的室内应善用各类颜色为学生形成正面的心理刺激。如浅而暖的颜色用在学生日常活动的教室中，有助于提高学生注意力；冷色用在需要学生冷静的房间；橙色和黄色等可用于餐厅、大厅等位置，刺激学生的活动兴趣。色彩的使用不必遵循严格规定，可根据学校教学特点进行设置，但应注意以下两点：①普通教室内尽量少用纯白、黑或深褐色等不带任何色彩感情和倾向的颜色，这些颜色会降低大脑活跃度，不利于发展性障碍学生的学习和训练；②色彩应尽量统一，在同一区域或相近功能的区域，尽量采用同一色系，而不要形成鲜明对比，这有助于学生通过颜色记忆与功能用房形成经验性联系，成为一种空间导向标识。

7.2.2 声环境控制

视力障碍学生主要通过声音作为缺陷补偿感知周围环境，过于嘈杂的环境会对学生感知能力造成影响，持续的噪声会对学生心理产生负面作用并可能引发过激行为。听力障碍学生更需要良好的声环境条件。一方面是因为听力障碍学生的听觉能力不足，对高频声不敏感，但对低频声仍可以有很强的接受度，持续的低频声音会对学生的身体健康和心理情绪造成明

① 安妮塔·鲁伊·奥尔兹．儿童保育中心设计指南［M］．刘晓光，匡恒，译．北京：机械工业出版社，2008.

显影响。另一方面是因为多数听力障碍学生在经过听力重建治疗后，具有了较明显的听力，只是由于设备的限制，对背景声音和主要信息分辨不清。普通人可以较为轻易地将背景声音通过大脑知觉处理掉，仅保留主要信息，而助听设备则是无选择地放大所有声音讯号。如果聋校存在较明显的噪声，尤其是中高频噪声，经过放大后传至听障学生耳中，会给学生带来很大干扰。另外，听力障碍学生重要的课程之一是语言训练，语言训练为能够听清楚教师的发音，同时比对学生自己的发音，也需要相对安静的环境。发展性障碍学生注意力不集中，对声音十分敏感，噪声干扰容易降低学习效率，过于集中的噪声有可能带来过激行为。因此特殊教育学校在选址和建筑功能用房布局中就应特别注意声环境的控制（表 7-9）。如校址应远离各种生活、工业、交通声音源，感统教室、音乐教室、盲文打印室等应分区设置，避免使用过程中对其他教室产生影响。

声环境设计概况　　表 7-9

	盲校	聋校	培智学校
是否设置	●	●	●

声环境控制的主要指标是室内噪声级。普通教室、阅览室等有声音控制要求的房间，室内允许噪声级不大于 40dB，其他对声音无特别要求的也应小于 45dB。经常会产生活动声音的感觉统合教室、多感官训练室、体育康复教室等可集中分区设置，避免对普通教室产生干扰。有特别需要的教室和训练室中，则需要通过其他方法来进一步控制底噪。如听力检测室的本底噪声值应在 25dB 以下，需要在室内铺设专用的消声材料，对教室进行隔声处理。封闭走廊和门厅等混响时间较长的空间位置，也应从建筑设计方法上进行混响控制。当特定空间效果无法满足混响时间要求时，需在顶棚或墙壁墙裙上部作吸声处理。

7.2.3　通风供暖

发展性障碍学生对温湿度变化反馈迟钝，容易造成过热或过冷问题，导致感冒等病症。因此在学生活动的教室和场所应保持较好的通风和供暖设计（表 7-10）。冬季供暖设计温度不低于 18℃。由于学生经常坐在地面进行游戏，可以使用地暖，避免铸铁散热器带来的安全问题或保护过度影响供暖效率。

通风采暖设计概况　　表 7-10

	盲校	聋校	培智学校
是否设置	●	●	●

在特殊学生有大活动量的教室，如感觉统合训练室和体育康复训练室，学生活动一段时间后容易发汗，因此室内必须有良好的通风，必要时需装设空调等制冷设备，以防学生活动结束后室内外温差过大引发疾病。

7.3 本章小结

本章主要讨论了特殊教育学校校园人性化设计的要点，认为人性化设计不仅是普通人和设计师对于障碍学生的一种关怀，实际上更有利于障碍学生心理和行为的康复，同时，可积极改善其社会适应能力，从而实现回归社会。从学生的障碍特点出发，人性化设计主要集中在无障碍设计、室内环境设计两方面。其中无障碍设计分为通行无障碍、操作无障碍和标识无障碍三部分，并针对三大类特殊教育学校的特点，分别讨论了三个无障碍设计的具体设计要点。室内环境设计包括照明设计、声环境控制及通风供暖三个方面，并分别阐述具体设计要点。

结论

特殊教育学校是基于普通中小学建设框架的，属于普通中小学校细分研究的一部分，其主要区别在于使用者的心理和行为差异。因此对特殊教育学校的研究重点在于对特殊儿童障碍特点的心理和行为影响分析，并提出针对性设计。本书成果主要集中在以下三点。

（1）详细分析了特殊学生的障碍特征，借鉴特殊心理学的分类，根据与建筑中活动密切相关的心理特征，选取了感觉特征、知觉特征、社会适应能力和身体发展特征四个方面讨论三大类特殊学生的障碍特征，具体包括感觉缺陷特点、感觉统合失调、知觉能力不足、抽象思维能力弱、空间认知能力有限、语言和言语障碍、过度情绪敏感、身体发展不足等特点，并针对以上障碍行为的特点，通过归纳与总结的方法将特殊学生具有的群体共性心理和行为特点归类，总结出学生在建筑空间活动时，出于安全性和效率性原则，提出对空间的具体需求。

（2）在分类总结了学生障碍特征及对空间需求的基础上，提出了基于这些障碍特征的空间设计策略。设计策略首先需要遵循以下原则，即以普通中小学为基本依据、安全的原则、缺陷补偿的原则、个别化原则及生活化原则，以保障学生日常生活学习的安全和效率。之后，在以上原则基础上对空间的具体需求进行整理，得出了以下五点空间设计策略，并基于设计策略给出相应的设计解决方式。一是要保证多种学习行为的空间策略，包括教学组织的小班化、普通教学单元的综合化、教学空间的开放化、教学生活空间的一体化以及康复教室的灵活化；二是针对感觉能力不足的补偿化策略，具体包括分别针对视力障碍、听力障碍和智力障碍的感觉及交流补偿；三是减少环境干扰的分离化策略，具体包括有噪声干扰用房的分区布置、空间节点干扰的优化和视线干扰的遮挡处理；四是补偿空间知觉能力的整合化策略，具体包括增加空间表征、简化空间关系、设置触感地图、标识系统的直观化；五是弥补身体发展不足的安全化策略，具体包括校园总体布局有利于疏散防灾、建筑通行与疏散的合理组织，以及细部的日常安全设计等。这些设计策略及设计解决方式的适用范畴远大于特殊教育学校，它同时面向任何有特殊学生活动的建筑空间。

（3）在以上面向学生障碍特征的设计策略的指导下，建立了完整的特殊教育学校建设研究体系，涵盖了特殊教育学校设计的规划设计、建筑设计、细节设计三个层面，对特殊教育学校功能空间的设计体系和设计要点进行了详细说明。

其中，在规划设计层面，首先讨论了特殊教育学校的选址和规模，确定了选址原则、用地条件、校园规模指标及用地构成；然后讨论了校园的总平面布局，确定了总平面布局的原则、布局要点、建筑布局模式及室外场地布局等。

在建筑设计层面，首先讨论了特殊教育学校功能用房的具体分类和组成，并提出功能用房的设计模式，将功能用房大体分为教学用房、康复用房、公共活动与生活服务用房和体育场馆四大类。并在分类指导下对上述四大类功能用房分别进行了详细研究。具体的研究模式为：首先指出用房的基本使用概况；其次根据使用情况对用房的平面进行分区；之后根据分区所需的面积确定用房的总体面积标准；然后根据学生的障碍特点提出用房的详细设计要点；最后给出可供设计参考的平面设计模式和特殊用房的使用设备列表。四大类功能用房的详细内容包括：教学用房主要分为两类，一是普通教室，二是专业教室。因三大类学校的普通教室布局和使用方式区别较大，因此对三大类学校普通教室分别给予讨论，之后的专业教室重点说明了计算机教室、美工教室、实验室、律动教室、声乐及乐器教室、劳动教室、生活技能训练教室、情景教室、直观教室、教具制作室、盲文制作室和唱游教室。康复用房的研究中，先确定了康复用房的设置需满足三大类学校义务教育课程设置方案，在此基础上考虑医教结合的发展趋势，结合学生障碍类型的康复体系，提出了三大类学校各自所必配和可选配的康复用房类型，之后重点说明了心理咨询室、感觉统合训练室、视功能训练室、听力检测室、智力检测室、多感官训练室、语言训练室、引导式训练室、水疗室和定向行走训练室。公共活动用房和生活服务用房的通用性较强，尤其是教师办公、食堂及多功能空间等，其面向学生障碍特征的设计策略在前文已经讨论过，这里主要说明了阅览室和宿舍空间的设计。最后，体育场馆中重点说明了学生经常使用的风雨操场及专项场地的设置。

在细节设计层面，本书认为细节设计是为特殊学生服务的，应遵循人性化设计原则。重点为提高学生使用建筑的心理体验、提高使用便利性和心理接受程度。具体内容分为无障碍设计要点和室内环境设计两部分。其中无障碍设计在确定了设计内容分为通行无障碍、认知无障碍和操作无障碍三部分之后，按学生障碍类型分别进行讨论；室内环境设计是指室内物理环境的设计，分内容讨论了室内光环境、声环境、热环境三个部分。

参考文献

学术著作

[1] 曹丽敏，余爱如. 脑瘫儿童引导式教育教与学 [M]. 北京：华夏出版社，2012.
[2] 王辉. 特殊儿童感知觉训练 [M]. 南京：南京大学出版社，2012.
[3] 彭霞光. 中国特殊教育发展报告 [M]. 北京：教育科学出版社，2013.
[4] William Damon，Richard M.Lerner. 儿童心理学手册 [M]. 林崇德，李其维，董奇，译. 上海：华东师范大学出版社，2009.
[5] 日本建筑学会. 新版简明无障碍建筑设计资料集成 [M]. 杨一帆，译. 北京：中国建筑工业出版社，2006.
[6] 方俊明. 特殊儿童心理学 [M]. 北京：北京大学出版社，2011.
[7] 李志民，宋岭. 无障碍建筑环境设计 [M]. 武汉：华中科技大学出版社，2011.
[8] 佚名. 世界建筑大系：学校建筑 [M]. 沈阳：辽宁科学技术出版社，2015.
[9] 张泽蕙，曹丹庭，张荔. 中小学校建筑设计手册 [M]. 北京：中国建筑工业出版社，2001.
[10] 刘全礼. 特殊教育导论 [M]. 北京：教育科学出版社，2003.
[11] 许家成. 资源教室的建设与运作 [M]. 北京：华夏出版社，2006.
[12] 张宗尧，赵秀兰. 托幼　中小学校建筑设计手册 [M]. 北京：中国建筑工业出版社，1999.
[13] 周念丽. 自闭症谱系障碍儿童的发展与教育 [M]. 北京：北京大学出版社，2011.
[14] 王辉. 特殊儿童教育诊断与评估 [M]. 南京：南京大学出版社，2015.
[15] 刘春玲. 智力障碍儿童的发展与教育 [M]. 北京：北京大学出版社，2011.
[16] 丁勇. 当代特殊教育新论，走向科学建设的特殊教育研究 [M]. 南京：南京师范大学出版社，2012.
[17] 黄冬. 特殊儿童功能性视力训练 [M]. 南京：南京师范大学出版社，2014.
[18] 朱宗顺. 特殊教育史 [M]. 北京：北京大学出版社，2011.
[19] 任颂羔. 特殊教育发展模式 [M]. 北京：北京大学出版社，2012.
[20] 王和平. 特殊儿童的感觉统合训练 [M]. 北京：北京大学出版社，2011.
[21] 贺荟中. 听觉障碍儿童的发展与教育 [M]. 北京：北京大学出版社，2011.
[22] 邓猛. 视觉障碍儿童的发展与教育 [M]. 北京：北京大学出版社，2011.
[23] 刘春玲. 智力障碍儿童的发展与教育 [M]. 北京：北京大学出版社，2011.

期刊文献

[1] Piaget J, Inhelder B. Diagnosis of mental operations and theory of the intelligence[J]. American Journal of Mental Deficiency, 1947, 51(3):401-406.

[2] King B H. Intellectual Disability: Understanding Its Development, Causes,Classification, Evaluation, and Treatment[J]. Jama the Journal of the American Medical Association, 2008, 299(10):1194-1194.

[3] Vilar E, Filgueiras E, Rebelo F. Integration of people with disabilities in the workplace: A methodology to evaluate the accessibility degree[J]. Occupational Ergonomics, 2007, 7(2):95-114.

[4] Stevens C S. Living with Disability in Urban Japan[J]. Japanese Studies, 2007, 27(3):263-278.

[5] Stewart Houston. The centrality of impairment in the empowerment of people with severe physical impairments. Independent living and the threat of incarceration: a human right[J]. Disability & Society, 2004, 19(4):307-321.

[6] Dudek M. A Design Manual Schools and Kindergartens[J]. Design Manuals, 2007(7).

[7] 汤朝晖，陈静香，杨晓川. 两所特殊教育学校的设计探索与实践 [J]. 南方建筑，2009 (2)：19-22.

[8] 杨晓川，詹建林，汤朝晖. 由"特殊行为"到"特殊设计"：基于残疾儿童行为需求的教学空间设计探讨 [J]. 城市建筑，2008 (3)：88-90.

[9] 张涛，孙炜玮. 特殊教育学校建筑创作初探 [J]. 华中建筑，2006，24 (5)：39-43.

[10] 张翼，汤朝晖. 盲校教学空间设计要点 [J]. 华中建筑，2013 (1)：65-69.

[11] 张翼，汤朝晖，王竹. 特殊教育学校康复用房设计要点 [J]. 华中建筑，2012 (12)：57-61.

[12] 桑东升. 残病儿童学校建筑环境研究 [J]. 建筑学报，2002 (4)：20-21.

[13] 张钰曌，陈洋. 聋哑学校无障碍空间环境设计研究：以美国加劳德特大学为例 [J]. 建筑学报，2016 (3)：106-110.

[14] 李志民，李曙婷，周崐. 适应素质教育的中小学建筑空间及环境模式研究 [J]. 南方建筑，2009 (2)：32-35.

[15] 邓猛，景时，李芳. 关于培智学校课程改革的思考 [J]. 中国特殊教育，2014 (12).

[16] 邓猛. 社区融合理念下的残疾人康复服务模式探析 [J]. 中国特殊教育，2005 (8).

[17] 陈庆. 特殊教育学校辅具配置的探究 [J]. 中国现代教育装备，2012 (2)：61-62.

[18] 卢红云，黄昭鸣，周红省. 特校言语康复专用仪器设备配置标准解读 [J]. 现代特殊教育，2010 (6)：31-34.

[19] 彭霞光. 中国特殊教育发展现状研究 [J]. 中国特殊教育，2013 (11).

[20] 周崐，李曙婷，李志民. 中小学校普通教学空间设计研究 [J]. 建筑学报，2009 (s1)：102-105.

[21] 刘玉龙. 创造适合新课程标准需要的安全空间：灾后重建学校建筑设计探讨 [J]. 城市建筑，2009 (3)：13-14.

[22] 邵兴江. 当代日本学校建筑设计新理念及其启示 [J]. 外国中小学教育，2005 (2)：30-33.

[23] 朱新苗，陈洋. 培智学校室外康复训练场地设计策略研究 [J]. 华中建筑，2016（8）：60-63.
[24] 邓敬，刘康. “家”的隐喻与戏剧性呈现：四川德阳特殊教育学校设计的解读 [J]. 时代建筑，2013（4）：92-97.
[25] 王咏梅. 特殊教育学校学生成长环境的创设和优化 [J]. 现代特殊教育，2002（7）：29-30.
[26] 孙岩，许家成，孙颖. 北京市特殊教育学校布局和选址研究 [J]. 中国特殊教育，2014（5）.
[27] 刘艳虹，顾定倩，焦青. 改革开放30年北京市特殊教育发展及现状研究 [J]. 中国特殊教育，2008（10）：43-50.
[28] 刘花雨，何永娜，朱惠. 广东省特殊教育学校功能现状的调查研究 [J]. 现代特殊教育，2012（4）：25-29.
[29] 庞文，刘洋. 我国特殊教育均衡发展指标体系的构建与测评 [J]. 教育科学，2013，29（4）.

学位论文

[1] 牟彦茗. 特殊教育学校交往空间设计研究 [D]. 广州：华南理工大学，2010.
[2] 郭小叶. 基于残疾儿童行为的特殊教育学校教学空间设计研究 [D]. 广州：华南理工大学，2009.
[3] 王竹. 特殊教育学校的康复空间设计研究 [D]. 广州：华南理工大学，2009.
[4] 陈明扬. 盲校规划及建筑设计研究 [D]. 广州：华南理工大学，2012.
[5] 王晓瑄. 特殊教育学校教学生活一体化单元设计研究 [D]. 广州：华南理工大学，2012.
[6] 彭荣斌. 我国特殊教育学校设计分析 [D]. 杭州：浙江大学，2007.
[7] 罗琳. “全纳教育”理念下的聋哑生随班就读综合学校建筑设计：以西安地区中学为例 [D]. 西安：西安建筑科技大学，2010.
[8] 陈柏泉. 从无障碍设计走向通用设计 [D]. 北京：中国建筑设计研究院，2004.
[9] 朱捷. 感官障碍类特殊教育学校景观交互设计研究 [D]. 北京：中国矿业大学，2015.
[10] 薛婷. 感觉统合训练对智力障碍儿童适应行为促进的实验研究 [D]. 苏州：苏州大学，2013.
[11] 胡松玮. 基于开放式幼教理念的幼儿园建筑环境设计研究 [D]. 重庆：重庆大学，2013.
[12] 谌小猛. 盲人大场景空间表征的特点及训练研究 [D]. 上海：华东师范大学，2014.
[13] 杨运强. 梦想的陨落：特殊学校聋生教育需求研究 [D]. 上海：华东师范大学，2013.
[14] 高淑杰. 适应素质教育的小学普通教学单元空间研究 [D]. 北京：中央美术学院，2013.
[15] 金爽. 智力障碍儿童随班就读课堂教学现状及改进策略研究 [D]. 沈阳：沈阳师范大学，2015.
[16] 王娜. 智力障碍者空间标识系统的通用设计与研究 [D]. 上海：同济大学，2007.
[17] 杨玲. 自闭症儿童康复中心室内空间环境设计研究 [D]. 成都：西南交通大学，2015.
[18] 马倩. 综合型特殊教育学校教学楼交往空间设计研究 [D]. 郑州：郑州大学，2013.
[19] 郑虎. 当代国内特殊教育学校设计新趋势 [D]. 大连：大连理工大学，2010.
[20] 苏静. 全纳教育下的小学校建筑空间环境研究 [D]. 西安：西安建筑科技大学，2010.
[21] 杜芹芹. 聋哑盲校无障碍设计研究 [D]. 济南：齐鲁工业大学，2013.
[22] 杨超. 视障学校的外部交往空间研究 [D]. 成都：西南交通大学，2015.

[23] 曹儒. 视障设施的通用设计之研究与探索 [D]. 天津：天津科技大学，2009.
[24] 刘建娥. 湖南省特殊教育学校发展研究 [D]. 长沙：湖南师范大学，2013.
[25] 王康. 日本的特殊教育及其对中国的启示 [D]. 延吉：延边大学，2011.
[26] 林余铭. 当代中国城市小学建筑交往空间设计研究 [D]. 广州：华南理工大学，2011.
[27] 黎正. 国际学校与普通中小学教学空间的对比研究 [D]. 广州：华南理工大学，2013.
[28] 应申. 空间可视分析的关键技术和应用研究 [D]. 武汉：武汉大学，2005.
[29] 冯永婧. 成都台北两地小学教室空间比较研究 [D]. 成都：西南交通大学，2010.
[30] 姚永强. 我国义务教育均衡发展方式转变研究 [D]. 武汉：华中师范大学，2014.